Walther Streffer

Klangsphären

Motive der Autonomie
im Gesang der Vögel

Walther Streffer

Klangsphären

Motive der Autonomie
im Gesang der Vögel

Verlag Freies Geistesleben

Walther Streffer, geboren 1942, Ausbildung zum Versicherungskaufmann in Münster, danach Buchhändlerlehre im wissenschaftlichen Antiquariat. Ab 1969 in Stuttgart als Buchhändler und Antiquar tätig, Schwerpunkt Naturwissenschaften; von 1991 bis 2007 mit eigener Buchhandlung.

Mitglied der Deutschen Ornithologen-Gesellschaft, der Royal Society for the Protection of Birds, des Bundes für Umwelt und Naturschutz Deutschland (BUND) sowie weiterer Naturschutzorganisationen. Seit über vierzig Jahren geführte Vogelstimmen-Exkursionen, unter anderem auch viele Jahre für den Bund für Vogelschutz in Stuttgart, jetzt: Naturschutzbund Deutschland e.V. (NABU). Vielfältige ornithologische Reisen innerhalb Europas und zahlreiche Aufenthalte in verschiedenen Ländern der Sahara, in Ost- und Westafrika, der Türkei, in Nordamerika und mehrfach in den tropischen Regenwäldern Indonesiens.

Autor der Bücher *Magie der Vogelstimmen. Die Sprache der Natur verstehen lernen*. 2. Auflage 2005. Verlag Freies Geistesleben, Stuttgart; *Wunder des Vogelzuges. Die großen Wanderungen der Zugvögel und das Geheimnis ihrer Orientierung*. 2005. Verlag Freies Geistesleben, Stuttgart.

ISBN 978-3-7725-2280-2

1. Auflage 2009
Verlag Freies Geistesleben
Landhausstr. 82, 70190 Stuttgart
Internet: www.geistesleben.com
© 2009 Verlag Freies Geistesleben & Urachhaus GmbH Stuttgart
Einbandgestaltung: Thomas Neuerer; Foto: © Werner Oppermann
Druck: DZA Druckerei zu Altenburg GmbH, Altenburg

Inhalt

Vorwort

Dankbar denke ich an mehr als fünfzig Lebensjahre zurück, in denen mich alljährlich im Frühjahr der Vogelgesang in seiner Mannigfaltigkeit und Schönheit begeistert hat. Durch die enge Verbindung mit den Sängern und ihren Stimmen hatte ich oft das Gefühl, als würden mir besonders aus der Klangwelt der Natur Lebensenergien zufließen. Ich bin überzeugt, dass das auch für andere Bereiche des Naturgeschehens gilt, wenn wir uns intensiv mit ihnen verbinden. Wichtig scheint mir zu sein, dass wir eine dem Forschungsinhalt angemessene Arbeitsmethode finden, die also den lebendigen Naturerscheinungen entspricht. Dazu gehört eine gewissenhafte phänomenologische Herangehensweise und die Tatsache, dass wir bei dem Blick auf das Detail nicht den lebendigen Zusammenhang verlieren. Das bedeutet aber auch – und das muss einer wissenschaftlichen Forschungsweise nicht im Wege stehen –, sich Naturphänomenen mit Begeisterung, Hingabe und Geduld, mit Staunen und Ehrfurcht zu nähern. So möchte dieses Buch tiefer in die Lebensbereiche der Singvogelwelt einführen und das Interesse und die Freude an dieser musikalisch begabten Tiergruppe fördern.

Dieses Buch verdankt sein Entstehen der Hilfe verschiedener Menschen, die mich nicht nur vielfältig angeregt haben, sondern die mich auch immer wieder ermutigten, wenn es galt, unvermeidliche Rückschläge zu bewältigen. Danken möchte ich den Exkursions- und Tagungsteilnehmern, wie auch meinen Freunden, besonders Bettina und Christoph von Stietencron, die meine Arbeit kontinuierlich begleitet und unterstützt haben.

Insbesondere möchte ich die zahlreichen anregenden «Tischgespräche» mit dem Stuttgarter Geigenbauer Antoine Muller erwähnen, die sehr häufig um das Thema Singvögel und Musik kreisten und nicht selten den Werdegang des Manuskripts zum Inhalt hatten. Für sein fortlaufendes Interesse an dem Buch und seine anregenden Fragen und Einwendungen möchte ich mich herzlich bedanken.

Großer Dank gilt dem Freund und Vogelkenner Rudolf Donner, durch den ich wichtige Hinweise erhalten habe. Er hat den gesamten Werdeprozess des Buches mit großer Hingabe und Sachkenntnis begleitet und für das gesamte Manuskript mehrfach Korrektur gelesen; sein großes Engagement und seine vielfältigen Ratschläge haben sehr zum Gedeihen des Buches beigetragen.

Vor allem habe ich Priv. Doz. Dr. Bernd Rosslenbroich, Leiter des Instituts für Evolutionsbiologie und Morphologie der Universität Witten/Herdecke, zu danken. Während der letzten drei Jahre hat er mich in meinem Bemühen, den Autonomiegedanken in der Singvogelentwicklung deutlicher herauszuarbeiten, wesentlich unterstützt und gefördert. Darüber hinaus hat er sich, trotz seiner zahlreichen beruflichen Verpflichtungen, auch der Mühe unterzogen, das gesamte Manuskript durchzusehen. Seiner konstruktiven Kritik habe ich sehr viel zu verdanken, und es war mir während der ganzen Zeit eine große Hilfe, in ihm einen kompetenten Ansprechpartner zu haben. Dass das Buch in dieser Form erscheinen kann, ist nicht zuletzt auch sein Verdienst!

Für die gute Zusammenarbeit möchte ich mich bei dem Verlagsleiter Jean-Claude Lin, dem Lektor Martin Lintz und dem Hersteller Thomas Neuerer bedanken, die meinen Wünschen großzügig entgegenkamen und die alle wesentlich dazu beigetragen haben, dass dieses Buch in einer so schönen Gestalt herausgegeben werden kann.

4. März 2009   *Walther Streffer*

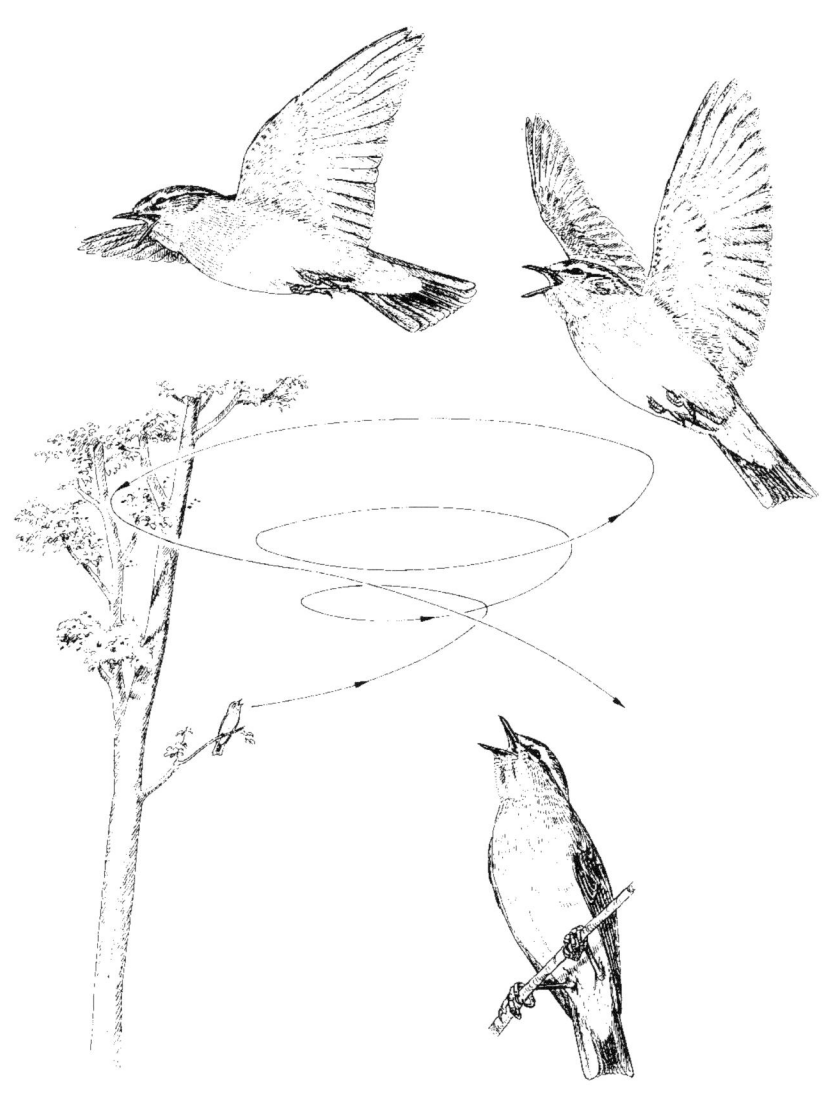

Abb. 1: Spielerischer Singflug des Waldlaubsängers *(Phylloscopus sibilatrix)*

2. Einleitung

Alles Vollkommene in seiner Art muss über seine Art hinausgehen,
es muss etwas anderes, Unvergleichbares werden.
In manchen Tönen ist die Nachtigall noch Vogel;
dann steigt sie über ihre Klasse hinüber und scheint jedem Gefiederten
andeuten zu wollen, was eigentlich singen heiße.
Goethe, Wahlverwandtschaften, Tl. II, Kap. 9

Tiere, die sich frei in die Luft erheben können und auch noch klangvoll ihre Stimmen erschallen lassen, üben auf viele Menschen eine starke Anziehung aus. Besonders die vielfältigen Gesänge der Singvögel sind es, die uns alljährlich begeistern. Singvögel sprechen uns so tief an, weil wir ihre Stimmen häufig in schönen, charakteristischen Liedern wahrnehmen können, seien es melodische Strophen wie bei Amsel und Nachtigall oder einprägsame Rhythmen wie bei Kohlmeise und Drosselrohrsänger. In der Welt der Töne erfahren wir etwas von dem Wesen und der klanglichen Umwelt der gefiederten Sänger. Nicht selten haben wir dabei die Empfindung, zahlreiche Singvögel könnten in einer spielerischen, freiheitlichen Weise mit den Tönen umgehen. Dieses Gefühl mag zunächst eine subjektive Seelenstimmung des Menschen sein; sie entspricht aber auch einem objektiven biologischen Tatbestand. Deshalb wollen wir uns im Folgenden damit befassen, wie innerhalb der Singvogelgruppe ein gewisser stimmlicher *Freiraum* realisiert werden konnte.

In dem oben anklingenden Leitwort beschreibt Goethe nicht ein Gesetz, wie Arten entstehen oder wodurch sich eine Art von einer anderen abgrenzt, sondern er weist uns auf den Entwicklungsprozess der Arten hin, wie eine Art über sich hinauswachsen kann, *hinausgehen muss*. Mit dem musikalischen Bild der Nachtigall schenkt uns der Dichter und Naturforscher in poetischen Worten einen weisheitsvollen Ansatz einer *transspezifischen* Evolutionsbetrachtung. Dieses Phänomen kennen wir auch, wenn wir vor einer ausdrucksstarken alten Eiche oder Linde stehen, denn im «einzelnen, sich frei entfaltenden Baum wächst die Pflanzenwelt gewissermaßen über sich hinaus und stößt in den Bereich des Individuellen, Einmaligen vor» (Suchantke 2008). Auch in der Entfaltung der (farbigen) Blüte ist von dieser Steigerung etwas zu erleben.

Das Studium der Biologie wie auch der Biologieunterricht sind heute fast durchgehend geprägt vom mechanistischen Denken, vom Nützlichkeitsprinzip, vom Zweck der Arterhaltung und der Errechnung günstiger Energiebilanzen für die jeweiligen Organismen. Mutation und Selektion sind nach vorherrschender naturwissenschaftlicher Lehrmeinung die wesentlichen Triebfedern der Evolution. Im Vordergrund steht in der Regel der «Kampf ums Dasein» beziehungsweise das «Überleben des Stärkeren». Wenn hier an dieser einseitig auf den Vorteil ausgerichteten Theorie der Evolution Kritik geübt wird, soll damit jedoch der geniale Entwicklungsgedanke Darwins nicht geschmälert werden.

Die Selektionstheorie ist heute so allgegenwärtig, dass nicht nur Forscher und Pädagogen, sondern breite Volksschichten sich bei der Erklärung von Naturphänomenen den Blick auf den Nutzen fast gänzlich zu eigen gemacht haben. In der Ornithologie kann das beispielsweise dazu führen, dass der ausdrucksvolle Gesang der Amsel zwar bioakustisch gründlich analysiert wird, aber fast ausschließlich unter dem Aspekt arterhaltender Funktionen wie etwa der Revierverteidigung oder dem Anlocken der Weibchen. Aufgrund dieser Herangehensweise wurde die musikalische Qualität des Vogelgesanges in ihrer biologischen Bedeutung bisher kaum gesehen. Der Blick auf den großen Naturzusammenhang, in welchen der Vogelgesang – auch in seinen biologischen Funktionen – sinnvoll eingewoben ist, fehlt meistens.

Es sei daran erinnert, dass die schlagkräftigsten Begriffe wie der *Kampf ums Dasein* (struggle for life) und das *Überleben des Stärkeren* (survival of the fittest), die zu den folgenschweren Problemen des Sozialdarwinismus führen sollten, sich bei Darwin nicht aufgrund unmittelbar beobachteter Phänomene herausgebildet haben. Charles Darwin (1809–1882), der ein ausgezeichneter Naturbeobachter war, hat vielmehr philosophische Ideen von Herbert Spencer (1820–1903) und bevölkerungspolitische Definitionen von Thomas Robert Malthus (1766–1834) auf das Evolutionsgeschehen übertragen. Hier liegt die eigentliche Schwierigkeit: Darwin holt das Prinzip *Kampf ums Dasein* aus der Gesellschaftstheorie des frühkapitalistischen Englands, verarbeitet es naturwissenschaftlich, und dann wird es als naturwissenschaftlich begründete Gesellschaftstheorie genommen, die mehr und mehr das Bewusstsein der Menschen des 19. und 20. Jahrhunderts geprägt hat. Wir befinden uns in einer ähnlichen Situation wie Darwin, wenn wir heute das Prinzip der Selektionstheorie in die Naturerscheinungen hineinprojizieren. Und als Bestätigung dieses Denkens ergeben sich dann nicht selten, etwa bei der phänome-

nalen Imitationskunst des Sumpfrohrsängers, nur zweckmäßige Abläufe im Dienste der Arterhaltung. Die Frage ist, ob sich uns auf diese Weise etwas vom Wesen der Tiere und der eigentlichen *Höherentwicklung* offenbart. Einige Forscher erkennen und kritisieren aber zunehmend das Problem dieser reduzierten Denkweise (Rose 2000, Woese 2004), wenn auch die Lösungen noch sehr verschieden ausfallen.

Der allgemein verständliche und von mir noch häufig benutzte Begriff der «Höherentwicklung» (Anagenese) ist heute etwas in Verruf geraten, weil nach Meinung vieler Naturwissenschaftler ein hierarchisches Bild der Organismen automatisch einen teleologischen (zielgerichteten) Aspekt der Evolution einschließen würde. Diese Bezeichnung ist aber allgemein so verständlich wie üblich, dass auch jene Forscher, die Kritik daran üben, in ihren Publikationen weiterhin von «höheren» oder «niederen» Pflanzen und Tieren sprechen.

Über die zulässige Verwendung dieser Definition gibt es seit Darwin keine einhellige Meinung. So stellt Bernd Rosslenbroich (2002) in seiner Arbeit über *Geschichte und Problem des Höherentwicklungsbegriffs* zusammenfassend fest, dass «sich die ambivalente Haltung Darwins gegenüber dem Höherentwicklungsbegriff bis in die heutige Evolutionsforschung fortgesetzt hat und zu den unterschiedlichsten Haltungen führt. Es zieht sich ein tiefer Graben quer durch die Evolutionsbiologie.»

Es ist allgemein bekannt, dass selbst einfachste Gruppen des Tierreichs seit dem Erdaltertum überlebt, also die großen Wandlungen und Katastrophen innerhalb der Evolution erfolgreich überstanden haben. Amöben und andere Einzeller zeigen uns, dass *niedere* Organismen ebenso Chancen haben zu überleben wie *höhere*. Der Begriff der Höherentwicklung beinhaltet deshalb nicht zwingend bessere Überlebensstrategien, sondern weist vielmehr auf eine zunehmende Differenzierung der Organismen hin. Ein bekannter österreichischer Naturwissenschaftler versucht neuerdings den Höherentwicklungsbegriff in einer fast trivialen Darstellungsform zu diskreditieren. So schreibt Wuketits (2007): «Aber klar, der Schimpanse ist ein *hoch entwickeltes*, der Regenwurm ein *primitives* Tier. So jedenfalls will es die herkömmliche, auf der Idee der *Höherentwicklung* beruhende Diktion.» Das ist gerade nicht gemeint! Wir benutzen den Begriff der Jugendlichkeit doch auch nicht in moralisch abwertender Form für Unreife, sondern vielmehr im Sinne einer juvenilen Plastizität, also eines Entwicklungspotentials bildsamer, zukunftsoffener Lebenskräfte. In populistischer Weise (im Gefolge der Hirnforscher G. Roth und W. Singer) kämpft hier Wuketits gegen Andersdenkende, um den *Nachweis* zu erbringen, dass der «freie Wille» eine Illusion sei.

Ich verwende hier den Begriff der Höherentwicklung im Sinne eines selbstständigeren Hervortretens des Innenlebens gegenüber der Außenwelt. Das zeigt sich uns nicht nur in Selektionsvorteilen wie Anpassung und Spezialisierung, sondern vor allem in einem Unabhängigerwerden der Organismen von biologischen Zwängen und Notwendigkeiten. In diesem Sinne ist auch das Prinzip der Autonomie zu sehen. Die Emanzipation der Organismen von der Umwelt zeigt sich unter anderem in zunehmender Eigenständigkeit, Komplexität und Plastizität, in gesteigertem Bewegungsvermögen wie auch in der Fähigkeit, das innere Milieu weitgehend gegenüber der Außenwelt konstant zu halten (s. Kap. 10.3). Unter Autonomie ist selbstverständlich keine absolute Eigengesetzlichkeit gemeint, da in der Natur immer nur eine relative Autonomie realisiert werden kann. Zu einem besseren Verständnis der Autonomiezunahme innerhalb der Evolution gelangen wir, wenn wir den Begriff der Anpas-

sung nicht automatisch in Richtung Selektion denken; auch dienen zahlreiche Anpassungen dazu, die gewonnene Autonomie aufrechtzuerhalten.

Anfangs möchte ich hier einige Autoren zitieren, die den Organismen ein größeres *Mitspracherecht* in der Evolution zugestehen, die den Emanzipationsprozess der Organismen beziehungsweise die Autonomiezunahme als einen Grundimpuls der Evolution erkannt und teilweise sogar in den Mittelpunkt ihrer Forschungen gestellt haben:

Nach Claude Bernard (1859) erfordert die Aufrechterhaltung eines konstanten inneren Milieus bestimmte regulative Prozesse und macht dadurch den Organismus von den Schwankungen des äußeren Milieus unabhängig. Die Unabhängigkeit sei als die wichtigste Voraussetzung für die Freiheit des Organismus anzusehen, denn *Freiheit* sei in erster Linie Befreiung vom Diktat der Umwelt (zitiert nach Rosslenbroich 2007).

Julian Huxley (1948) ging nicht nur von einer zunehmenden Unabhängigkeit der Organismen gegenüber der Umwelt aus, sondern nahm auch an, dass die Organismen im Verlauf der Evolution eine gewisse Kontrolle über die Umwelt erringen können.

Für Friedrich Alexander Kipp (1949) ist Evolutionsfortschritt nicht identisch mit besseren Überlebensmöglichkeiten, sondern das «biologische Charakteristikum der Höherentwicklung ist vielmehr eine *fortschreitende Emanzipation* des Organismus von äußeren Bindungen. Rein *morphologisch* versteht man unter Höherentwicklung die zunehmende Differenzierung und Ausgestaltung der einzelnen Organe und Organsysteme des Tierkörpers. In *biologischer* Hinsicht ist mit diesen Organisationsfortschritten eine Änderung des Verhältnisses zwischen den Organismen und der Umwelt verbunden. Nicht der Erhaltung der Generationsfolge, sondern *den*

Einzelgliedern der Art, den Individuen kommt die erhöhte Selbstständigkeit zugute ... Was uns die Tierreihe vor Augen führt, sind also verschiedenartigste Rangstufen der Autonomie der Individuen.»

Adolf Portmann (1960), der sich sein ganzes Forscherleben mit den großen Fragen der Evolution beschäftigt hat, vertrat die Ansicht, dass sich mit zunehmender Organisationshöhe ein reicheres seelisches Leben ausbildet und sich im gleichen Maße auch *Organe der Kundgabe* entfalten. Portmann hat sich auch intensiv mit der Tiergestalt und dem Thema der Selbstdarstellung der Tiere gewidmet (s. S. 226).

Wolfgang Schad (1971) weist in seinem Grundlagenwerk *Säugetier und Mensch. Zur Gestaltbiologie vom Gesichtspunkt der Dreigliederung* auf die emanzipatorischen Vorgänge in der Natur hin, etwa bei den Säugetieren auf die *verinnerlichte Embryonalentwicklung* und beim Menschen auf das *verselbstständigte Gliedmaßensystem.* Schad hat in zahlreichen Veröffentlichungen und Vorträgen immer wieder darauf aufmerksam gemacht, dass die gesamte Evolution von der Signatur der Freiheit durchzogen ist, wobei der Freiheitsbegriff zu differenzieren sei: Die biologische Emanzipation ist eine Freiheit *von* etwas, und die menschliche Entwicklung besteht darin, frei zu werden *für* etwas. Autonomiezunahme kann nach Schad (Vortrag 21.2.2009) als Maßstab für Höherentwicklung gelten.

Für Richard Lewontin (2002) ist es als Genetiker und Evolutionsbiologe dringend notwendig, den Begriff der Adaptation anhand eines erweiterten Verständnisses der Beziehungen zwischen Organismus und Umwelt zu revidieren und den Organismus nicht als passives Medium anzusehen. Auch wenn Adaptation wörtlich genommen das Anpassen des Organismus an bereits vorhandene Gegebenheiten sei, so bedeute das

nicht, dass Umwelt sich unabhängig vom Organismus entwickle, sondern beide bedingten sich gegenseitig. Deshalb sei es inzwischen an der Zeit, sich das Verhältnis zwischen Innen- und Außenwelt und zwischen Organismus und Umwelt wieder bewusst zu machen, um das Verständnis von der Natur weiter voranzutreiben. Während die Metapher der Adaptation ursprünglich ein wertvoller heuristischer (methodischer) Ansatz für die Entwicklung der Evolutionstheorie war, ist sie nach Ansicht Lewontins heute zu einem Hindernis für das richtige Verständnis des evolutiven Prozesses geworden und müsse dringend durch eine neue ersetzt werden.

Andreas Suchantke geht in mehreren umfangreichen und lebendig geschilderten Büchern und Aufsätzen auf das Prinzip der Höherentwicklung innerhalb der Botanik, der Zoologie wie auch der Paläontologie ein. In seinem Aufsatz «Tiere – Brüder und Weggenossen des Menschen» (2003) beschreibt er in dem zentralen Kapitel *Autonomie als Evolutionsmotiv* die schrittweise Zunahme an Autonomie innerhalb der Wirbeltiere, zum Beispiel von der Autonomie des Wasserhaushaltes bei den Reptilien zur Autonomie der Körperwärme bei Vögeln und Säugetieren. Die Frage, ob eine weitere Stufe der Autonomie denkbar sei, beantwortet er mit der «*Autonomie des Bewusstseins, des Seelischen,* welche die nächsthöhere Evolutionsstufe darstellt – es ist die Evolutionsstufe des Menschen», auf der sich der Mensch zur echten *Partnerschaft mit der Natur* bekennen sollte. Dieser nicht leicht zugängliche Aufsatz ist erfreulicherweise in dem neu erschienenen Band von Andreas Suchantke wieder aufgenommen worden: *Zum Sehen geboren. Wege zu einem vertieften Natur- und Kulturverständnis* (2008).

Nach Wolfgang Wieser (2007) haben uns vor allem die entwicklungsbiologischen Entdeckungen des letzten Jahrhunderts vor Augen geführt, wie ein sich selbst organisierendes System imstande ist, so widersprüchliche Forderungen wie *Stabilität* und *Variabilität, Konkurrenz* und *Kooperation, Autonomie* und *Anpassung, Egoismus* und *Altruismus* mehr oder minder harmonisch aufeinander abzustimmen oder die «Pflicht» zur *Nachhaltigkeit* mit dem «Wunsch» nach *Innovation* scheinbar problemlos auf denselben Nenner zu bringen.

Bernd Rosslenbroich (2007) hat seine umfangreiche Habilitationsschrift ganz dem Thema der *Autonomiezunahme als Modus der Makroevolution* gewidmet. Er weist die evolutiven Trends zur Individualisierung der Organismen nach und zeigt, dass die Evolution vom Autonomieprinzip durchsetzt ist. Wichtige biologische Merkmale von Autonomie sind danach Umweltabgrenzung, homöostatische Funktionen, Internalisation, Größenzunahme und Flexibilität gegenüber der Umwelt. Autonomiezunahme zeigt sich sowohl darin, dass der individuelle Organismus stabiler, selbstständiger und flexibler gegenüber Umwelteinwirkungen wird, als auch darin, dass das Gleichgewicht zwischen Umweltoffenheit und Umweltgeschlossenheit gesichert ist. So offenbart bereits das einfache Beispiel der Zellmembran, dass in einem biologischen System nie eine vollständige Trennung von der Umwelt realisiert ist; vielmehr hat die Membran immer die Doppelfunktion der Abgrenzung und des Austauschs mit der Umwelt. Beides muss gleichzeitig gewährleistet sein. Auf der einen Seite müssen Zellen und mehrzellige Organismen ihre Eigenständigkeit gegenüber den Einflüssen der Umwelt behaupten. Auf der anderen Seite benötigen sie den permanenten Austausch mit der Umgebung. Jeder Organismus muss diese beiden Erfordernisse balancieren, und jede Lösung sieht anders aus.

So ist das Gleichgewicht zwischen dem Verschmelzen *mit* und dem Sich-Abgrenzen *von* der Umwelt ein wichtiges Merkmal für Autonomieentwicklung und des Lebendigen überhaupt. Nicht nur Auseinandersetzung bestimmt die natürliche Lebenswelt; von evolutiver Bedeutung sind ebenfalls (oder vor allem) Kooperation und symbiotische Beziehungen (s. Kap. 10.4). Die Umwelt ist nicht als etwas Feindliches anzusehen, denn der Organismus ist schließlich ein Teil davon. Mit zunehmender Unabhängigkeit von Umwelteinflüssen ist, wie oben angedeutet, eine gesteigerte Eigenständigkeit gegenüber der Außenwelt gemeint. Im Leben der Singvögel werden wir auf die feine Balance zwischen dem Bedürfnis nach Distanz und dem gleichzeitigen Verlangen nach Kommunikation – als Schlüssel zum Verständnis des Reviergesanges – noch zu sprechen kommen (s. Kap. 4.2; 8.3). Mein Anliegen mit der vorliegenden Arbeit ist, am Beispiel des Vogelgesanges verschiedene Freiheitsgrade aufzuzeigen und den evolutiven Sonderweg der Singvögel sowohl vom biologischen als auch vom musikalischen Gesichtspunkt aus darzustellen und zu begründen, gewissermaßen als Beitrag zu einer *Biologie der Freiheit*. Es gilt, die Qualität des Musikalischen in der tierischen Evolution gründlich zu würdigen und das Phänomen des Vogelgesanges unter seinen Autonomieaspekten herauszuarbeiten.

3. Autonomieaspekte im Reviergesang

Die Zweckmäßigkeit des Vogelgesanges gilt heute biologisch als geklärt, und die Funktionen des Gesanges sind weitgehend definiert (s. Kap. 6.1). Für manche Leser mag es deshalb ein gewagtes Bemühen sein, am Beispiel des Vogelgesanges verschiedene Freiheitsgrade aufzeigen zu wollen, scheint doch für den Aspekt der Autonomie im Vogelgesang kaum Bedarf vorhanden zu sein. Außerdem erschweren zwei «ornithologische Regeln» den Zugang zu diesem Bereich:

Nachdem der Gesang der Singvögel im Wesentlichen auf die Funktionen der Revierverteidigung und des Anlockens der Weibchen reduziert worden war, erfolgte später der Rückschluss, dass jeder Vogel, der stimmlich sein Revier abgrenzt und verteidigt, singe. So gilt es heute biologisch gesehen fast immer noch als indiskutabel, die Bezeichnung «Gesang» nur auf die Singvögel anzuwenden (Thielcke 1970a), vermutlich eine Konsequenz aus den exakten Auswertungsmöglichkeiten der Gesänge durch die Sonagraphie. Die zweite Regel hängt eng mit der ersten zusammen, dass nämlich eine Betrachtung der Vogelstimmen unter musikalischen Gesichtspunkten in der Ornithologie als unwissenschaftlich gilt und bestenfalls als *scientia amabilis* einen gewissen Unterhaltungswert genießt. Ob es sinnvoll ist, die geräuschhafte Stimme eines Fasans oder das dumpfe, nebelhornartige Rufen einer Rohrdommel, insofern diese zur Reviermarkierung eingesetzt werden, als Gesang zu bezeichnen, mag dahingestellt bleiben. Mit dem Nivellieren der stimmlichen Qualitätsunterschiede wurde jedoch der musikalische Aspekt bei der Betrachtung des Vogelgesanges weiter in den Hintergrund gedrängt.

Ich möchte eine dem Thema adäquate Methode anwenden und den musikalischen Gesichtspunkt beim Studium des Vogelgesanges stärker in den Vordergrund stellen. Dazu scheint es mir notwendig zu sein, eine gesangliche Rangordnung der Arten herauszuarbeiten. Und um den engen Zusammenhang der Gesangsbegabung der Singvögel mit ihrem territorialen Verhalten darstellen zu können, bedarf es ferner einer Differenzierung des Reviergesanges (s. Kap. 4) sowie einer vergleichenden Betrachtung unterschiedlich begabter Singvogelarten in Bezug auf ihr Revier- und Sozialverhalten (s. Kap. 6.1). Das ist biologisch insofern berechtigt, als der Gesang der Singvögel ein wichtiges Artmerkmal, also häufig eine eindeutige Schranke zwischen nah verwandten Arten, darstellt. Hinzu kommen die Erkenntnisse, dass das Vogelgehirn in Bezug auf Musikalität und Gesang außerordentlich plastisch ist (Zeigler & Marler 2004) und dass die Gesangsstrukturen verschiedener Singvögel keine zufälligen Ansammlungen von Klangelementen sind, sondern Gesetzmäßigkeiten unterliegen (s. Kap. 7.4; 7.5). So kann die musikalische Qualität des Vogelgesangs besser erkannt und in der Interpretation des Revierverhaltens als biologischer Faktor entsprechend berücksichtigt werden.

Wenn man im Frühjahr intensiv die Singvögel beobachtet und ihren Gesängen lauscht, so ist wahrzunehmen, dass ihr Leben untereinander verhältnismäßig friedlich abläuft. Allerdings kommt es am Anfang der Brutzeit bei benachbarten männlichen Artgenossen häufiger zu Imponier- und Drohgebärden, zu Verfolgungsjagden und teilweise auch zu echten Kampfhandlungen. Zum weitaus größten Teil werden die Differenzen an den Reviergrenzen aber durch Gesang geschlichtet. Diese *musikalische Verteidigungsmethode* ist außergewöhnlich in der tierischen Evolution. Die musikalische Dimension dieses Phänomens verdiente deshalb im Bereich der Verhaltensbiologie einen größeren Stellenwert.

Innerhalb der Evolution ist der Schritt von den Reptilien zu den Vögeln als deutliche Autonomiezunahme anzusehen; sie zeigt sich zum Beispiel im eigenständigen Wärmeorganismus (Endothermie), einer starken Bewegungskapazität (Flugfähigkeit) wie auch einem verhältnismäßig großen Gehirn mit entsprechender Verhaltensflexibilität (Rosslenbroich 2007). Wesentliche Freiheitsgrade sind aber auch in der Stimmbildung und im Stimmorgan der Singvögel zu erkennen (s. Kap. 11). Nach Kipp liegt das Besondere der Singvogelgruppe nicht in einem spezialisierten Verhältnis zur Umwelt, sondern «in der Vervollkommnung ihres Kehlorganes und ihrer Stimme. Die an der Gabelungsstelle der Bronchien liegende Syrinx ist reicher mit Muskeln und Nerven ausgestattet als bei den übrigen Vogelgruppen, und daher ist die Stimme der Singvögel modulationsfähiger. Der Gesang der Singvögel steht auf einer höheren Stufe als die anderen, meist eng an Affekte gebundenen Lautäußerungen der Tiere» (Kipp 1983).

Auf diesen Freiheitsaspekt geht in seiner unnachahmlichen Weise der Schriftsteller Laurens van der Post ein. Er lässt seinen afrikanischen Freund Ben Hatherall von dessen Erlebnissen erzählen, dass nichts den Vogelstimmen gleichkomme. Es sei so, als ob der Himmel in ihren Kehlen musiziere: «Man konnte die Sonne aufgehen und wieder untergehen hören; man konnte hören, wie die Nacht sich herabsenkte und die ersten Sterne am Himmel erschienen. Andere Tiere waren verurteilt, nur solche Geräusche

von sich zu geben, wie sie notgedrungen mussten; aber Vögel schienen die Freiheit zu haben, Töne willkürlich zu äußern, sie nach ihrem Willen zu formen und neue zu erfinden» (Post 1962).

Hier wird eine bedeutsame autonome Ebene berührt, denn viele Singvögel haben sich auf der Gesangsebene von den Zwängen des natürlicherweise vorgegebenen Stimmrepertoires emanzipiert. Insofern sie ihre Gesänge nicht mehr in angeborener Weise erklingen lassen, sondern sie erlernen (s. Kap. 7.1), ergeben sich mannigfaltige Gestaltungsfreiräume, die zu individuellen Gesangsvariationen innerhalb einer Vogelart wie auch zu neuen Arten führen können (s. S. 84). Weitere Autonomieschritte zeigen sich in zunehmender Differenzierung und Komplexität der Gesänge, im spielerischen Stimmgebrauch (s. Kap. 8) bis hin zur Fähigkeit, fremde Motive und Gesänge zu imitieren (s. Kap. 14).

Die außergewöhnliche Stimmentwicklung innerhalb der Singvogelwelt zeigt sich nicht nur eindrucksvoll in der Sphäre des Gesanges, sondern spiegelt sich auch, entsprechend der musikalischen Begabung, im Revierverhalten wider (s. Kap. 3; 4; 6). Es lässt sich ohne große Mühe erkennen, dass die Gesangsentfaltung vieler Singvögel weit über das biologisch Notwendige hinausgeht (s. Kap. 4.1), selbst wenn man die Funktion des Reviergesanges nur unter rein zweckmäßigen Gesichtspunkten betrachten würde.

Wie bereits erwähnt, können wir bei zahlreichen Singvogelarten antagonistisches Verhalten, also Streitigkeiten an den Reviergrenzen, vor allem zu Beginn der Brutperiode beobachten. Wenn wir uns von Mitte Februar bis Mitte März häufiger an der imaginären Grenze zweier Buchfinkenreviere aufhalten, so werden wir nicht nur die individuellen Variationen in den

Gesangsstrophen der beiden Sänger erkennen, sondern auch deutlich wahrnehmbare Abstufungen der gesanglichen Qualitäten vorfinden, je nachdem, wie nah der Reviernachbar zu singen wagt.

Ob ein Mensch laut oder leise, schnell oder langsam spricht, ist häufig geographisch bedingt; wir erfahren auf diese Weise etwas Allgemeines über die Eigenheit seiner Volkszugehörigkeit. Über die individuelle Seelenlage eines Menschen, abgesehen von der Mimik, erfahren wir dagegen sehr viel mehr, wenn wir im Gespräch auf die Klangfarbe der Stimme und auf den Wechsel von Tonhöhe, Lautstärke und Tempo achten. Niemandem fällt es schwer, die seelischen Nuancen von liebenswert, freundlich bis hin zu abweisend und ärgerlich in der Stimme eines Menschen wahrzunehmen. Wir besitzen alle diese Fähigkeiten, zum Teil sogar sehr fein ausgebildet. Wir müssen sie nur einmal intensiver auf die Gesänge der Vögel richten. Im Vergleich zu Säugetieren ist es Vögeln zwar kaum möglich, ihre seelischen Empfindungen so unmittelbar in ihre Stimme hineinzulegen (s. Kap. 8.1), die unterschiedlichen emotionalen Phasen spiegeln sich aber unverkennbar im Charakter ihrer Gesänge (s. S. 17 f., 45). Und insofern wir wahrnehmen können, dass sich die Liedstrophen in Vielfalt und Lautstärke, im Tempo und Rhythmus verändern, ist auch die Frage nach den Ursachen dieser Abweichungen von großem Interesse. Eine Antwort lässt sich, wie in den nächsten Kapiteln versucht werden soll, sowohl für die naturgebundenen Veränderungen als auch für die autonomeren Modifikationen des Gesanges finden.

4. Differenzierung des Reviergesanges der Singvögel

Der Gesang der Singvogelmännchen dient nach heutiger Lehrmeinung vornehmlich der Markierung und Verteidigung von Revieren, dem Anlocken der Weibchen wie auch dem Partnerzusammenhalt (s. Kap. 6.1). Der britische Vogelkundler und Millionär Mark Constantine, der mit über 30.000 Tonaufnahmen wohl das größte Vogelstimmenarchiv der Welt besitzt, formuliert das so: «Der Gesang ist eine Waffe im gnadenlosen Überlebenskampf, da wird geprotzt und getrickst und getäuscht, und oft geht es um Leben und Tod. Genau deswegen singen die Vögel ja so schön, weil sie sonst aussortiert würden.»[1] Ein wissenschaftlich arbeitender Ornithologe würde das sicher vornehmer formulieren. Die drastische Vereinfachung illustriert jedoch die Grundhaltung und offenbart gleichzeitig, dass wesentliche Faktoren bei der Betrachtung des Vogelgesangs häufig unberücksichtigt bleiben: Die gesanglichen Auseinandersetzungen ereignen sich vor allem zu Beginn der Brutperiode, solange die Revierverteilung noch nicht abgeschlossen ist. Sie setzen sich nicht in gleicher Weise während des ganzen Frühjahrs fort; auch sind sie von anderen Streitigkeiten, zum Beispiel um Nahrung oder Nistmaterial, zu unterscheiden. Auseinandersetzungen an den Reviergrenzen finden zum allergrößten Teil während des Singens statt; die Qualität des Reviergesanges verändert sich je nach Situation und Stimmung der Vögel. Gesangsduelle an den Reviergrenzen sind nur Teil des Reviergesanges; sie repräsentieren lediglich dessen unteres musikalisches Niveau.

Vogelgesang lässt sich nicht auf wenige funktionelle Aspekte reduzieren. Vom musikalischen Gesichtspunkt aus ergibt sich, zumindest für die gesangsbegabten Singvogelarten (s. Kap. 6), die Notwendigkeit, eine Differenzierung des Reviergesanges vorzunehmen und von drei verschiedenen Gesangsebenen zu sprechen:

a) erregter Kampfgesang
b) entspannter Motivgesang
c) sphärischer Gesang

4.1 Erregter Kampfgesang (untere Ebene des Reviergesanges)

Gegenüber dem Vollgesang, den ich als «entspannten Motivgesang» bezeichne (s. Kap. 4.2), möchte ich die untere Ebene des Reviergesanges «erregten Kampfgesang» nennen. Dieser Gesangstyp wird in der Ornithologie auch als *Aggressiv-* oder *Erregungsgesang* bezeichnet.

Beim erregten Kampfgesang haben wir es aber nicht mit einer völlig anderen Gesangsart zu tun, sondern es ist Reviergesang, der infolge der seelischen Erregung des Sängers eine musikalische Abweichung, meistens eine Reduzierung, erfährt (s. Kap. 5.4). Wird zum Beispiel ein aufdringliches Singvogelmännchen vom Revierinhaber stimmlich attackiert, so kann auch ein musikalisch wenig geschulter Mensch sehr rasch die signifikanten, meist disharmonischen Veränderungen im Gesang der beiden Kontrahenten bemerken. Auch ist auf der unteren Gesangsebene der Verlust der noch zu bespre-

---

1   Schmundt, H. (2008): Werben, tricksen, täuschen. *Der Spiegel*. Nr. 4: 122-123; www.sound-approach.co.uk

chenden Ordnungsprinzipien in der Gesangsstruktur zahlreicher Singvögel zu beobachten
(s. Kap. 7.5).

Der erregte Kampfgesang ist immer dann
wahrzunehmen, wenn es zu territorialen Auseinandersetzungen kommt, wenn also ein männlicher Artgenosse zu nah an der Reviergrenze
oder bereits im fremden Revier singt. Die Gesangsstrophen im erregten Kampfgesang werden
meistens kämpferischer und aggressiv-härter
vorgetragen. Sie sind häufig lauter und einförmiger als im entspannten Motivgesang, weil der
Gesang, entsprechend der unteren Ebene, stärker den Zwängen der Revierverteidigung unterliegt. Dazu werden die Strophen oft verkürzt wie
bei Pirol (s. Abb. 6), Waldblaubsänger, Fitis,
Halsbandschnäpper, Seggenrohrsänger, Feldschwirl, Zwergschnäpper und Dorngrasmücke
(s. Abb. 2 u. 3), oder die Strophen werden abgebrochen, wie man es bei Buchfink und Grauammer (s. Anm. S. 33) hören kann. Da das Auflösungsvermögen für Töne bei den Vögeln
größer ist als beim Menschen, kann uns das Sonagramm die unterschiedlichen Zeitstrukturen
genauer darstellen, als es der kurze Hörvorgang
vermag.[2]

Bei Arten, die durchweg nur kurze Strophen
singen, ist eine Verkürzung kaum möglich.
Aber Abweichungen im Gesang sind auch bei
ihnen wahrzunehmen. So reduzieren Kohl- und
Sumpfmeise im aggressiv vorgetragenen Reviergesang ihre vielfältigen Variationen auf wenige
markante Motive, während rivalisierende Zilpzalpe unrhythmisch zu singen beginnen und
ihre Strophen häufig auch lauter und schneller
vortragen (s. Kap.5.2). Für den Kleiber ist bezeichnend, dass er mit zunehmender Erregung
die Strophenintervalle verkürzt; die Anzahl der
Laute steigt also. Die Pfeifstrophe des Kleibers

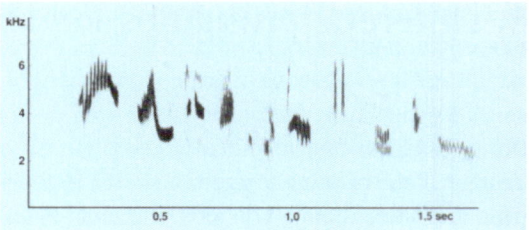

Abb. 2: Dorngrasmücke, entspannter Motivgesang

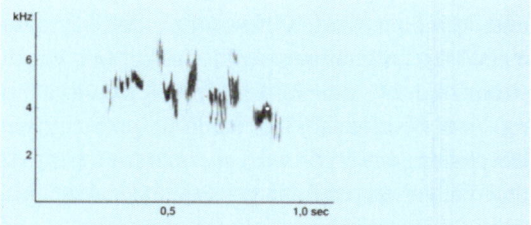

Abb. 3: Dorngrasmücke, stark verkürzter Erregungsgesang

kann ebenfalls bei starker Erregung gesteigert
werden und erklingt dann als bekannte Trillerstrophe. Bemerkenswert ist dabei, dass diese
rasche Aneinanderreihung von kurzen, schnell
auf- und abwärts modulierten Elementen einerseits als Balztriller während der Fortpflanzungszeit (meist in der Nähe des Weibchens) gesungen wird, andererseits aber auch «als Kontergesang gegenüber einem ebenfalls Trillerstrophen
singenden Nachbarn geäußert werden» kann
(Glutz 13/II).

In selteneren Fällen werden Erregungsstrophen auch leiser gesungen. So klingt der Erregungsgesang der Nachtigall leise, und die Tonfolge wie zusammengedrückt, während das Lied
der Heckenbraunelle, je näher sich die Reviernachbarn kommen, umso kürzer, hastiger und
leiser wird (Glutz 11/1). Auch hier zeigt sich
eine Wechselbeziehung zwischen der Art der
Lautäußerung und dem Erregungsgrad, was an
den deutlichen Abstufungen im Gesangsvortrag
zu erkennen ist. Das gilt auch für den Erregungs-

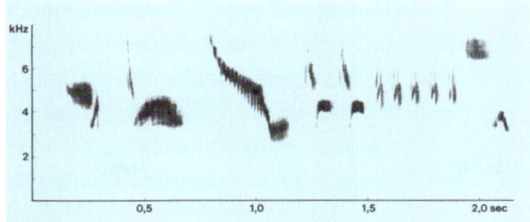

Abb. 4: Rohrammer, entspannter Motivgesang

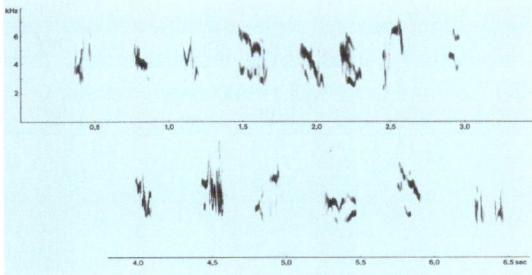

Abb. 5: Rohrammer, erregter Kampfgesang

gesang der Rohrammer. Die entspannte Gesangs-strophe (s. Abb. 4) zeigt klare Elemente, wobei die gegliederte Gestalt noch erkennbarer wird, wenn wir berücksichtigen, dass die wechseln-den Motive der Rohrammer durch Umstellung der Klangelemente gebildet werden (s. Kap. 7.5). Der erregte Kampfgesang, der länger als der ent-spannte Reviergesang sein kann (s. Abb. 5), lässt dagegen keine klaren Motive mehr erkennen; er besteht mehr aus einer Aneinanderreihung von warnrufartigen Lauten, die an das Tschilpen von Haussperlingen erinnern.

Mit etwas Übung lassen sich auch andere Ab-weichungen in den Gesängen verschiedener Singvogelarten wahrnehmen: Beim Kampfge-sang des Rotkehlchens stimmt die Motivanord-nung im erregten Kampfgesang mit der des ent-spannten Motivgesanges zwar überein, die An-zahl der Elemente pro Minute ist aber reduziert und die regelmäßige Strophenstruktur fehlt. Der (entspannte) Reviergesang des Steinrötels er-tönt, von einer Warte aus vorgetragen, ruhig und mit längeren Zwischenpausen; nimmt die Erre-gung zu (z.B. durch den Gesang benachbarter Männchen stimuliert), wird der Gesang bei er-höhter Intensität im Flug fortgesetzt (Glutz 11/1).

Wenn ein Amselmännchen auf den Gesang eines Eindringlings antwortet, wirkt sein Ge-sang oft unzusammenhängend, staccatoartig. Meistens kündigen Amseln aggressives Verhal-ten mit leisen, geräuschhaften Strophen an. Typischerweise wird aber beim hastig vorgetra-genen und aus großen Frequenzsprüngen beste-henden Rivalengesang das umfangreichste und klangvollste Repertoire nicht eingesetzt. Häufig wird jedoch ein männlicher Artgenosse, der zu nah an der Reviergrenze singt, unmittelbar attackiert.

Die Gesangsstrophen ungereizter Sperbergras-mücken-Männchen zeichnen sich durch eine klare Aneinanderreihung deutlich voneinander abgesetzter Elemente aus. Die Strophen stark erregter Vögel werden vergleichsweise rasch, mit nur kurzen Intervallen zwischen den ein-zelnen Elementen vorgetragen; tonreine Ele-mente, die beim ruhigen Gesang oft auftreten, finden sich kaum noch (Glutz 12/II). Bei Beun-ruhigung wiederholen Gelbspötter ihre Ge-sangsphrasen öfter, wodurch sich der Variations-reichtum des Gesanges deutlich reduziert; auch werden öfter Pausen eingelegt. Einzelne Männ-chen der Heidelerche wiederholen im hohen Singflug die Strophenfolge innerhalb einer Stro-phenkette mit großer Genauigkeit; die Fehler-häufigkeit variiert individuell und ist bei Erre-gung besonders groß (Singer 1979); bei Stö-rungen durch einen Rivalen steigert etwa der Sänger das Tempo, sodass es zu *Abirrungen* kommen kann, wobei ein sich *irrender* Sänger häufig seinen Gesang unterbricht, um dann im persönlichen Sinne *richtig* weiterzusingen (Wulffen 2005). Bemerkt ein singendes Baum-

Lautäußerungen sind als akustische Ereignisse flüchtige Erscheinungen. Da wir uns sehr stark visuell orientieren, können wir sie uns in Form von Sonagrammen zugänglich machen und sie so zu dauerhaften Strukturen werden lassen. Im Prinzip besteht die Leistung der Sonagraphie darin, Schallereignisse in ihrer Tonhöhe, ihrem zeitlichen Verlauf und ihrer relativen Lautstärke zu analysieren. Die Frequenz, also die Zahl der Schwingungen pro Zeiteinheit, wird in der Einheit «Hertz» gemessen (ein Hz ist 1 Schwingung pro Sekunde; 1000 Hz sind 1 kHz) und bestimmt die Höhe eines von uns wahrgenommenen Tones. Das menschliche Hörvermögen reicht wie das der Vögel kaum über 20.000 Hz (20 kHz) hinaus. Die menschliche Stimme liegt in ihren stimmhaften Anteilen vor allem im untersten Bereich bis zu 4 kHz. Zischlaute wie «s» und «sch» sowie kurze, harte Elemente wie «p» und «t» gehen etwas darüber hinaus; Vogelstimmen übersteigen selten den Bereich von 8 kHz.

Die Skala der menschlichen Tonhöhenwahrnehmung ist nicht linear aufgebaut, denn wir haben in den unteren Tonhöhenbereichen ein sehr viel feineres Wahrnehmungsvermögen für Tonhöhenveränderungen und -unterschiede als in den oberen. Zu beachten ist, dass die Tonhöhenskala im Sonagramm abweichend hiervon linear verläuft. Dies ist die in der biologischen Literatur eingebürgerte Darstellungsweise. Die Tonhöhenänderungen im Sonagramm scheinen daher nach unserem subjektiven Empfinden in den unteren Frequenzbereichen zu schwach, in den oberen zu stark dargestellt zu sein. Dies muss man beim *Lesen* der Sonagramme berücksichtigen (Bergmann & Helb 2008). Da Singvögel ein besseres zeitliches Auflösungsvermögen in ihrem Hörsystem haben als wir Menschen, ist die Zeitauflösung des Sonagramms eine gute Hilfe, um die Wahrnehmungsgenauigkeit der Singvögel und die musikalischen Gesetzmäßigkeiten in der Gesangsstruktur zu veranschaulichen.

piepermännchen an der Grenze seines Territoriums einen Rivalen, so werden die Strophen nicht nur kürzer, sondern auch heller und lebhafter und können durch aggressive «tsrieh»-Rufe unterbrochen sein (Glutz 10/II). Sangesfreudige und ungestörte Pirolmännchen variieren aufeinanderfolgende Strophen oft, während gereizte und aggressiv gestimmte Männchen gelegentlich stark verkürzte Strophen äußern (Glutz 13/II).

Die Stimme kann sich zudem während des Singens geradezu überschlagen, wie es vom Kuckuck bekannt ist. Auch wenn dieser nicht zu den Singvögeln zählt, so demonstrieren die untypischen dreisilbigen Strophen, die in der Tonhöhe ansteigen und sich beschleunigen, sehr deutlich seine Aufregung. Die neutrale wissenschaftliche Formulierung, gereizte Vögel würden «Doppelstrophen» einsetzen (s. Kap. 5.2), lässt wenig vom inneren Erregungsgrad eines Vogels erahnen. Das gilt auch für den Pirol: Die Sonagramme (Abb. 6) zeigen den entspannten Motivgesang (A), eine weitere vollständige Reviergesangsstrophe, die bereits erste Anzeichen von Erregung enthält (B). Erregte Strophen nehmen häufig an Lautstärke zu. Sie weisen besonders zu Beginn höher modulierte Elemente auf (C-H), können aber im weiteren Verlauf dem normalen Gesang noch ähnlich sein (E, F, G) oder wie *stotternd* klingen (C) beziehungsweise in verkürzten und deutlich voneinander abgesetzten Strophenteilen (D, H) erklingen (Glutz 13/II). Ähnliche Veränderungen in der Stimme hören wir auch beim Fitis, dessen Erregungsstrophen

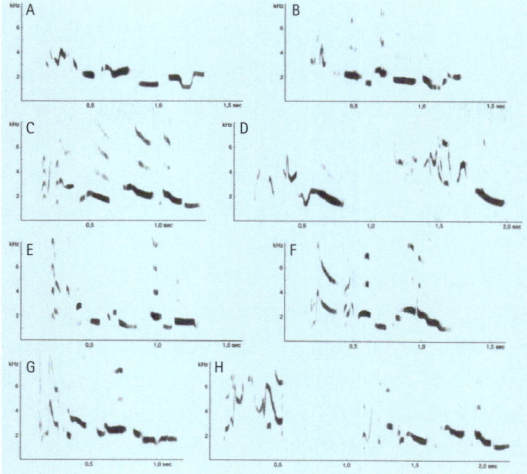

Abb. 6: Entspannter Motivgesang und verschiedene Erregungsstrophen des Pirols

Abb. 7: Pirol, singendes Männchen

in der Regel mit kürzeren Strophenintervallen zunehmend lauter werden.

Beim Drosselrohrsänger spricht man von einem «Gesangstyp aus komplexen längeren Strophen, der sich an Weibchen richtet, daneben kurze monotone Strophen, die den konkurrierenden Männchen gelten» (Westheide & Rieger 2004). Es scheint sich aber auch hier mehr um einen Übergang vom entspannten Motivgesang zum erregten Kampfgesang zu handeln. Doch jeder, der die knarrende Stimme dieser Vogelart mit ihrem harten, kraftvollen «karre-karre-kriet-kriet» kennt, wird die Abweichungen bei diesem verhältnismäßig *monotonen* Sänger nicht überbewerten.

Bei vielen Singvogelarten ist auch eine stimmliche Steigerung des (angeborenen) Rufrepertoires wahrzunehmen. Am heftigsten sind selbstverständlich die Warnrufe, denn diese meistens harten Laute sind Ausdruck allgemeiner Erregung und haben naturgemäß einen durchdringenden, aufweckenden Charakter. Bei einigen Singvögeln kann der erregte Kampfgesang gera-

dezu in diese unmusikalischen Warnrufe *umkippen*, wie wir es beim Pirol mit seinem eichelhäherartigen Rätschen oder bei der Amsel mit dem heftigen «Tixen» kennen.[3] Eine zartere Variante, die häufiger zu hören ist, singen Blaumeisen, wenn sie in etwas erregter Stimmung eine kurze Warnrufreihe mitten in ihren Gesang platzieren.

Die hörbaren Veränderungen im Gesangsvortrag sind meistens eindeutig, können aber, je nach Art, unterschiedlich und vielfältig sein. So singt die Zaunammer zum Beispiel je nach Erre-

---

3   Zum Tixen der Amsel: Warnruf, der besonders dann zu einer kaskadenähnlichen Rufreihe gesteigert wird, wenn mehrere Vögel sich zunehmend über eine Katze, eine Elster oder eine Eule aufregen. Die Fülle der wissenschaftlichen Arbeiten über das Tixen der Amsel zeigt, dass dieses Phänomen nicht völlig geklärt ist. Nicht selten kann man als Beobachter den Eindruck gewinnen, dass diesen aufgeregten Zeter-Konzerten nicht immer eine äußerliche Ursache zugrunde liegt; das Tixen fungiert demnach nicht unbedingt nur als «Warnruf». Das Tixen ist aber «in hohem Maße stimmungsübertragend (und auch) mit dem Sammeln zum gemeinsamen Abflug (zum Schlafplatz) verbunden» (Glutz 11/II).

gungsgrad ihren Gesang fragmentarisch, laut, gedämpft oder leise (Groh 1975), während es von der Zippammer heißt: «Nach Beendigung eines Kampfes, besonders nach Vertreibung fremder Männchen und Rückkehr ins eigene Revier, singt das Männchen aggressiv-hart, dann zunehmend weicher bis zum normalen Gesangsmodus» (Schuphan 1972). Das weist uns darauf hin, auch auf den Übergang vom erregten zum entspannten Gesang zu achten. Über diese Metamorphose, welche den in der Stimme sich auswirkenden seelischen Stimmungswandel der Vögel spiegelt, wird noch zu sprechen sein (s. Kap. 5.4).

Unter der heute noch üblichen Voraussetzung, der Gesang sei vor allem zur Revierverteidigung entwickelt worden, ist nun bei fast allen gesangsbegabten Singvogelarten ein ungewöhnlicher, ja geradezu paradoxer Vorgang festzustellen: Immer dann, wenn das Revier verteidigt wird, erfährt der Reviergesang eine musikalische Reduzierung. Vom musikalischen Gesichtspunkt erleben wir ein Herabsinken auf die untere Ebene des Reviergesanges. Die Reizbeantwortung, von der sich die Singvögel auf den höheren Gesangsebenen *befreit* haben, tritt wieder hervor, während sich der vollendete Gesang erst dann wieder in seinem ganzen Zauber entfaltet, wenn die Verteidigungsfunktion nicht mehr gegeben ist.

Für jeden, der aufmerksam den Vogelgesängen lauscht, ist es nicht verwunderlich, in verschiedenen Erregungsphasen der Vogelmännchen deutlich wahrnehmbare Unterschiede der gesanglichen Qualitäten vorzufinden. Es ist unschwer festzustellen, wie anders geartet die Gesänge erklingen, je nachdem, ob ein Vogelmännchen sie in einer aufgeregten oder einer entspannten Atmosphäre erzeugt.

Auf dieses Phänomen hat bereits vor über siebzig Jahren Konrad Lorenz aufmerksam ge-

macht. Er bekennt in diesem Zusammenhang, dass ihn der Gesang der Vögel immer wieder zu intensivstem philosophischem Nachdenken und Verwundern anregte. Über das Vogellied heißt es: «Wir wissen wohl, dass ihm eine arterhaltende Leistung bei der Revierabgrenzung, der Anlockung des Weibchens, der Einschüchterung von Nebenbuhlern zukommt. Wir wissen aber auch, dass das Vogellied seine höchste Vollendung, seine reichste Differenzierung dort erreicht, wo es diese Funktionen gerade nicht hat. Ein Blaukehlchen, eine Schama, eine Amsel singen ihre kunstvollsten und für unser Empfinden schönsten, objektiv gesehen am kompliziertesten gebauten Lieder dann, wenn sie in ganz mäßiger Erregung *dichtend* vor sich hinsingen. Wenn das Lied funktionell wird, wenn der Vogel einen Gegner ansingt oder vor dem Weibchen balzt, gehen alle höheren Feinheiten verloren; man hört nur eintönige Wiederholungen der lautesten Strophen, wobei bei sonst spottenden Arten wie dem Blaukehlchen die schönsten Nachahmungen völlig verschwinden und der kennzeichnende, aber unschön schnarrende angeborene Teil des Liedes stark vorherrscht. Es hat mich immer wieder geradezu erschüttert, dass der singende Vogel haargenau in derselben biologischen Situation und in eben der Stimmungslage seine künstlerische Höchstleistung erreicht wie der Mensch, dann nämlich, wenn er in einer gewissen Gleichgewichtslage, vom Ernst des Lebens gleichsam abgerückt, in rein spielerischer Weise produziert» (Lorenz 1935).

In ähnlicher Weise äußert sich einige Jahrzehnte später der Freiburger Zoologe Bernhard Hassenstein. Er schreibt, dass es zum Eindrucksvollsten gehört, was ein Naturbetrachter erleben kann, wenn er feststellt: «Der Gesang ist am lautesten und kämpferischsten, wenn er seinen biologischen Sinn erfüllt, einen Rivalen zu bekämpfen. Aber er ist am vielfältigsten und für unser Ohr am schönsten, wenn *kein* Rivale zugegen ist, wenn also der Gesang seinen biologischen Sinn gerade *nicht* erfüllt. Dann erst scheint der Vogel in einer genügend entspannten Situation zu sein, um seine ganze musikalische Erfindungsgabe zu entfalten. Von einem Vogel in dieser Stimmung pflegt man zu sagen: Er dichtet. Die reichste Vielfalt in der musikalischen Erfindung der Nachtigall tritt also, ähnlich wie das Spielen der Tiere (s. Kap. 8.3), beim Fehlen gegenwärtiger triebbedingter Ziele, im entspannten Feld zutage … Hier ist also im Verhalten von Tieren bewiesenermaßen ein Befreitsein von biologischen Notwendigkeiten erreicht worden, wie es vollkommener nicht denkbar ist» (Hassenstein 1969).

Der erregte Kampfgesang, der zur Revierverteidigung völlig ausreichen würde, weist uns darauf hin, dass sich der entspannte Motivgesang weit über die biologischen Erfordernisse hinaus entwickelt hat. Der (kurzfristige) Verlust von Freiheitsgraden im erregten Kampfgesang ist, zum Teil jedenfalls, als Rückfall in angeborene Gesangsstrukturen hörbar. So wird verständlich, warum vielfältige Imitationen, die eine Steigerung der Gesangsentwicklung bedeuten, auf dieser Ebene häufig unterbleiben. Es können beispielsweise dem melodiösen Teil des entspannten Amselgesangs weniger klangvolle «Anhängsel» mit Imitationen folgen (s. Kap. 9.3.4), die im Rivalengesang in der Regel nicht zu hören sind. Allerdings werden hin und wieder Imitationen von kurzen Rufen vorgetragen beziehungsweise *mitgeschleppt*, die aber nicht der Qualitätssteigerung des Gesanges dienen.

Recht aufschlussreich ist, wie die Mönchsgrasmücke Imitationen im erregten Kampfgesang einsetzt:

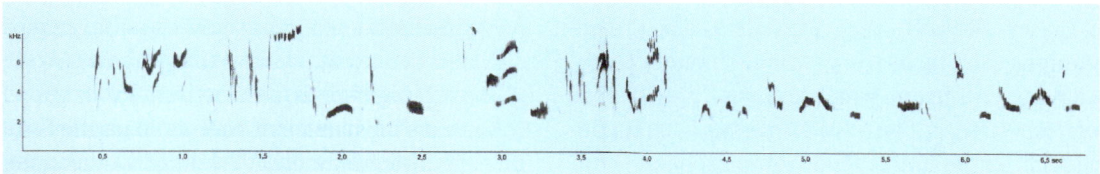

Abb. 8: Vielfältiger entspannter Motivgesang einer Mönchsgrasmücke

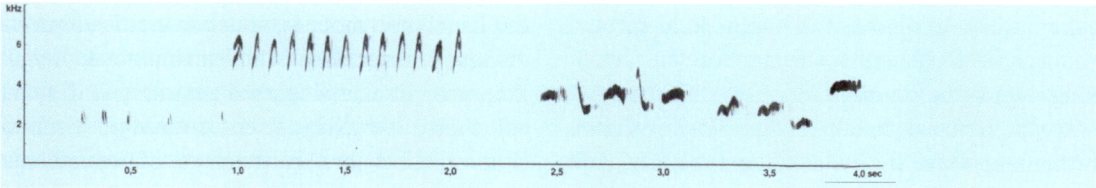

Abb. 9: Erregter Kampfgesang einer Mönchsgrasmücke mit Imitation von Alarmrufen einer Amsel

Im Vergleich zum 6,5 sec dauernden entspannten Motivgesang der Mönchsgrasmücke (Abb. 8), der häufig eine drosselartige Schlussstrophe enthält, fällt der monotonere und kürzere Aggressivgesang (Abb. 9) sofort auf: Der letzte Teil des erregten Kampfgesanges zeigt im Sonagramm einen verkürzten scharfen Überschlag. Die anfänglichen zarten Klangelemente und der mittlere Teil sind Nachahmungen von Alarmlauten der Amsel. Die Strophe beginnt mit wenigen

Abb. 10: Mönchsgrasmücke, Männchen

gesanges gesprochen wird, ist damit fast immer die untere Ebene des Reviergesanges, also der erregte Kampfgesang, gemeint. Mit diesem unteren Bereich befasst sich vor allem, ohne es explizit zu erwähnen, die ornithologische Wissenschaft. Hier, und nicht für alle Ebenen des Reviergesangs, haben zweckmäßige Argumente eine gewisse Berechtigung.[4]

Darwinistische Interpretationen klingen deshalb so überzeugend, weil aufgrund mangelnder Differenzierung die kämpferische Seite des Reviersingens oft einseitig in den Vordergrund gerückt ist. Daraus ergibt sich die Notwendigkeit einer musikalischen Differenzierung der Gesänge.

imitierten «tack«-Lauten, denen sich die Imitation einer schnellen, hohen Zeterreihe anschließt (Glutz 12/II).

Dieses Beispiel zeigt uns, dass der erregte Kampfgesang nicht wie gewöhnlich durch Nachahmung anderer Vogelstimmen musikalisch bereichert wird. Stattdessen werden – charakteristisch für die untere Reviergesangsebene – Imitationen von harten Warnrufen hervorgebracht, die den Erregungszustand des Sängers unterstreichen. Das Imitieren im erregten Kampfgesang ist also in diesem Falle kein Widerspruch, sondern bestätigt sehr schön die Regel der musikalischen Reduzierung.

Möglicherweise haben einige Singvogelarten beziehungsweise Individuen sogar die Fähigkeit entwickelt, selbst in einer gereizten Situation musikalische Auswege zu finden (s. Kap. 5.3). Hier deuten sich tiefere Geheimnisse des Imitations- oder Spottgesanges an, die zu der Frage führen, in welchem Maße es einigen Vögeln möglich ist, Imitationen auch im richtigen Kontext vorzutragen (s. Kap. 9.3.5).

Wenn heute von der Funktionalität des Revier-

4.2 Entspannter Motivgesang (Vollgesang)

Es kann also festgehalten werden, dass die Strophen im Erregungsgesang vielfach kürzer, monotoner und kämpferischer sind. Vogelgesang dagegen, der in einem störungsarmen Umfeld, in einer beruhigten Atmosphäre erklingt, ist in der Regel motivreicher, vollendeter, differenzierter und klangschöner. Der entspannte Motivgesang enthält vielfältigere Strukturen und wirkt bei vielen Singvogelarten insgesamt einheitlicher, auch sind die einzelnen Klangelemente häufig deutlicher voneinander abgesetzt. Im entspannten Motivgesang (oder Vollgesang) eröffnet sich ein weites Spektrum von Variationsmöglichkeiten, weil sich die Vogelmännchen von äußeren Einflüssen weniger eingeengt fühlen.

---

4 Die Bewertung in eine untere, mittlere und obere Ebene stellt eine rein musikalische Rangordnung dar.

Auf spielerische Weise und in einer entspannten, friedlichen Atmosphäre (s. Kap. 8.2) erklingt der ganze musikalische Reichtum unserer besten Singvögel. Alles, was sich über den erregten Kampfgesang hinaus an Feinstruktur, Melodik und Variationskunst entfaltet, ist hörbares Ergebnis individueller Freiräume, somit lebendiger Ausdruck gesteigerter Freiheitsgrade. Die diesem Kapitel vorausgehende Betrachtung des erregten Kampfgesanges sollte zeigen, dass Singvögel durchaus gegeneinander singen und notfalls auch bereit sind zu kämpfen. Machen wir uns aber bewusst, dass das nur für die untere Ebene des Reviergesanges gilt. Im entspannten Motivgesang, und das ist der weitaus größte Teil der Gesangsaktivität europäischer Singvögel, singen benachbarte Singvogelmännchen indessen miteinander. Das ist nicht die freundliche Metapher eines Vogelfreundes, sondern ein Entwicklungsschritt in der Singvogelevolution, der biologisch begründet werden soll.

Die Gesänge erklingen am schönsten und vielfältigsten, wenn die Reviernachbarn in genügend großem Abstand in ihren Revieren, also ganz entspannt, singen, aber nicht, wie man vielleicht denken möchte, wenn keine Reviernachbarn vorhanden sind. Es ist immer wieder zu beobachten und zu erleben, wie sich Artgenossen (bei genügender Distanz) gegenseitig anregen und gesanglich fördern. Eine Amsel zum Beispiel, die alle singenden Artgenossen in ihrer Nähe verjagen könnte, hätte dann zwar ein ausgedehntes Revier und keine Konkurrenten mehr neben sich, sie würde aber keinen männlichen Artgenossen mehr hören! Und so, wie eine Gesangsentwicklung im Verlauf der Evolution ohne vokale Kommunikation nicht vorstellbar ist, bedarf es auch heute des gesanglichen Austausches zwischen den Gesangsnachbarn.

Wir wissen, wie folgenreich die akustische Anregung für unsere Meistersänger bei der Ent

Abb. 11: Amsel, singendes Männchen

faltung des eigenen Gesanges ist, wie sie sich im musikalischen Wettbewerb gegenseitig fördern, ihre Gesangsintensität steigern und ihre Gesänge auf diese Weise vervollkommnen. Es konnte nachgewiesen werden, dass die Gesänge hoch entwickelter Singvögel auf benachbarte Individuen sogar kompositorisch anregend wirken. Und entsprechend können, wenn jegliche Resonanz ausbleibt (s. Kap. 7.1), musikalische Fähigkeiten auch wieder verkümmern. So singen Rohrammermännchen isoliert brütender Einzelpaare weniger als Männchen mit Reviernachbarn (Grzimek 14/III). Auch gibt es Hinweise darauf, dass Duettsänger in Gebieten mit großer Bestandsdichte über komplexere Duettmuster verfügen als in Gegenden mit geringer Populationsdichte (s. Kap. 7.5.3). Es ist anzunehmen, dass die Männchen der meisten einzeln brütenden Singvögel sowohl tagsüber als auch während der gesamten Gesangsperiode weniger singen als solche in lockeren Brutgemeinschaften und dass

bei Solitärbrütern auch die Qualität der Gesangsstrophen deutlich abnimmt.

Der Gesang dient nicht dazu, Rivalen völlig zu
vertreiben. Jeder, der den nächtlichen vielstim-
migen Chorgesang von Nachtigallen erlebt hat (s.
Kap. 4.3), weiß, dass der Gesang einer allein singenden Nachtigall noch steigerungsfähig ist.
Nach einer solchen unvergesslichen Erfahrung
müsste jeder Vogelfreund und Ornithologe davon
überzeugt sein, dass eine einsam singende Nachtigall sich wenigstens *einen* Kontrahenten für den
musikalischen Wettstreit wünschen würde. Ein
Männchen, das sich als Rivale singend zu nah an
ein fremdes Revier heranwagt, wird sehr wohl
verjagt, aber nicht zu weit, denn als Gesangs-
nachbar möchte man ihn weiterhin hören!

Der zentrale Autonomieaspekt leuchtet hier
auf. Erinnern wir uns an das Urbild der Autonomie in der Doppelfunktion der Zellmembran (s.
S. 13), nämlich Abgrenzung und Austausch mit
der Umwelt zu realisieren (Rosslenbroich 2007).
In der gesanglichen Auseinandersetzung und
dem gemeinsamen Singen befinden sich die begabten Singvögel in einer vergleichbaren
Situation. Denn die doppelte Botschaft des entspannten Motivgesanges ist, sowohl einen eigenen Klangbereich abzugrenzen als auch die gesangliche Kommunikation mit den Reviernachbarn zu pflegen. Die Singvogelwelt malt uns mit
diesem sensiblen Grenzbereich ein sinnenfälliges Bild, das wir als verwandtes Phänomen
auch im Zwischenmenschlichen sehr gut kennen: die zarte, störungsanfällige Balance zwischen Distanz und Nähe. Der Unterschied ist
allerdings, dass bei den Singvögeln das Bedürfnis nach Ausgeglichenheit mit der musikalischen
Begabung zusammenhängt.

Eine entspannte Gesangsatmosphäre ergibt
sich nun vor allem dadurch, dass ein Reviernachbar den Klangraum des anderen respektiert,
also in genügend großem Abstand singt. Ein aus-
gewogenes, entspanntes Feld ist aber nicht nur
dann gefährdet, wenn sich ein singender Rivale
aufdrängt, sondern ebenso, wie ich oben betont
habe, wenn ein singender männlicher Artgenosse in der unmittelbaren Nachbarschaft fehlt (s.
Kap. 6.2).

Vom entspannten Motivgesang ergeben sich
somit gleichsam zwei Abwege oder Rückbil-
dungen:

1. Der Revierinhaber wird durch das aufdring-
liche und zu nahe Singen eines benachbarten
männlichen Artgenossen *aufgeregt* und fällt
(kurzzeitig) in alte kämpferische Reaktionsmuster oder angeborene Gesangsstrukturen zurück.

2. Solitärbrüter, denen es an Gesangsnachbarn
mangelt, werden auf der Gesangsebene *nicht angeregt*, und die Gesangsvielfalt ist demzufolge in
Gefahr, sich (langfristig) zurückzubilden.

Wenn Konrad Lorenz von einem Singvogel
spricht, der «in ganz mäßiger Erregung dichtend
vor sich hinsingt», ist wohl nicht der Bereich des
erregten Kampfgesanges, sondern der des entspannten Motivgesanges gemeint, also eines
Freiraumes, der von der vibrierenden Anregung
eines Gesangsnachbarn belebt und durchzogen
ist. Das ist meines Erachtens die biologisch-
musikalische Realität im Leben der meisten
gesangsbegabten Singvögel.

4.3 Sphärischer Gesang

Im entspannten Motivgesang, dem am häufigsten zu hörenden Reviergesang, entfaltet sich die
ganze Gesangsfülle unserer Singvogelwelt. Es
gibt aber noch eine Form des Reviergesanges,

die, musikalisch gesehen, über den entspannten Motivgesang hinausgeht. Das ist eindrucksvoll am abendlichen formschönen Gesang der Amsel zu erleben. Wie selbstvergessen verströmt dann ein Männchen seinen Gesang in die Abendstille. In der Dämmerung, im Zwischenbereich vom Tag zur Nacht, scheinen Amseln – in einer entspannten Ruhe – besonders kreativ zu werden. Die unterschiedliche Qualität der Motive lässt sich im Vergleich zum Tagesgesang wahrnehmen. Diese Gesangsform, die ich «sphärischen Gesang» nennen möchte, gleicht einer freiheitlichen, spielerischen Improvisation.

Der von mir gewählte Begriff kennzeichnet zwei wesentliche Bereiche:

1. Der sphärische Gesang erklingt wie abgehoben von allen biologischen Funktionen. Die Strophen entfalten sich in einem größeren Umkreis, so als würde sich der Vogel in die von seinem Gesang erfüllte Klangsphäre hinein ausdehnen oder als klänge der ganze Umkreis aus ihm heraus. Der sphärische Gesang scheint völlig abgelöst von Revieraspekten zu sein und sich auch weniger an Artgenossen zu richten, obwohl er zur Brutzeit und mitten im Revier vorgetragen wird.

2. So, wie der erregte Kampfgesang sich von der Erde und ihren Notwendigkeiten beeinflusst zeigt, hat man beim sphärischen Gesang den Eindruck, die Individuen würden geradezu vom Kosmos inspiriert. Im sphärischen Gesang klingt etwas an, was wir sowohl im Jugendgesang und im Plaudergesang (Subsong) verschiedener Singvogelarten (s. Kap. 8.4) als auch in den musikalischen Steigerungen des Spottgesanges (s. Kap. 9) hören können.

Im sphärischen Gesang singen Vogelmännchen häufig allein, zum Beispiel eine Amsel am späten Abend, so, als erwarte sie keine Antwort eines Artgenossen. Ein solcher Gesang erhebt sich so-

wohl in den Motiven als auch in der Formschönheit der Strophen weit über das Revier hinaus. In seinem ebenso originellen wie grundlegenden Buch über *Die Spiele der Tiere* schreibt Karl Groos (1907): «Der Gesang einer Singdrossel oder Amsel, die an einem schönen Abend auf dem äußersten Dachfirst oder der höchsten Baumspitze sitzt und nun ihre tiefe, ruhige und doch so freudig klingende Stimme erschallen lässt, ist vielleicht das ästhetisch Wirkungsvollste, was überhaupt in der Welt der gefiederten Sänger zu finden ist.» Ähnliches ist wahrzunehmen, wenn ein Rotkehlchen ganz früh am Mor-

gen oder sehr spät am Abend allein singt. In einem feinen, spielerischen «Vor-sich-Hinsingen» scheint der Vogel zarte Gesangsperlen zu einer wundervollen musikalischen Kette zu verbinden.[5] Eine verwandte Stimmung entsteht, wenn ein Rotkehlchen an einem strahlenden Wintermorgen seinen meist verhaltenen Gesang vorträgt.

Ein ganz anderes Erlebnis ist es, sich Anfang Mai (zwei bis drei Stunden vor Sonnenaufgang)

---

5 Häufiger können wir den Eindruck gewinnen, dass ein Vogel völlig ungestört, *nur so vor sich hinsingt*. Das wird auch in ornithologischen Kreisen anerkannt, aber selbst ein solches, meist leises Singen ohne eigentliche Funktion wird vom Zweckmäßigen her begrifflich erfasst; denn ein Gesang, der sich an keinen Empfänger richtet, wird als «potenzielle Kommunikation bezeichnet» (Bergmann 1987).

in die Klangwelt eines größeren natürlichen Auwaldes hineinzubegeben, wenn Hunderte von Nachtigallen im Chorgesang singen. Die Singvögel gehören in diesem Zustand gleichsam einer anderen Sphäre an. Es ist nicht nur gefühlsmäßig eine musikalische Steigerung: Die vielfältigen, weicher als tagsüber vorgetragenen Motive gehen weit über die Ebene des entspannten Singens hinaus.[6] Wenigstens einmal sollte das jeder Mensch in seinem Leben mit all seinen Sinnen aufgenommen haben. Vermutlich wäre dann der Gedanke, dass Vogelgesang nicht nur eine Funktion im Dienste der Revierverteidigung ist, weiter verbreitet.

Rainer Maria Rilke beschreibt das Erlebnis eines Nachtigallen-Chorus in einem poetischen Brief an Clara Rilke: «… Aber manchmal in der Nacht wache ich davon auf, dass es ruft, irgendwo unten im Tal ruft, anruft aus ganzer Seele. Jene süße steigende Stimme, die nicht aufhört zu steigen; die wie ein ganzes in Stimme verwandeltes Wesen ist … Und gestern fand ich sie alle, die Nachtigallen, und ging in einem lauen, überdeckten Nachtwind an ihnen vorbei, nein, mitten durch sie durch, wie durch ein Gedränge von singenden Engeln, das sich gerade nur teilte, um mich durchzulassen, und vor mir zu war und sich hinter mir wieder zusammenschloss … Und das war Lärm und war um mich und übertönte alle Gedanken in mir und alles Blut; war wie ein Buddha aus Stimmen, so groß und herrisch und überlegen, so ohne Widerspruch, so bis an die Grenze der Stimme, wo sie wieder Schweigen wird, schwingend mit derselben intensiven Fülle und Gleichmäßigkeit, mit der die Stille schwingt, wenn sie groß wird und wenn wir sie hören …» (Rilke 1930).

Nach neueren Forschungen zum Nachtigallengesang gibt es drei Gesangsformen, die im Charakter den von mir dargestellten Gesangsebenen entsprechen, aber von verschiedenen Individuen repräsentiert werden können (s. Kap. 5.3).

Es ist nun kein Widerspruch, dass gerade diejenigen Singvogelarten, die wir zu den begabtesten Sängern zählen, in ihrem Gesangsleben sowohl der oberen als auch der unteren Ebene des Reviergesanges stärker als andere Singvögel angehören. Der musikalische Bogen ist bei ihnen weiter gespannt. Dank ihrer außerordentlichen Gesangsbegabung verhalten sich *Meistersänger* viel territorialer als weniger gut singende Vögel. Sie verteidigen ihren Klangraum heftiger, aggressiver, wie man es nicht selten bei Amsel, Nachtigall oder Rotkehlchen beobachten kann. Und in dem Maße, wie Singvögel mit komplexen Gesängen die größten Möglichkeiten haben, sich zum sphärischen Gesang *aufzuschwingen*, können sie auch in den erregten Kampfgesang *abrutschen*. So realisiert jede Singvogelart die Balance zwischen sphärischem und erregtem Gesang auf arttypische Weise; bei den besten Sängern sind allerdings auch individuelle Unterschiede zu berücksichtigen. Der entspannte Motivgesang scheint als ausgewogene Mitte die *normale* Lebensweise der begabten Singvögel zu sein.

Auch der subsonghafte *Spielgesang*[7] der Amsel lässt uns die obere musikalische Ebene erleben. Der motivreiche, vielfältig fließende Gesang ist sehr leise. Kommt man dem Männchen so nahe, dass man seine Stimme hören könnte,

---

6 Die Gefahr, in den erregten Kampfgesang zu fallen, besteht bei den in der Nacht chorisch singenden Nachtigallen nicht; auch würden die mangelnden Sichtverhältnisse keine Streitigkeiten zulassen.

7 Unter der englischen Fachbezeichnung «Subsong» verstehen wir den Plaudergesang, der vom wenig differenzierten Jugendgesang meist kontinuierlich in den Reviergesang übergeht und häufig von jungen Singvogelmännchen vorgetragen wird. Der Plaudergesang hat einen spielerischen Charakter, ist in der Regel leiser und variabler als der Reviergesang und wird oft kontinuierlich vorgetragen (s. Kap. 8.4. u. 9.3.2).

fühlt es sich in der Regel gestört und unterbricht seinen Gesang. Deshalb ist diese Gesangsform weniger bekannt. Dieses feine und melodische Singen ist unverkennbar Amselgesang, aber viel zarter, und die Strophen sind länger als gewöhnlich. Als ich diesen Gesang in der Nähe eines mir bekannten Amselnestes hörte, das in einem Feuerdorn verborgen war, schaute ich genauer nach. Da ich wusste, von welcher Seite das Nest einzusehen war, ging ich vorsichtig um den Strauch herum, und konnte das Amselpärchen sehen. Das Weibchen saß etwa 30 cm über dem Nest, das Männchen, etwas versetzt, 20 cm über dem Weibchen und diesem zugewandt. Sie blieben ruhig sitzen, da sie Menschen in unmittelbarer Nähe ihres Nestes gewohnt waren. Das Männchen hatte aber aufgehört zu singen. Auch wenn dieser Gesang offensichtlich als *Brautgesang* dem Weibchen galt, so würde ich ihn vom Musikalischen her doch dem sphärischen Gesang zuordnen. Jedenfalls darf man sagen: Wenn diese Gesangsform dazu dienen sollte, das Weibchen zu *verzaubern*, so war sie bestens dazu geeignet.

Abb. 12: Nachtigall

5. Wechselgesang als Spiegel der drei Reviergesangstypen

5.1 Entspannter Wechselgesang – freie Gesangsentfaltung

Die drei Ebenen des Reviergesanges[8] unterscheiden sich sowohl in ihrer musikalischen Qualität als auch im Verhalten der Sänger. Diese Unterschiede lassen sich noch von einer anderen Seite erleben, wenn wir zum Beispiel das alternierende Singen benachbarter männlicher Artgenossen in unsere Betrachtung mit einbeziehen. Sobald wir aufmerksam auf die wechselweise, also im kommunikativen Rhythmus vorgetragenen Strophen zweier Männchen achten, können wir zu einem tieferen Verständnis für die zuvor beschriebenen Gesangstypen kommen, denn der Wechselgesang ist ein schöner Spiegel der drei Reviergesangstypen.

Als Konter- oder Wechselgesang bezeichnet man das konkurrierende Singen von zwei (oder auch mehreren) männlichen Artgenossen, deren Strophen dabei in einem meist regelmäßigen Wechsel vorgetragen werden. Dem Kontergesang wird eine distanzregulierende Aufgabe zwischen den Reviernachbarn zugeschrieben. Unabhängig davon, ob nun die kämpferische oder die kooperative Ebene stärker betont wird, stehen die Gesänge rhythmisch zueinander in Beziehung. Hören wir im Frühjahr einmal genauer auf die Gesangsstrophen benachbarter Artgenossen. Der Wechselgesang zweier Blaumeisen kann beispielsweise über eine Stunde lang dauern. Vor allem bei den sehr häufig ihre Gesänge wiederholenden Buchfinken (teils mehr als tausendmal täglich) ist im Frühjahr der meist entspannte und länger andauernde Wechsel der Gesangsstrophen zu hören.

Häufig wird Kontergesang (engl. *counter singing*) auch mit Kampfgesang übersetzt oder im Kontext so behandelt. Auf der entspannten Ebene findet aber kein aggressiver Schlagabtausch statt, sondern mehr ein lebhaftes Beantworten der jeweils vorausgegangenen Strophe eines Gesangnachbarn. Deshalb scheint mir für diese Gesangsform die Bezeichnung «Wechselgesang» angemessener zu sein.

Wahrzunehmen ist, dass die Wechselgesänge der Reviernachbarn, entsprechend der ruhigen Sphäre im entspannten Reviergesang, nicht einfach durcheinanderfließen, sondern dass ein gewisser Rhythmus eingehalten wird: Sobald der erste Sänger seine Strophe beendet hat, folgt in meist kurzem Zeitabstand die Strophe des zweiten und so fort. Jeder beantwortet den Gesang des anderen, ja, scheint auf dessen Strophe zu warten, um sich wieder mit eigenen Klängen anzuschließen. Jedes Männchen regt so das andere zum Singen an und tut ihm gleichzeitig kund, dass das besungene Revier bereits besetzt ist.

Zu beobachten ist, dass die Männchen zahlreicher Singvogelarten während der Brutzeit, besonders am frühen Morgen, an verschiedenen Stellen ihres Reviers singen und im stimmlichen Kontakt zu ihren Reviernachbarn sind; die Gesänge werden häufig auch von bestimmten Singwarten aus vortragen. Der Wechselgesang ist meist harmonisch und entspannt; die Männchen lassen ihre Gesangsstrophen oft ungerichtet erklingen. Der Beobachter gewinnt den Eindruck, dass die Vögel auf dieser mittleren Ebene nicht mehr *gegeneinander*, sondern *miteinander* singen (s. Kap. 4.2). Und der Begriff *Rivale* könnte

---

8 Eine Übersicht über den differenzierten Reviergesang ist auf Seite 32 abgedruckt.

auf dieser Stufe durch Revier- oder Gesangs-
nachbar ersetzt werden. Auf der entspannten
Ebene des Wechselgesanges wäre es besser,
nicht mehr von Kampfgesang, sondern von Ge-
sangswettstreit zu sprechen. Bei dieser häufigsten Art von Reviergesang ist der rhythmische
Wechsel des Gesanges für jedermann deutlich
wahrzunehmen.

Wechselgesang findet in seltenen Fällen auch
interspezifisch statt. So wirkt der Gesang der
Zippammer auf die Heckenbraunelle (und umgekehrt) bisweilen so stimulierend, dass es zu
eifrigem Wechselgesang zwischen diesen beiden
Arten kommen kann. Alternierendes Singen
zwischen Buchfink und Klappergrasmücke
konnte ich mehrfach hören. Ebenfalls wurde
Wechselgesang von Buchfink und Wiesenpieper
beobachtet (Armin Husemann, persönliche Mit-
teilung). Auch von einem etwa 15 Minuten dauernden Wechselgesang zwischen einer Singdrossel und einer bisweilen nur 50 cm entfernt singenden Amsel wird berichtet (Glutz 11/II).
Ebenfalls wurde beobachtet, dass eine Kohlmeise wiederholt das gereihte «te-te-te» eines Kleibers mit einer Reihe rhythmisch angepasster
«wü-wü-wü» beantwortete (Glutz 13/I).

Der afrikanische Natalrötel (*Cossypha natalensis*) imitiert die Stimme des Grünkopfpirols (*Oriolus chlorocephalus*) so gut, dass der Pirol häufig
antwortet und sich für mehrere Minuten ein
richtiges Duett entwickeln kann. Auch die vom
australischen Leierschwanz (s. Kap. 9.3.6) vollendete Imitation des Kookaburra (*Dacelo novae-
guineae*), einem 40 cm großen Eisvogel, auch als
«Lachender Hans» bekannt, führt bei diesem zu
lautstarker Reaktion und teilweise zu überlap-
pendem Wechselgesang.

Recht ungewöhnlich ist das Gesangsverhalten
von Halsbandschnäpper und dem nahe verwandten Trauerschnäpper dort, wo sich deren
Verbreitungsgebiet überschneidet. Das sympa-

trische Vorkommen «führt nach bisherigen
Kenntnissen nicht zu einer stärker ausgeprägten
Verschiedenheit (*Kontrastbetonung*), sondern
durch Imitation, vor allem durch den Trauerschnäpper, eher zu ähnlichen Gesängen» (Glutz
13/I). Dieser sogenannte Mischgesang ist im
eigentlichen Sinne kein Wechselgesang, durchaus aber eine deutliche musikalische Annäherung (s. Kap. 9.3.1).

5.2 Erregter Wechselgesang (Kontergesang) – Auseinandersetzung

Der Konter- oder Kampfgesang repräsentiert die
untere Ebene des Reviergesanges. Für diesen erregten Wechselgesang lassen sich sowohl akustisch als auch optisch eindeutige Signale erkennen.

Akustisch ist wahrzunehmen, dass der sonst
harmonische Wechsel des Gesangsvortrags gestört ist. Die Kontrahenten sind zu erregt, als
dass sie in gewohnter rhythmischer Folge singen
könnten. Die Vogelmännchen warten kaum
noch, bis das andere ausgesungen hat, und so
unterbleiben häufig die meist kurzen (oder längeren) Pausen nach jedem Gesangsvortrag. Vom
Akustischen her wird dadurch die untere kämpferische Ebene offenbar. Die anfangs alternierend vorgetragenen Strophen beginnen sich verstärkt zu überschneiden. Insofern ist die Bezeichnung «Überlappungsgesang» in dieser Phase einigermaßen zutreffend, verschleiert aber
das seelische Befinden der Sänger, die sich vor
Erregung *in die Strophen fallen* (s. Kap. 5.3). Das
gilt auch für die sogenannten «Doppelstrophen»,
wenn sich die Stimme eines aufgeregten Vogels

Musikalische Veränderungen im Reviergesang

Vergleich von Gesangsentfaltung und Motivreichtum im Gesangsvortrag eines Singvogels	Vergleich des kommunikativen Rhythmus im Verhalten benachbarter Singvogelmännchen
Sphärischer Gesang ← →	**Angleichender Wechselgesang**
«Über die Art hinausgehen»	«Aktive musikalische Annäherung»
↑ Musikalische Steigerung ↑	↑ Bedürfnis nach Übereinstimmung ↑
Entspannter Motivgesang ← → (Vollgesang) *Männchen singen miteinander* Gesang motivreich, vielfältig, differenziert; spielerisch-freiheitlicher Stimmgebrauch	**Entspannter Wechselgesang** *Harmonischer Rhythmus* Ruhig alternierender Gesang benachbarter männlicher Artgenossen
↓ Musikalische Reduzierung; häufig disharmonische Veränderungen ↓	↓ Harmonischer Rhythmus ist gestört ↓
Erregter Kampfgesang ← → (Erregungs- oder Aggressivgesang) *Männchen singen gegeneinander* Gesang aggressiv-hart, meistens lauter und monotoner als der entspannte Motivgesang; Gesangsstrophen werden oft verkürzt.	**Erregter Wechselgesang** (Kontergesang) *Auseinandersetzung (mit Kampfbereitschaft)* Die Kontrahenten fallen sich in die Strophen (sogenannter Überlappungsgesang); bei einigen Arten überschlägt sich die Stimme vor Erregung (sogenannte Doppelstrophen).

Abb. 13: Dreistufiger Reviergesang

überschlägt (s. Kap. 4.1); der betreffende Vogel gerät dabei mit seinem Gesang aus dem Rhythmus. Auch wenn rivalisierende Zilpzalpe einen Teil der Gesangselemente verdoppeln, haben wir es mit unrhythmischem Singen zu tun (Glutz 12/II).

Rasches Kontern darf am Beginn einer Auseinandersetzung auch als Warnsignal aufgefasst werden. Beim erregten Kampfgesang kann es aber durchaus zu echten Kampfhandlungen kommen, vor allem dann, wenn sich ein aufdringliches Männchen durch das imponierende oder schon kämpferische Singen des Revierbesitzers nicht einschüchtern beziehungsweise vertreiben lässt. Nicht selten steigert sich der Kontergesang aber auch zu lang andauernden Gesangsduellen, bei denen sich die Reviernachbarn einander häufig von grenznahen Singwarten aus genau alternierend ansingen, wie man es etwa bei Dorngrasmücke, Nachtigall, Singdrossel, Gartenrotschwanz, Tannen- oder Kohlmeise erleben kann.[9] Sobald zunehmend Pausen zwischen den Gesängen der Reviernachbarn zu hören sind, können wir davon ausgehen, dass wieder eine gewisse Beruhigung eintritt; die Übergänge von *aufregend* zu *anregend* (und umgekehrt) sind allerdings fließend.

Beim Kleiber drückt beispielsweise die in der Tonhöhe ansteigende Pfeifstrophe Erregung aus

und ist vielfach im Wechselgesang mit Reviernachbarn zu hören; und wenn «Rivalen einander gegenüberstehen, können die Rufe sehr rasch aufeinanderfolgen. Wird ein Revierbesitzer durch Imitation zum Singen provoziert, melden sich vielfach sofort auch drei bis vier Nachbarn» (Glutz 13/II). Und wie wir gehört haben (s. S. 18) gibt es im Werbe- wie auch im Kontergesang des Kleibers Übergänge, denn die erregte Trillerstrophe richtet sich sowohl an das Weibchen wie an benachbarte Männchen.

Optisch ist zu erkennen, dass sich der erregte Wechselgesang unmittelbar an den Rivalen richtet, denn beim Kontergesang fixieren sich die beiden rivalisierenden Männchen. Sie singen – unabhängig von der Entfernung – direkt in die Richtung des Kontrahenten, teilweise begleitet von Droh- und Imponiergebärden. Diese klare Signalwirkung erzielt bei fremden Männchen in der Regel die gewünschte Wirkung. Bei Gesangsduellen der Tannenmeise, die auf kurzer Distanz ausgetragen werden können, sitzen sich die Rivalen sogar auf einem Ast gegenüber und singen alternierend, wobei sich ab einem bestimmten Erregungsgrad die Strophen überlappen (Goller 1987).

Ein Vergleich im Rahmen der menschlichen Kommunikation mag uns die seelische Ebene des erregten Wechselgesanges noch etwas näher bringen: Jeder weiß, wie schnell sich bei Erregung unsere Stimme verändert und dass auch ein harmonisches und förderliches Gespräch unter Ehepartnern, Freunden oder Nachbarn auf eine Streitebene mit Rechthaberei und Beleidigung (oder sogar Handgreiflichkeiten) herabsinken kann. Die Kontrahenten werden in der Regel lauter, sprechen schneller und reduzieren nicht selten ihre Sätze auf Wortfetzen. Da es auf dieser Ebene Mühe macht, den anderen in Ruhe aussprechen zu lassen, besteht die Gefahr, seinem Gegenüber unbedacht und

---

9 Die Grauammer zeigt im erregten Kampfgesang ebenfalls eine leichte Verkürzung der Strophe, die jedoch durch schnelleren gepressten Vortrag der Gesangselemente erfolgt; Grauammern können aber auch noch anders reagieren: Normalerweise singen Reviernachbarn in Hörweite ihre Strophen alternierend; bei fast gleichzeitigem Einsetzen der Strophe eines Nachbarn, wenn dieser also den Pausenrhythmus nicht einhält, wird die eigene Strophe meist abgebrochen (Glutz 14/III). Beim Buchfink nimmt der Strophenabbruch beim erregten Wechselgesang und insbesondere vor einem Kampf signifikant zu (Bergmann & Düttmann 1985). Wichtig ist in diesem Zusammenhang, dass der harmonische Rhythmus im Gesang beider Arten unterbrochen wird.

ungestüm ins Wort zu fallen, ihn also in seinem Redefluss zu unterbrechen. Ähnlich ist die seelische Situation der Singvogelmännchen. Im Gegensatz zum Vogelgesang schreiben wir aber der menschlichen Kommunikation nicht vorrangig eine distanzregulierende Wirkung zu. Kein Psychologe folgert aus dem beschriebenen menschlichen Verhalten, dass das menschliche Gespräch nur oder vor allem aus Streit, Drohung und Attacke besteht (s. Anm. S. 147).[10] Bei der Interpretation des Reviergesanges ist ebenfalls methodisch behutsam vorzugehen, denn der Gesang der Singvogelmännchen dient nicht nur der Revierverteidigung und der Brautwerbung. Vogelgesang stellt ein viel umfassenderes Phänomen dar, das sich unter musikalischen Gesichtspunkten in einer ganz anderen Dimension erschließen lässt.

Bei intensiverer Beschäftigung mit dem Reviergesang gewinnen wir den Eindruck, dass die Revierinhaber ihre Nachbarn durch rhythmisches wechselseitiges Singen gut kennenlernen. Abgesehen von typischen Auseinandersetzungen zu Beginn der Brutperiode verhalten sich zum Beispiel benachbarte Kohlmeisen, Fitislaubsänger oder Nachtigallen verhältnismäßig ruhig. Natürlich kann es auch später noch zu kämpferischen Handlungen kommen, aber es ist nicht zu übersehen, dass das Kontersingen nicht selten eine spielerische Färbung hat, so wie auch zahlreiche zu beobachtende Verfolgungsflüge von Vögeln häufig Balz- oder Flugspiele sind.

Richtig aufregend wird es, wenn ein völlig unbekanntes Männchen plötzlich in einem besetzten Revier auftaucht; denn fremde Artgenossen, die sich singend der Reviergrenze nähern, werden wesentlich heftiger angegriffen als *vertraute*

Nachbarn. Dass die Aggressionstendenz gegen fremde Vögel im Allgemeinen größer ist als gegen bekannte, ist ein deutliches Zeichen gegenseitigen Kennens. Nach Wolfgang Wickler (1986) sind in wohl allen arttypischen Vogelrufen und Vogelgesängen, welche auf individuelle Gesangs- oder Lauteigentümlichkeiten untersucht wurden, individuentypische Nuancen enthalten, sodass die Vögel ihre Artgenossen an solchen Nuancen rein akustisch unterscheiden und bestimmte Individuen wiedererkennen. Als individuelles Erkennungszeichen dient beispielsweise beim Wintergoldhähnchen oder beim Buchfinken der Endschnörkel des Gesangs (s. S. 42), während sich der Sumpfrohrsänger an einer persönlichen Umformung seines gesanglichen Vorbildes individuell zu erkennen gibt. Dass ein so musikalisches Wesen wie ein Singvogel seine Nachbarn am Gesang erkennen kann, darf nach allem, was wir inzwischen von ihnen wissen, als gesichert gelten.

Der Ornithologe David Attenborough (1999), bekannt durch seine berühmten Tierfilme, schreibt dazu: «Ebenso wie die optischen Signale verraten Rufe und Gesänge der Vögel nicht nur deren Artzugehörigkeit, sondern auch ihre individuelle Identität. Die meisten englischen Rotkehlchen bleiben das ganze Jahr über in ihren Revieren (die mitteleuropäischen nur teilweise und nicht in höheren Lagen), und sowohl das Männchen als auch das Weibchen singen. Das Männchen – in geringerem Ausmaß auch das Weibchen – unternimmt regelmäßige Inspektionen seines Reviers und singt dabei von seinen bevorzugten Warten aus. Wenn es sein Lied gesungen hat, hält es seinen Kopf schräg und lauscht. Gewöhnlich erhält es Antwort aus dem jeweils angrenzenden Nachbarrevier. Es kennt alle seine Nachbarn persönlich und erkennt sie an ihren Liedern. Kommt die Antwort von einer ihm wohlbekannten Stimme, setzt es unbesorgt

---

10 Über das Einhalten bzw. Nichtbeachten *musikalischer Spielregeln* wird später noch am Beispiel der asiatischen Schamadrossel zu berichten sein (s. Kap. 9.3.6).

seine Runde fort. Spielt man ihm aber die Gesangsaufnahme eines völlig fremden Männchens vor, wird es sein eigenes Lied mit größerer Heftigkeit wiederholen und sein rotes Brustgefieder aggressiv aufplustern» und sich so auf die territoriale Auseinandersetzung mit dem Fremdling vorbereiten.

5.3 Angleichender Wechselgesang – aktive musikalische Annäherung

Im vorigen Kapitel wurde darauf hingewiesen, dass sich Singvogelmännchen derselben Art durch alternierendes Singen sehr genau kennenlernen; sie unterscheiden aufgrund ihres feinen, hoch entwickelten Gehörs jeden ihrer Gesangsnachbarn individuell an seinen Strophen, und sie lernen sich auf diese Weise vermutlich auch richtig einzuschätzen, was viel zur Beruhigung beiträgt. So ist im Handbuch der Vögel Mitteleuropas über die sehr territoriale Kohlmeise zu lesen: «Da die Vögel einander am Gesang erkennen, können Gesangsstrophen und Wechselgesang Streitigkeiten mit mehr oder weniger voraussagbarem Ausgang ersetzen» (Glutz 13/I).

Wenn uns in einem bestimmten Lebensraum Lage und Größe einzelner Reviere bekannt sind, können wir mit etwas Geduld die individuellen Gesangsmerkmale der einzelnen Revierinhaber unterscheiden lernen. Während des Frühjahrs ist von den meisten Singvogelarten der rhythmische Wechsel der Gesänge deutlich zu erkennen. Bei einem stimmfreudigen Sänger wie dem Buchfinken können wir gut studieren, dass sich die Lieder der Reviernachbarn nicht völlig gleichen. Wir müssen nur, wie die Buchfinken selbst, auf den variablen Schluss der Strophen achten (s. S. 42).

Es ist nicht nur anregend und staunenswert, selbst einmal auf die Unterschiede in den Gesangsstrophen benachbarter männlicher Artgenossen und auf die Abweichungen in den Motiven, in der Tonhöhe und Lautstärke zu achten, sondern es ist gewissermaßen auch Vorbedingung, um eine im Wechselgesang stattfindende musikalische Steigerung zu bemerken. Männliche Artgenossen tragen als Gesangsnachbarn nämlich nicht nur wechselnd ihre Gesänge vor, sondern sie beginnen auch, verschiedene Motive allmählich aufeinander abzustimmen, wie wir es zum Beispiel bei Gartenrotschwanz, Nachtigall, Dorngrasmücke, Goldammer, Buchfink, Kohlmeise, Kleiber, Bluthänfling oder Grünling beobachten können. Bei anderen Arten wie der Heckenbraunelle ist zumindest eine deutliche gegenseitige Beeinflussung der Reviernachbarn wahrzunehmen, sodass «sich manche Phrasen und Gesangselemente über mehrere Braunellengenerationen in einer Population nachweisen lassen» (Snow 1983).

Beim angleichenden Wechselgesang, der in der Regel entspannt erklingt, aber musikalisch engagiert vorgetragen werden kann, versuchen zwei männliche Artgenossen die Gesangsstrophen des jeweils anderen mit möglichst ähnlichen Strophen zu beantworten, bis die Motive sich gleichen. Sobald wir das wahrnehmen, gewinnen wir unmittelbar den Eindruck, dass hier nicht gegeneinander, sondern in einer besonderen Weise miteinander gesungen wird. Wechselseitiges Angleichen der Gesänge ist nach Wickler (1986) über viele Singvogelarten verbreitet und kommt sogar schon bei Jungvögeln vor.

Im Allgemeinen haben wir es beim angleichenden Wechselgesang nicht, wie häufig zu lesen ist, mit Kampfgesang zu tun, sondern mit einer musikalischen Erweiterung des Wechselgesangs. Ausnahmsweise soll es aber auch in gereizter Stimmung zum Angleichen der Motive kommen. Zu prüfen wäre jedoch, wie die gesangliche Auseinandersetzung der beiden Kontrahenten jeweils weiter verläuft, ob Kampfhandlungen folgen oder ob es vielmehr zu fließenden Übergängen vom anfänglichen Kontergesang zum entspannten und angleichenden Wechselgesang kommt. Signalisiert eine gesteigerte Gesangsaktivität bereits eine aggressive Stimmung? Handelt es sich bei der manchmal in wissenschaftlichen Publikationen verwendeten Bezeichnung «angleichender Kontergesang rivalisierender Männchen» zwangsläufig um eine Kampfebene? Warum wird bei zwei heftig singenden Männchen automatisch impliziert, dass sie sich streiten? Entsprechend der vorherrschenden wissenschaftlichen Meinung, dass Singvögel eigentlich *nur* gegeneinander singen, ist das zwar folgerichtig. Aber es bedeutet auch, dass ohne eine klare Gliederung des Reviergesanges allgemeine Formulierungen wie «rivalisierend» keine differenzierte Aussagekraft (mehr) haben. Sie sind ein Abbild alten darwinistischen Denkens; eigentlich müssten alle schriftlich niedergelegten Beobachtungen zum angleichenden Wechselgesang auf ihren Interpretationsgehalt im Einzelfall geprüft werden!

Ammern scheinen allerdings ein von anderen einheimischen Singvogelfamilien unterschiedliches Verhalten zu zeigen: So wird beispielsweise vom Ortolan berichtet, dass es bei der Revierbesetzung häufig zu Wechselgesang mit meist streng alternierendem Ansingen kommt. In stark aggressiver Stimmung soll auch (auf Nahdistanz) Überlappung und sogar Kongruenz der Strophen rivalisierender Männchen vorkommen (Glutz 14/III). Ob Letzteres tatsächlich als eine Steigerung der Aggressivität zu werten ist oder ob eine Erweiterung der musikalischen

Fähigkeiten vorliegt, müsste noch genauer untersucht werden.

Von der Goldammer ist bekannt, dass benachbarte Männchen beim Kontersingen ihre Strophen so in die Stropheninter valle des «Rivalen» einschieben können, dass zwischen den beiden Gesängen eine hohe *Synchronisation* zustande kommt (Glutz 14/III).

Der ausdauernde Gesang der Singammer (*Melospiza melodia*) ist «für einen nordamerikanischen Singvogel ungewöhnlich melodisch» (Heinzel 1995). Wenn man dem Männchen den Gesang eines seiner Nachbarn vorspielt, antwortet es nicht mit demselben Motiv, sondern mit einem anderen aus der Liste jener ständig wiederholten Motive, die es mit diesem Nachbarn gemeinsam hat. Die Forscher bezeichneten dies als «Repertoire-Erwiderung» (*repertoire matching*) – im Gegensatz zum «Erwidern des Gesangstyps» (*type matching*). Hört ein Singammermännchen jedoch einen völlig fremden Gesang einer unbekannten, nicht benachbarten männlichen Singammer, dann versucht es, diesen mit dem ähnlichsten Gesangstyp zu erwidern, den es im Repertoire hat (Podos & Marler 1992). Wozu das? Nach Ansicht mancher Wissenschaftler ist ein Kontergesang mit einem ähnlichen Gesangstyp aggressiver als der Austausch gemeinsamer Phrasen mit dem Nachbarvogel. Man kann dieses Verhalten mit dem zweier Jazzmusiker auf dem Podium vergleichen. Der eine beginnt ein Solo, und der andere beginnt danach über die gleichen Akkordfolgen zu improvisieren. Das könnte auf einen Wettstreit hindeuten. Wenn jedoch der zweite Spieler im weiteren Verlauf zu seiner Lieblingsmelodie übergeht, ist «dies eine freundliche Reaktion und demonstriert Respekt, nicht Konkurrenzdenken. Singammern scheinen diese beiden Möglichkeiten des gemeinsamen Gesangs zu kennen» (Rothenberg 2007).

Abb. 14: Singammer *(Melospiza melodia)*

und zwanzig Minuten und finden – vermutlich durch eine besondere Stimmung ausgelöst – nur bei sonnigem Wetter in der Mittagszeit statt (Glutz 12/I).

Das ist eine beachtenswerte Erscheinung, dass territoriale Singvogelarten mit entsprechend komplexen Gesängen musikalische Alternativen entwickelt haben (s. Kap. 4.1), um Erregungszustände zu mildern beziehungsweise Kampfhandlungen zu vermeiden:

1. Die beiden Kontrahenten beruhigen sich aufgrund der Gesangsaktivität und gehen langsam wieder vom erregten Kontergesang in den entspannten Wechselgesang über.

2. Die Kontrahenten finden auch im Überlappungsgesang eine musikalische Steigerung, sodass sie sich nicht mehr nur *in die Strophen fallen*, sondern auf den Gesang des Nachbarn in zeitlicher Präzision antworten, indem sie ihre Strophen in dessen Zwischenstrophenpausen platzieren, zum Beispiel die Nachtigall, was dem entspannten Wechselgesang nahe kommt, oder es kommt im angleichenden Wechselgesang zur Übereinstimmung der Strophen. Um diesen Einklang zu erreichen, ist ein gesteigertes Hinhören und eine komplizierte Interaktion erforderlich.

3. Eine besonders *friedliche* Entwicklung bei sich überlappenden Gesängen ist zu beobachten, wenn Gesangsnachbarn beginnen, chorisch zu singen. Man könnte auch beim Chorgesang den Eindruck haben, die Gesänge mehrerer männlicher Artgenossen würden sich überschneiden. Aber es ist gerade nicht die Situation der unteren Reviergesangsebene, bei der sich Kontrahenten *in die Strophen fallen* (s. Kap. 5.2), sondern es ist die obere Ebene, auf der Reviernachbarn, wie die soeben erwähnten Sumpfrohrsänger oder wie die Nachtigall (s. Kap. 4.3), so intensiv miteinander singen, dass sich ihre Gesänge *durchdringen*.

Bei Grenzstreitigkeiten zweier Sumpfrohrsängermännchen kommt es «häufig zu kanonartigem Singen, wobei ein Sänger ein Motiv wiederholt, das von seinem Kontrahenten kurz zuvor vorgetragen worden ist. Stets handelt es sich um ein Motiv, das in den Repertoires beider Sänger häufig vorkommt. Der angegriffene Revierinhaber antwortet mit Kanongesang auf das vorgegebene Motiv» (Glutz 12/I). Sumpfrohrsänger haben aber eine starke Tendenz, ihre Konflikte per Gesang zu schlichten. Sie gehören zu den wenigen territorialen Arten, die chorisch singen: So singen während der Eiablage und Bebrütung häufig mehrere benachbarte Männchen (zwei bis fünf Teilnehmer) gleichzeitig ohne Zeichen von Aggressivität relativ nahe beieinander sitzend, meist an den Reviergrenzen und fast immer in der Mitte eines Busches versteckt; diese Chorgesänge dauern zwischen fünf

Das Einhalten musikalischer *Spielregeln* bei Schamadrosseln (*Copsychus malabaricus*) und die Art und Weise, wie diese Vögel sich im leisen Nahgesang musikalisch herausfordern, um ihr Gesangsrepertoire zu steigern und ihre Strophen einander anzugleichen, wird uns die Variabilität des Wechselgesanges noch besser verstehen lassen (s. Kap. 9.3.6). Die musikalische Entwicklung und die Reizbarkeit der Individuen ist auch bei den Schamadrosseln eng miteinander verbunden.

Von besonderer Bedeutung sind die Forschungen von Henrike Hultsch und Dietmar Todt (1980/82). Sie haben Ordnung und Struktur des Nachtigallengesangs akribisch untersucht; sie entdeckten, dass Nachtigallen in den ersten Frühlingswochen von spät in der Nacht bis Sonnenaufgang auf drei unterschiedliche Weisen singen und Gesang erwidern. Benachbarte Nachtigallenmännchen singen meist im Wechsel, wobei sie den Beginn jeder Gesangsphrase ganz präzise abstimmen. Es gibt einerseits die «*over-lappers*» (Überlapper); sie beginnen ihren Gesang etwa eine Sekunde, nachdem ihr Nachbar zu singen begonnen hat, als müssten sie dessen Signal übertönen oder darin einstimmen. Dass sie einfallen, während der erste Gesang ertönt, kann als eine Art Drohung oder Verschleierung dieses Gesangs aufgefasst werden. Die meisten Männchen sind andererseits «*inserter*» (Alternierer, Einfüger), was bedeutet, dass sie ungefähr eine Sekunde, nachdem ein Nachbar seinen Gesang beendet hat, selbst zu singen beginnen. Die beiden Vögel wechseln sich dann jeweils beim Singen ab. Sie lauschen sich gegenseitig, wobei es ganz besonders auf die genaue zeitliche Abstimmung ankommt. Schließlich gibt es noch die «*autonomous singers*» (autonome Sänger), die nur nach ihrem eigenen Schema singen und dem Tun irgendwelcher benachbarter Nachtigallen keine Beachtung schenken (Rothenberg 2007).

Die beiden Autoren unterscheiden neben diesen «zeitspezifischen» grundsätzlich die «musterspezifischen» gesanglichen Interaktionen von Nachbarn. Als häufigste musterspezifische Reaktion wird das vokale Kontern (äquivalentes Antworten: «vokales Matching») genannt. Hierbei «beantwortet ein Individuum die Strophe eines Nachbarn mit einer gleichen oder möglichst ähnlichen Strophe seines eigenen Repertoires. Insofern kann sich diese Reaktionsform nur zwischen Sängern ausbilden, deren Repertoire in bestimmten Strophentypen übereinstimmt» (Glutz 11/I).

Einzelne Individuen können darüber hinaus ihr «Rollenverhalten ändern, wobei sich insbesondere Übergänge zur Rolle des autonomen Sängers saisonal fortschreitend häufen. Die genannten Rollen wurden für das Interaktionsverhalten während der Nachtphase nachgewiesen. Beim morgendlichen Chorussingen werden sie aber zugunsten eines Gesangsverhaltens aufgegeben, bei dem alle Individuen bei gleichzeitiger Verkürzung der Zwischenstrophenpausen sich wie autonome Sänger verhalten. Dadurch wird der Chorusgesang jedes Individuums akustisch dichter» (Glutz 11/I). Das ist unter anderem ein Indiz dafür, dass Nachtigallen durch das gemeinsame Singen sich selbst ein entspanntes Feld schaffen können (s. S. 142).

Diese, wie es heißt «noch schwer interpretierbaren Untersuchungsergebnisse zur gesanglichen Kommunikation» werden besonders unter musikalischen Gesichtspunkten verständlich; sie bestätigen das bisher Dargestellte. Bezogen auf die «zeitspezifischen Interaktionen» scheinen die oben vorgestellten Sängertypen der Nachtigall in ihrer individuellen Entwicklung gewissermaßen die drei beschriebenen Gesangsebenen der gesangsbegabten Singvogelarten zu repräsentieren, während die zitierten «musterspezifischen Interaktionen» dem angleichenden

Wechselgesang entsprechen (Glutz 11/1). Nachtigallen lassen uns gewissermaßen an dem Geheimnis der gesamten Gesangsentwicklung teilnehmen. Sie gehören nicht nur wegen ihrer ausdrucksvollen Vortragsweise und ihrem dynamischen Wechsel von Tonhöhe und Lautstärke zu unseren besten Sängern, sondern es gibt darüber hinaus auch Individuen, die bis zu zweihundert verschiedene Strophentypen vortragen.

Die oben genannten Ornithologen Todt und Hultsch entdeckten noch etwas Bedeutsames: Als die Ruhepausen zwischen dem Vorspielen der Reizgesänge geändert wurden, stimmten die alternierenden Individuen («inserter») die Länge ihrer Pausen darauf ab, bevor sie wieder zu singen begannen. Nach Beendigung des Reizes kehrten die Vögel nicht sofort wieder zu ihrer ursprünglichen Pausenlänge zwischen den Gesangsphrasen zurück, sondern passten ihre Länge allmählich an, bis sie wieder die ursprüngliche Singgeschwindigkeit erreicht hatten. Das veranlasste zu dem Schluss, dass die Vögel tatsächlich mit den gehörten Gesängen in Wechselwirkung traten und nicht nur automatisch reagierten (Rothenberg 2007). Das ist ein weiterer Hinweis auf die musikalischen Fähigkeiten der Singvögel (s. Kap. 7.3 f.). Möglicherweise findet bei Nachtigallen und anderen begabten Sängern auch eine Art Stimmungsübertragung statt, wodurch sie sich gegenseitig anregen und fördern.

Was nun den angleichenden Wechselgesang betrifft, so sprechen meine Erfahrungen dafür, dass er eine musikalische Steigerung des entspannten Wechselgesangs darstellt. Wäre es anerkannt, den Reviergesang auch unter musikalischen Gesichtspunkten darzustellen, könnte man einer *rivalisierenden* Deutung auf der oberen Ebene zustimmen, aber eben derart, dass die Sänger im angleichenden Wechselgesang durchaus heftig, aber gemeinsam wetteifern,

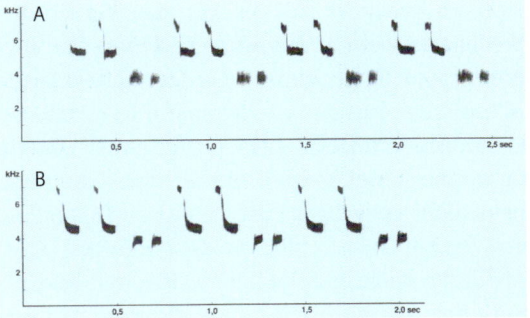

Abb. 15: Motivangleichung beim Wechselgesang von zwei Kohlmeisenmännchen (A/B)

wer der bessere Sänger ist. In jedem Fall ist aber bei dieser Gesangsform eine aktive musikalische Annäherung wahrzunehmen, die über das entspannte gemeinsame Singen hinausgeht und ein gesteigertes Hinhorchen auf den Gesangsnachbarn erfordert, was sich im kontinuierlichen Annähern der Motive zeigt. Und natürlich setzt dieser gesangliche Angleichungsprozess, der sich auch auf den Rhythmus und die Klangfarbe ausweiten kann, eine gesteigerte Form von Nachahmungsfähigkeit voraus (s. Kap. 9.2.2).

Wegen der Besonderheit dieser Gesangsform und Gesangsebene seien einige Beispiele genannt, um den angleichenden Wechselgesang leichter wahrnehmen zu können:

1. Die Reviergesangsstrophen der Kohlmeise werden durch Rhythmusänderung vielfältig variiert, während sich die Motive beim Wechselgesang einander angleichen. Normalerweise unterscheiden sich die Gesänge; beim angleichenden Wechselgesang zweier benachbarter Männchen sind aber häufig dieselben Motive zu hören (Glutz 13/I). *Die Sonagramme zweier Kohlmeisenmännchen (Abb. 15) zeigen uns den Einklang in den Motiven wie auch in der Tonhöhe recht deutlich.*

2. Beim etwa 10 bis 35 Minuten dauernden Wechselgesang der Sumpfmeise liegen die Singplätze so, dass möglichst viele revierbesitzende Männchen einander gleichzeitig hören können. Vollkommen identische Repertoires zweier Sumpfmeisen scheinen nicht vorzukommen; beim Wechselgesang benachbarter Männchen verwenden aber häufig beide denselben Strophentyp. Nach mehrfacher Wiederholung eines Strophentyps wechselt die Sumpfmeise zu einem anderen, der dann seinerseits mehrfach wiederholt wird (Glutz 13/I).

3. Benachbarte Männchen des sich seit Jahren von Osten ausbreitenden Karmingimpels (*Carpodacus erythrinus*) gleichen den Gesang auf eine Weise aneinander an, dass sich kleine Gruppen von bis zu sechs Männchen mit gleichem Strophentyp bilden (Höhnen 1991).

4. Grünlaubsängermännchen (*Phylloscopus trochiloides*) einer lokalen Population können in ihrem Repertoire so weitgehend übereinstimmen, dass sich fast alle ihre Strophentypen nach Bau und Abfolge im Sonagramm direkt vergleichen lassen (Glutz 12/II).

5. Beim Buchfink führt Motivangleichung beim Wechselgesang lokal zu auffallender Gemeinsamkeit der bevorzugten Strophentypen; das betrifft vor allem die variationsreiche Schlussstrophe.

6. Das alternierende Singen der Nachtigall führt ebenfalls zu angleichendem Wechselgesang, was sich auch darin zeigt, dass die Repertoires benachbart siedelnder Nachtigallen jeweils zu einem bestimmten Anteil ihrer Strophentypen übereinstimmen.

7. Bei den außerordentlich gesangsbegabten Sumpfrohrsängermännchen kommt es häufig zu kanonartigem Singen, wobei Motive *ausgetauscht* werden (s. Kap. 9.3.4).

8. Feldschwirle mit ihren sehr einfach strukturierten Schwirrstrophen stimmen sich aufeinander ein: Nur wenige Meter voneinander entfernte Sänger singen besonders kurz nach der Ankunft mitunter so synchron (gleiche Strophenlänge) und in sehr ähnlicher Tonhöhe, dass sie nur aus der Nähe zu unterscheiden sind (Glutz 12/I).

9. Beim Kleiber kann es unter Reviernachbarn ebenfalls zu Motivangleichung kommen: Wenn der eine abwärts pfeift, wählt meist auch der andere diesen Tonhöhenverlauf (Schmidt 1979).

10. Für den angleichenden Wechselgesang, in dem territoriale Amselmännchen auf den Gesang eines Nachbarn mit der ähnlichsten eigenen Strophe derselben Strophenklasse antworten, kommt dem Anfangselement eine Schlüsselfunktion zu; eine ähnlich wichtige Rolle spielt in diesem Zusammenhang nach Glutz (11/II) auch der kunstvolle und komplexe Aufbau des Liedanhängsels (s. S. 42).

Im Angleichungsprozess, der sich bei verschiedenen Singvögeln auch auf Stimmhöhe, Rhythmus, Tempo, Synchronizität und Klangfarbe ausweiten kann, offenbaren sich Ordnungsprinzipien (s. Kap. 7.5), und es manifestiert sich auch gleichsam das Bedürfnis nach Übereinstimmung. Selbst ein disharmonischer Verlauf betont die Neigung nach Einklang: Wenn etwa kein Reviernachbar auf ein neues Motiv einer Nachtigall reagiert, singt das betreffende Männchen dieses Motiv weniger oder gar nicht mehr – fast so, als würde erwartet, dass das eigene Motiv von den Nachbarn wahrgenommen und möglicherweise auch übernommen wird. Das bedeutet aber, dass es gewissermaßen von der Resonanz der Gesangsnachbarn abhängt, ob und welche Motive im eigenen Gesangsrepertoire verbleiben oder entfallen (s. Kap. 7.1). Dürfen wir das nicht als Indiz nehmen, dass Singvögel durch harmonischen Wechselgesang akustisch miteinander verbunden sind und in einer entspannten Sphäre miteinander singen?

Auch auf die Gefahr hin, eines unzulässigen Anthropomorphismus geziehen zu werden (s. Anm. S. 147), möchte ich nochmals auf die Gesprächsebene zurückkommen. Sowohl Menschen als auch Singvögel können sich, wie bereits angedeutet, gegenseitig ins Wort beziehungsweise in die Strophe fallen. Abgesehen von der Streitebene, hat der sonst zur Verständigung beitragende Charakter der menschlichen Sprache noch andere Wirkungen. Einerseits kennt jeder das Wohltuende und Belebende eines guten Gesprächs. Andererseits verbindet Sprache aber nicht nur, sondern Sprachen haben gleichzeitig auch etwas Trennendes. Die eigene Gruppe wird durch die eigene Sprache zusammengehalten, die *anderen* werden ausgegrenzt. «Sprache und Kultur gehören aufs Engste zusammen. Sprache diskriminiert, weil sie fast immer die Sprecher entlarvt: Gehören sie zu uns oder kommen sie von den anderen. Weit mehr als das Aussehen oder andere Äußerlichkeiten, wie die Kleidung, lässt sich den Sprachen entnehmen, wie nah oder wie fern die Sprecher zur eigenen Gruppe, Gesellschaft und Kultur stehen» (Reichholf 2007). Wie dauerhaft solche sprachlichen Verschiedenheiten sind, wird daran deutlich, dass sich nicht nur größere Regionen dialektartig abgrenzen, sondern dass auch heute noch Sprachvarianten selbst nahe beieinander liegende Orte unterscheiden. Wir können sogar ländliche Gemeinden finden, wo diesseits und jenseits einer sich mitten durch den Ort ziehenden Hauptstraße unterschiedliche Wörter benutzt werden, und das sicher nicht nur in schwäbischen Gemeinden.

In ganz ähnlicher Weise haben sich bei den Singvögeln regionale Dialekte (s. Kap. 7.1) ausgebildet, wie auch der Gesang für zahlreiche Singvögel eine deutliche Artschranke bedeutet. Innerhalb der Singvogelwelt scheinen aber musikalische Regeln realisiert worden zu sein, die

das Trennende des Gesanges minimieren. Das gilt selbstverständlich nicht für soziale Arten, bei denen die meistens einfacheren Gesänge von mehreren Männchen der Gruppe oft miteinander oder dicht beieinander vorgetragen werden. Bei fast allen Singvögeln mit komplexen Gesängen hat die Gesangsentwicklung dagegen dazu geführt, dass sich *Solisten* entwickeln konnten, die entsprechend akustische Reviere beanspruchen und verteidigen (s. Kap. 6.5). Diese Individuen gehen zueinander auf räumliche Distanz, überwinden diese jedoch durch alternierendes oder sogar angleichendes Singen.

So wie die Vögel auf der oberen Ebene des angleichenden Wechselgesangs sehr genau auf die verschiedenen individuellen Merkmale ihrer Reviernachbarn achten, bedarf es auch bei uns einer Steigerung der Sinneswahrnehmung. Um das Phänomen des angleichenden Wechselgesanges erleben zu können, müssen wir uns bemühen, nicht nur die Artgesänge zu kennen, sondern auch die einzelnen Individuen an ihren typischen Variationen unterscheiden zu lernen. Am besten beginnen wir mit Singvögeln, deren Gesänge sehr markant sind (z.B. Kohlmeise und Buchfink). Kohlmeisengesänge sind allgemein be-

kannt, und es fällt jedem Beobachter rasch auf, dass die einzelnen Sänger ihre Reviergesangsstrophen durch Rhythmusänderung vielfältig variieren; somit ist leicht festzustellen, wenn zwei benachbarte Männchen beginnen, gleiche Motive zu singen (s. Abb. 15). Wenn wir zwei mit-einander kommunizierenden Buchfinkenmänn-chen aufmerksam zuhören, werden wir bemer-ken, dass jedes Männchen seinen Überschlag am Ende der Gesangsstrophe etwas anders singt, sei es in unterschiedlicher Anzahl der Gesangsele-mente, im Rhythmus oder in der Betonung, so-dass sich die Reviernachbarn eindeutig an ihren variablen «Schnörkeln» unterscheiden lassen. So lässt sich auch wahrnehmen, ob und wann die beiden Männchen ihre Motive und Strophen ein-ander annähern oder darin übereinstimmen.

Derartige Hörübungen lassen sich auf Sing-drossel, Rotkehlchen, Nachtigall und andere Vo-gelarten mit komplexen Gesängen ausdehnen. Bei einigen Singvogelarten (z.B. Gartenrot-schwanz und Braunkehlchen) ist jedoch zu be-rücksichtigen, dass der Gesangsanfang stark das Arttypische repräsentiert (s. Abb. 92 und 93), während die Schlussstrophe, ähnlich wie beim Buchfink, die individuellen Gesangsvariationen enthält. Bei der Amsel ist es umgekehrt: Für das Erkennen einzelner Amselmännchen ist auf den melodiösen, aber individuell variablen Beginn der Gesangsstrophe zu achten.[11]

Selbstverständlich können die Angleichungs-tendenzen innerhalb der Arten unterschiedlich sein. Wichtig ist vor allem: Nur im angleichenden Wechselgesang können wir eigentlich sagen, dass zwei Männchen wirklich gleich singen, an-sonsten haben fast alle Männchen ihre individuell gefärbte Gesangsstruktur beziehungsweise ihre eigenen Motive. In vier Schritten lassen sich nach

einiger Zeit mit großem Gewinn die verschie-denen Gesangsstrukturen innerhalb einer Art und innerhalb einer Population differenzieren:
1. Singvogelarten sicher am Gesang bestimmen
2. männliche Artgenossen an individuellen Va-riationen unterscheiden
3. wesentliche Motive, die allen Mitgliedern ei-ner Population eigen sind, erkennen
4. Individuen im Wechselgesang wahrnehmen und den Angleichungsprozess der Motive beob-achten.

Zusammenfassend lässt sich sagen: Wenn es uns möglich ist, die individuellen Gesangsunter-schiede innerhalb einer Singvogelart wahrzu-nehmen, so können wir sicher sein, dass auch die Vögel ihre Gesangsnachbarn an kleinsten ge-sanglichen Merkmalen individuell erkennen können. Damit hängt eng zusammen, dass sich schon zu Beginn der Brutperiode, sobald die Re-vierverteilung abgeschlossen ist, die Erregung der Männchen legt und sie immer seltener auf die Ebene des erregten Kampfgesanges zurück-fallen. Das trägt sicher entscheidend dazu bei, dass Singvögel relativ entspannt gemeinschaft-lich singen können. Mit Blick auf die Freiheits-grade der in der Tabelle (s. Abb. 13) übersicht-lich zusammengefassten Gesangsebenen im Vo-gelgesang können wir sagen, dass auf der Ebene des erregten Kampfgesanges Auseinanderset-zung herrscht; spiegelbildlich dazu ist im er-regten Wechsel- oder Kontergesang der harmo-nische Gesangsrhythmus gestört. Im entspann-ten Motivgesang lebt freiheitliche, spielerische Gesangsentfaltung. Harmonischer Rhythmus prägt den entspannten Wechselgesang; die Ge-sangsnachbarn singen miteinander. Auf der sphärischen Ebene erleben wir fast schon *auto-nome* Sänger, etwa «das vollkommene Befreit-sein von biologischen Notwendigkeiten im *Dich-ten* der Nachtigall» (Hassenstein 1969). Im an-

---

11 Der Endschnörkel im Gesang der Amsel ist aber eben-falls bedeutungsvoll, denn gerade in diesem Gesangs-teil sind in der Regel Imitationen zu hören, was auch für Gartenrotschwanz und Braunkehlchen gilt (s. Kap. 9.3.4). Da wir in der Regel mehr auf den klangvolleren ersten Teil dieser Gesänge achten, müssen wir nicht nur noch aufmerksamer dem Vogelgesang lauschen, sondern gewissermaßen auch unsere Hörgewohnhei-ten ändern.

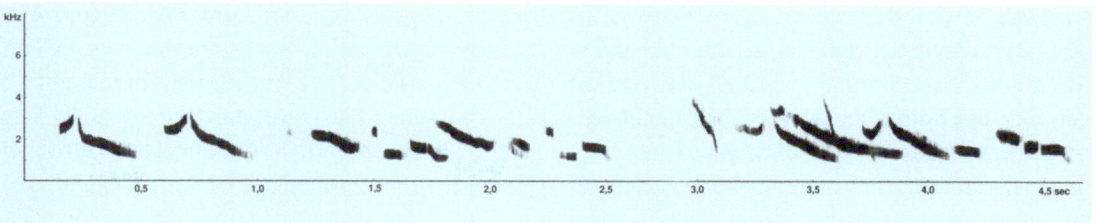

Abb. 16: Ausschnitt aus dem *Chorgesang* einiger Pirolmännchen

gleichenden Wechselgesang stimmen sich die Reviernachbarn noch intensiver aufeinander ein und versuchen ihre Gesangsstrophen und Motive in aktiver musikalischer Annäherung immer mehr in Einklang zu bringen. Wenn wir dem Gesang der Vögel lauschen und besonders wenn wir Singvögel im angleichenden Wechselgesang beobachten wollen, ist zu berücksichtigen, dass Vögel ein anderes Lebenstempo haben, was sich eben auch meistens in einem schnellen Gesangsvortrag äußert (s. Kap. 7.5.1).

Durch eine Differenzierung der verschiedenen Gesangsformen (Revier- und Wechselgesang) werden die jeweiligen Stufen des Gesanges erkennbarer, die somit auch ihren musikalischen Rang erhalten. Eine Einteilung in verschiedene Gesangsebenen wird also nicht willkürlich vorgenommen, sondern ergibt sich harmonisch aus den Phänomenen.

Als eine verwandte Erscheinung zum angleichenden Wechselgesang kann auch der Chorgesang der Pirole angesehen werden. Das Sonagramm (Abb. 16) zeigt einen «Ausschnitt aus einem Gruppensingen, das wie eine Unterhaltung zwischen einigen Männchen wirkt» (Glutz 13/II); zum Vergleich siehe dazu die Sonagramme des entspannten Motivgesangs wie auch von Erregungsstrophen (s. Abb. 6).

5.4 Von der zeitlichen *Klanggestalt* des Vogelliedes – seelischer Stimmungswandel

Ein großer Teil der Singvögel unterliegt nicht den Zwängen eines angeborenen Stimminventars. Wir dürfen annehmen, dass sich im Verlauf der Evolution sowohl der Prozess des Freierwerdens von genetisch festgelegten Stimmvorgaben als auch die Entwicklung des individuellen Lernens gegenseitig bedingten. Mit der sich verändernden Konstellation, den arteigenen Gesang erlernen zu müssen (und zu können), entwickelten sich entsprechend die Fähigkeiten für individuelle Variationen der Gesangsstrophen. Mit Blick auf die gesamte Gesangentwicklung haben sich dann im weiteren Verlauf nach und nach größere Freiräume auch für Gesangsformen eröffnet, die weniger stark von biologischen Faktoren bestimmt sind. Zu nennen wäre der entspannte Motivgesang, der entspannte und angleichende Wechselgesang, Chorgesang, Duettgesang und als Steigerung des Gesangslebens der Imitationsgesang (s. Kap. 9).

Die mit dieser Entwicklung einhergehenden seelischen und neuronalen Veränderungen sind von großer Bedeutung. Sie lassen sich erspüren und nachvollziehen, wenn wir uns mit der Metamorphose der Gesangsstrophen näher befassen. Es ist wichtig, auf die unterschiedlich vorgetragenen Gesangsstrophen und die sich verändernden Rhythmen zu achten. Darüber hinaus ist es bedeutsam und aufschlussreich, auch genauer hinzuhören auf die klanglichen Übergänge von einer Gesangsebene zur anderen. Nehmen wir etwa einen Fitislaubsänger, der entspannt seine wohlklingend-melancholischen Strophen singt. Dann aber, bei zu großer Annäherung eines singenden Reviernachbarn, beginnt er – seiner inneren seelischen Stimmung beziehungsweise Erregungslage folgend – aggressivhärter und lauter zu singen. Er fällt also (meist kurzzeitig) vom entspannten Motivgesang in den erregten Kampfgesang zurück und sein Nachbar ebenso.

Später beruhigen sich die Kontrahenten und beginnen wieder weicher und entspannter alternierend zu singen. Die zarten, aber vielfältigen Variationen ihrer Gesänge sind wieder klarer zu hören. Das bewusste Wahrnehmen dieses Übergangsprozesses zeigt uns, dass ein singendes Männchen nicht unmittelbar von einer Gesangsart in die andere wechselt, sondern dass sich die emotionalen Regungen des Vogels in seinem Gesangsvortrag spiegeln (s. S. 17, 48).

Ornithologen und Bioakustiker untersuchen selbstverständlich Aufbau und Struktur der Strophen und unterscheiden zwischen verschiedenen Gesangsarten, beispielsweise Balzgesang, Imponiergesang, Drohgesang, Werbegesang oder Aggressionsgesang. Bei solchen Darstellungen entsteht aber nicht selten der Eindruck, als hätten die Singvögel für unterschiedliche Funktionen jeweils andere Gesänge entwickelt. In manchen Fällen wie zum Beispiel für den Balzgesang, den Vorgesang oder den Plaudergesang mag das gelten. Beim Aggressions- oder Kampfgesang haben wir es aber nicht mit einer völlig anderen Gesangsart zu tun, sondern es ist Reviergesang, der

durch die seelische Erregung des Sängers eine musikalische Veränderung, meistens eine Reduzierung, erfährt. Wenn in wissenschaftlichen Abhandlungen zu lesen ist, dass zum Beispiel Pirol oder Fitis in gereizter Stimmung Doppelstrophen singen, so wird nicht unmittelbar nachvollziehbar, was damit gemeint ist. Denn die Vögel singen ja nicht zwei Strophen unmittelbar hintereinander, sondern ihre Stimmen überschlagen sich vor Erregung. Die verschiedenen Gesangsmuster werden von den Vögeln nicht *nach Bedarf* eingesetzt, sondern die Veränderung einer Gesangsart geht mit einem Stimmungswandel (s. Kap. 6.1) einher, was sich sehr deutlich darin zeigt, dass von der Erregungsphase zur entspannten Phase des Gesangs kein abrupter Wechsel, sondern, wie oben beschrieben, ein hörbarer musikalischer Übergang stattfindet.[12] Der Wechsel von der entspannten in die erregte Phase ist naturgemäß kürzer als umgekehrt.

Wenn wir auf die Übergänge achten, die unterschiedlichen Gesangsqualitäten ernst nehmen und sie in ihrem Zusammenhang mit dem Revierverhalten lebendig berücksichtigen, lassen sich auch die verschiedenen Autonomieschritte, um die es uns geht, aufzeigen.

Zwei männliche Blaukehlchen wie auch die Männchen anderer begabter Singvogelarten zeigen uns mit jedem kämpferischen Gesangsduell, wenn sie dabei in alte, im Verlauf der Evolution erweiterte Reaktionsmuster oder sogar in teils angeborene Gesangsstrukturen zurückfallen, etwas von einer früheren gesanglichen Entwicklungsstufe. Zugleich offenbaren sie damit die erworbenen Freiheitsgrade in Richtung eines spielerischen Stimmgebrauchs bis hin zum heutigen vielfältigen entspannten Motivgesang.

---

12 Dieses Phänomen lässt sich auch sehr schön beim sogenannten Überlappungsgesang wahrnehmen, wenn aggressive Männchen sich beim Kontersingen *in die Strophen fallen.*

Zeitlicher Aspekt	Phylogenetischer Aspekt	Ontogenetischer Aspekt
	Evolution des Gesanges in verschiedenen Entwicklungsschritten	**Gesang eines Individuums auf verschiedenen Ebenen**
Zukunft	Individuelle Weiterentwicklung Tradition	Sphärischer Gesang Angleichender Wechselgesang
Gegenwart	↑ Fremdimitation Motivangleichung Akustische Kommunikation Gesangslernen durch Nachahmung Lerndisposition für den arteigenen Gesang	↑ Entspannter Wechselgesang Entspannter Motivgesang
Vergangenheit	↑ Angeborene Gesangsstrukturen	↑ Erregter Wechselgesang Erregter Kampfgesang

Abb. 17: Die zeitliche Klanggestalt des Reviergesanges. Die verschiedenen Gesangsebenen, die für einen gesangsbegabten Singvogel typisch sind, spiegeln die stammesgeschichtlichen Entwicklungsstufen der Stimme.

Besonders bei dem musikalischen Wandel vom erregten zum entspannten Gesang kann man das unmittelbare Erlebnis haben, als würde man in einem Zeitraum von wenigen Minuten an dem langen musikalischen Entwicklungsweg der Singvögel ein wenig teilnehmen können. Während der Beruhigungsphase lässt sich gleichsam so etwas wie ein extrem verkürzter Entwicklungsprozess des Gesanges erahnen.

Die verschiedenen Gesangsebenen repräsentieren unterschiedliche phylogenetische Entwicklungsstufen und lassen uns die Emanzipation von angeborenen, festgelegten Gesangsstrukturen nachvollziehen.

Auf der unteren Ebene des Reviergesanges, im erregten Kampfgesang wie auch im erregten Wechselgesang, wird Vergangenes hörbar. Im gemeinschaftlichen Singen auf der Ebene des entspannten Motivgesangs erleben wir die gegenwärtige musikalische Stufe der Singvögel. Auf der oberen sphärischen Ebene des Reviergesanges klingt Zukünftiges an, etwa wenn eine Amsel zur späten Abendstunde, abgehoben von Revieraktionen, dichtend ihre Motive entfaltet, wenn territoriale Vögel (Nachtigall, Sumpfrohrsänger) – gewissermaßen über sich hinauswachsend – im Chor singen oder wenn im angleichenden Wechselgesang die Sänger noch intensiver aufeinander hören und in einer aktiven musikalischen Annäherung beginnen, ihre Gesangsstrophen oder Motive immer mehr in Einklang zu bringen. Im Übergang von einer Gesangsebene zur anderen offenbart sich die zeitliche Klanggestalt (oder klangliche Zeitgestalt) des Vogelliedes. Der Vogelgesang zeigt uns nicht nur die Emanzipation von angeborenen, festgelegten Gesangsstrukturen, sondern repräsentiert gleichsam im Sinne der Heterochronie[13] unterschiedliche Entwicklungsstadien.

Ähnliche Stufen lassen sich auch differenziert für den Imitationsgesang aufzeigen, wobei die jeweils obere Ebene eine oft erstaunliche Steigerung der gesanglichen Fähigkeiten aufweist und entsprechende Freiheitsgrade zeigt (s. Kap. 9). Und so, wie beim angleichenden Wechselgesang die benachbarten Singvögel noch intensiver aufeinander hören, sich musikalisch annähern, um in ihren Liedern Übereinstimmung zu erzielen, so bedarf es auch unsererseits der Übung, einer Sensibilisierung unserer Sinneswahrnehmung, eines feineren Hinhörens auf die sphärische Gesangsebene der Singvögel, um sie bewusster erleben zu können. So werden wir in den anfangs einfach klingenden Gesängen mehr und mehr die überraschende individuelle Variationsvielfalt vernehmen. Darin liegt auch für uns etwas Zukünftiges: das Hören immer mehr zum Lauschen werden zu lassen.

---

13 Evolutionsprozesse unterliegen bestimmten Trends. Zur kontinuierlichen Herausbildung von Merkmalen und Strukturen im Laufe großer Zeiträume gehört eine zeitliche Ordnung, die als Heterochronie (Verschiedenzeitlichkeit) bezeichnet wird, das heißt, gravierende Veränderungen im Organismus unterliegen häufig unterschiedlichen Entwicklungsgeschwindigkeiten, und diese Reihenfolge erlaubt, die Zeitgestalt der Evolution zu erkennen (Kümmel 2008, Schad 1998b).

6. Das Klangrevier und die Entwicklung vom sozialen zum territorialen Verhalten

6.1 Verteidigung des Territoriums vom musikalischen Gesichtspunkt

Bei vielen Tierarten kämpfen die Männchen, besonders zur Paarungszeit, um die Rangordnung (und damit meistens auch um die Weibchen), oder es wird um Jagd- beziehungsweise Nahrungsreviere gestritten. Bei einzeln jagenden Tieren, wie den meisten Raubkatzen, grenzen sogar Männchen und Weibchen ihre Jagdreviere gegeneinander ab. Revierverteidigung und damit verbundene Rivalenkämpfe erfüllen eine eindeutige Funktion. Auch im Vogelreich werden Reviere teils heftig verteidigt (z.B. von Höckerschwan, Wanderfalke, Kranich, Blässhuhn, Buntspecht). Sehr viele Tiere beanspruchen einen ihrer Art geeigneten und entsprechend großen Raum, um sich und ihre Nachkommen zu ernähren. Dies scheint zunächst auch für die Singvögel zu gelten. Insofern ist die verbreitete Meinung, dass sie neben Brutrevieren vor allem Nahrungsreviere verteidigen, verständlich. Diese Verallgemeinerung hängt aber damit zusammen, dass die musikalische Begabung der Singvögel in ihrem Einfluss auf das Revierverhalten bisher nicht genügend berücksichtigt wurde. Im Frühjahr, wenn die Männchen der höhlenbrütenden Kohl- und Blaumeisen voll im Gesang sind, ist es nicht schwierig festzustellen, dass sie ein Revier besitzen und es durch Gesang verteidigen. Bei Höhlenbrütern ist es am einfachsten, ein bestimmtes Revier zu erkunden, denn das Nest ist in der Regel Zentrum des Reviers, und in der Nähe des Nestes, also hier der Höhle beziehungsweise des Nistkastens, wird oft und fleißig gesungen. So lässt sich schon nach kurzer Zeit ein erster Überblick über die mögliche Reviergröße gewinnen. Bei einem eifrig singenden Buchfinken ist das ebenfalls ohne Weiteres möglich, besonders wenn wir dazu den Wechselgesang mit den Reviernachbarn beachten. Die Ausdehnung eines Reviers und der Nachbarreviere lässt sich ziemlich genau feststellen.

Als Revier bezeichnen wir ein Gebiet, in dem der Vogel seine Nahrung erwirbt, sich fortpflanzt, sein Nest baut, seine Brut aufzieht, das er durch Gesang markiert und gegen Mitbewerber der eigenen Art verteidigt. Bereits Aristoteles berichtet, dass Vögel ein Revier haben und es verteidigen. Die biologische Bedeutung des Revierbesitzes und den engen Zusammenhang von Gesang und Revier entdeckte A. F. von Pernau zu Beginn des 18. Jahrhunderts, der auch als Erster bemerkte, dass Vogelgesänge nicht generell angeboren sind, sondern erworben werden müssen. Etwa 150 Jahre später (1868) ist es dann der Ornithologe und Theologe Bernhard Altum aus Münster, der die Grundlage für die heutige Anschauung formulierte, dass «jedes Vogelpaar sein eigenes Brutrevier haben muss, dessen Größe sich nach den Lebensverhältnissen und der spezifischen Nahrung der betreffenden Art richtet. Jeder Vogelgesang ist erstens Paarungsruf: er leitet das Fortpflanzungsgeschäft ein und dient dem Anlocken eines Weibchens; zweitens dient er dem Sänger als Revierverkündigung an männliche Artgenossen; drittens dient er, wie die Färbung, als Artsignal» (Altum 1937). Auch auf den Zusammenhang von Gesangsqualität und sozialem Verhalten hat Altum bereits hingewiesen (s. Kap. 6.5).[14]

Der Reviergesang dient nach heutiger Lehrmeinung hauptsächlich folgenden Funktionen: Reviermarkierung, Revierverteidigung, benachbarte Männchen auf Distanz halten, Anlocken der Weibchen, Zusammenhalt der Paare wie auch gesangliche Stimulation der Jungvögel (s. Kap. 4.1). Reviere werden vornehmlich gegen Männchen der eigenen Art abgegrenzt, während die Lebensräume verschiedener Arten sich überlappen oder durchdringen können. Bei einheimischen Drosselarten kann es allerdings auch interspezifisch zu territorialen Auseinandersetzungen kommen (s. Kap. 6.3). Selbstverständlich melden die zuerst im Brutgebiet ankommenden älteren Männchen ihren Anspruch auf besonders günstige Reviere an.

Die Gesangsaktivität unserer Singvögel steigert sich in Mitteleuropa im Spätwinter und Frühjahr mit zunehmender Tageslänge. Unter der steigenden Lichteinwirkung wird die Hormonproduktion bei den Vogelmännchen gefördert. Während der Fortpflanzungszeit unterliegen die Vögel offensichtlich hormonellen Einflüssen, sie sind aufgeregt, und es wird teilweise heftig um die Reviere gekämpft. Jeder von uns kann diesem intensiven Treiben zusehen. Es ist also nicht verwunderlich, dass der Reviergesang als Werbe- und Verteidigungsgesang in dieser Form der Lautäußerung weitgehend mit dem hormonalen Status in einen ursächlichen Zusammenhang gebracht wird (Tembrock 1982). Nicht alle Gesänge lassen sich jedoch so

erklären, denn einige Gesangsformen wie Jugend- und Plaudergesang (s. Kap. 8.4), Herbst- und Wintergesang wie auch Chor- und Duettgesang entfalten sich weitgehend frei von hormoneller Steuerung. Auch der Reviergesang des Rotkehlchens scheint unabhängig vom Hormonhaushalt zu erklingen (Bornemisza 1999).

Sind es nun die Hormone, die den Reviergesang bewirken? Oder fördern beziehungsweise steigern Hormone während der Brutzeit lediglich vorhandene Stimmungen? In diesem Falle müssten wir von einem inneren Gestimmtsein der Singvogelpsyche ausgehen. In der Regel wird von Motivation gesprochen, aber es gibt durchaus Ornithologen, welche den Singvögeln Empfindungen, Stimmungen oder Emotionen zubilligen. So erscheint es vernünftig, von einer *hohen emotionellen Komponente* im Vogelgesang zu sprechen (Bornemisza 1999), arbeitet doch «das Männchen musikalischer Singvogelarten, zum Beispiel der Amsel (s. Kap. 8.2; 9.3.4), fortgesetzt an der Verschönerung seiner Gesangsleistungen auch noch lange nach erfolgter Paarung. Da das Gefühlsleben der Vögel eine verhältnismäßig hohe Stufe der Entwicklung erreicht hat und da sie nur in Tönen ausdrücken, was sie bewegt, können die Triebfedern ihres Singens nicht zu einseitig veranschlagt werden» (Tiessen 1989). Auch der Bioakustiker Günter Tembrock (1982) geht davon aus, dass «vor allem emotionale Zustände die phonetischen Eigenschaften von Lauten beeinflussen» können und dass «solche Veränderungen auch für den Empfänger als Anzeige für einen bestimmten Erregungszustand dienen». Die vokalen Leistungen der Singvögel können nicht als bloße Mechanik einer physiologisch bedingten Sinnesfunktion betrachtet werden.[15]

---

14 Kaum je ist «ein Vogelbuch gleich nach der Veröffentlichung so heftig angegriffen worden wie dieses. Erst nach 1885, als der Rausch des darwinistischen Optimismus verflogen war, begann es allmählich seine Wirkung zu tun» (Stresemann 1951).

15 Selbstverständlich reagieren Organismen auf Reize, und so kann auch das Gesangsverhalten im Zusammenhang mit genetischer Determiniertheit bzw. hor-

Meines Erachtens verfügen Singvögel über eine besondere musikalische Begabung. Eine bestimmte Gefühlslage lässt sie ihre Lieder anstimmen und diese selbstverständlich auch biologisch sinnvoll einsetzen.

Bei den Singvögeln ist das Stimmorgan (Syrinx) anatomisch nahezu gleich gebaut (s. Kap. 11); trotzdem singen selbst nahe verwandte Arten ganz verschieden und weisen in ihrer musikalischen Auffassungsgabe verschiedene Leistungen auf. Zur Ausbildung komplexer Gesänge bedurfte es der Koevolution von Gesangsentwicklung, komplizierterem Aufbau der Gesangswerkzeuge, gleichzeitiger Verfeinerung des hoch entwickelten Gehörs und zunehmender Bildsamkeit der Gehirnstrukturen mit entsprechender psychischer Verarbeitung (s. Kap. 7.1; 7.4). Oder anders gesagt: Wir haben bei den Singvögeln einen Einklang in der Entwicklung der Stimme, der Ausbildung des Hörens, der gleichzeitigen Differenzierung der Sinnesorgane und in der Entwicklung des musikalischen Empfindens. Eng damit verbunden ist das, was wir als gesteigerte Musikalität erleben können. Und natürlich gehört dazu der gesangliche Austausch der Sänger als anregende, treibende Kraft der Gesangsentwicklung. So mag sich mit zunehmender Entwicklung des Gesanges auch die Inanspruchnahme entsprechender klanglicher Freiräume ausgebildet haben. Diese Zunahme an Autonomie kommt uns in vielfältigen Klang- und Liedformen entgegen.

Das Gesangsphänomen an sich wird also

---

moneller oder äußerlicher Reize gesehen werden. Die «Reize, die ein bestimmtes Verhalten auslösen, treffen den Organismus jedoch keineswegs unvorbereitet. Beobachtung und Experiment lehren, dass Tiere wechselnde spezifische Handlungsbereitschaften zeigen. Ein Tier gleicht keineswegs einem Automaten, in den man eine Münze einwirft und dafür eine Antwort erhält. Vielmehr ist es auch aus einem inneren Antrieb heraus aktiv» (Eibl-Eibesfeldt 1999).

nicht durch Hormone bewirkt, wohl aber wird durch hormonale Steuerung die Gesangstätigkeit im Frühjahr deutlich gesteigert, wie wir es an den Reviergesängen in eindrucksvoller Weise erleben können.

Wenn wir uns im Frühjahr dem Verhalten der einzelnen Vogelarten zuwenden, so bemerken wir, dass fast alle Vogelmännchen zu Beginn der Brutzeit eine gewisse Erregung zeigen, die sich in Aggression und kämpferischer Auseinandersetzung ausdrücken kann. Dabei geht es vor allem um die Reviere, die von Art zu Art verschieden groß sind und auch innerhalb einer Art, in Abhängigkeit von Lebensraum und Bestandsdichte (s. Kap. 6.2), eine unterschiedliche Ausdehnung haben können. So sind die Reviere mancher Arten in günstigen Biotopen kleiner als in weniger günstigen. Der Trieb der Männchen territorialer Arten geht durchaus dahin, das beste Revier zu besetzen. Wenn das Denken stark auf den Nutzen im Naturgeschehen gerichtet ist, kann man beim Beobachten von Revierstreitigkeiten den Eindruck gewinnen, als ginge es den Vogelmännchen nur um ein genügend großes Nahrungsrevier. Selbstverständlich hängt die Größe des Reviers auch mit dem Nahrungsangebot zusammen. Das bedeutet aber nicht, dass mit dem Reviergesang vor allem ein Nahrungsrevier verteidigt wird.

Grundsätzlich fällt auf, dass die Vertreter gesangsbegabter Arten meistens einen größeren Raum für sich in Anspruch nehmen und diesen auch heftiger verteidigen als einfache Sänger. Letztere leben häufig gesellig, und manche von ihnen beanspruchen überhaupt kein Revier wie etwa Mehlschwalbe, Schwanzmeise, Haussperling. Das weist uns hin auf einen Zusammenhang von Gesangsbegabung und Territorialität.

So ist bei Singvogelarten ein Verhalten zu beobachten, das bisher im Zusammenhang mit der Gesangsqualität wenig Beachtung gefunden

Abb. 18: Buchfink

zur Brutzeit «ausgesprochen territoriale Vögel sind, nicht selten ihr Revier verlassen, um sich in fremden Revieren vorwiegend mit Nahrungssuche zu beschäftigen (bis zu einem Drittel des Tages); Strophen wurden jenseits der Reviergrenzen nur in seltenen Fällen gesungen» (Maciejok et al. 1995). Ebenso suchen Goldammern, Ortolane und andere Ammerarten auch weit außerhalb ihrer Reviere, teils in sogenannten *neutralen* Gebieten, nach Nahrung. Das spricht gegen die Annahme, dass die unterschiedlichen Bruthabitate die Folge der Nutzung ähnlicher Nahrungsressourcen sind (Dale & Manceau 2003).

So gehen Individuen zahlreicher territorialer Singvogelarten erwiesenermaßen in fremden Revieren auf Nahrungssuche, und augenscheinlich dürfen sie es auch, solange sie sich still verhalten. In einem fremden Revier nach Nahrung zu suchen scheint also weniger tabu zu sein, als dort zu singen. Offensichtlich gilt bei begabten Singvögeln: Vor allem Singen in fremden Revieren ist nicht erlaubt!

Seit mehreren Jahren ist bekannt, dass Singvögel nicht selten ihre Reviere verlassen (Hanski 1993). Darüber zuverlässige Daten aufgrund eigener Beobachtungen zu erhalten ist für den Laien allerdings nicht so leicht, weil Kleinvögel, die nicht singen, häufig (besonders im belaubten Wald) unbeachtet bleiben, abgesehen davon, dass zahlreiche Singvögel, die keinen Gesang vortragen, im Freiland schwierig oder gar nicht zu bestimmen sind. Das gilt in gesteigertem Maße für nahrungssuchende Singvögel, die sich in fremden Revieren meist still und unauffällig bewegen und sich dort in der Regel auch nur für kurze Zeit aufhalten dürften. Aber bei allen Arten, die wir gut kennen und die wir in unserer Nähe häufig und regelmäßig beobachten können, lohnt es sich, darauf zu achten.

hat: Zahlreiche territoriale Singvögel halten sich nicht selten zur Brutzeit in fremden Revieren auf. Besonders gut lässt sich dieses Verhalten bei Höhlenbrütern wie Kohl- und Blaumeise feststellen. Aber auch Zaunkönig und Bachstelze, deren Nester ich kannte, habe ich auf dem Flug in Nachbarreviere beobachten können. Pirol, Gebirgsstelze, Braunkehlchen, Karmingimpel, einige Rohrsänger- und Grasmückenarten unternehmen ebenfalls Erkundungsflüge über die Reviergrenzen hinaus. Zilpzalpe zeigen verhältnismäßig wenig Nahrungskonkurrenz. Auch beim Rotkehlchen scheint das Territorialverhalten nicht mit der Nahrungsversorgung in Zusammenhang zu stehen (Lack 1943). Buchfinkenmännchen nutzen zum Nahrungserwerb regelmäßig auch Nachbarterritorien, wo sie vom Revierbesitzer toleriert werden, solange sie stumm bleiben (Hanski & Haila 1988). Es konnte nachgewiesen werden, dass Buchfinken, die

Wenn es nun bei zahlreichen Singvogelarten möglich ist, in fremden Revieren auf Nahrungssuche zu gehen, solange man dort nicht singt, so rückt der gesangliche Aspekt bei der Revierverteidigung eindeutiger in den Vordergrund. Umso mehr, als für die meisten mitteleuropäischen Singvogelarten gezeigt werden kann, dass Reviergröße und Revierverhalten mit der musikalischen Qualität der Gesänge eng zusammenhängen (Streffer 2003).[16]

Auch wenn es noch als unwissenschaftlich gilt, musikalische Rangordnungen zum Verständnis des Sozialverhaltens heranzuziehen, so ist gerade dieser Weg äußerst sinnvoll und aufschlussreich. Ein Vergleich von *guten* und *einfachen* Sängern soll das verdeutlichen:

Der Gesang des Stares besteht zum größten Teil aus einem einfachen Schnalzen, in das zahlreiche exakte Nachahmungen einverwoben sein können. Trotz dieser Imitationsfähigkeit ist der Star ein geselliger Vogel; Artgenossen brüten und singen in der Nähe. Der Star kennt kaum Revierverteidigung, was meines Erachtens damit zusammenhängt, dass er seine stimmliche Begabung nicht in klangvolle Gesänge umgewandelt hat und dementsprechend auch keinen großen Klangraum ausfüllt (s. Kap. 9.3.5). Der Gimpel oder Dompfaff ist ein stimmbegabter Finkenvogel, aber er lebt seine musikalische Begabung in der Natur kaum durch den Vortrag eines volltönenden Gesanges aus (s. Kap. 9.3.5). Zebrafinken haben einfache Strophen, die sie häufig wiederholen; sie leben gesellig.

Der bekannte Ornithologe und Bioakustiker Gerhard Thielcke (1970b) schrieb zu den letztgenannten Vogelarten: «Auffallenderweise dient der Gesang sowohl Gimpeln wie Zebrafinken (*Taeniopygia guttata*) vor allem zur Stimulierung ihrer Weibchen, nicht aber zur Markierung eines Reviers.» Das ist eigentlich nicht so *auffallend*, sondern dieses Phänomen unterstützt in schöner Weise die Beobachtung, dass die meisten Singvögel ohne deutlich ausgebildeten Gesang nur geringe oder keine Revierverteidigung pflegen. Dass aber gesellig lebende Vögel in der Regel nur wenig ausgeprägte Strophen entwickelt haben, zeigt uns, dass hier noch verborgene Zusammenhänge vorliegen. Ferner ist zu beachten, dass nahe verwandte Arten in ihren musikalischen Leistungen auf verschieden hoher Stufe stehen, wie wir beim Vergleich von Teich- und Sumpfrohrsänger, Zilpzalp und Waldlaubsänger, Wacholder- und Singdrossel oder Berg- und Buchfink leicht feststellen können. Der Zusammenhang von Gesangsbegabung und Territorialität soll später am Beispiel nahe verwandter Arten aus der Drosselfamilie (Gattung *Turdus*) exemplarisch dargestellt werden (s. Kap. 6.3).

Wenn wir ferner die Reizschwelle der Singvögel untersuchen, bei deren Überschreiten innerartliche Aggression mit nachfolgenden Kämpfen ausgelöst werden, so finden wir, dass dieser Grenzbereich sehr häufig mit den musikalischen Qualitäten der jeweiligen Art korrespondiert. Gesangsbegabte Singvögel verteidigen, wie schon erwähnt, in der Regel einen größeren Raum als schwächere Sänger. Mit abnehmender Gesangsqualität ist eine Tendenz zur Geselligkeit wahrzunehmen. Aber auch bei sozial lebenden Arten sind psychische Barrieren zu beobachten. Wird beispielsweise ein Mindestabstand nicht respektiert, so können sich auch *friedliche* Vögel teils recht heftig attackieren.

---

16 Es geht allerdings nicht nur um die musikalische Begabung, sondern vor allem darum, ob und wie diese Begabung realisiert wird. Genauer gesagt geht es um die Gesangsentfaltung, ob ein Singvogel mit seiner Stimme auch einen bestimmten Klangraum ausfüllt und einnimmt, in welcher Weise der Vogel mit seiner Stimme seinen Umkreis ausfüllt und erweitert (s. Kap. 9.3.5).

Gute Sänger	Einfache Sänger
1. Gute bis vorzügliche Sänger mit teils vollendet ausgebildeten und komplexen Strophen, melodisch-rhythmischen und teils komplizierten Strukturen, großer Klangfülle oder kraftvollem Gesang. Zahlreiche Arten zeichnen sich aus durch klare musikalische Gesangsform, Variationsreichtum (oft in Verbindung mit Imitationen), Improvisation der Motive und teilweise kompositorische Begabung. Dazu gehören etwa Singdrossel, Amsel, Nachtigall, Sprosser, Blaukehlchen, Rotkehlchen, Gartenrotschwanz und Mönchsgrasmücke. 2. Begabte Sänger grenzen sich von ihren singenden Artgenossen stärker ab. Sie sind echte Gesangssolisten. Sie sind autonomer als ihre anderen gefiederten Verwandten. Sie erfüllen einen bestimmten Klangraum mit ihrem Gesang und halten singende Artgenossen auf Distanz. 3. Sie verhalten sich meistens stark territorial. 4. Gute Sänger verteidigen vor allem ein Klangrevier. Deshalb verhalten sie sich gegenüber singenden Artgenossen in ihrem Revier viel aggressiver als gegenüber nahrungssuchenden. 5. Der größte Teil der Revierstreitigkeiten findet während des Singens statt. 6. Singende Artgenossen werden grundsätzlich aus dem eigenen Revier vertrieben. Die unterschiedliche Inanspruchnahme eines *eigenen* Klangraumes, unabhängig vom Nahrungsrevier, hängt bei vielen begabten Singvogelarten eng mit der Qualität des Gesanges bzw. mit dem Gesangsvortrag zusammen. 7. Gute Sänger sind häufig auch nach der Brutzeit ausgeprägte Solisten. 8. Zahlreiche gesangsbegabte Singvögel (mit Ausnahme von Buchfink und Lerchenarten) ziehen überwiegend nachts und allein bzw. in kleineren, meist arteigenen Trupps. 9. Einige Arten singen sogar im Winterquartier und verhalten sich (deshalb) auch dort territorial.	1. Weniger gesangsbegabte beziehungsweise gesangsfreudige Vogelarten, zum Beispiel Rauch-, Mehl- und Uferschwalbe, Haus- und Feldsperling, Rot- und Wacholderdrossel, Feldschwirl, Bart- und Schwanzmeise. 2. Sie tragen ihre meist schlichten Gesangsstrophen ohne große Distanz zu anderen singenden Artgenossen vor. 3. Sie sind meistens verträglich und sozial. 4. Sie begnügen sich häufig mit kleinen Territorien, falls sie überhaupt Reviere beanspruchen; nicht selten wird nur die nähere Umgebung des Nestes verteidigt. 5. Artgenossen werden häufig in der Nähe geduldet. 6. Einfache Sänger brüten häufig gesellig; geringer Abstand zwischen den Nestern. 7. Nach der Brut erlischt die ohnehin geringe Aggressivität ganz; die Neigung zur Schwarmbildung nimmt zu. 8. Sie ziehen meistens tagsüber in größeren Schwärmen oder vergesellschaften sich mit anderen Arten zu größeren Trupps.

Ebenso streiten sich gesellige Vögel wie Saatkrähen oder Haussperlinge[17] heftig um Nahrung. Deshalb reicht es nicht, territoriale Arten von sozialen Arten allein nach der Häufigkeit oder der Heftigkeit ihrer Auseinandersetzungen voneinander zu unterscheiden. Eine zunehmende Verträglichkeit bis hin zu ausgeprägter Geselligkeit zeigt sich vor allem in einer niedrigeren Reizschwelle, die für uns in der Regel in einer geringer werdenden Distanz zu brütenden Artgenossen wahrnehmbar wird.

Bei territorialen Singvögeln findet sich «im Laufe der stammesgeschichtlichen Entwicklung eine zunehmende Auflockerung der angeborenen Bestandteile des Gesangs durch erlernte Teile, bis hin zu Vögeln, deren Gesang fast nur noch erlernt wird. Das bringt eine immer stärkere stimmliche Individualisierung mit sich» (Kneutgen 1969b). Oder umgekehrt: Die gesangsbegabteren Vogelarten haben sich im Verlauf der Evolution von angeborenen Lautäußerungen durch individuelles Lernen gelöst und beanspruchen zunehmend für ihre komplizierteren und teils volltönenden Strophen einen eigenen Klangraum. Das macht sie zu territorialen Arten (s. Kap. 6.5).

Aufgrund der darwinistischen Interpretation von Verhaltensweisen ist der Blick meistens vorrangig auf die Verteidigung des Brut- und Nahrungsreviers gerichtet.[18] Hätten sich die teils hochmusikalischen Klanggebilde vor allem zur Verteidigung von Brut- und Nahrungsrevieren herausgebildet, so müsste sich eigentlich

die ganze Vielfalt der Gesangskunst gerade dann entfalten, wenn die aktuelle biologische Notwendigkeit der Revierverteidigung gegeben ist. Stattdessen verliert der Gesang an Variabilität und Klangschönheit, sobald sich zwei benachbarte Männchen singend der Reviergrenze nähern. Selbstverständlich setzen die Singvögel ihre musikalische Begabung sinnvoll ein. Doch ist das Gesangsgeschehen nicht auf zweckmäßige Funktionen zu reduzieren. Am Beispiel des Klangreviers lassen sich wesentliche Autonomieschritte aufzeigen. Auch die Frage nach der Territorialität singender Weibchen könnte so sinnvoll beantwortet werden (s. Kap. 6.4). Die Beschäftigung mit dem Klangrevier kann uns zu einem tieferen Verständnis für den musikalischen Aspekt der Gesangsentwicklung führen und uns befähigen, die verschiedenen Freiheitsgrade in der Singvogelevolution noch deutlicher herauszuarbeiten, zum Beispiel auch den unmittelbaren Zusammenhang von Gesang und Geselligkeit. So beanspruchen verschiedene Arten ein ausgedehntes Revier, anderen reicht eine Distanz von wenigen Metern zum nächsten Nest, während besonders gesellige Arten lediglich eine Individualdistanz einhalten; die innerartliche Aggressivität beziehungsweise Verträglichkeit korrespondiert mit der entsprechenden gesanglichen Qualität.

Es gibt nun überzeugende Gründe dafür, warum es sich lohnt, gesellig zu leben (s. Kap. 6.5), denn viele Augen sehen mehr: Das Leben im Schwarm erleichtert die Nahrungssuche und ermöglicht ein schnelleres Entdecken von Nahrungsquellen, es bietet größeren Schutz vor Feinden und erlaubt rasches Lernen voneinander, was besonders jüngeren oder mit einem Gebiet weniger vertrauten Individuen zugute kommt. Darüber hinaus ist noch das gesellige Miteinander an den Schlafplätzen zu erwähnen und vor allem die Tatsache, dass soziale Vögel

---

17 Wenn sich soziale Vögel wie Haussperlinge um Nahrung streiten, so sollten wir nicht außer Acht lassen, dass häufig derjenige Vogel, der die neue Futterquelle entdeckte, den ganzen Sperlingstrupp darauf aufmerksam gemacht hat; der Nahrungsstreit ist zwar offensichtlich, aber untergeordneter Natur.

18 Im Gegensatz zu Nahrungs- und Brutrevieren, die unterschiedlich groß sein können, sind Klang- und Brutreviere meistens deckungsgleich.

im dauerhaften Stimmkontakt mit ihren Artgenossen sein können.

Zahlreiche Vogelarten sind zumindest zeitweise gesellig, aber gute und kraftvolle Sänger ertragen sich nicht in unmittelbarer Nähe, jedenfalls nicht singend – und wenn noch so viele zweckmäßige Gründe dafür sprechen sollten (s. Kap. 6.3; 6.5). Das, und nicht die Ernährungsweise, scheint der Grund dafür zu sein, warum die meisten gesellig lebenden Singvögel weniger ausdrucksvolle Gesänge ausgebildet haben. Deshalb sind die Meistersänger (als Solisten) durchweg ausgeprägt territorial; sie verteidigen nicht (nur) ein Brutrevier, sondern einen ihrem Gesang entsprechenden Klangraum; das Individuelle als Ausdruck einer gesteigerten Autonomie tritt bei ihnen stärker hervor.

Das zeigt sich erstaunlicherweise auch im Zugverhalten: Während viele zur Brutzeit solitär lebende Vogelarten sich zur Zugzeit zu großen Scharen zusammenschließen, ziehen zahlreiche gesangsbegabte Singvögel nachts und allein oder nur in sehr kleinen Trupps. Häufig zu hörendes Gegenargument ist, dass diese ausgeprägten Nachtzieher meistens Insektenfresser seien. Sie hätten ihre Zugaktivität deshalb vom Tag in die Nacht verlegt, um am Tage genügend Zeit für die Nahrungssuche zu haben, sozusagen aus «ökonomischen Gründen des Zeitgewinns». Das erklärt aber nicht, warum diese Vögel allein ziehen. Auch ist zu bedenken, dass die durchschnittlichen Wegstrecken vieler Singvögel pro Nacht in der Regel verhältnismäßig gering sind.[19]

Für Tag- und Nachtzug lassen sich, ähnlich wie für solitäres und soziales Verhalten, sowohl förderliche als auch hemmende Beweggründe aufzählen. Wenn wir jedoch einseitig die zweckmäßigen Argumente bevorzugen (s. Kap. 6.2),

werden wesentliche Bereiche ausgeblendet wie zum Beispiel die Frage: Welchen wesentlichen Einfluss hat die unterschiedliche musikalische Begabung der Singvögel auf ihr Verhalten? Sobald wir Augen und Ohren für dieses Phänomen offenhalten, wird ein eigener, mehr individueller Weg der gesanglich hoch entwickelten Singvögel erkennbar.

Allerdings zeigen sich uns die Naturerscheinungen in den mannigfaltigsten Formen – mit allen Übergängen zwischen den Extremen. Auch sind die Phänomene häufig vielgestaltiger, als wir sie gerne hätten. Das gilt auch für die Darstellung des Klangreviers, wobei folgende Ausnahmen zu beachten sind: Einige schlichte Sänger wie Bachstelze, Brachpieper und Grauschnäpper zeigen territoriales Verhalten, während gute Sänger wie die Alpenbraunelle im Verhältnis zur Heckenbraunelle weniger territorial sind. Mancher vermeintliche Widerspruch erklärt sich aus dem Verhalten der Vögel, so zum Beispiel das etwas *Greifvogelartige* des Grauschnäppers oder das soziale Brutverhalten der männlichen Gartengrasmücke (Streffer 2003).

Bei dem Versuch, den engen Zusammenhang von Gesangsentfaltung und Revierverhalten aufzuzeigen beziehungsweise in ein neues Licht zu stellen, gibt es noch zahlreiche offene Fragen. Das ist nicht verwunderlich, da im Bereich des Lebendigen immer mit Ausnahmen zu rechnen ist. Erstaunlich ist vielmehr, dass bei der außerordentlichen Mannigfaltigkeit der artspezifischen Gesänge, bis hin zu individuellen Eigenheiten, die Gesangsqualität mit dem Revierverhalten in den meisten Beispielen deutlich übereinstimmt.

Die Gründe, warum manche Singvogelarten sehr komplexe Gesänge entwickelt haben, andere hingegen nur einfache Strophen singen, lassen sich kausal-mechanistisch nicht recht klären. Unter funktionellen Gesichtspunkten ist kaum verständlich, mit welchem stimmlichen Aufwand

---

19 Streffer, W. (2005): *Wunder des Vogelzuges. Die großen Wanderungen der Zugvögel und das Geheimnis ihrer Orientierung.* Verlag Freies Geistesleben, Stuttgart

diese Tiere ihre Lebensräume verteidigen, während doch einfache laute Gesangssignale (oder spezielle Warnrufe für Reviernachbarn) völlig ausreichen würden. Stattdessen erleben wir den Vortrag teils hoch komplizierter Gesangsgebilde, die in der Dynamik und auch in den Motiven oft vielfältig variiert werden. Sowohl der energetische Aufwand[20] als auch der große zeitliche Einsatz erscheinen völlig ungeeignet (s. Kap. 9.4). Sie erhalten aber einen Sinn, wenn wir die Korrelation zwischen Gesangsbegabung und Territorialität in den Mittelpunkt stellen: Der ganze *Aufwand* der musikalischen Revierverteidigung dient der Entfaltung von Autonomie; lebendiger Ausdruck dafür ist das von den *Solisten* beanspruchte akustische Revier, das biologisch beschreibbar wie auch nachprüfbar ist.

Vor über hundert Jahren hat der Münsteraner Ornithologe und Theologe Bernhard Altum (1824–1900) die Zusammenhänge von Gesangsqualität und Revierverhalten in seinem Buch *Der Vogel und sein Leben* beschrieben und auf das Solistische der guten Sänger hingewiesen: «Der Grad der Vollkommenheit des Gesanges steht mit dem Grade der Geselligkeit des Vogels im umgekehrten Verhältnis. Nur Vögel, die während der Brut- und Gesangsperiode vereinzelt in Brutrevieren leben, singen gut. Welch einen verworrenen Eindruck würde es machen, wenn etwa ein halbes Dutzend Nachtigallen zusammen in einem Strauche oder in mehreren benachbarten Sträuchern sitzend ihr herrliches Lied vortragen wollten! Alle guten Sänger leben einsam … Leben aber sehr stimmbegabte Sänger mehr oder weniger gesellig, so bleibt ihr Gesang nur ein Gezwitscher» (Altum 1898).

---

20 Der Begriff «energetischer Aufwand» ist auf den Gesang bezogen unglücklich, weil der Eindruck vermittelt wird, Singen sei eine kräftezehrende Aktivität. Deshalb erscheinen mir Kosten-Nutzen-Analysen auf der musikalischen Ebene als fragwürdig (s. Kap. 8.5).

Der Kausalzusammenhang des letzten zitierten Satzes mag für wenige Singvogelarten gelten, zum Beispiel Star und Gimpel (s. Kap. 9.3.5), ansonsten kann aber nicht gesagt werden, dass stimmbegabte Sänger einfache Gesänge vortragen, weil sie gesellig leben. Es ist eher umgekehrt: Gesellig lebende Singvögel sind in der Regel wenig stimmbegabt und verfügen deshalb über keine komplexen Gesänge, während die guten Sänger in Ausübung ihres musikalischen Talentes immer autonomer werden und eigene Klangreviere beanspruchen und entsprechend verteidigen (s. Kap. 6.5). So wie mich die aus vorurteilsfreier Beobachtung gewonnenen Gedanken von Bernhard Altum sehr angeregt haben, erhielt ich die wesentlichen Anstöße von dem Stuttgarter Zoologen und Ornithologen Friedrich A. Kipp (1908–1997). Seine Forschungen über das akustische Revier waren für mich von großer Bedeutung, sodass ich mich während der letzten Jahrzehnte intensiv mit diesem Phänomen beschäftigt habe. Ich habe ihm und seinem stets wohl begründeten Ideenreichtum sehr viel zu verdanken. Meines Wissens ist Kipp der erste Ornithologe, der den Begriff des akustischen Reviers geprägt hat.

6.2 Besonderheiten im Revierverhalten territorialer Singvögel

Territoriale Singvögel verteidigen ihre Reviere nicht so extrem nach dem Entweder-oder-Prinzip, wie wir das von anderen Vogelgruppen und territorialen Säugetieren kennen. Wenn zum Beispiel in einem Gebiet später ankommende Männchen mit schon ansässigen Revierbesitzern um gute Reviere streiten, so ist häufig wahrzunehmen, dass nicht jeweils einer der Kontrahenten weichen muss, sondern dass sich vielmehr die bisherigen Reviergrenzen zugunsten der Nachzügler zusammenziehen. Die Territorien früh ankommender Männchen sind also anfangs größer. Und diese zunächst großen *Vorreviere* können durch weitere Ansiedlungen (teilweise auf weniger als die Hälfte) verkleinert werden, wie es zum Beispiel bei Nachtigall, Sumpfrohrsänger, Buschrohrsänger (*Acrocephalus dumetorum*), Wiesenpieper, Neuntöter und Hausrotschwanz zu beobachten ist. Auch bei der Sperbergrasmücke wird bei höherer Dichte das «zunächst verteidigte Umfeld mehr und mehr an Neuankömmlinge abgegeben» (Neuschulz 1981). Die Revierbesitzer streiten sich durchaus eine Weile mit den Neuankömmlingen, aber man einigt sich. Bei anderen Arten scheint es wiederum so zu sein, wie es beim Seggenrohrsänger nachgewiesen wurde: «Bald nach ihrer Ankunft besetzen die Männchen ein Revier ohne feste Grenzen. Offenbar existieren ein möglicherweise durch intensiven Gesang markiertes Kernareal sowie eine periphere Zone, die in ihrer Ausdehnung variabel ist und Überlappungsbereiche mit den Arealen anderer Männchen aufweisen kann» (Glutz 12/I). Bei einigen Arten (Dorngrasmücke) kommt es bei hoher Dichte nicht nur zur Überschneidung von Territorien, sondern auch zur Benutzung einer Singwarte durch mehr als ein Männchen (Persson 1971). Verschiebungen der Reviergrenze können darüber hinaus auch damit zusammenhängen, dass die Weibchen bei der Nistplatzwahl die Reviermarkierung der eigenen Männchen nicht beachten und ihr Nest im Nachbarrevier bauen (Fitislaubsänger, Schilfrohrsänger). Der männliche Partner muss dann den Nestraum seinem eigenen Revier eingliedern, also sein Revier auf Kosten des Reviernachbarn vergrößern, was meistens erstaunlich friedlich ab-

läuft (so, als *wüssten* die Männchen dieser Arten, dass ihre Weibchen ähnliche Neigungen haben). Hinzu kommt, dass die Territorien einiger Arten, auch der beiden letztgenannten, nicht unmittelbar aneinander angrenzen, sondern dass von den Männchen von vornherein neutrale Zwischenräume eingehalten werden. Natürlich gehört zu den genannten teils ungewöhnlichen Verhaltensweisen auch, dass man in fremden Revieren auf Nahrungssuche gehen darf, sofern man nicht singt (s. Kap. 6.1). Diese verhältnismäßig friedliche Koexistenz innerhalb der Singvogelarten steht meines Erachtens in unmittelbarem Zusammenhang mit der musikalischen Begabung der Singvögel.[21]

Im Grunde kann das Revierverhalten der Singvögel erst dann richtig verstanden werden, wenn man das Musikalische wesenhaft einbezieht. Dazu sei noch etwas angemerkt, worauf selten der Blick gerichtet wird, dass nämlich auch territoriale Singvögel ihren Brut- und Singplatz in der Nähe eines Artgenossen bevorzugen.

Der Reviergesang hat, wie schon angedeutet, nicht nur die Funktion, ein Revier zu verteidigen und Rivalen auf Distanz zu halten, sondern dient auch dazu, Weibchen anzulocken. Die anziehende Wirkung des Gesanges beschränkt sich aber nun nicht, wie man denken möchte, auf die Weibchen allein. Selbstverständlich erscheint es zunächst ungewohnt anzunehmen, Singvogelmännchen könnten ein Interesse daran haben, potenzielle Rivalen anzulocken. Absurd klingt es nur unter der Prämisse, dass Singvögel grund-

---

21 Wenn ich in meinem Buch die harmonische Ebene und die kooperative Seite im Verhalten der Singvögel möglicherweise etwas bevorzugt habe, so mag das ein Ausgleich dafür sein, dass die kämpferische Seite im Naturgeschehen durch die darwinistische Naturwissenschaft ein deutliches Übergewicht zeigt, während das harmonisierende Element der Musik und der kooperative beziehungsweise symbiotische Aspekt stark vernachlässigt wird.

sätzlich *Rivalen* sind. Wenn wir uns bewusst machen, dass es sich vor allem um *Gesangsnachbarn* handelt, so könnten sie durchaus ein Bedürfnis haben, auch ihre männlichen Artgenossen anzulocken, damit diese in ihrer Nähe brüten und singen. Jedenfalls reagieren die später ankommenden Männchen unmittelbar auf singende Artgenossen und versuchen, sich in deren Hörweite anzusiedeln, einerseits wegen der gleichen Ansprüche an den Lebensraum, andererseits aber auch wegen der gesanglichen Anregung. In den letzten drei Jahrzehnten habe ich immer mehr den Eindruck gewonnen, dass sich die Männchen der meisten begabten Singvogelarten in dieser Weise verhalten. Auch auf brutfähige jüngere Männchen übt der Gesang seine Wirkung aus; sie versuchen sich allerdings mehr im Umkreis einer Population anzusiedeln. Die Anziehungskraft des Gesanges auf männliche Artgenossen ist inzwischen auch bei mehreren Arten wie Dorngrasmücke, Trauerschnäpper, Neuntöter, Bluthänfling, Teichrohrsänger und Rohrammer dokumentiert worden (Glutz 1991f.).

Stellen wir uns einen Flussarm mit einem angrenzenden natürlichen Auwald vor, der von seiner Größe her etwa hundert Paaren der Nachtigall einen günstigen Brutraum bieten könnte. In Jahren größerer Siedlungsdichte erhöht sich die Singaktivität; es wird angenommen, dass das mit der gegenseitigen Stimulation der Männchen zusammenhängt (Horstkotte 1965). Die Größe der Reviere in einem bestimmten Gebiet schwankt je nach Anzahl der Brutpaare von Jahr zu Jahr. Falls dort nun in einem Jahr nur zwanzig Nachtigallpaare brüten sollten, die Bestandsdichte also deutlich geringer ist, werden wir aber nicht feststellen können, dass die Reviere nun fünfmal so groß sind. Fast immer finden wir, dass die wenigen Vögel dann in einer lockeren Population brüten; es können mit größerem Abstand auch zwei kleinere Populationen sein. Ich

habe aber noch nicht beobachten können, dass bei einer ähnlich guten Qualität des Biotops die Männchen eine solche Situation genutzt hätten, um nun riesige Reviere zu beanspruchen. Bei sehr hoher Dichte lässt sich zwar wahrnehmen, dass die Nachtigallmännchen häufiger versuchen, ihre zu Beginn der Brutperiode kleiner gewordenen Reviere wieder etwas auszuweiten (Glutz 11/I), aber die Ausdehnung geht allgemein nicht zu Lasten der gesanglichen Kommunikation. Deshalb ist folgender wesentlicher Aspekt im Revierverhalten guter Sänger zur Brut- und Gesangszeit zu berücksichtigen:

Primär versuchen gesangsbegabte Singvögel im *hörbaren* Bereich der Artgenossen zu brüten; sekundär streiten sie sich dann innerhalb oder auch am Rande einer Population durchaus um die günstigsten Brutmöglichkeiten. Einen gleichwertigen oder gar besseren, aber weiter entfernt liegenden Brutraum allein zu besetzen[22] (ohne Gesangsnachbarn und ohne Streit), ist dagegen für die meisten Singvögel wenig attraktiv.

Hier zeigt sich einerseits das vorrangige Bedürfnis der Singvögel, *miteinander* zu singen. Andererseits ist der Gedanke, den Gesang auch als positives Signal an die männlichen Artgenossen zu verstehen, nicht abwegig, sondern lediglich ungewohnt.

---

22 Bei Höhlenbrütern (zum Beispiel Blaumeise, Trauerschnäpper und Kleiber), die im Vergleich zu freibrütenden Singvogelarten nur in Abhängigkeit vom meist begrenzten Angebot freier Baumhöhlen oder Nistkästen ihre Brutplätze wählen können, hat die Auseinandersetzung um den Nestraum in Bezug auf Revierverhalten und Gesang ein größeres Gewicht als bei Freibrütern. So scheinen die häufigen Provokationsflüge der Kleiber mit der Nisthöhlenkonkurrenz zusammenzuhängen (Löhrl 1958). Trotzdem werden aber bei Meisen und Trauerschnäppern männliche Artgenossen im fremden Revier geduldet, solange sie nicht singen, also keine territorialen Ansprüche zeigen.

6.3 Territorialverhalten und Gesangsbegabung am Beispiel der Drosseln

Stimmbegabte Singvögel sind meistens territorial. Die Wechselbeziehung zwischen Gesangsentfaltung und Revierverteidigung spricht für die Existenz eines Klangreviers. Das Phänomen zeigt sich uns deutlicher, wenn wir nahe verwandte Arten in ihrer Gesangsqualität und Territorialität vergleichen. Eine musikalische Rangordnung zu erstellen ist dazu vonnöten; sie trägt zum Verständnis des territorialen Verhaltens der Singvögel bei und ist biologisch begründbar. Die Frage ist nun, in welchem Zusammenhang die musikalische Begabung zur Revierverteidigung steht.

Für eine vergleichende Betrachtung eignet sich besonders die stimmbegabte Singvogelgattung der Drosseln *(Turdus)*: Der Gesang der Amsel *(Turdus merula)* erscheint in seiner Komplexität und Klangfülle vollendet. Auch die Singdrossel *(Turdus philomelos)* gehört zu unseren begabtesten Sängern. Ihr Gesang kann außerordentlich vielseitig sein; das Kompositorische ist aber weniger ausgebildet als bei der Amsel. Die Strophen der Misteldrossel *(Turdus viscivorus)* sind zwar volltönend, jedoch kürzer und ohne den Variationsreichtum der vorgenannten Arten; der Gesang klingt etwas einförmiger. Die Ringdrossel *(Turdus torquatus)* besitzt einen einfachen amselähnlichen Gesang mit schnarrenden Lauten und teils singdrosselartigen Motiven, jedoch weniger klangvoll als bei der Singdrossel. Die kurzen, flötenden Strophen der Rotdrossel *(Turdus iliacus)*, Charaktervogel der nordeuropäischen Nadelwälder und in Deutschland regelmäßiger Durchzügler, klingen weit ins Land; sie sind aber nicht sehr motivreich und enden meistens in einem schnarrenden, kratzenden Zwitschern: «Der Strophenanfang des einzelnen Indi-

viduums bleibt während der ganzen Brutperiode recht konstant. Nur wenige Männchen bringen selten ein zweites Anfangsmotiv» (Espmark 1981). Die häufig zu hörende Rufreihe der Wacholderdrossel *(Turdus pilaris)* ist das artübliche raue «tschack, tschack, tschack». Diese Laute haben stark kommunikativen Charakter und erinnern an die Rufe junger Drosseln; wohlklingende Töne sind selten zu hören. Der eigentliche Gesang ist eine während des Fliegens vorgetragene zusammengequetschte Folge hoher Töne. Dieser Fluggesang ist nicht sehr musikalisch, besonders wenn man ihn mit dem hohen Gesangsniveau anderer Drosselarten vergleicht.

Betrachten wir nun analog zu den beschriebenen Gesängen im Folgenden das innerartliche Verhalten der Drosseln: Amseln sind ausgesprochen territorial, Singdrosseln etwas weniger. Beide Arten verteidigen heftig ihre Reviere. In den Städten können Amselreviere kleiner sein als im Wald. Nahrungssuchende Amseln sind in Stadtparks nicht selten in geringer Distanz (2–5 m) anzutreffen, aber schwerlich werden wir so dicht beieinander singende Männchen antreffen. Die Brutreviere der Singdrossel überlappen sich stärker als die einander meist ausschließenden Territorien der Amsel (Davies & Snow 1965). Singdrosseln suchen gelegentlich Nachbarreviere auf oder durchfliegen diese, und solange sie dort nicht singen, kommt es in der Regel auch zu keinen Auseinandersetzungen. Misteldrosseln sind ebenfalls territorial und haben meistens recht große Reviere. Sich stumm verhaltende Artgenossen werden häufiger im Revier geduldet als bei der Singdrossel. Hin und wieder brüten Paare nah beieinander. In Dänemark nisteten sogar mehr als dreißig Prozent der Misteldrosseln kolonieartig in Abständen von oft nur wenigen Metern (Glutz 11/II). Auch die Ringdrossel gilt noch als territorial. Es werden aber keine Territorien mit festen Grenzen verteidigt, und der Nestbezirk

A. Musikalische Rangordnung	B. Territoriales Verhalten	C. Dominanz-verhalten	D. Unterschiedlich autonomes Zugverhalten
Amsel	Amsel	Misteldrossel	Amsel
Singdrossel	Singdrossel	Wacholderdrossel	Singdrossel
Misteldrossel	Misteldrossel	Amsel	Ringdrossel
Ringdrossel	Ringdrossel	Ringdrossel	Misteldrossel
Rotdrossel	Rotdrossel	Rotdrossel	Rotdrossel
Wacholderdrossel	Wacholderdrossel	Singdrossel	Wacholderdrossel

Abb. 19: Musikalische Begabung nahe verwandter europäischer Drosselarten im Vergleich zum Revier- und Zugverhalten (von oben nach unten abnehmend)

kann von fremden Artgenossen unbehelligt über-flogen oder zum Nahrungserwerb genutzt werden. Loser Zusammenschluss mehrerer Paare auf relativ engem Raum kommt häufiger vor (Glutz 11/II). Die Rotdrossel verteidigt in der Regel nur die nähere Nestumgebung. Lokal kann es, im Anschluss an Wacholderdrosselkolonien, zu beachtlichen Konzentrationen von brütenden Rotdrosseln kommen. (Glutz 11/II). Beim Nahrungserwerb, der teils auch in fremden Territorien stattfindet, können Artgenossen angegriffen werden. Eine «in ein fremdes Revier eingedrungene Rotdrossel zieht sich in der Regel sofort zurück, wenn der Reviereigner sich singend nähert. Kämpfe sind im Brutgebiet selten» (Tyrvainen 1969).

Die in Ansätzen hin und wieder bei der Misteldrossel und mehr oder weniger regelmäßig bei der Ringdrossel vorkommenden lokalen Anhäufungen von Brutpaaren steigern sich bei der Wacholderdrossel bis zur Bildung teils geschlossener Kolonien (Glutz 11/II). Meistens finden wir Wacholderdrosseln gesellig brütend. Zur Zeit der Reviergründung ist allerdings auch territoriales Verhalten zu beobachten. Da sich an weiträumigen Verfolgungsflügen auch die Weibchen beteiligen, könnte es sein, dass sie mehr dem gegenseitigen Kennenlernen dienen (Haas

1980). Es gibt auch solitär brütende Paare; nach dem Nestbau dürfen sich jedoch auch hier weitere Paare in der Nähe niederlassen.

Die musikalische Rangordnung (A) in der Tabelle (Abb. 19) zeigt die unterschiedliche Gesangsbegabung der oben beschriebenen Drosselarten. Die Anordnung des territorialen Verhaltens (B) spiegelt, ebenfalls in abnehmender Reihenfolge, das unterschiedliche intraspezifische (innerartliche) Revierverhalten, wie sich die Vögel ihren Reviernachbarn gegenüber verhalten. Wir sehen deutlich, wie mit nachlassender musikalischer Gesangsqualität auch das Territorialverhalten abnimmt. Diese Regel gilt für die meisten Singvogelarten Europas.[23]

---

23 Ich möchte in einem bildlichen Vergleich an die Aufführung eines Chormusikwerks erinnern: Die Chorsänger singen dicht beieinander stehend, während die Solisten vortreten und aufgrund ihrer ausgebildeteren Stimmen einen größeren Klangraum einnehmen. In ähnlicher Weise beanspruchen gesangsbegabte Singvogelarten im Verhältnis zu *einfachen* Sängern ein entsprechend größeres Klangrevier. Selbstverständlich spielen der Nestraum und das Nahrungsangebot im Leben eines Vogels eine wichtige Rolle; in Bezug auf die *guten* Sänger wird aber die Verteidigung des Brut- und Nahrungsreviers immer noch einseitig in den Vordergrund gerückt (zum Thema Anthropomorphismus s. Anm. S. 147).

Abb. 20: Blaumerle

Abb. 21: Steinrötel

Sobald wir das interspezifische Verhalten der Drosseln, also das Verhalten einer Drossel gegenüber Vertretern fremder Drosselarten, untersuchen, ergibt sich eine Rangordnung (C), welche mehr der Größe und Kraft der einzelnen Arten entspricht: «In der Dominanzreihenfolge Misteldrossel, Wacholderdrossel, Amsel, Ringdrossel, Rotdrossel steht die Singdrossel an letzter Stelle; Mistel- und Wacholderdrossel greifen einander nicht an; Rotdrosseln verstehen Amseln besser auszuweichen als Singdrosseln, die von Amseln häufiger angegriffen werden» (Davies & Snow 1965). Auf die Zusammenhänge zwischen Gesang und Reviergröße nordischer Drosselarten hat schon Siivonen (1939) hingewiesen. Während die sozialere Wacholderdrossel nur Rudimente eines Gesanges zeigt, haben Amsel, Singdrossel und Misteldrossel große Reviere und wohlentwickelte Gesänge; die Rotdrossel nimmt in beiderlei Beziehung eine Zwischenstellung ein (Glutz 11/II). Hervorzuheben ist, dass trotz der Wehrhaftigkeit der Wacholderdrossel, die mit der Misteldrossel die Dominanzreihenfolge anführt, ihr territoriales Verhalten gegenüber Artgenossen gering ausgebildet ist. Es hat nichts mit der physischen Überlegenheit dieser Drosselart zu tun, steht jedoch im Einklang mit der schwachen (oder zurückgebildeten) Gesangsleistung und zeigt, wie stark das Revierverhalten mit dem Musikalischen zusammenhängt.

Selbst im Zugverhalten der Drosselarten (D) zeigen sich charakteristische Unterschiede: Singdrossel und Amsel führen diese Rangordnung an; sie wandern trotz ihrer Häufigkeit größtenteils als Einzelvögel oder in sehr kleinen, lockeren Trupps; sie sind auch stärkere Nachtzieher als die anderen beschriebenen Drosselarten. Sie geben, sozusagen als Klangsolisten, auch während der Zeit der Migration, wo sich der größte Teil der Vögel durch geselliges Zusammenschließen auszeichnet und sich zu Schwärmen vergesellschaftet, ihre autonome Stellung nicht auf. Auch Ringdrosseln treten während des Zuges zumeist einzeln auf (Busche 1993). Schwarmbildung ist bereits bei der Misteldrossel anzutreffen, deren innerartliche Aggressivität geringer ist. Dem Schluss der Skala entsprechen die Verhältnisse bei Rotdrossel und Wacholderdrossel, die während des Zuges nicht zufällig größere Gemeinschaften bilden (Gatter 2000). Die letzten beiden Arten sind häufig sogar in gemischten Trupps zu beobachten.

Auch Steinrötel (*Monticola saxatilis*) und Blaumerle (*Monticola solitarius*), zur Drosselfamilie gehörende und mit den Steinschmätzern nahe verwandte Arten, bestätigen die Regel. Diese vor allem in südeuropäischen Gebirgen verbreiteten Arten tragen von wechselnden Warten wie auch im Singflug einen ausdrucksvollen und melodiösflötenden Gesang vor, der häufig reich an Imitationen ist. Beide Arten leben solitär und verhalten sich nicht nur im Brutgebiet, sondern auch im Winterquartier territorial. Bei Blaumerlen gilt das auch für die Weibchen (s. Kap. 6.4).

Nehmen wir ergänzend noch drei ausländische Vertreter der Drosselfamilie dazu: Die Einsiedlerdrossel (*Catharus guttatus*) ist mit ihrem vollkommenen Gesang in Nordamerika das, was bei uns Amsel oder Nachtigall verkörpern. Sie scheint von der musikalischen Form ihrer Äußerungen her zu den am höchsten entwickelten Spezies zu gehören (Bornemisza 1999). Sie ist zur Brutzeit sehr territorial, und jeder Artgenosse wird vertrieben. Selbst Weibchen werden anfangs verfolgt. Das gilt ebenso für die amerikanische Spottdrossel (*Mimus polyglottos*) mit ihrem großen Imitationstalent (s. Kap. 9.3.4).

Auch Schamadrosseln (*Copsychus malabaricus*) sind als besonders stimmbegabte Sänger extreme Individualisten und sehr aggressive, territoriale Vögel. «Das ganze Jahr über greifen sie jeden Artgenossen an. Nur während der Brutzeit dulden sich die Partner eines Paares im gemeinsamen Brutrevier» (Kneutgen 1969b). Beide Partner singen. Selbst das singende Weibchen grenzt sich gegenüber dem eigenen Männchen außerhalb der Brutperiode durch ein Revier ab (s. Kap. 6.4). Über das außerordentliche Imitationstalent dieser Drosselart wird später noch zu sprechen sein (s. Kap. 9.3.6).

Wir können somit bei den Drosselarten einen direkten Zusammenhang zwischen Gesangsausbildung, Revierverteidigung und Zugverhalten erkennen. Von der Amsel bis zur Wacholderdrossel ist eine nachlassende musikalische Begabung wahrzunehmen und parallel dazu auch eine abnehmende Territorialität. Das heißt nicht, dass bei weniger gesangsbegabten Drosseln keine Auseinandersetzungen zu beobachten wären. Auch Wacholderdrosseln können sich streiten, wenn der von ihnen beanspruchte Raum nicht respektiert wird. Nur im Vergleich zu Amseln und Singdrosseln sind sie nicht so dauerhaft aggressiv zu männlichen Artgenossen, und sie beanspruchen auch wesentlich weniger Raum; manchmal wird lediglich die nähere Umgebung des Nestes verteidigt. Bei den sozialeren Wacholderdrosseln ist eher zu beobachten, dass sie gegenüber den Mitgliedern anderer Populationen Gruppenreviere verteidigen. Blicken wir nur auf die Revierstreitigkeiten, ohne die verursachenden Zusammenhänge zu kennen, so bleibt uns Wesentliches verborgen.

Die Barrieren an den Reviergrenzen haben weit weniger als bisher angenommen mit Futterneid zu tun; sie sind vor allem musikalischer Natur. Man könnte fast sagen: Ein begabter Singvogel, unabhängig davon, wann und wo er singt, verhält sich territorial wie etwa eine Nachtigall, die im Winterquartier singt. Ebenso zeigen die meisten gesangsbegabten Singvögel, insofern sie auf dem Heimzug singen, bereits territoriales Verhalten. Auch einige Singvögel, die fast ganzjährig singen, verhalten sich entsprechend lange territorial. Wir haben folglich nicht nur eine Verbindung zwischen Gesangsvortrag und Revierverhalten, sondern auch einen engen Zusammenhang zwischen Gesangsqualität und Revierverhalten, denn die Territorialität eines Singvogels korreliert in der Regel mit seiner gesanglichen Entwicklungsstufe.

6.4 Singende Weibchen mit teilweise eigenen (akustischen) Revieren

Den meisten Singvogelarten ist der Gesang nicht angeboren, sondern die Jungvögel müssen den arteigenen Gesang von einem Vorsänger lernen. Das ist meistens der Vater, denn Reviergesang ist fast ausnahmslos die Domäne der Männchen. Das bedeutet aber nicht, dass Gesangslernen (s. Kap. 7.1) auf die Männchen beschränkt wäre. Auch die Weibchen lernen in ihrer Jugend den Gesang. Selbst wenn sie nicht singen, ist es sinnvoll, den Gesang der eigenen Art zu kennen, beispielsweise um im nächsten Frühjahr den Werbegesang eines Männchens *verstehen* zu können. Die Weibchen mehrerer europäischer Singvogelarten haben aber nicht nur die Fähigkeit zu singen, sondern sie setzen diese Begabung auch in Klänge um, allerdings meistens leise und selten, zum Beispiel Feld- und Heidelerche, Rauchschwalbe, Alpen- und Heckenbraunelle, Seidenschwanz, Trauersteinschmätzer, Amsel, Feldschwirl, Teich-, Sumpf- und Drosselrohrsänger, Orpheus- und Gelbspötter, Kohl- und Blaumeise, Sumpf- und Tannenmeise, Mauerläufer, Raubwürger, Star, Grünling, Berghänfling, Birkenzeisig, Gimpel.

Außergewöhnlich ist allerdings, wenn ein Weibchen fast genauso kraftvoll und schön singt wie das Männchen. In Deutschland ist es das Rotkehlchenweibchen, das uns in Erstaunen versetzt, dessen Verhalten diesbezüglich aber auch einige Fragen aufwirft. Wie kommt es zum Beispiel, dass wir dieser weit verbreiteten und dem Menschen so vertrauten Vogelart fast ausnahmslos nur als Einzelvogel begegnen? Amsel, Buchfink, Kohlmeise, Hausrotschwanz, Gimpel und etliche andere Singvogelarten können wir oft als Paar beobachten. Warum gesellt sich, beispielsweise bei der Gartenarbeit, immer nur ein einzelnes Rotkehlchen zu uns? Versuchen wir dieses Phänomen unter dem musikalischen Aspekt des Klangreviers zu betrachten.

Rotkehlchenweibchen singen zwar etwas kürzere Strophen und insgesamt weniger als die Männchen, aber der Gesang ist bei beiden Geschlechtern ausgeprägt. Das ist einzigartig in der deutschen Singvogelwelt, und es sind bemerkenswerte Auswirkungen im Revierverhalten dieser Art festzustellen. Rotkehlchenmännchen singen fast ganzjährig und zeigen auch fast ganzjährig ein territoriales Verhalten. Im Herbst und Winter ist die Gesangsaktivität der Weibchen am größten. In der wissenschaftlichen Literatur ist zu lesen, dass zu dieser Zeit nicht ziehende Weibchen eigene sogenannte Herbst- und Winterreviere besetzen, dass sie diese oft neben denen ihrer vorigen Partner errichten und entsprechend verteidigen. Es handelt sich aber weniger um jahreszeitliche Reviere als um Klangreviere, denn auch im Fall singender Weibchen zeigt sich die Gesetzmäßigkeit des akustischen Revierverhaltens, von der im letzten Kapitel die Rede war: Ein begabter Singvogel, unabhängig davon, wann und wo er singt, verhält sich territorial. Kraftvoll singende Weibchen beanspruchen deshalb ebenfalls einen Klangraum für sich. Vielleicht ist ein Vergleich mit der menschlichen Musikalität angebracht. Können wir uns mehrere Amseln oder Nachtigallen jeweils auf einem Zweig singend vorstellen? Für ausgeprägte gute Singvögel scheint das ebenso unerträglich zu sein wie für unser musikalisches Empfinden. Vielstimmiger zwitschernder Schwalbengesang klingt genauso *verträglich*, wie es die Schwalben in der Regel sind; begabte Sänger dagegen halten beim Singen auf Abstand, selbst wenn es der eigene Brutpartner ist. Konsequenterweise taucht sofort die berechtigte Frage auf: Wie verhalten sich dann solche Partner während der

Brutzeit? In der Tat scheint es für zwei so gesangsbegabte Vögel nicht leicht zu sein, längere Zeit zusammenzubleiben – es sei denn, ein Partner nimmt sich gesanglich zurück. Zur Paarbildung der Rotkehlchen, die bezeichnenderweise auf verschiedene Arten erfolgen kann, möchte ich einige aufschlussreiche Passagen aus dem großen «Handbuch der Vögel Mitteleuropas» zitieren:

«1. Das Männchen kennzeichnet sein Revier mit Gesang und lockt so ein Weibchen an. Ledige Männchen singen lauter und ausdauernder als verpaarte. Nähert sich ein Weibchen dem Männchen, droht dieses oder weicht laut singend zurück, worauf wilde, von kurzem Singen beider Vögel unterbrochene Verfolgungsflüge des Männchen durch das Weibchen anschließen. Diese Phase dauert einige Stunden bis Tage. Das Weibchen kann das Männchen zwischenhinein verlassen und sich auf dieselbe Weise einem anderen territorialen Männchen nähern. Auf den Verfolgungsflügen führt jedes Männchen das Weibchen durch sein ganzes Territorium; die Weibchen lernen so verschiedene Reviere kennen.

2. Vor allem wenn das Winterrevier des Weibchen durch Abspaltung vom Brutrevier entstanden ist, kann das Weibchen im Frühling sein Revier mit demjenigen des letztjährigen Männchen vereinigen. Bei dieser Art der Paarbildung wird sehr wenig Aggression sichtbar, und schon während des Winters werden hin und wieder nicht-aggressive Verhaltensweisen zwischen Männchen und Weibchen beobachtet.

3. Ein Männchen dringt in das Territorium eines Weibchen ein. Die Reaktion des Weibchen ist nicht von normaler Verteidigung zu unterscheiden, und die Aggression zwischen den zukünftigen Partnern ist sehr groß. Das Weibchen singt aber immer seltener und in einem zusehends kleineren Teil seines Territoriums und beginnt das Männchen plötzlich zu jagen. Auf die Paarbildung folgt eine ruhigere Zeit, in der das Männchen dem durch das Territorium fliegenden Weibchen folgt. Das Männchen singt weniger und nicht mehr so laut und intensiv wie während der Reviergründung und Paarbildung; das Weibchen singt nur noch in Ausnahmefällen, zum Beispiel wenn es zu Verschiebungen des Territoriums kommt» (Glutz 11/II).

Wir sehen, dass das Brutverhalten der Rotkehlchen nicht ganz unkompliziert ist. Vermutlich hat es etwas mit der Gesangsfähigkeit der Weibchen zu tun. Der musikalische Aspekt ist aber nicht so ohne Weiteres ersichtlich. Dass Rotkehlchenweibchen, wie es heißt, eigene Herbst- und Winterreviere einnehmen, ist zwar nicht falsch, betont aber den Sonderstatus der singenden Weibchen nicht genügend. Rotkehlchenweibchen haben einen Vollgesang ausgebildet; deshalb verteidigen sie ein eigenes Revier und gehen selbst gegenüber dem eigenen Partner auf Distanz. Dieses ungewöhnliche Verhalten stimmt mit den Regeln des Klangreviers überein, denn mit Ausnahme der Mauserzeit singen Rotkehlchenweibchen wie die Männchen ganzjährig und sind entsprechend auch ganzjährig territorial. Sie halten sich jedoch während der Brutzeit zurück, weil die beiden Partner es sonst als Meistersänger nicht miteinander aushalten würden. Das Außergewöhnliche wäre dann aber nicht, dass das Weibchen im Herbst ein eigenes Revier verteidigt, sondern dass es zur Brutzeit auf den Gesang verzichtet. Nicht die Aggressivitätszunahme der Weibchen im Herbst ist das Besondere, sondern der Abbau dieser distanzierenden Kräfte im Frühjahr. Nach der meist gesangsfreien Mauserzeit kann dann weiter, unbeeinträchtigt von biologischen Pflichten, gesungen werden, und die singenden Weibchen nehmen *wieder* ihre eigenen Klangreviere in Anspruch und verhalten sich folglich gegenüber ihren Brutpartnern territorial.

Machen wir uns frei von alten Vorstellungen, dass mit dem Gesang vornehmlich ein Brut- und Nahrungsrevier verteidigt wird. Von der Musikalität der Singvögel ausgehend, ergeben sich vielmehr die Fragen: Welchen Klangraum beanspruchen die einzelnen Arten? Oder: Wie nahe erträgt ein Singvogel einen singenden Artgenossen, selbst wenn es der singende weibliche Brutpartner ist? Wenn wir mit diesen Fragen das unterschiedliche Revierverhalten der Singvögel untersuchen, werden wir zu ganz neuen Ergebnissen kommen.

Ähnliche Verhaltensmuster wie beim Rotkehlchen finden wir auch bei der in Südeuropa lebenden Blaumerle und der asiatischen Schamadrossel (s. Kap. 6.3). Bei diesen beiden Arten singen ebenfalls die Weibchen. Und bald nach der Aufzucht der Jungvögel verteidigen die Weibchen wieder ihre eigenen Territorien beziehungsweise ihre eigenen Klangräume.

Bei allen drei Arten scheint es mit einigen Schwierigkeiten verbunden zu sein, zur Paarungs- und Brutzeit eine bestimmte Zeit zusammenzubleiben. Die Gründe sind in der musikalischen Begabung der Weibchen zu suchen. Derart gute Sänger benötigen einen ihnen gemäßen Klangraum. Eine aggressive Stimmung wird unmittelbar ausgelöst, wenn ein Artgenosse zu nah singt. Das gilt selbst gegenüber dem eigenen Partner, insofern dieser singt. Hier zeigt sich deutlich die Auswirkung des Musikalischen auf das Revier- und das Sozialverhalten. Rotkehlchen scheinen das Problem gelöst zu haben, indem sie während der Zeit des Zusammenseins weniger oder leiser singen. Vermutlich haben auch andere Singvogelarten, bei denen die Weibchen intensiv singen, ähnliche Verhaltensweisen entwickelt. Das wäre aber im Einzelnen zu un-

tersuchen, etwa beim Rotkardinal (*Cardinalis cardinalis*) oder der amerikanischen Spottdrossel (*Mimus polyglottos*).

Ist es bei anderen Arten vielleicht ähnlich, nur nicht so auffällig? Liegt hier möglicherweise eine der Ursachen, warum die meisten Weibchen, die singen können, verhältnismäßig selten, nur leise und dann meistens im Herbst singen?[24] Halten sich die Weibchen etwa wegen ihrer musikalischen Reizbarkeit während der Brutzeit *klug* zurück? Es liegt ja nicht, wie oben erwähnt, an der mangelnden Fähigkeit. Eine andere Frage ist, ob begabte Sänger möglicherweise Beschwichtigungsgesänge entwickelt haben, etwa in der Art, wie einerseits zahlreiche Vogelarten neben Drohgebärden auch Beschwichtigungsgesten zeigen und wie andererseits weitverbreitete Beschwichtigungslaute der Paarbindung dienen.

Wir sind hier mit einem Problem konfrontiert, das auch sonst im Tierreich vorhanden ist, denn alle einzeln lebenden Tiere müssen zur Fortpflanzungszeit ihre Distanziertheit oder Aggressivität gegenüber einem Partner abbauen. Dazu wurden aggressionshemmende, beschwichtigende Methoden entwickelt. Darunter verstehen wir ein Verhalten, «das eine eigene friedliche Absicht signalisiert und dadurch agonistisches (kämpferisches) Verhalten vermindert, beendet oder sogar ganz unterdrückt. Beim Begrüßungsklappern von Weißstörchen wird dadurch zum Beispiel mögliches aggressives Verhalten reduziert, indem der gefährliche spitze Schnabel vom Partner betont abgewendet wird» (Wassmann 1999). Auch Begrüßungsrituale unter Katzen,

---

24 Männchen verschiedener Singvogelarten lassen im Herbst nur leisen Gesang hören. Dabei handelt es sich, wie zum Beispiel bei der Amsel, um den Subsong oder Plaudergesang (s. Kap. 8.4), der nicht selten mit geschlossenem Schnabel vorgetragen wird. Der leisere und kürzere Weibchengesang der anfangs genannten Arten erinnert nicht selten an den Subsong der Männchen.

wenn sie ihre Köpfe aneinander reiben, haben eine ähnliche Funktion. Hier möchte ich nur anregen, das Verhalten der Rotkehlchen auch unter diesem Gesichtspunkt zu betrachten. Wir wissen, dass sie zur Brutzeit weniger singen. Aber wie machen sie das? Hat das Männchen einen leisen, besänftigenden Gesang? Hier klingt etwas von dem an, womit wir uns noch beschäftigen wollen, dass nämlich verschiedene Verhaltensweisen der Säugetiere vergleichbar sind mit dem, was Singvögel auf musikalischer Ebene realisieren (s. Kap. 8).

In diesem Zusammenhang ist die extreme Territorialität wie auch der leise Nahgesang musikalisch konkurrierender Männchen der Schamadrossel sehr aufschlussreich, besonders wenn man die Gesangskünste dieser Art sowohl unter verhaltensbiologischen als auch musikalischen Gesichtspunkten betrachtet (s. Kap. 9.3.6).

Das Phänomen singender Weibchen ist vor allem auch bei zahlreichen tropischen Singvogelarten zu beobachten. Gut ausgebildeter Gesang der Weibchen muss aber nicht prinzipiell zur Abgrenzung führen. Das zeigen uns beispielsweise sehr eindrucksvoll die afrikanischen Buschwürger wie auch die amerikanischen Zaunkönige, bei denen sich Partnergesang in Form von Duetten entwickelt hat (s. Kap. 7.5.3). Duettsänger singen bevorzugt nah beieinander. Das hängt vermutlich mit der komplizierten Duettform zusammen, die zu einem kontinuierlichen Aufeinander-Eingestimmtsein führt und dadurch ein verbindendes Element zwischen den Partnern ist. Auch wird Duettgesang zum großen Teil ganzjährig vorgetragen.

6.5 Entwicklung der Stimme – Verlust der Geselligkeit

Wenn wir, ohne die Art zu kennen, junge Singvögel eng aneinandergedrängt im Nest betrachten, so erschließt sich uns nicht sofort, ob wir es mit gesellig lebenden oder mit weniger sozialen Vögeln zu tun haben, die lediglich in einer *Zwangsgeselligkeit* zusammengedrängt sind. Der mehr friedliche oder aggressive Umgang der Nestlinge miteinander lässt lediglich etwas vom späteren Sozialverhalten erahnen.

Bei einigen Singvogelarten streuen die Jungvögel, sobald sie flügge sind, rasch in alle Richtungen davon (zum Beispiel die Kleiber), manche bleiben wesentlich länger im Familienverband zusammen (zum Beispiel Kohl- und Sumpfmeisen), während andere Singvögel wie Rauch-, Mehl- und Uferschwalben, Bartmeisen, Haus- und Feldsperlinge sich auch als adulte Tiere ganzjährig sozial verhalten. Schwanzmeisen schlafen sogar außerhalb der Brutzeit zu mehreren dicht zusammengedrängt (siehe Abbildung Seite 66).

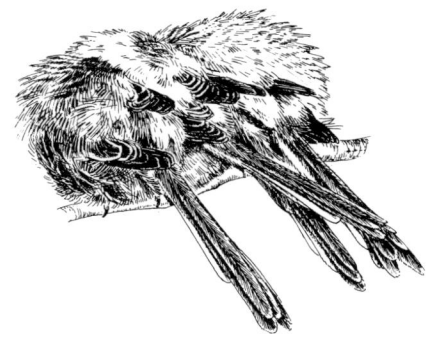

Zahlreiche Singvögel, auch wenn sie mehr oder weniger einzeln brüten, werden nach der Brutzeit gesellig, und zur Zugzeit verschwindet das territoriale Verhalten bei vielen Arten ganz. Es spricht ja auch vieles dafür, gesellig zu leben; der Selektionsvorteil dieser Lebensart wird nicht selten von Verhaltensbiologen betont. Man muss sich aber auch ertragen können. Und damit haben die *Meistersänger* unter den Singvögeln ein Problem.

Folgenden möglichen Entwicklungsprozess der Singvögel und des Vogelgesanges möchte ich zur Diskussion stellen:

Gemäß der Höherentwicklung der musikalischen Fähigkeiten, wodurch der Klang immer mehr an Bedeutung gewinnt, verstärkt sich, im Zusammenhang mit der weiteren Ausbildung des Gehörorgans und des Stimmorgans (s. Kap. 11), auch der Drang nach Inanspruchnahme eines immer größer werdenden Klangraumes. Die Distanz der begabten Sänger zu ihresgleichen wird größer, und das zum Teil lebenslang. Das stufenweise Freierwerden von biologischen Zwängen und die damit verbundene gesang-

liche Entwicklung hin zum Solistischen, Individuellen ist verbunden mit dem Verlust des geselligen Lebens. Diese bedeutsame Autonomiezunahme macht die Meistersänger gewissermaßen *einsam*[25], weil sie es nicht mehr ertragen, wenn ihresgleichen zu nah singt. Sie überbrücken nun die entstandene soziale Kluft auf der ihnen gemäßen, der musikalischen Ebene. Darin liegt meines Erachtens auch bei territorialen Singvögeln das tiefe Verlangen, gemeinsam zu singen.

Das zeigt sich zum Beispiel daran, dass
1. der entspannte Motivgesang, der in einer störungsarmen, friedlichen Atmosphäre erklingt, den weitaus größten Teil des Reviergesanges ausmacht
2. selbst territoriale Vögel fast immer anstreben, im Hörbereich eines oder mehrerer Artgenossen zu brüten (s. Kap. 6.2)
3. territoriale Gesangsnachbarn sich im Wechselgesang musikalisch derart annähern, dass ihre Gesangsstrophen sich fast gleichen (s. Kap. 5.3), so, als könnten sie die alte Trennung, die sich mit der Entwicklung des Gesanges und der damit verbundenen Territorialität vollzog, durch gleichlautende Lieder überwinden.

Bei aller Verschiedenheit in der Strophenausbildung zeigen uns die gesangsbegabten Singvögel – als musikalische Steigerung – ihr Bestreben nach Übereinstimmung, nach musikalischer Kongruenz.

---

25 Der Zusammenhang von Gesangsqualität und solistischem Verhalten wurde bereits Ende des 19. Jahrhunderts von Bernhard Altum erkannt (s. S. 55).

7. Lernen und Spielen

7.1 Gesangslernen, Lernphasen, Dialekte bei Singvögeln

Hier soll auf ein Phänomen eingegangen werden, das in einem ursächlichen Zusammenhang mit der Autonomiezunahme im Vogelgesang steht und das auch die außerordentliche Variationsfülle erklärt, die vor allem auf der Ebene des entspannten Motivgesanges erklingt. Wichtige Aspekte für Evolutionsschritte in Richtung einer Biologie der Freiheit sind Weltoffenheit, Neugierverhalten, Flexibilität und Intelligenz, die verhaltensbiologisch mit Lernen und Spielen direkt verbunden sind. Allerdings sind diese Bereiche nicht immer sauber zu trennen, da sie fließend ineinander übergehen können.

Sobald wir uns mit der Stimmentwicklung im Tierreich beschäftigen, fällt auf, dass den Tieren ihr Stimmrepertoire auf sehr unterschiedliche Weise von der Natur mitgegeben wurde. Die Extreme «genetisch fixiert» und «absolut frei» kommen im Wirbeltierreich aber so gut wie nicht vor, zumindest sind derartige Bezeichnungen nicht zu eng zu sehen:

1. Fast allen Landwirbeltieren ist die Stimme angeboren.[26]

2. Im Umgang mit der Stimme und dem Lernen verschiedener akustischer Signale scheint es bei Affen, Elefanten und Hunden, je nach Art, einen größeren Spielraum als bei anderen Landsäugetieren zu geben.

3. Meeressäuger wie Delfine und Wale verfügen erwiesenermaßen über ein sehr großes Stimmrepertoire, das ständig verändert oder vermehrt werden kann. Möglicherweise ist der Kommunikationsbereich dieser Tiere bedeutend umfangreicher und differenzierter, als bisher angenommen wurde.

4. Einem sehr großen Teil der nicht zu den Singvögeln gehörenden Vogelfamilien (*Nonpasseriformes*), zum Beispiel Wasser- und Watvögeln, Hühner- und Greifvögeln, ist das Lautinventar angeboren.

5. Auch Singvögel (*Passeriformes*) haben angeborene Lautäußerungen wie Warnrufe und Stimmfühlungslaute.

6. Die meisten Singvögel, abgesehen von wenigen Ausnahmen (zum Beispiel verschiedene Grasmücken und einige Ammern), müssen aber, um ihren arttypischen Gesang zu erwerben, von älteren Artgenossen lernen.

---

26 Unter *angeborenem Verhalten* verstehen wir hier die im Organismus selbst liegenden Fähigkeiten, die ein Tier bei seiner Geburt von Natur aus mitbringt, sich also nicht durch Lernen aneignet (Instinkt). Nach heutiger Lehrmeinung werden angeborene Verhaltensweisen als Anpassungen definiert, die (über Mutation und Selektion) im Laufe der Stammesgeschichte erworben wurden (Eibl-Eibesfeldt 1999).

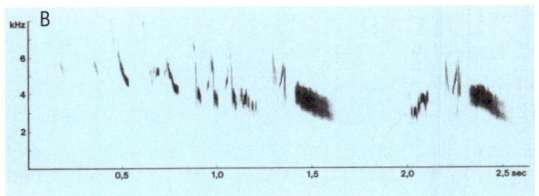

Abb. 22: Plastischer Gesang (Subsong) des Buchfinken: A: Einfach strukturierter Frühjahrs-Erstgesang; B: Subsong noch ohne klare Gliederung in verschiedene Phrasen, aber mit Wiederholung des Endschnörkels

Unter dem Aspekt der Autonomie sei auf wichtige gesangliche Entwicklungsstufen innerhalb der Singvogelwelt aufmerksam gemacht, welche die Emanzipation von angeborenen Gesangsstrukturen wie auch die zunehmenden Grade von Komplexität und Flexibilität (s. Kap. 7.3) unterstreichen:

1. Die Befähigung zum arteigenen Gesang ist angeboren und bedarf keines Lernens (zum Beispiel fast alle Ammernarten der Gattung *Emberiza*).

2. Elemente des Gesanges sind angeboren; um sie aber zu arttypischen Strophen zu gestalten, ist ein Vorbild notwendig (Zaunammer).

3. Aggressive Gesangteile wie auch Tonhöhe und Klangfarbe sind angeboren, Rhythmus und Modulationsart müssen aber erlernt werden (Bluthänfling).

4. Ein Teil des Gesanges (meistens die Eingangsstrophe) ist angeboren, andere Teile (meistens die Schlusselemente) werden erlernt (Buchfink, Goldammer).

5. Der Gesang ist zwar angeboren, die Gesangsstrophen lassen sich jedoch aufgrund von zum Teil erstaunlichen Lernfähigkeiten variieren bzw. durch Nachahmung von Fremdmotiven vielfältig erweitern (Mönchsgrasmücke, Gartengrasmücke, Braunkopf-Kuhstärling).

6. Gewisse Grundstrukturen des Gesanges sind genetisch angelegt, können allerdings mannigfaltig variiert werden (Orpheusgrasmücke, Singdrossel, Katzendrossel).

7. Die musikalisch begabtesten Singvogelarten scheinen kaum Grenzen im Umgang mit Tönen zu kennen (Amsel, Nachtigall, Spottdrossel). Eine ausgeprägte Empfänglichkeit für den arteigenen Gesang bringen aber auch sie von Natur aus mit.

8. Eine autonome Lernleistung stellt die Imitationsfähigkeit dar, die in verschiedenen Stufen erreicht wird (s. Tabelle S. 232 f.).

9. Vertreter einiger Vogelgruppen (Kolkrabe, Rabenkrähe, Dohle, Eichelhäher, Star, Einfarbstar, Beo) können sogar die menschliche Sprache nachahmen.

10. Wenige Vögel sind fähig, komplizierte Melodien oder technische Geräusche ohne zeitlich messbaren Lernprozess zu imitieren (Neuntöter, Spottdrossel, Schamadrossel, Leierschwanz).

In diesen angedeuteten Entwicklungsschritten – von der angeborenen Festlegung der Stimme bis zum vielfältigen spielerischen Stimmgebrauch – offenbart sich im Vogelgesang zunehmend Autonomie. Es ist anzunehmen, dass im Verlauf der Evolution das Freiwerden von festgelegten Stimmvorgaben und das individuelle Gesangslernen sich wechselseitig bedingten.

An einigen Beispielen soll im Folgenden auf das Gesangslernen der jungen Singvogelmännchen eingegangen werden. In jedem Frühjahr haben wir Gelegenheit, etwas von diesen Lernprozessen unmittelbar mitzuerleben. Buchfinken gehören zu unseren häufigsten Vogelarten. Vier bis fünf Monate im Jahr singen sie; im süddeutschen Raum beginnen sie bereits Anfang Februar. Allerdings lassen die Männchen anfangs nur den ersten Teil ihrer einprägsamen Strophe hören, und diesen auch noch nicht in zwei oder drei deutlich voneinander abgesetzten Phrasen (s. Kap. 7.5.1). Der Gesang ist zunächst plastisch und subsonghaft. Anfangs fehlt der kraft- und ausdrucksvolle Überschlag, oder die Endschnörkel sind noch recht variabel. Die Buchfinken beginnen immer wieder neu. Der übende Charakter ist deutlich wahrnehmbar. Später jedoch, es können Tage oder Wochen sein, gelingt es den Männchen, ihren Gesang klar gegliedert und stets mit dem charakteristischen Schnörkel zu beenden.

Auffällig ist, dass die einzelnen Individuen unterschiedlich lange üben, bis sie ihre Strophe vollendet singen können. Bruterfahrene und gesangsgeübte ältere Männchen singen sich in wenigen Tage ein. Sie *erinnern* sich gewissermaßen an ihre eigenen tausendfach wiederholten vorjährigen Gesangsstrophen, während ein einjähriges Männchen nur den Gesang seines Vaters kennt. Vor allem aber muss das erstmals brutfähige Männchen noch seine Singmuskulatur trainieren und vermutlich deshalb entsprechend länger üben. Die Entwicklung vom sogenannten Plaudergesang (subsong) bis zum Vollgesang kann etwa vier Wochen dauern.[27] Wenn sich mehrere Männchen, wie es bei Reviernachbarn die Regel ist, gegenseitig zum Singen anregen, fördert und beschleunigt das die Ausbildung des Überschlags. Buchfinkengesang «ist trotz fest umrissenen Schemas nahezu unerschöpflich variabel; ist der Gesang einmal ausgebildet, bleibt er sehr stabil» (Glutz 14/II).

Um genauere Kenntnis darüber zu erhalten, ob

beziehungsweise welche Gesangteile einer Vogelart angeboren sind, hat man Jungvögel daran gehindert, den arteigenen Gesang zu hören. In diesen sogenannten Kaspar-Hauser-Versuchen sind auch schallisoliert aufgezogene Buchfinken intensiv untersucht worden. Solche Kaspar-Hauser-Buchfinken, die keinen Artgesang hören konnten, entwickeln keinen vollständigen Gesang, sondern «einen Motiv-Gesang, dessen Länge im Mittel mit der Strophe normal aufgewachsener Buchfinken übereinstimmt (etwa 2,2 sec), jedoch nicht die typische Unterteilung des Wildgesangs besitzt. Die Kaspar-Hauser-Strophe ist eine weitgehend monotone Reihung gleichartiger Laute mit schwachem Abfall der Tonhöhe am Schluss. Es handelt sich demnach um ein genetisch fixiertes Strophengerüst, in welches das arteigene Muster hineingelernt wird» (Glutz 14/II). Damit war nachgewiesen, dass der erste Teil des Buchfinkengesanges angeboren ist. Der zweite Teil und der dynamische Endschnörkel müssen erlernt werden, das heißt, zur vollen Entwicklung seines Gesanges muss ein junges Männchen einen älteren Artgenossen hören. In der Regel ist das der Vater, weil der Jungvogel dessen Stimme ständig in der Nähe des Nestes hört. Lieder und Motive werden fast ausnahmslos entlang der männlichen Linie tradiert.

Lerndisposition:
Bei dem vielfältigen Vogelkonzert im Wald dringen aber nun unterschiedlichste Gesänge, Motive und Geräusche an das Ohr eines jungen Vogelmännchens. Wird ein Jungvogel da nicht verwirrt? Offensichtlich nicht, denn kraft einer angeborenen Lerndisposition bevorzugt der Jungvogel den Gesang seiner Art.[28] Hierzu ein Beispiel:

27 Der ungleich lange Lernprozess mag ferner mit unterschiedlich begabten Individuen zusammenhängen (s. S. 84, 139).

28 Unter Lerndisposition ist das «vorhandene Lernvermögen» oder die «Summe der angeborenen Voraussetzungen für das Lernen» zu verstehen. Lerndisposition bedeutet aber auch, eine innere Bereitschaft oder eine

Der berühmte Ornithologe Oskar Heinroth erhielt eines Tages, kurz nach Sommeranfang, ein vier Wochen altes Nachtigallmännchen, das keine Gelegenheit hatte, arteigenen Gesang zu hören. Der Vogel «hörte aber zehn Tage lang ein feurig schlagendes Mönchsgrasmückenmännchen. Als das Nachtigallmännchen im November des Geburtsjahres zu singen begann, zeigte sich, dass es innerhalb dieser zehn Tage, die ja viele Monate zurücklagen, den vollen Überschlag der Mönchsgrasmücke gelernt hatte: Der Gesang war von dem eines Schwarzplättchens (wie man die Mönchsgrasmücken auch nannte) nicht zu unterscheiden. Im Frühjahr holte Heinroth dann einen gut singenden Nachtigallenmann ins Zimmer, und von ihm lernte der nunmehr einjährige Vogel in wenigen Tagen den vollen Artgesang hinzu – ohne indes seine anderen Strophen zu vergessen. Der Artgesang ist also bei der Nachtigall nicht angeboren, sondern er muss von einem Artgenossen erlernt werden. Aber noch etwas anderes zeigt uns dieses schöne Beispiel: Fehlt einem solchen lernbegierigen Jungvogel ein artgleicher Vorsänger, so wählt er sich irgendein anderes singendes Vogelmännchen als Vorbild und lernt dessen Strophen. Aber trotz seiner Unfähigkeit, ohne Lehrmeister den Artgesang zu singen, muss das junge Männchen doch eine recht genaue Vorstellung davon haben, wie er klingt. Denn sonst hätte unser Männchen nicht im fortgeschrittenen Alter die Nachtigallenstrophen noch so schnell hinzugelernt» (Nicolai 1976).

Die meisten Singvögel besitzen eine solche Lerndisposition für den arteigenen Gesang. Auch der Buchfink hat ein derartiges Grundmuster von Natur aus mitbekommen. Wenn man einem handaufgezogenen männlichen Buchfink, der Grünlinggesang gelernt hat, noch andere Gesänge vorspielte, beispielsweise von Nachtigall, Baumpieper und Buchfink, so würde er stets den Buchfinkengesang hinzulernen. Das junge Männchen zeigt also eine deutliche Präferenz für den arteigenen Gesang, das heißt, er erkennt ihn, ehe er ihn kann (Wickler 1986). Wichtig ist, dass das innere Klangbild von außen angeregt werden muss, damit sich der arttypische Gesang durch Nachahmung entwickeln kann. Nach heutiger Lehrmeinung bildet die Lerndisposition «die genetisch vorgegebene Reaktionsnorm, innerhalb derer durch Umweltfaktoren bestimmt wird, welche Lernvorgänge tatsächlich stattfinden» (Hemminger 1994). Ist nun die Reaktionsnorm eng, so wird der Phänotyp weitgehend vom Genotyp bestimmt,[29] das heißt, ein Organismus unterliegt stärker seinen genetisch fixierten Strukturen. Umgekehrt erlaubt eine breite Reaktionsnorm größere phänotypische Freiheitsgrade (Rosslenbroich 2007). Das lässt sich sehr gut beim Gesangslernen der Singvögel beobachten: Sowohl der Umfang des Lernens als auch der zeitliche Rahmen können von angeborenen Lernmustern in sehr unterschiedlicher Weise beeinflusst werden. So finden wir innerhalb der Singvogelwelt ein recht unterschiedliches Spektrum an musikalischen Qualitäten; man vergleiche nur einmal die Strophen einer Rohrammer mit denen eines Gartenrotschwanzes. Bei unseren Meistersängern (Amsel, Nachtigall, Singdrossel, Rotkehlchen u.a.) scheint geradezu eine außerordentliche phänotypische Plastizität vorzuliegen (s. S. 238 f.). Das gilt auch für den Schilfrohrsänger: Verschiedene Männchen singen auf sehr unterschiedliche Art und beschleunigen damit die Ent-

---

Empfänglichkeit beziehungsweise ein inneres Klangbild für den arteigenen Gesang zu haben; zur neurologischen Grundlage siehe Kap. 7.4.

29 Als Phänotyp bezeichnet man alle sichtbaren Strukturen des lebendigen Organismus in seinem (dreidimensionalen) Erscheinungsbild, die Summe seiner ausgeprägten Eigenschaften; Genotyp ist die Gesamtheit der Erbfaktoren eines Lebewesens, die Summe der individuellen genetischen Ausstattung, also das (linear angeordnete) genetische Programm.

wicklung noch komplexerer Strophen; im Repertoire eines Männchens können bis zu sechzig verschiedene Gesangselemente enthalten sein (Glutz 12/I).[30]

Bei anderen Arten, wie beim Zilpzalp oder der Sumpfmeise, scheinen Vererbung und Tradition in der Entwicklung der Gesangsstrophen unterschiedlich ineinander verwoben zu sein (Becker 1990). Auch Waldbaumläufern ist ein Teil ihres Gesanges angeboren, den anderen Teil ihrer Strophe müssen sie erlernen. Die «Kaspar-Hauser-Amsel kennt viele Einzelheiten ihres Motivgesangs, ihr fehlt jedoch die Fähigkeit, sie im richtigen Verhältnis anzuwenden. Um normalen Motivgesang der Wildvögel bringen zu können, muss die junge Amsel von Artgenossen lernen» (Thielcke 1960). In den angeborenen Jugendgesang (s. Kap. 8.4), der etwa in der dritten Lebenswoche beginnt, «werden Motive eines erwachsenen Vorsängers eingefügt (s. Kap. 8.2). Die Tonhöhe wird ziemlich genau nachgeahmt, nicht aber der Rhythmus; das Ende des Gesanges wird durch eigene Variationen ersetzt. Die in den ersten Tagen nur fünf bis zehn Minuten, nach drei bis fünf Tagen aber bereits mehr als eine halbe Stunde übende Jungamsel ist an der abgehackten Vortragsweise zu erkennen. Im nächsten Frühjahr bleibt davon nur das Motiv übrig, das durch Erlernen von Fremdmotiven und Hinzufügen von Eigenkompositionen binnen zwei bis drei Wochen zu fünf bis acht Melodien ausgeweitet wird» (Glutz 11/II). Manche Arten kommen auch ohne Vorbilder aus, aber sie müssen von wetteifernden Gesangskollegen gleichen Al-

ters stimuliert werden, um manches zu entdecken, was in ihren Anlagen latent enthalten ist (Bornemisza 1999).

Diese Beispiele mögen andeuten, wie unterschiedlich groß der Lernspielraum innerhalb der Arten ist; es ist kaum möglich, allgemeine Regeln aufzustellen. Selbst das Erlernen des Gesanges vom Tonband ist verschieden: Während zum Beispiel Buchfinken und Amseln ihre Gesänge mithilfe dieses Geräts erlernen, benötigt der Gimpel nach Thielcke (1984) zum Lernen die persönliche Beziehung (s. Anm. S. 74).

Den meisten Ammern ist der Gesang angeboren; sie brauchen ihren Gesang nicht von einem Vorsänger zu erwerben. Der Gesang isoliert aufgezogener Kaspar-Hauser-Individuen erwies sich nach Thorpe (1964) «als nicht von dem freilebender Vögel unterscheidbar» (Glutz 14/III). Das heißt aber nicht, dass sie lernunfähig wären. Goldammern erlernen zum Beispiel die Schlusselemente ihres Gesanges, und benachbarte Goldammermännchen gleichen ihre unterschiedlichen Gesänge aneinander an. Selbst die Rohrammer kann durch Umstellung einzelner Klangelemente ihrer verhältnismäßig einfachen Strophenstruktur ihren Gesang variieren (s. Kap. 7.5.1) und versucht sich hin und wieder sogar in der Kunst der Imitation. Beim Bluthänfling ist es etwas komplizierter: Tonhöhe, Klangfarbe, die rau klingenden Elemente und die Aggressionslaute sind wohl angeboren, aber Rhythmus und Modulationsart des Gesangs müssen erlernt werden.

Grasmücken scheint ein Großteil des Gesanges angeboren; ihre Lernfähigkeit ist aber dadurch nicht, wie man denken möchte, völlig eingeschränkt. Einige Arten können ihre Gesangsstrophen erstaunlich variieren beziehungsweise durch Nachahmung von Fremdmotiven vielfältig erweitern: Der Motivgesang der Dorngrasmücke besteht aus genetisch fixierten Merkmalen. Darüber hinaus sind verschiedene

---

30 Als Ornithologen entdeckten, dass Meistersänger wie Singdrossel und Rotkehlchen ihre Gesänge lernen müssen, nahm man noch an, dass einfache Gesänge, z.B. von Feldschwirl oder Gartenbaumläufer, angeboren seien. Inzwischen sind aber eine Reihe von Arten genauer untersucht worden, und es hat sich gezeigt, dass selbst so schlichte Gesänge wie die der letztgenannten Arten erlernt werden müssen.

Variationen wie auch Imitationen zu hören; besonders der Jugendgesang ist sehr variabel. Die Mönchsgrasmücke ist ein vielseitiges Gesangstalent. Die Männchen verfügen über eine bemerkenswerte Fähigkeit, ihre Strophen zu verlängern oder zu verkürzen und ganze Elementkombinationen einzuschieben oder auszutauschen. Leierstrophen werden wie andere Motive erlernt und überliefert (Glutz 12/II). Durch relativ freie Ausgestaltung der Elementpaare erreicht die Orpheusgrasmücke eine hohe Variabilität und eine große Zahl möglicher Strophentypen. Bei ausdauerndem Motivgesang mit ähnlich bleibendem Grundmuster ändern sich die aufeinanderfolgenden Strophen ständig; Wiederholungen sind selten (Glutz 12/II). Gartengrasmücken sind gute Sänger und gelten als die leistungsfähigsten Spötter unter den *Sylvia*-Arten, die sogar Kurzfassungen fremder Gesänge als Imitationen ihrem Gesangsrepertoire hinzufügen (s. Kap. 9.3.4).

Die Lerndisposition ist von Art zu Art verschieden. Wenn wir aber diesen Begriff nicht zu eng als «genetisch vorgegebene Reaktionsnorm» interpretieren, sondern als inneres Klangbild bzw. als vorhandenes Lernvermögen verstehen, wird die noch zu besprechende phänotypische Plastizität beim Gesangslernen wie auch im Bereich der Imitationsfähigkeit deutlicher. Denn die Lerndisposition im Sinne einer inneren Lernbereitschaft ist bei den einzelnen Singvogelarten nicht nur ungleich verteilt, sondern auch bei den Individuen innerhalb einer Art verschieden. Und dass die Lerndisposition eine *dynamische* Eigenschaft ist (Bergmann 1987), zeigt sich daran, dass sich das Lernvermögen im Laufe des Lebens ändern kann, sowohl in der qualitativen Virtuosität wie in zeitlich unterschiedlich begrenzten Lernzeiten. Die sensiblen Phasen für das Gesangslernen der Nestlinge oder Jungvögel sind je nach Art unterschiedlich lang.

Lernphase und Gesangsbegabung:

So wie man früher dachte, dass nur gute Sänger ihre Gesänge erlernen und weniger begabten ihre Strophen angeboren sind, so möchte man auch denken, dass der zeitliche Rahmen der Lernphasen mit der Gesangsbegabung der einzelnen Arten korrespondiert. Das trifft zu, wenn wir an die lange Lernphase bei der Amsel und an die kurze beim Zebrafinken oder an das Gesangslernen bei der Sumpfmeise denken (s. S. 80). Eine Regel ist es aber nicht, denn vorzüglichen Sängern wie den Grasmücken ist, wie oben angedeutet, der Gesang zum größten Teil angeboren. Bei Hänflingen dagegen, die im Vergleich mit Drosseln und Grasmücken eher bescheidene Musikanten sind, ist die Lernfähigkeit nicht auf das erste Lebensjahr beschränkt; sie bleiben lebenslang lernfähig: Bluthänflingmännchen können, wie auch die Finkenvögel aus der *Carduelis*-Gattung (Grünling, Stieglitz, Erlenzeisig), «ihren Gesang von Jahr zu Jahr durch Hinzulernen neuer Gesangselemente erweitern und verändern beziehungsweise ihr Repertoire jenem der Nachbarn angleichen» (Glutz 14/II).

Es gibt also je nach Art große Unterschiede, sowohl in der Länge der frühen Lernperiode als auch darin, ob und wie eine Prägung auf artfremden Gesang stattfindet. Der Kanarienvogel, wie auch dessen Stammform, der Kanarengirlitz, sind unbegrenzt lernfähig. Wenn Zebrafinken aber in ihrer sehr kurzen, sensiblen Phase den Gesang eines artfremden Ziehvaters lernen, so ist das unumkehrbar, und sie behalten dieses erlernte Gesangsmuster auch dann bei, wenn sie später mit arttypisch singenden Zebrafinken gehalten werden (Bezzel & Prinzinger 1990). Im Gegensatz zu Zebrafinken übernahmen junge Klappergrasmücken in einem ähnlichen Versuch den Leiergesang von Mönchsgrasmücken überhaupt nicht (s. Kap. 9.3.1). Das zeigt uns, dass nicht jeder Vogel jedes beliebige Vorbild nachsingen kann (Bergmann 1987). Vergessen wir nicht, dass «jede Art einzigartig ist und eine ganz spezielle *Musikkultur* hat» (Rothenberg 2007).

Durch seine typische Einfachheit eignet sich der Gesang des Zebrafinken besonders gut, um genau zu erforschen, wie und wann das Lernen im Gehirn erfolgt. An jungen Zebrafinken konnte auch nachgewiesen werden, dass sie nach dem Aufwachen, besonders im Laufe der morgendlichen Gesangspraxis, ihren Gesang verbessern. Schlaf hilft demnach jungen Vögeln, ihre Gesangskunst zu entwickeln (Derégnaucourt 2005). Der Gesang des Kanarienvogels mit seiner größeren Flexibilität eignet sich ideal für die Untersuchung der Frage, ob auch das Gehirn der erwachsenen Tiere eine besondere Flexibilität aufweist (s. Kap. 7.4), auch wenn Kanarienstrophen bei Weitem nicht an die extrem komplizierten Gesänge der Nachtigall oder des Sumpfrohrsängers heranreichen (Rothenberg 2007).

Gerade die ungleiche Gesangsbegabung und Lernfähigkeit von Kanarienvögeln und Zebrafinken haben diese Vögel am Ende des 20. Jahrhunderts in einer besonderen Weise in den Fokus der Forschung gerückt. Denn «Zebrafinken lernen innerhalb von neunzig Tagen nach dem Schlüpfen ihren vollständigen Gesang, während Kanarien bis ins Erwachsenenalter immer noch neue Gesänge lernen können und jedes Frühjahr ihr Repertoire ergänzen. Man hatte gehofft, dass dieser Unterschied auch in Abweichung der Gehirne der beiden Arten nachweisbar sei» (Rothenberg 2007). Die Untersuchungsergebnisse waren für die Ornithologen außerordentlich überraschend: Wenn ein erwachsener Kanarienvogel einen neuen Gesang lernt, bilden sich im oberen Bereich seines Gehirns neue Nervenzellen aus! Auch bei Zebrafinken konnte nachgewiesen werden, dass «während der sensiblen Phase junger Männchen rund 18.000 neue Nervenzellen geboren werden» (Nordeen 1988).

Abb. 23: Zebrafink

«Fröhlich singende und lernende Kanarienvögel waren die erste Tierart, an der das Ersetzen von Nervenzellen nachgewiesen wurde» (Rothenberg 2007). Mit der sensationellen Entdeckung, dass das Vogelgehirn ein plastisches Organ ist, begann ein neues Kapitel in der Neurologie (s. Kap. 7.4). Zahlreiche Wissenschaftler beschäftigen sich seitdem vermehrt mit dem Thema der neuronalen Plastizität (s. *Behavioral Neurobiology of Birdsong*, 2004). Die Neubildung von Nervenzellen erklärt möglicherweise, «warum bei virtuos singenden Arten wie dem Leierschwanz und der Spottdrossel die Gesänge umso höher entwickelt sind, je älter der Sänger ist» (Rothenberg 2007).

Die Erforschung des akustischen Lernvermögens der Singvögel erhielt eine neue Dimension, und es scheint das Verständnis für die Musikalität der Singvögel zu wachsen. Die neuen Erkenntnisse hatten nicht zuletzt auch umwälzende Folgen für die humane Neurogenese.

Dauer der Lernphasen:
Für das Erlernen des arteigenen Gesanges haben zahlreiche Singvogelarten eine frühe Prägungsphase, häufig ab dem Ausschlüpfen bis kurz nach dem Ausfliegen. Die Dauer der Lernphase

ist teilweise relativ kurz. Beim Wintergoldhähnchen beginnt beispielsweise die Lernphase ab dem achten Tag. Bei der Sumpfmeise ist die Zeit des Gesangslernens ab dem Ausfliegen etwa drei Wochen lang. Bei anderen Arten erstreckt sich die sensible Phase vom zehnten bis zum siebzigsten Tag. Die lernsensibelste Phase der jungen Nachtigall ist im Alter von zwei Wochen bis drei Monaten;[31] das Strophenmaterial des ersten Jahres kann durch Lernen und Neukombination weiterer Gesangsstrophen im folgenden Jahr nochmals ergänzt und im weiteren Leben vervollkommnet werden (Rothenberg 2007). Sprossermännchen lernen noch mit zwei bis vier Jahren neue Strophen (Glutz 11/I). Beim Sumpfrohrsänger, unserem wohl besten Spottsänger, von dem später noch zu hören sein wird (s. Kap.

9.3.4), beginnt die Lernphase mit der sechsten Lebenswoche, und die Lernperiode endet mit etwa elf Monaten. Singvögel, die begrenzten Lernphasen unterliegen, halten in der Regel an dem einmal gelernten Gesangsrepertoire fest.

Zahlreiche Spottsänger sind aber vermutlich langjährig oder lebenslang lernfähig. Das gilt auch für Kanarengirlitze und, wie wir gehört haben, für Hänflinge, Zeisige, Stieglitze und verwandte Arten. So ist zum Beispiel der Grünling im Gegensatz zum Buchfink auch nach Erreichen des dreizehnten Lebensmonats weiterhin lernfähig.

Dialekte:
Für junge Buchfinken gibt es zwei sensible Lernphasen (sogenannte Zeitfenster): Die erste Lernphase fällt in den ersten Sommer, die zweite in die Monate Februar bis April des folgenden Jahres. Lässt man nun einen jungen Kaspar-Hauser-Buchfinken in seiner zweiten Lernphase, also etwa im Februar des zweiten Kalenderjahres, einmal einen normal aufgewachsenen Buchfinken hören, so ahmt er die Einzelheiten dieses ortsüblichen Schlages sehr genau nach und behält diese Schlagweise zeitlebens unverändert bei, gleich, was er sonst noch zu hören bekommt. Auf diese Weise kann sich regionaler Buchfinkendialekt entwickeln, der lange ortsfest gleich bleibt, einer nachweislich seit mehr als dreißig Jahren. Singvogeldialekte sind unseren eigenen Dialekten in vielem gut vergleichbar, wie folgendes Beispiel zeigt: Fehlt zur prägsamen Zeit ein Vorsänger und hat der junge Buchfink stattdessen während seines Jugendgesanges nur Baumpiepergesang gehört, so behält er diese Strophe bei. Anfang des 18. Jahrhunderts siedelte F. A. von Pernau in einem Wäldchen seines Gutes Rosenau bei Coburg, wo Buchfinken fehlten, derart geprägte Buchfinken an; Jahr für Jahr sangen die Finkenkinder den Eltern das Baumpieperlied nach, ein

---

31 Interessant ist, dass handaufgezogene Nachtigallen nur solche Betreuer als «Gesangstutoren» akzeptieren, die ihnen schon vor dem zehnten Lebenstag visuell vertraut waren (Glutz 11/I). Ein Zebrafink lernt in der Regel nur von demjenigen den Gesang, der ihn füttert. Wird er beispielsweise von Mövchen, die sich sehr gut als Pflegeeltern eignen, gefüttert, lernt er den Mövchengesang, auch wenn im Nachbarkäfig ein Artgenosse singt. Wird er dagegen von Mövchen und Zebrafinken gefüttert, dann lernt er den Zebrafinkengesang; eine Präferenz für den arteigenen Gesang wird deutlich (Immelmann 1967). Es ist aber ebenfalls die enge Verbindung zum individuellen Vorbild zu beachten (z. B. Gimpel und Sumpfmeise). Junge Gartenbaumläufer kopieren ihre Strophe(n) ungefähr zwischen dem fünfzigsten und hundertsten Lebenstag von adulten Artgenossen, nicht aber vom Tonband (Glutz 13/II). Einen etwas anderen Aspekt zeigen amerikanische Braunkopf-Kuhstärlinge (s. Kap. 9.3.3), deren Gesang mit vier Oktaven den größten bekannten Tonumfang unter den Singvögeln erreicht: Werden junge Männchen zusammen mit Kanarienvögeln aufgezogen, imitieren sie nur diese; bringt man sie jedoch mit weiblichen Kuhstärlingen zusammen, so beginnen sie wild zu improvisieren, obschon die Weibchen selbst keinerlei Laute von sich geben. Diese Männchen ändern ihren Gesang nicht als Reaktion auf akustische, sondern auf soziale Stimulation (Rothenberg 2007). Über die juvenile Plastizität handaufgezogener Singvögel siehe Kap. 9.3.2.

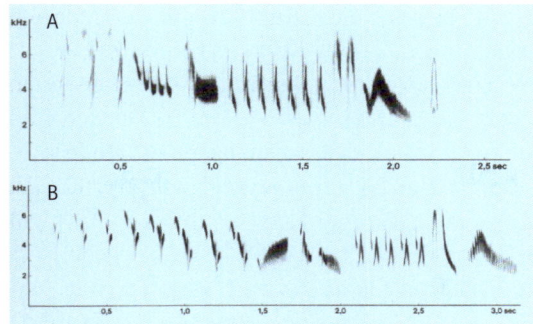

Abb. 24: Dialektartige Variationen des Buchfinkengesanges:
A: Erlangen, B: Garmischer *Doppelschlag*

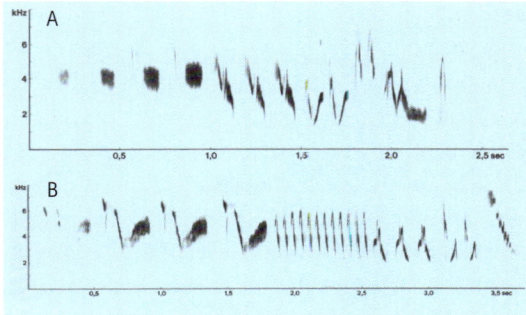

Abb. 25: Dialektartige Variationen des Buchfinkengesanges:
A: Kaiserslautern, B: Teutoburger Wald

schönes Beispiel echter Traditionsbildung (Grzimek VIII). Zu Beginn des 19. Jahrhunderts hat Immanuel Kant bereits erkannt, dass Singvögel ihren Gesang erlernen und nicht aus Instinkt singen und dass die Tradition des Gesanges wohl die treueste in der Welt sei (Kant 1803).

Auch die sogenannten Regenrufe der Buchfinken werden individuell erlernt und regional tradiert, ähnlich wie auch menschliche Dialekte regional weitergegeben werden. Als Dialekt können wir im Grunde alle Erscheinungen örtlicher Variationen von Gesängen und Rufen betrachten (Bergmann 1987). Die Entstehung der Dialekte hängt bei zahlreichen Arten wahrscheinlich mit dem Grad der geographischen Inselbildung (Isolation) zusammen wie auch mit der Lernfähigkeit der Jungvögel, bestimmte Laute oder Strophen exakt von den adulten Vorbildern zu übernehmen (Glutz 14/III). Geographisch variierender Gesang ist bei über sechzig Arten in achtzehn Singvogelfamilien nachgewiesen; dem Erlernen und Tradieren des Gesangs wird dabei eine Schlüsselrolle zugewiesen und lässt diese Arten zu einem «Modellfall für den Schritt über die kulturell-genetische Evolutionsschwelle» werden (Glaubrecht 1989). In ähnlicher Weise, wie sich durch das individuelle Gesangslernen die Gesänge verschiedener

Individuen innerhalb einer Art unterscheiden, kann das beschriebene Loslösen von angeborenen Gesangsstrukturen auch zu Dialekten führen. Da die Vogelpaare einander durch Lieder finden, können beispielsweise «isolierte Zilpzalp-Populationen in eine musikalisch bedingte Evolution geraten, die aufgrund von Verständigungsproblemen mit Nachbarpopulationen zu Arten führen, die nun auch nebeneinander unvermischt bestehen bleiben. Wenn die Vögel sich schon im Winterquartier verpaaren, begünstigt ein solcher Dialekt das Zusammenfinden von Partnern aus derselben Gegend» (Wulffen 2005). In Europa sind die Gesangsdialekte von Goldammer (s. Abb. 26), Gartenbaumläufer (s. Abb. 68), Buchfink (s. Abb. 24/25), Mönchsgrasmücke und anderen Arten gründlich untersucht worden. Die Auswirkungen der Dialektbildung sind bei den einzelnen Singvogelarten verschieden. Während Fitislaubsänger und Mönchsgrasmücken sich zum Beispiel ohne Schwierigkeiten von Spanien bis Skandinavien verständigen können, verstehen die dänischen Goldammern infolge verschiedener Dialekte ihre deutschen Vettern schon nicht mehr.[32] Dass

---

[32] Singvogelarten mit einfacher strukturierten Gesängen neigen eher zu Dialekten als Sänger mit komplexen Strophen.

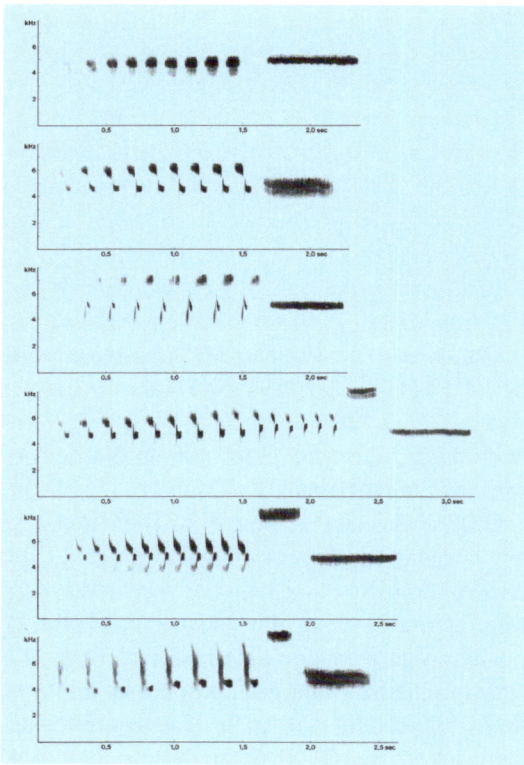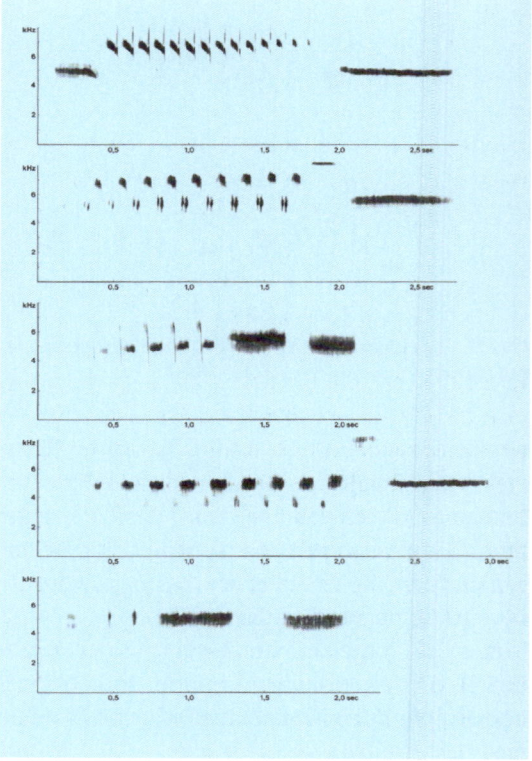

Abb. 26: Verschiedene Goldammerdialekte

Goldammerdialekte von einer bemerkenswerten Stabilität sein können, zeigt – trotz hundertjähriger vollständiger geographischer Isolation – der Strophenaufbau neuseeländischer Goldammern (Thielcke 1974): auch Grauammer und Ortolan neigen stark zur Dialektbildung (s. Kap. 9.3.1).

Wenn auch Dialekte verhältnismäßig beständig sind (Wonke & Wallschläger 2009), können sie sich doch etwas verändern, indem beispielsweise neue Gesangsmotive von einer anderen Population übernommen werden. Grünlinge bilden so «charakteristische lokale Gesangsformen mit beträchtlichen Unterschieden von Dorf zu Dorf; Gesangsangleichungen scheinen bei Jungvögeln aber weitverbreitet zu sein» (Glutz 14/

II).[33] Bei Bluthänflingen, deren Strophen individuell und stimmungsabhängig sehr variabel sind, kann durch «gegenseitige Motivanpassung ein populationstypischer Dialekt entstehen, der tradiert wird; Zuwanderer passen ihren Gesang der lokalen Population an» (Glutz 14/II). Manche

---

33 Im «soziobiologischen Schrifttum wird fast nur mit der Annahme der Individual- und Verwandtschaftsselektion operiert, und man tut so, als wäre Gruppenselektion ganz zu vernachlässigen, da die Bedingungen, unter denen sie auftreten könnte, angeblich höchst selten verwirklicht seien. Die Gruppen wären angeblich nicht wirksam voneinander isoliert und würden auch in der Natur nicht schnell genug ausgelöscht. Das stimmt aber nicht ganz; denn wir wissen, dass viele Singvögel sich zum Beispiel über Dialekte schnell in kleinen Gruppen voneinander isolieren» (Eibl-Eibesfeldt 1999).

Dialekte entstehen gar dadurch, «dass Jungvögel vor der endgültigen Gesangsausformung auswandern und dabei in Gebiete geraten, in denen es keine Artgenossen gibt, von denen sie lernen könnten. So scheinen die *Gründer-Dialekte* des Gartenbaumläufers auf Zypern und in Nordafrika zustande gekommen zu sein» (Wickler 1986).

Beim Wechselgesang zweier Reviernachbarn haben wir es mit einem weiteren Lernvorgang zu tun. Bei dieser Gesangsart werden viele kleine Details und Einzelheiten des vollen Gesanges erlernt, oder es wird der Lernprozess durch die alternierende und vergleichende Ausführung wesentlich beschleunigt. Beim angleichenden Wechselgesang besteht die Tendenz, dem Reviernachbarn mit demjenigen Lied aus dem eigenen Repertoire zu antworten, das seinem am ähnlichsten ist. So werden auch neue Motive von benachbarten Männchen übernommen. Die bevorzugten Motive werden dann häufig verwendet und bleiben so im Repertoire erhalten. Ein solcher Prozess wirkt sich häufig auf die gesamte Population aus. Das Bedürfnis und die Fähigkeit, fremde Motive aufzunehmen und anzugleichen, kann, besonders bei Singvögeln mit komplexen Gesängen, sowohl dazu führen, dass bestimmte Motive oder Gesangsvariationen zum Bestandteil aller Männchen innerhalb einer Population werden, als auch unter bestimmten Umständen dazu, dass ungebräuchliche Lieder oder Liedformen völlig in Vergessenheit geraten. Wenn beispielsweise Reviernachbarn auf ein neues Motiv einer Amsel nicht reagieren, kann es sein, dass das betreffende Männchen das neue Motiv immer seltener singt und dass diese neuen Klänge nach einiger Zeit ganz verschwinden (s. Kap. 4.2; 5.3).

In seinem umfassenden *Grundriss der vergleichenden Verhaltensforschung* berichtet Irenäus Eibl-Eibesfeldt, bei Kolkrabe und Schamadrossel sei festgestellt worden, dass Ehepartner einander «mit der gelernten Gesangsstrophe des jeweiligen Partners herbeirufen. Sie benennen gewissermaßen den Vogel nach dem ihm eigenen charakteristischen Gesangsmotiv und verwenden dieses einzig und allein, um ihn herbeizurufen. Auch die sonst unadressierten Territorialgesänge können durch den Einbau eines Teils des Gesanges vom Nachbarn zur gerichteten Aussage werden. Der entscheidende Ansporn, Gesangsstrophen eines anderen zu lernen (Imitation), könnte eine solche Notwendigkeit der *gezielten Anrede* gewesen sein» (Eibl-Eibesfeldt 1999), wobei nicht von Notwendigkeit, sondern besser von Möglichkeit gesprochen werden sollte.

Dieses Zitat enthält drei wichtige Informationen:

1. Rabenvögel und Schamadrossel haben als musikalisch begabte Vögel (und jeweils beide Partner) ein außerordentliches großes Ruf- beziehungsweise Gesangsrepertoire (s. Kap. 9.3.5; 9.3.6), das durch differenzierte Motive zur Verständigung eingesetzt wird.
2. Das Erlernen des Partnergesanges wird als individuelle *Anrede* für denkbar erachtet (s. Kap. 9.3.5).
3. Die akustische Kommunikation der Singvogelpartner wird mit dem Gesang benachbarter Männchen verglichen: Durch Übernahme von Motiven des Reviernachbarn könnte der unadressierte Territorialgesang (also der entspannte Motivgesang) ebenfalls zu einer gerichteten Aussage werden, die sich aber weniger an den Rivalen als vielmehr an den Gesangsnachbarn wendet, zum Beispiel in Richtung des angleichenden Wechselgesanges.

Es ist beispielsweise recht häufig, dass Amselmännchen neue Motive ihrer Gesangsnachbarn in ihre eigenen Gesänge übernehmen und sich dadurch gegenseitig anregen. Auf diese Weise bilden sich innerhalb einer bestimmten Region und Zeit Amselpopulationen, deren Gesänge sich

durch verschiedene gemeinsame Motive aus-
zeichnen. Das gilt auch für andere begabte Singvögel. Derartige Entwicklungen und Tendenzen
können durch die Dominanz bestimmter Lieder
oder Motive in einzelnen Populationen in der Folge auch zur Ausbildung eigener Dialekte führen
(Bornemisza 1999). Diese regionalen Dialekte
werden noch dadurch stabilisiert, dass sich Individuen solcher Populationen bevorzugt miteinander verpaaren. Bei Amseln ergeben sich allerdings nicht so schnell Dialektformen, weil Amseln mit ihren variationsreichen Gesängen weniger zu Dialekten neigen als andere Singvogelarten. Aber mit etwas Übung können wir auf
unseren Wanderungen eine Amselpopulation,
die sich von einer anderen durch ein bestimmtes
Klangmuster oder in der Gesangsqualität unterscheidet, ausfindig machen und vergleichen.
Amseln «gelten unter den einheimischen Singvögeln als besonders begabt in der Erfindung,
Kombination und Variation von Motiven» (Glutz
11/II), aber es gibt, wie bei zahlreichen anderen
Singvögeln, auch innerhalb musikalisch hochstehender Drosselarten ungleich begabte Individu-
en, deren vollendetere Gesänge entsprechend
tradiert werden. In der Natur genügt manchmal
ein fortschrittliches Vogelmännchen, um die Gesangsvielfalt innerhalb eines Gebietes zu steigern
bzw. zu verändern. Amseln sind außerordentlich
lernfähig; inzwischen imitieren sie auch Handy-
Melodien.[34]

Abb. 27: Drosselrohrsänger

---

34 Nach Messungen der letzten Jahre haben zahlreiche
Singvögel ihre Gesänge an den gestiegenen Lärmpegel
der Großstadt angepasst und singen entsprechend lauter (Nachtigall) oder höher (Kohlmeise), etwa so, wie
es auch bei Individuen in der Nähe von kräftigen Na-
turgeräuschen (Wasserfall) wahrzunehmen ist (Warren et al. 2006; Slabbekoorn & Boer-Visser 2007). Auch
Rohrsänger passen ihren Gesang bis zu einem gewissen Grad an die jeweilige Umgebung an; so singt der
Drosselrohrsänger im rauschenden Schilfwald lauter
als verwandte Arten (s. S. 162). Wir kennen dieses Phänomen ebenfalls von Stubenvögeln, zum Beispiel Kanarienvögeln, die gegen jede Art von Geräuschkulisse
(Staubsauger, Haushaltsgeräte, Rasierer, Radio usw.)
lautstark ansingen. – Bemerkenswerter ist, dass Gesänge sich auch in relativ kurzer Zeit verändern und vielleicht sogar zur Entstehung neuer Arten beitragen können, wie sich am Beispiel der nordamerikanischen
Dachsammer (*Zonotrichia leucophrys*) zeigte (s. S. 84).
Was ihren Gesang angeht, scheinen sie «mit der Zeit zu
gehen». Als man nämlich den Dachsammern fast dreißig Jahre alte Tonaufnahmen männlicher Artgenossen
vorspielte, zeigten sich die Vögel wenig beeindruckt.
Die Männchen reagierten weniger aggressiv auf die alten Aufnahmen als auf solche heutiger Gesänge. Die
Pfeif- und Trillerfolgen der ausgefeilten Gesänge haben
sich in den letzten Jahrzehnten offenbar verändert: Die
heutigen Versionen werden etwas langsamer vorgetragen und sind etwas niederfrequenter als jene, die im
Jahre 1979 aufgenommen wurden (Derryberry 2007).
In Mitteleuropa sind Entwicklungsrichtungen im Gesang der Mönchsgrasmücke bekannt, vor allem die Leierstrophen, die erstmals Ende des 19. Jahrhunderts in
Deutschland zu hören waren. Ferner scheinen Kohlmeisen ihr klassisches «zizibä-zizibä», das vor dreißig
Jahren noch eine sehr häufig zu hörende Gesangsstrophe war, zugunsten anderer Motive (zumindest regional) stark reduziert zu haben.

Abb. 28: Dachsammer

Es ist nicht schwierig, eine Amsel am Gesang zu erkennen, auch wenn «wir die gerade gesungenen Strophen noch nie gehört haben. Wir hören ja meistens sowieso nicht genau hin, als dass wir bemerkten, welch verschiedene Strophen eigentlich vorgetragen werden. Das Wesentliche, woran wir die Amsel und andere Vogelarten beim Singen erkennen, ist ihre typische Klangfarbe und die Vortragsform, der Ablauf des gesamten Gesanges, die *Gesangsgestalt*» (Güttinger 1977). An einer solchen Klanggestalt «können wir auch menschliche Sprachen unterscheiden, ohne verstehen zu müssen, was gerade gesagt wird. Gute Imitatoren können aus lauter Unsinnslauten dennoch überzeugend verschiedene Sprachen vorführen. Das geht auch mit Dialekten und passiert unfreiwillig, wenn jemand Deutsch mit amerikanischem Akzent spricht oder Englisch mit schwäbischem Akzent. Was hier mit *Akzent* gemeint ist, sind vielmehr Eigenheiten der Intonation. Andere, ebenfalls nur sehr kompliziert beschreibbare Lautgebungseigentümlichkeiten kennzeichnen viele individuelle Sing- und Sprechweisen. Solche Intonations- und Akzentprogramme sind bei Vögeln arttypisch und erlauben das Arterkennen selbst an unbekannten Gesangsstrophen; und zwar nicht nur für uns Menschen, sondern in vielen Fällen auch den Vögeln selbst» (Wickler 1986).

Unterschiedliche Gesangsaktivitäten einiger mitteleuropäischer Singvogelarten

a) Einige Singvögel singen fast ganzjährig, zum Beispiel Rotkehlchen und Zaunkönig.

b) Andere singen von Februar bis Juli wie Amsel, Buchfink, Grünling.

c) Fast alle Zugvögel beginnen meistens unmittelbar nach Ankunft im Brutgebiet zu singen.

d) Einige von ihnen singen während der ganzen Brutperiode recht ausdauernd, wie zum Beispiel Mönchsgrasmücke und Buchfink.

e) Manche singen bis nach dem Ausfliegen der Jungvögel.

f) Wenige hören schon bald nach Beginn der Brut auf wie die Rohrsänger.

g) Andere haben bis zur Eiablage des Weibchen eine ausgeprägte Gesangsaktivität, werden dann stiller, um dann kurz nach dem Schlüpfen der Jungen eine zweite Singphase anzuschließen.

Lernphasen der Jungvögel im Verhältnis zur
Gesangsaktivität der adulten Vorsänger:

Bei vielen Singvögeln «prägen sich Nestlinge den Gesang ihres Vaters schon kurze Zeit nach dem Schlüpfen ein, produzieren ihn aber erst viel später, vorbildgetreu, auch wenn sie ihn zwischendurch nicht mehr gehört haben ... Ebenso lernen nestjunge Singvogelweibchen den Gesang des Vaters kennen und wählen danach ihren späteren Partner, ohne dass sie selbst je singen» (Wickler 1986).

Die sensible Lernphase eines Jungvogels stimmt zum größten Teil mit der Gesangsaktivität des Vaters überein. Für die Sumpfmeise möchte ich dazu ein anschauliches Beispiel aus der Doktorarbeit von R. Rost zitieren:

«Der leise, schwatzende Jugendgesang der Sumpfmeise ist gekennzeichnet durch überlange Strophen, die aus vielen unterschiedlichen Elementtypen bestehen. Er wird stets in entspannter Atmosphäre (von gesättigt ruhenden Jungvögeln) und meist im Chor von allen Nestgeschwistern vorgetragen. Die sensible Phase der jungen Sumpfmeisen beginnt vermutlich am Tag des Ausfliegens und dauert nur etwa neunzehn Tage. Lernen ist nur für die aus einem Element bestehende, vermutlich genetisch weitergegebene Klapperstrophe von geringerer Bedeutung als für die aus verschiedenen Elementen zusammengesetzten, komplexeren Strophentypen, die bei schallisolierter Aufzucht nicht entwickelt werden

... Jugendgesang ist bereits am Tag nach dem Ausfliegen zu hören, sieben bis elf Tage später werden die Strophen kürzer und erste Element- und Silbentypen des späteren Motivgesangs werden erkennbar; einmal erlernte Phrasen verändern sich lebenslänglich nicht mehr und regionale Dialekte scheinen sich über Jahrzehnte zu halten ... Nach einer gesangsarmen Phase beginnt mit dem Erscheinen des ersten Jungvogels im Bruthöhleneingang eine zwei bis drei Tage dauernde Gesangsphase des Weibchens. Das (erwachsene) Männchen hält sich in den ersten Stunden nach dem Ausfliegen mit dem Gesang noch zurück und widmet sich hauptsächlich der Fütterung des Nachwuchses. Erst am Abend des betreffenden Tages oder am Folgetag wird das Männchen für etwa eine Woche gesanglich aktiver. Ist die gesamte Brut ausgeflogen, und hat sich danach die erste Aufregung gelegt, singen Männchen und Weibchen bei verschiedenen Gelegenheiten. Sitzt der gesamte Nachwuchs (meist in Fütterungspausen, in der Mittagshitze oder am Abend) gesättigt und zum Teil mit Federkontakt in einer Gruppe zusammen, kann während der ersten sechs bis sieben Tage nach dem Ausfliegen oft folgender Vorgang beobachtet werden: Das Männchen (und) oder das Weibchen nähert sich der Gruppe, nimmt mit einer der Jungmeisen Federkontakt auf und beknabbert deren Gefieder und Schnabel. Danach beginnt der Elter zu singen, wobei alle Jungvögel aufmerksam zuzuhören scheinen. Dieses Vorsingen setzt sich so lange fort, bis eine der jungen Sumpfmeisen durch Betteln eine neue Fütterungsphase einleitet. Für das Gesangslernen scheint der persönliche Kontakt zwischen Lehrer und Schüler eine wesentliche Rolle zu spielen (s. S. 74). Dass die Jungen ihren Gesang von beiden Eltern lernen, konnte nachgewiesen werden. Die Nestgeschwister übernehmen nahezu das gesamte Gesangsrepertoire der Eltern» (Rost 1987).

Das Gesangslernen der kleinen Sumpfmeisen vollzieht sich in regelrechten Gesangsstunden! Jedoch bleiben die jungen Männchen nicht aller Arten dem Repertoire der erwachsenen Vorsänger treu. Bei einer musikalisch hoch entwickelten Art wie der asiatischen Schamadrossel beginnen die Jungvögel, sobald «sie selbständig sind, den normalerweise vom Vater erlernten Gesang zu verändern. Das Variieren geschieht ohne feste Regeln. Keine Schamadrossel behält das, was sie erlernt hat, unverändert bei» (Kneutgen 1969).[35]

Auch treffen wir nicht bei allen Singvogelarten auf so ausgeprägte *Lernstunden* wie bei der Sumpfmeise, aber die Gesangsphasen der adulten Männchen stehen in der Regel während der Brutperiode, wie schon angedeutet, mit den Lernphasen der Jungvögel in einem engen Zusammenhang, allerdings in der Häufigkeit wie auch in der zeitlichen Dimension je nach Art verschieden. So steigt beim Rotkehlchenmännchen die Gesangsaktivität während des Ausfliegens der Nestlinge stark an, was den Jungen Gelegenheit gibt, den artspezifischen Gesang zu erlernen (Lack 1943). Bei der Singdrossel ist der erste Höhepunkt der Gesangsaktivität mit Beginn des Nestbaues wahrzunehmen; einen zweiten Gesangsgipfel erreicht die Singaktivität in der Zeit kurz vor bis kurz nach dem Ausfliegen der Jungvögel (Glutz 11/II). Neuntötermännchen singen nach dem Eintreffen im Brutgebiet und dann wieder intensiver im Juli, «wenn die Jungvögel im Familienverband geführt werden und, oft in engstem Kontakt mit dem Männchen, dessen Gesangsvortrag sie lauschen. In dieser Phase können sich auch Junggesellen als Vorsänger betätigen» (Jakober & Stauber 1983). Die Gesangsaktivität des Blaukehlchenmännchens

lebt während des Schlüpfens und nochmals nach dem Ausfliegen der Erstbrut wieder auf (Glutz 11/I). In seltenen Fällen kann es auch sein, dass Jungvögel den arteigenen Gesang gar nicht hören, weil die Altvögel zur Zeit des Schlüpfens bereits den Gesang eingestellt haben, zum Beispiel beim Sumpfrohrsänger (s. Kap. 9.3.4).

Die Ausbildung der Stimmwerkzeuge folgt den großen Entwicklungslinien der Vögel. *Primitive* Vögel, vor allem See- und Wasservögel, verfügen nur über ein geringes Repertoire einfacher Rufe. Die Fähigkeit zur Lautbildung ist vor allem bei den Singvögeln entwickelt (Dorst 1972). Die außerordentlichen Lernprozesse der Singvögel im Bereich der Gesangsentwicklung korrespondieren mit einem ausgeprägt guten Gehör, und die Ausbildung des Gehörsinnes steht wiederum in unmittelbarem Zusammenhang mit der Höherentwicklung der Stimmorgane und der Entfaltung der Tonqualitäten, und wir können diese sich ergänzenden Fähigkeiten der Singvögel auf einem hohen musikalischen Niveau erleben.

Der Hörbereich der Singvögel, also der Frequenzbereich derjenigen Schwingungen, die vom Vogelohr gehört werden, entspricht in etwa dem des Menschen (s. S. 20). Auch das Richtungshören ist gut ausgebildet, am ausgeprägtesten allerdings bei Eulen. In Verhaltenstests konnte gezeigt werden, dass sich verschiedene Vögel die Frequenz eines bestimmten Tones über Wochen und Monate merken können (Heldmaier & Neuweiler 2003). Einige Singvögel scheinen sogar das *absolute Gehör* zu besitzen. So wie Menschen mit dieser Fähigkeit ohne jedes weitere Hilfsmittel die Höhe eines gehörten Tones mit Sicherheit angeben können, so ist bei zahlreichen Singvögeln, vor allem bei Spottsängern, die Intonation nachgeahmter Motive und Melodien durchweg rein (s. Kap. 9). Darüber hinaus haben viele Vögel auch ein hervorragendes Gedächtnis

---

35 Vom Erlernen ganzer Tonleitern einer bereits sieben Jahre alten stimmbegabten Schamadrossel wird später noch die Rede sein (s. Kap. 9.3.4).

für Töne und Klänge.[36] Selbst kleine Tonunterschiede können sie monatelang behalten.

Am Beispiel des Gesangslernens, das hier nur angedeutet werden kann, sollte die Verhaltensflexibilität der Singvögel auf musikalischer Ebene dargestellt werden als ein Spiegel für die graduelle Emanzipation angeborener Verhaltensweisen. Insofern Singvögel den arteigenen Gesang erlernen und durch Tradition weitergeben, eröffnen sich bereits im anfänglichen Lernprozess Freiräume für individuelle Gesangsvariationen. Gesangslernen bedeutet eine wichtige Autonomiezunahme, welche die Entwicklung der stimmlichen Variationsvielfalt ermöglicht, wie sie heute bei den gesangsbegabten Singvogelarten wahrzunehmen ist.

Während individuelle Gesangsunterschiede bei den meisten Singvögeln weit verbreitet sind, ist diese Entwicklung bei den sogenannten Nichtsingvögeln (*Nonpasseriformes*) nur in Ansätzen wahrzunehmen. Wenn beispielsweise der nordische Eistaucher (*Gavia immer*) das Revier eines Artgenossen übernimmt, so unterscheidet sich seine laute, klagende Ruffolge in der Regel von der des vorherigen Besitzers (Walcott et al. 2006).

Genetische Muster und Instinktbewegungen bilden als Erbkoordinationen[37] die «Grundlage der Verhaltensweisen bei allen Tieren. Sie können in verschiedenen Graden durch die Fähigkeit zu flexiblerem Verhalten ergänzt und erweitert sein, sind aber im Grundzug immer vorhanden und bilden so die Grundlage vor allem für die lebenserhaltenden Verhaltensweisen und die Fortpflanzung. Sie sind für eine Tierart genauso typisch wie die Gestalt. Lernen dagegen enthält eine größere Flexibilität des Verhaltens (s. Kap. 7.3). Es ist eine auf Erfahrung beruhende Modifikation des Verhaltens und führt eine erweiterte Plastizität des Verhaltens gegenüber den Erbkoordinationen ein» (Rosslenbroich 2007). Das zeigt sich in hohem Maße bei den kunstvollen und reich strukturierten Gesängen zahlreicher musikalisch besonders begabter Singvögel, beim chorischen Singen von Nachtigall und Sumpfrohrsänger und bei den komplexen Duettgesängen zahlreicher tropischer Singvögel (s. Kap. 7.5.3). Eine weitere Steigerung der Gesangsentwicklung ist die im Tierreich – mit Ausnahme von Elefanten und Delfinen – wohl einzigartige Fähigkeit, fremde Stimmen nachzuahmen, wodurch gleichzeitig ein gesteigertes Lernverhalten repräsentiert wird (s. Kap. 9).

Die große Mannigfaltigkeit der Gesänge in der gesamten Singvogelwelt wie auch die reichen Gesangsvariationen und unterschiedlichen Vortragsweisen innerhalb einer Art sind es nun, wodurch das Studium des Vogelgesanges einerseits sehr zeitaufwendig, andererseits aber durch die unmittelbare Erfahrung auch so außerordentlich anregend und belebend ist:

1. Zahlreiche Singvogelarten, selbst einfache Sänger wie Haussperling und Zebrafink, verfügen über mehr als nur einen Strophentyp.
2. Musikalisch hoch entwickelte Arten besitzen teilweise eine fast unerschöpfliche Motiv- und Strophenvielfalt.
3. Gesangsstrophen können innerhalb einer Art kürzer, länger oder unvollständig vorgetragen werden; beim Buchfinken ist zum Beispiel nicht selten ein Gesangsabbruch zu hören.
4. Neben dem Vollgesang sind zum Beispiel noch Jugend- und Plaudergesang (Subsong) wie

---

36 Man könnte den Begriff «Gedächtnis» kritisieren, müsste dann aber erklären, wie *Erinnerungsvermögen* und individuelles Nachahmungslernen junger Sumpfrohrsänger (s. Kap. 9.3.4) zu bezeichnen bzw. zu verstehen sind; auch spricht das Phänomen, dass Erlerntes *vergessen* werden kann, für die Gedächtnisfähigkeit.

37 Im englischen Schrifttum wurde der Begriff Erbkoordination nicht treffend mit «Fixed Action Patterns» (FAP) übersetzt, was eine Starrheit suggerieren könnte, die nicht gegeben ist (Eibl-Eibesfeldt 1999).

auch Herbst- und Wintergesang zu unterscheiden.

5. Bei zahlreichen Arten haben sich geographische Gesangsdialekte entwickelt.

6. Es gibt nicht nur eine artspezifische Lernbegabung, sondern auch ungleich begabte Individuen, sodass sowohl der Umfang des Repertoires als auch der künstlerische Vortrag innerhalb einer Art recht große Unterschiede aufweisen kann. Manchmal genügt *eine* hochbegabte Singdrossel, um das musikalische Niveau einer Region (durch Tradieren neuer vielseitiger Motive) zu heben.

7. Darüber hinaus kann der Gesang wie auch das Tempo und die Lautstärke des Vortrags stimmungsabhängig variabel (z.B. beim Bluthänfling) sein. So ergeben sich, je nachdem, ob ein Vogel erregt oder entspannt singt, diesbezügliche Abweichungen beziehungsweise spielerische Gestaltungsmöglichkeiten.

Die Fähigkeit des Tieres zu *lernen*, «offenbart gegenüber den instinktiven Reaktionen eine freiere, nicht streng im Organismus festgelegte und vorbestimmte Objektbeziehung. In engem Zusammenhang damit steht die Möglichkeit, das Erlernte auch wieder zu vergessen. Erlerntes wird also nie so tief dem Organismus eingeprägt, dass es den Charakter einer organischen Funktion bekommt, wie etwa die Tätigkeit der Lunge oder des Herzens, die ja, von pathologischen Zuständen abgesehen, gerade nicht *vergessen* werden können. Würde Erlerntes wirklich zur Organstruktur, so wäre es vererbbar. *Das ist es aber im Gegensatz zu den Instinkthandlungen niemals!*» (Suchantke 1985). Wenn wir diesen grundsätzlichen Gedanken auf die Gesangsentwicklung der Singvögel zu übertragen versuchen, kommen wir in einen gewissen «Grenzbereich». Deshalb soll der am Beginn dieses Kapitels aufgezeigte Übergang von angeborenen zu

erworbenen Fähigkeiten hier noch um einen Aspekt erweitert werden, wobei ich mich größtenteils auf bereits genannte Beispiele beziehe.

Auf der Stufe des erlernten Gesanges spiegeln sich einerseits bestimmte Eigenschaften, die an die Stufe des angeborenen Gesanges *erinnern*, und andererseits leuchten Eigenschaften auf, die darüber hinausgehen. Wie schon beschrieben, sind die Lernphasen (Prägungszeiten) für den arteigenen Gesang von Art zu Art verschieden. Der Jugendgesang ist noch sehr variabel. Sobald aber die Gesänge ausgebildet sind, bleiben sie, trotz möglicher individueller Variabilität, verhältnismäßig stabil (Buchfink). Das gilt auch für verschiedene Gesangsdialekte (Goldammer).

Gleichzeitig erleben wir aber bei verschiedenen erwachsenen Singvogelmännchen (Fitis, Kohlmeise, Elster, Eichelhäher), dass sie außerhalb der Brutzeit im Plaudergesang variablere Strophen vortragen als im Reviergesang (s. Kap. 8.4; 9.3.2). Die juvenile Plastizität erlischt bei ihnen also nicht, sondern lebt in einer entspannteren Lebensphase wieder auf. Darüber hinaus gibt es Singvogelarten, die unbegrenzt lernfähig sind und auch lebenslang ihre Motive verändern können (Amsel). Schamadrosseln verändern bereits als Jungvögel generell den erlernten Gesang und sind lebenslang außerordentlich flexibel. Gegenüber einigen Arten mit erstaunlicher Dialektstabilität gibt es auch Vogelarten (Amsel, Mönchsgrasmücke), die wegen ihrer Lernfähigkeit und Gesangsbegabung wenig zu Dialektbildung neigen (s. S. 75). Wie erwähnt können Singvögel ihre erlernten Strophen oder bestimmte Motive auch vergessen. Das kann sich wiederum auf unterschiedliche Weise vollziehen. Beim Neuntöter wurde beobachtet, dass er von Jahr zu Jahr immer weniger von den in der Jugend erlernten Imitationen hören ließ (s. Kap. 9.3.4), was dem Verschwinden der jugendlichen Lernfähigkeiten entsprechen könnte.

Wenn aber eine erwachsene Amsel ein Motiv *vergisst* oder mangels Übung eine bestimmte Phrase nicht mehr richtig singen kann und nach vergeblichen Versuchen wie in einer Art von *Kompromiss* eine leichter zu singende Variation improvisiert, zeigt sich darin nicht ein Nachlassen ihrer Fähigkeiten, sondern vielmehr das Niveau ihres Könnens (s. Kap. 9.3.4).

Erwähnt soll noch werden, dass Andreas Suchantke der oben zitierten Darstellung einen wesentlichen Gedanken vorausgeschickt hat. Er verweist auf Goethes Idee, dass die Tiere durch ihre Organe belehrt werden und fügt hinzu: «In diesem Ausspruch Goethes ist die ganze Gegensätzlichkeit von instinktivem und erlerntem Verhalten treffender ausgedrückt, als es fast anderthalb Jahrhunderte später den Tierpsychologen trotz ihres umfangreichen Beobachtungsmaterials möglich ist.» Goethe macht aber nun sowohl für die Menschen als auch für die Singvögel eine Ausnahme. Bezogen auf die Menschen sagt er, dass sie den Vorzug hätten, ihre Organe zu belehren.[38] Und einen Singvogel wählt Goethe, um darauf hinzuweisen, dass alles Vollkommene über seine Art hinausgehen muss und dass die Nachtigall über diese Möglichkeit verfügt (s. Kap. 9.4). Und wenn wir aufmerksam den Liedern der Singvögel lauschen, werden wir nicht selten Individuen begegnen, die durch ihre Variationsvielfalt über ihre Art hinauszuwachsen scheinen. Denn das Gesangslernen, also die Emanzipation der

Stimme von festgelegten Mustern, eröffnet innerhalb der Singvogelevolution musikalische Gestaltungsfreiräume. Diese ermöglichen die Entwicklung von unterschiedlich begabten Individuen innerhalb einer Art, was wiederum – wie auch die beschriebene Dialektbildung oder der bei Dachsammern festgestellte schnelle Strophenwandel (s. S. 78) – den Entstehungsprozess neuer Arten fördert. So gesehen, liegt es nahe, dass nicht nur Ausbreitungswanderungen oder Anpassungen an neue Lebensräume zu neuen Arten führen, sondern dass auch – vom Musikalischen her – begabte Singvögel den Artbildungsprozess verhältnismäßig rasch beeinflussen können.

7.2 Neugier- und Spielverhalten bei Singvögeln und jungen Säugetieren

Im Zusammenhang mit dem Lernverhalten kommt dem Spielen eine besondere Bedeutung zu. Das Spiel der Tiere vermittelt etwas Freiheitliches und zeigt uns den ausgeprägten Bewegungsdrang der Jungtiere. Spielen ist ohne *Weltoffenheit* kaum vorstellbar, denn Spielen hat viel mit einem gesteigerten Interesse (Neugier) und dem Erkunden der Welt zu tun. Spiel ist Ausdruck schöpferischer Kräfte. Das oben Dargestellte über die juvenile Plastizität gilt hier in besonderem Maße. In seinem *Grundriss der vergleichenden Verhaltensforschung* schreibt Irenäus Eibl-Eibesfeldt zum Spielen der Tiere, dass «das erkundende Tier sich abwechselnd dem Gegenstand des Interesses nähert und sich von ihm wieder entfernt. Das Tier wird von dem Objekt angezogen, klinkt aber nicht starr in ein bestimmtes Verhalten ein, sondern hat die Fähigkeit, sich wieder von ihm zu lösen. Und diese

---

38 In Bezug auf die Freiheit unterscheidet Goethe zwischen Mensch und Tier: «Das Tier wird durch seine Organe belehrt; der Mensch belehrt die seinigen und beherrscht sie» (*Maximen und Reflexionen*). Später, in seinem letzten Brief überhaupt, relativiert er diese Haltung dahin, dass der Mensch die Freiheit nicht einfach besitzt, sondern dass er die Fähigkeit hat, sie sich zu erringen: «Die Tiere werden durch ihre Organe belehrt, sagten die Alten; ich setze hinzu: die Menschen gleichfalls, sie haben jedoch den Vorzug, ihre Organe dagegen wieder zu belehren» (Brief an Wilhelm von Humboldt, 17. März 1832).

Fähigkeit zur Distanzierung ist die Voraussetzung für jede dialogartige Auseinandersetzung. Sie ist typisch für das Neugiererkunden und das Spielen. Die meisten Säugetiere sind zumindest in ihrer Jugend ausgesprochene Neugierwesen, die einem inneren Antrieb folgend aktiv neue Situationen aufsuchen und erkunden … Dieser Trieb zu lernen liegt sicherlich den Spielen der Tiere zugrunde. Jeder kann im Allgemeinen erkennen, wann ein Tier spielt und wann es ernsthaft tätig ist. Ein Tier spielt wirklich nur dann, wenn es satt, nicht durstig und auch sonst von keinen anderen Aufgaben in Anspruch genommen ist. Das Spiel ist gewissermaßen von keiner unmittelbaren Notwendigkeit diktiert. Es hat jedoch für die normale Entwicklung des Tieres eine große Bedeutung. Spielen heißt immer, einen Dialog mit der Umwelt führen, und dieser Dialog findet aus innerem Antrieb statt. Gelernt wird bei spielerischem Experimentieren ebenso wie etwa bei den unermüdlich wiederholten Bewegungsspielen.

Meist wird sich ein Spiel sehr deutlich vom entsprechenden Ernstverhalten unterscheiden: Es fehlt der spezifische Ernstbezug. Ein fluchtspielendes Tier flieht nicht wirklich. Die ernsthaft flüchtende Ratte kommt nicht so bald und dann nur zögernd wieder aus dem Bau hervor. Die fluchtspielende Ratte dagegen kommt unvermittelt wieder.[39] Das Spiel vollzieht sich, wie G. Bally es treffend sagt, im entspannten Feld.[40] Das entspannte Feld wird dem Jungtier zunächst durch den Brutschutz der Eltern gewährt, der die Tiere der Notwendigkeit enthebt, selbst Nahrung zu suchen, und sie vor Feinden

bewahrt. Das Spiel ist im Idealfall zunächst ungerichtet. Das Tier lernt im Spiel erwiesenermaßen für das spätere Leben Anwendbares, und in die Entwicklung mancher Verhaltensweisen ist die Spielerfahrung mit den Geschwistern geradezu eingeplant. Von besonderem Interesse sind die Bewegungsspiele und das spielerische Experimentieren mit Objekten. Wahrscheinlich lernen viele Tiere im Spiel auch ihren eigenen Körper kennen. Sie spielen mit ihren eigenen Gliedmaßen ebenso wie mit ihrem Schatten. Beim spielerischen Experimentieren machen die Tiere Erfindungen, die ihnen nützlich sind» (Eibl-Eibesfeldt 1999).

Es gibt zahlreiche tierische Verhaltensweisen, die ohne den Begriff des Spiels nicht zu fassen wären: «Junge Gemsen und Dachse, auch junge Bären *rodeln*; sie rutschen einen verschneiten Abhang herunter und laufen immer wieder hoch, um das Vergnügen zu wiederholen. Tauben lassen Zimmermannsnägel auf eine Betontreppe fallen, offenbar aus bloßer Freude an dem scheppernden Klang, den sie damit erzeugen. Solche Spielhandlungen enthalten offenbar angeborene Verhaltensmuster und auch erlernte, durch Nachahmung übernommene, ja sogar selbstentdeckte oder -variierte Handlungen. Ein Teil des Spielverhaltens nimmt Handlungen vorweg, die erst im späteren Alter, nach entsprechender Reifung, biologisch sinnvoll sind. Bernhard Hassenstein (1972) hat das Spiel deshalb einem *teleonomischen Prinzip* zugeordnet, nämlich einem Entwicklungssinn, der sich nicht in einer gegenwärtigen biologischen Funktion, wohl aber im Erlernen und Üben künftiger nötiger Verhaltensweisen erklären lässt … Wenn Tiere spielend miteinander kämpfen oder voreinander fliehen, so ist ihr Verhalten deutlich von ernstem Kampf und wirklicher Flucht unterschieden. Die eingezogenen Krallen beim Prankenschlag des jungen Löwen oder das Zurückblicken und Warten auf

---

39 Diese Art von Fluchtspielen setzt die Fähigkeit voraus, «Scheinhandlungen» auszuführen (s. S. 91).
40 Die relative Freiheit dem Ziel gegenüber ist eine Voraussetzung für das Spiel. Denn spielen kann ein Tier nur im freien Bezirk des entspannten Feldes (Bally 1945).

den abgehängten Verfolger, damit die Jagd wieder weitergehen kann, unterscheiden deutlich die Spielsituation vom entsprechenden Ernstverhalten» (Flitner 2002).

Da viele Singvögel ihre Gesänge durch Nachahmung lernen und Gesänge und Motive auf diese Weise tradiert werden, dürfen wir annehmen, dass bei ihnen Imitation, ebenso wie bei Menschen und Säugetieren, eine bedeutsame Rolle bei der Entwicklung des Sozialverhaltens spielt. Und weil bei zahlreichen Singvogelarten diese Fähigkeit sehr ausgeprägt ist (s. Kap. 9), ist sie nicht nur in Verbindung mit der sozialen Bindung der Brutpartner zu betrachten, sondern auch stärker als gesangliche Kommunikation benachbarter Männchen zu berücksichtigen.

Spielerisches Nachahmungslernen ist bei jungen Säugetieren weit verbreitet, sei es, dass ein Jungtier ältere Artgenossen oder ein einfallsreiches Geschwister nachahmt. Imitation durch genaues Beobachten ist vor allem bei Primaten, aber auch bei Rabenvögeln bezüglich des Werkzeuggebrauchs sehr ausgeprägt. Für viele junge Tiere scheint das Spiel fast genauso bedeutsam zu sein wie Nahrung und Schlaf. Im Spiel zeigt sich der Überschuss an Bewegungsenergie (s. Kap. 8.5). Spiel ist eng verbunden mit dem Offensein für die Umgebung, was sich im starken Neugierverhalten ausdrückt, und es geht in der Regel einher mit gesteigerter Lernfähigkeit. So antworten Jungtiere zum Teil mit außerordentlicher Beweglichkeit auf Umweltreize und sind entsprechend flexibel, sich neuen Gegebenheiten anzupassen.

Bewegungsspiele sind in der Regel artspezifische Spiele, in denen – adäquat zu den Lernbegabungen[41] – die verschiedenartigen arttypischen Fortbewegungsweisen ausprobiert werden. Junge Huftiere besitzen einen nahezu unerschöpflichen Bewegungsdrang. Primaten sind in ihren Bewegungsformen weniger festgelegt als andere Tiere und zeigen im Spiel eine eindrucksvolle Erfindungsgabe hinsichtlich der Bewegungsmöglichkeiten ihres Körpers. Kampfspiele sind bei Raubtieren besonders ausgeprägt. Junge Hunde sind fast ständig bereit, miteinander zu balgen. Kennzeichnend für den spielerischen Kampf ist aber die absolute Beißhemmung und der rasche Rollenwechsel (Franck 1997). Fluchtspiele fördern aber nicht nur das schnelle Reaktionsvermögen und die körperliche Präsenz der Jungtiere, sondern es wird auch dabei gelernt, dass man nicht grundsätzlich auf fremde Objekte oder fremde Artgenossen mit Angst reagieren kann; denn die Flucht unterbricht ja die Möglichkeit, mit dem Unbekannten noch *irgendwelche* weiteren Erfahrungen zu machen (Bischof 1989). Das Spiel der Jungtiere kann also in mannigfaltigen Erscheinungen als Vorbereitung auf Funktionen des späteren adulten Lebens angesehen werden, wenn beispielsweise junge Tiere durch Laufen und Springen Schnelligkeit und Geschicklichkeit üben und auf diese Weise ihre körperlichen Fähigkeiten testen und auch ihre Umgebung kennenlernen.

Spiel und Ernst sind nicht immer deutlich voneinander zu trennen. Besonders bei halb erwachsenen Jungtieren ist zu beobachten, wie Spiel- und Kampfhandlungen nicht selten ineinander übergehen. Auch kann man die berechtigte Frage stellen, ob für Tiere überhaupt der Gegensatz von Ernst und Spiel gelten soll, weil sich das

---

41 Artspezifische Lernbegabungen gibt es in ganz verschiedenen Funktionszusammenhängen. Raubtiere erweisen sich zum Beispiel im Funktionskreis des Beutefangs lernintelligent, ortstreue Tiere beim Wegeler-

nen. Einige gesellige Halbaffen zeigen eine hohe Sozialintelligenz, die auffällig von dem ansonsten niedrigen Intelligenzniveau absticht. Wer Aufschluss über den Grad umweltbedingter, also adaptiver Variabilität einer Tierart erhalten will, beobachtet seine Tiere am besten zunächst einmal unter möglichst natürlichen Bedingungen (Eibl-Eibesfeldt 1999).

Leben des Tiers als eine geschlossene Einheit darbietet. Drei Bedingungen müssen erfüllt sein, damit beim Tier das Spielen möglich ist: 1. reiche Umweltbeziehung, gegeben durch die gesamte Organisation des Tiers, durch die Körperorgane wie auch die Psyche; 2. Freiheit von der unmittelbaren Erhaltungssorge; 3. echte Geborgenheit, Aufgehobensein in der Umwelt, besonders in der Gruppe. In dieser Sicht ist Spiel nicht Gegensatz zum Ernst. Ernst ist für das Tier die ganze Naturgebundenheit seiner Lebensführung: diese ermöglicht als eine ihrer Formen das Spiel, das im Lebensernst völlig aufgehoben und geborgen ist (Portmann 1976). Das gilt auch für spielende Menschenkinder. Wenn zum Beispiel zwei Buben auf einem heftig sprudelnden Bach zahlreiche Stöckchen aussetzen und mit Eifer und gegenseitigem lautem Sich-Anfeuern den Verlauf der Bootsfahrt begleiten, so gewinnt man schnell den Eindruck, als seien ihre Spielboote im Moment bedeutender als alle anderen Schiffe und der dahinplätschernde Bach mit seinen schäumenden und rauschenden Hindernissen in Form von kleinen Wasserfällen und Treibgutansammlungen das wichtigste Gewässer der Erde. Ein derart *ernsthaftes Spiel* zeigt, wie spielende Kinder noch völlig im gegenwärtigen Erleben aufgehen können.

Die bereits vor über hundert Jahren von Karl Groos aufgestellte Theorie des spielerischen Einübens künftiger Tätigkeiten ist heute weit verbreitet (s. Kap. 4.3; 8.4). Zahlreiche Beobachtungen unterstützen diesen Gedanken, denn in den spielerischen Bewegungen eines jungen Tieres spiegelt sich in vielfältiger Weise das Verhaltensmuster seiner Art. Gegen «eine Überschätzung dieser Übungstheorien spricht indessen die Einsicht in das von jeder Übung unabhängige Reifen der neuromuskulären Fähigkeiten» (Portmann 1976). Damit ist beispielsweise gemeint, dass Jungvögel, auch wenn sie keine

Gelegenheit hatten, spielerisch flügelschlagend das Fliegen zu *üben*, doch zur rechten Zeit fliegen können – eben dann, wenn die Flügel ausgewachsen sind. Und so, wie nicht alle funktionellen Abläufe spielerisch erlernt werden müssen, so ist nicht das gesamte Spielverhalten Vorübung für den späteren *Ernst des Lebens*.

Ähnlich wie Nestlinge und Jungvögel, die noch von den Eltern versorgt und beschützt werden, genießen Vögel in der Obhut des Menschen eine gewisse Abschirmung und eine relative Freiheit von Sorge, die zum Spiel anregt (s. Kap. 9.3.2). Adolf Portmann berichtet von seinem geliebten Kolkraben *Tobias*, der jahrelang im Zoologischen Institut der Universität Basel lebte: «Er erzwang sich eines Tages über alle andere Zuneigung hinaus, die ihm reichlich zukam, ganz spontan meine besondere Aufmerksamkeit, indem er mir, kaum hatte ich die Voliere verlassen, einen Grashalm mit dem Schnabel durch die weiten Maschen des Gitters entgegenstreckte. Ich ging darauf ein, ergriff den Halm, gab ihn durch die Masche nebenan zurück, und prompt erhielt ich ihn wieder! Das Spiel dauerte eine Weile – wann mein Rabe jeweils genug gehabt hätte, habe ich nie ausprobiert; jedenfalls haben wir dieses Hälmchenspiel manche Jahre gepflegt» (Portmann 1976). Der Baseler Zoologe erwähnt noch, dass sein geliebter Rabe kein Jungtier mehr war, sondern mit vierzehn Jahren für einen Singvogel schon ein beträchtliches Alter erreicht hatte und trotzdem je nach Laune aufs Spielen versessen war. Kolkraben spielen mehr als andere Vogelarten; manchmal rollen sie sich zum Spaß sogar auf den Rücken. Auch junge Alpendohlen sind sehr verspielt, schleifen oft an einem Fuß große Rindenstücke oder Steine hinter sich her, legen sich (mit Ausnahme der verspielten neuseeländischen Keas für Vögel sehr ungewöhnlich) auf den Rücken, halten ein Spielobjekt (Blatt, Ästchen, große Feder) mit beiden Füßen in die Höhe und bearbeiten es mit dem Schnabel. Auf Lernleistung und Verhaltensflexibilität der Rabenvögel und einiger anderer intelligenter Vogelarten wird im nächsten Kapitel (7.3) noch kurz eingegangen.

Niemand wird der «jugendlich spielerischen Bewegung» einen Nutzen für die späteren Aufgaben der Lebenserhaltung absprechen, aber man wird vom Wesentlichen abgelenkt, wenn diese *Vorübung* als das Wichtigste, als Zweck der Jugendzeit, erscheint. Spiel ist die lustvolle, von Erhaltungssorge freie, also zweckfreie, aber sinnerfüllte Zeit» (Portmann 1976). In Bezug auf den Menschen könnte man sagen: «Im Spielen lernt das Kind nicht zuerst Funktionen, Fähigkeiten, Eigenschaften, Leistungen, wie die meisten Spieltheoretiker annehmen, sondern es lernt – eigentlich das Menschsein. Darauf und nur darauf bezieht sich Schillers Wort, dass der Mensch nur spielt, wo er in voller Bedeutung des Wortes Mensch ist, und nur da ganz Mensch ist, wo er spielt» (Kamper 1976). Ist bei jungen Löwen wirklich jedes Spiel Jagdtraining? Geht es immer nur um arterhaltende Verhaltensweisen? Beim Tierspiel den Blick nur funktionsorientiert auf den späteren Nutzen zu richten, kann ebenso einseitig sein wie die fragwürdige Interpretation über den Zweck der Prachtgefieder einiger Vogelarten, bei denen die Männchen als Folge dieser werbewirksamen Federprachtentwicklung sich mehr und mehr vom Brutgeschäft gelöst haben (Kipp 1942), was unter dem Primat der Erhaltung der Art nicht als vorteilhaft gelten kann (s. Kap. 9.3.6). Hinzu kommt noch, dass derart auffällige Männchen, besonders wenn sie durch außergewöhnliche Federbildungen in ihrer Flugeigenschaft behindert sind, nicht selten leichte Beute für Prädatoren werden.

Kosten-Nutzen-Analysen (s. Kap. 8.5) führen hier ebenfalls nicht recht weiter, denn Spiel ist energetisch und zeitlich sehr aufwendig. Man

beobachte einmal, welch beträchtliches Temperament junge Tiere entfalten, wenn sie miteinander raufen. Spielen ist potentiell riskant: Jungtiere lassen es meistens an der nötigen Vorsicht fehlen, achten also nur in verringertem Maße auf verborgene Gefahren. Vor allem aber fallen sie durch ihre heftigen Flucht- und Jagdspielaktivitäten auf und locken Feinde an, abgesehen davon, dass es zusätzlich auch häufig noch lärmend zugehen kann. «Wenn die Hauptfunktion des Spiels das Einüben späteren Verhaltens wäre, bliebe offen, warum ein solches Verhalten nicht gleich angeboren ist, um zuverlässig abzulaufen, sobald es vom adulten Tier benötigt wird, so wie es bei den nicht spielenden Vertebratenklassen der Fall ist» (Rosslenbroich 2007).

Wenn ein Sumatra-Orang-Utan, an einem Ast über dem Wasser hängend, mit seiner Hand Wasser schöpft und immer wieder der herabfallenden Tropfen zuschaut oder mit seiner Hand über längere Zeit im Wasser planscht, so scheint er sichtlich Vergnügen daran zu finden (Wilhelm 2005). Er lernt nicht unbedingt, was er für sein weiteres Leben braucht, aber da im Spiel Neues erprobt wird, kann eine solche immer wiederholte, spielerische Betätigung zu neuen Verhaltensweisen (in diesem Fall zu neuen Trinkgewohnheiten) führen. Friedrich Kipp, mit dem ich oft über das spielerische Element im Tierreich gesprochen habe, sagte im hohen Alter von fast neunzig Jahren dazu: «Wenn ich in meinem Leben etwas herausgefunden habe, dann dies, dass das Probieren im spielerischen Tun der Tiere ein Initiativ-Moment ist» (zitiert nach Stockmar 1998). Im Spiel wird ein Tier befähigt, sich mit seiner Umwelt auf eine neue Weise auseinanderzusetzen. Diese Fähigkeit, sich distanzieren zu können, steht an der Wurzel dessen, was wir als spezifische menschliche Handlungsfreiheit erleben (Eibl-Eibesfeldt 1999). So können bei höheren Säugern «individualisierte Fähigkeiten oder Gewohnheiten ausgebildet werden, indem sie eine schöpferische Komponente enthalten ... Wenn Spielverhalten auch ein Einüben von sinnvollen Verhaltensweisen ist, werden diese auf der Basis eines sehr flexiblen und plastischen Vorgangs erworben. Sie können individuell geprägt und damit verschieden sein. Viele Säugetiere führen im Spiel hochkomplexe und ungewöhnlich akrobatische Bewegungen aus ... Typisch für das Spiel ist, dass es im sogenannten *entspannten Feld* stattfindet, das heißt, es wird dann gespielt, wenn keine Gefahr zu befürchten und kein Bedürfnis zu decken ist ... Insofern enthält es hohe Freiheitsgrade, die Teil der Autonomie der Endothermen (Warmblüter) sind» (Rosslenbroich 2007).

Gegenüber den artspezifischen Spielen, von denen oben die Rede war, wäre noch auf die individuellen Spiele aufmerksam zu machen, bei denen nach Franck (1997) der Experimentiercharakter besonders hervortritt. Diese Spiele sind vor allem für die Verhaltensentwicklung hochstehender Säugetiere, besonders der Primaten, von überragender Bedeutung. In ihnen treten durch Lernen individuell erworbene Verhaltenselemente in den Vordergrund. Einzelne Tiere erfinden ein Spiel und probieren es aus. Andere beobachten den spielenden Artgenossen und ahmen ihn nach. So können artspezifische Spiele in freie Experimentierspiele übergehen, wie es auch bei Vögeln beobachtet worden ist. Wegen seines außergewöhnlichen Reizes und seiner musikalischen Komponente möchte ich zum *Glasperlenspiel* einiger junger Grasmücken, die der deutsche Vogelforscher F. Sauer in den 1950er Jahren in Freiburg/Br. gehalten hat, den Baseler Zoologen Adolf Portmann ausführlich (nach dem Bericht von Sauer) zu Wort kommen lassen:

«Vier Grasmücken-Geschwister, die in einer großen Vogelstube frei fliegen durften, fingen an ihrem 49. Lebenstag ein neues Spiel an: Ein 1,5 g schweres Steinchen, das mit frischem Sand unbeabsichtigt in den Käfig kam, wird von einem Jungen mit dem Schnabel gepackt, auf einen Ast hochgeschleppt, wie ein Beutetier *totgeschlagen* und nach einer halben Minute wieder fallen gelassen. Sogleich fliegt das Junge hinterher und holt das Steinchen wieder herauf. Die Geschwister fliegen neugierig herbei und spielen mit. Dabei fällt das Steinchen einmal zufällig in die fast leere gläserne Futterschale, sodass es hell klirrt. Wie auf Kommando flattern alle vier Geschwister gleichzeitig auf den Rand der Schale; eines nach dem andern nimmt das Steinchen auf und lässt es wieder zurückfallen. In ihrem unermüdlichen Treiben ist jetzt nichts mehr davon zu merken, dass das Steinchen ursprünglich als Beute behandelt wurde; offensichtlich erwarten die Jungen jetzt nichts anderes als das Klirren auf dem Glase. Das Steinchen hat den Wert einer Ersatzbeute verloren; es ist augenblicklich zu einem echten Spielzeug geworden, als es zum ersten Mal auf dem Glas klirrte. Im Spieleifer tragen die Jungen den Stein immer häufiger auf den Ast, 25 cm über der Schale und lassen ihn in sie hinunterfallen. Während danach ein Junges mit dem Stein wieder nach oben hüpft, schauen die Geschwister, die reihum neben der Schale stehen, gespannt hinterher. Dann blicken alle dem fallenden Stein nach und lauschen offensichtlich seinem hellen Aufprall. Erst wenn er ausgeklirrt hat, kommt wieder Bewegung in die Spieler; einer ergreift abermals den Stein, wirft ihn über den Rand der Schale oder lässt ihn vom Glasrand in sie hineinfallen, wobei der Stein oft erst so hoch wie möglich gehalten oder hochgeschnippt wird – oder sie lassen ihn wieder vom Ast herunterfallen. Das Spiel klingt nach Minuten, nach einer halben Stunde oder nach längerer Dauer allmählich aus, indem der Stein unterwegs häufiger verloren wird und die inzwischen hungrig gewordenen Vögel ihn nicht mehr beachten.

Von diesem Tag an spielen sie täglich mit dem Stein. Gewöhnlich fängt einer damit an, wenn er sich satt gegessen hat, trägt das irgendwo gelegene Spielzeug über die Glasschale und lässt es fallen. Das Klirren weckt bei den anderen sogleich das Interesse mitzuspielen. Es ist bezeichnend, dass sie sich um den Spielenden herumstellen und warten, bis ihm das Steinchen aus dem Schnabel gefallen ist; nie reißt es ein Junges einem anderen gewaltsam weg. Sie spielen vor- und nachmittags zwischen den vielen kurzen Mahlzeiten, und häufig verspielen die Jungen die meiste Zeit des Tages. Später einmal stellte Sauer ein 6,5 cm hohes und 4,5 cm weites Glas, das bis zu zwei Dritteln mit Glaskugeln von 8 mm Durchmesser gefüllt war, zum Trocken auf die Heizung; Glas und Kugeln sind den jungen Grasmücken unbekannt. Von 17.10 Uhr bis 18.15 Uhr sind die Tiere unbeaufsichtigt. Danach liegen zwei Kugeln auf dem Käfigboden, eine in der Badeschale, 18 auf dem Zimmerboden verstreut. Zwei der Jungen nehmen gerade noch weitere Kugeln aus dem Glas und werfen sie seitwärts weg; den wegrollenden schauen sie so lange nach, bis sie ausgerollt oder nicht mehr zu sehen sind, dann greifen sie zur nächsten. Als Sauer die beiden Vögel wegscheucht, nimmt jeder schnell noch eine Glasperle zum Spiel mit in den Käfig. Nach einigen Minuten kommen beide wieder herbeigeflogen und holen sich weitere Kugeln. Offenbar in der Erfolgserwartung, *um zu klingeln*, suchten die Jungen nach neuen Möglichkeiten, fanden neue Spielplätze und neue Spielzeuge. Es ist charakteristisch, dass ein neuer Spielmodus nicht kurzzeitig zu ermüden war und nicht wahllos mit einem anderen abwechselte. Hatten die Jungen eine gute Möglichkeit gefunden, so spielten sie recht lange, bis ihr Interesse erlosch» (Portmann 1970).

Das anfängliche Beutefangspiel der jungen Grasmücken erfährt durch den akustischen Aspekt klirrender Steinchen eine neue Dimension. Denn die kleinen Vögel scheinen die selbst erzeugten Laute offensichtlich zu genießen, um derentwillen dann ja auch das tönende Spiel fortgesetzt wird. Man beachte, dass die Vögel sich nicht, wie man beim Spielen junger Tiere denken könnte, um die Steinchen streiten, sondern auf das Klirren warten! Es ist das musikalische Element dieses Spiels, das die jungen Singvögel in ihren Bann zieht; eine Steigerung ist dann das Spielen mit selbst erzeugten Tönen. Diese Begebenheit zeigt uns eindrucksvoll, wie flexibel, über das angeborene Verhalten hinaus, das Spiel- und Lernverhalten ist. Das Beispiel mag als Übergang zu einem späteren Kapitel angesehen werden, welches der Frage nach dem Spielverhalten der Singvögel nachgeht (s. Kap. 8.2).

Vom Haussperling wurde ebenfalls ein derart musikalisch-spielerisches Verhalten berichtet: Mehrere Haussperlinge warfen tagelang kleine Steinchen von einem Flachdach auf eine schräg stehende Klapptür oder einen Zementboden und horchten hinterher. Andere erzeugten zwei Wochen lang durch minutenlanges Picken an Porzellanisolatoren Serien von hell klingenden Tönen (Glutz 14/I).

Allerdings muss hier einschränkend gesagt werden, dass das Spielen mit Objekten im Tierreich verhältnismäßig selten ist. Der weitaus größte Teil der Spielaktivität junger Säugetiere (über 90 Prozent) ist sozialer Natur; sie spielen vor allem mit gleichaltrigen Artgenossen. Auch damit hängt zusammen, dass in der Verhaltensbiologie Säugetiere im Vergleich zu Vögeln stärker im Vordergrund stehen. Wenn auch in verhältnismäßig bescheidenem Maße, dafür aber recht auffällig, vollzieht sich auch bei einigen Singvogelarten das Spielen mit Artgenossen. Es zeigt sich uns in ausgeprägten Flugspielen. So sind alle Rabenvögel berühmt für ihre teils akrobatischen Flugspiele; Kolkraben gehören darüber hinaus zu den gewandtesten und vielseitigsten Fliegern unter den Vögeln (Glutz 13/III).

Es kommt nun nach Rosslenbroich noch eine mentale Form der Flexibilität hinzu, denn Spiel beinhaltet auch Verhaltensweisen, die zum Schein ausgeführt werden, wie bei Jagdspielen, beim Spiel junger Hunde oder bei fluchtspielenden Ratten wahrzunehmen ist. Die Tiere müssen jeweils in der Lage sein, ein Verhalten vorzugeben beziehungsweise das Vorgeben eines Verhaltens bei einem Spielpartner zu erkennen. Insofern spielende Tiere nun derartige Scheinhandlungen ausführen, müsste ihnen – in Bezug auf ihre Tätigkeiten – eine gewisse Entkopplung zweier beteiligter Repräsentationen zur Verfügung stehen,[42] einerseits des wirklichkeitsgemäßen Erlebens von sich selbst und zum anderen von der gespielten Handlung. Außerdem wird noch bei Tieren regelmäßig beobachtet, dass Spielpartner, die gegenüber dem anderen überlegen oder dominant sind, sich zurückhalten, wie um das Spiel *fair* zu machen. Dies alles setzt einen gewissen Grad kognitiver Fähigkeiten voraus und dürfte insofern mit der Leistungsfähigkeit des Zentralnervensystems in Verbindung stehen. Dazu gehören, zumindest zum sozialen Spiel, auch Elemente von Kommunikation, Intention, Rollenspiel und Kooperation (Rosslenbroich 2007).

---

42 Ein inneres Abbild bestimmter äußerer, durch Reize vermittelter Charakteristika und Strukturen, zum Beispiel der Umgebung, nennt man ganz allgemein eine Repräsentation (lat. *re* = wieder, *presentare* = vergegenwärtigen). Wir wissen intuitiv, was eine Vorstellung ist, eine innere Repräsentation von etwas draußen in unserem Geist (Spitzer 2002).

7.3 Verhaltensflexibilität von Singvögeln und Säugetieren

Sobald man sich mit der Entwicklung des Spielverhaltens intensiver beschäftigt und die verschiedenen Spielformen der Tiere genauer untersucht, fällt auf, dass in der wissenschaftlichen Literatur vorrangig das Spiel der Säugetiere behandelt wird. Das ist insofern verständlich, als sich die Säugetiere am weitesten entwickelt haben. Auch das Neugierverhalten, das ja in engem Zusammenhang mit dem Spieltrieb zu sehen ist, tritt in der aufsteigenden Wirbeltierreihe von den Fischen bis hin zu den Säugetieren immer stärker in Erscheinung.

Säugetiere sind hoch entwickelte *Lerntiere*, die aus eigener Initiative neue Situationen aufsuchen und neue Verhaltensweisen erproben; das Tier setzt sich im Spiel mit seiner Umwelt auseinander, es experimentiert mit den Umweltdingen und lernt so deren Eigenschaften kennen (Eibl-Eibesfeldt 1999). Nur «höchststehende Lerntiere, Säugetiere und manche Vögel, zeigen eindeutiges Spielverhalten, und zwar überwiegend während der Jugendphase» (Franck 1997). Dass Insekten, Fische, Lurche und Reptilien kaum spielen, ist bekannt. Aber auch nur wenigen Vögeln wird echtes Spielverhalten zugeschrieben. Das ist nach den Kriterien der Verhaltensbiologie nachvollziehbar, denn bei Vögeln kann ein relativ enges Verhaltensmuster beobachtet werden. So genügt bereits ein orangeroter Ball oder roter Federbüschel, um bei einem Rotkehlchen aggressives Verhalten auszulösen. Auch das eigene Spiegelbild wird ausdauernd bekämpft. Wir können hier ein eigenartig starres, instinktives Verhalten beobachten. Nicht alle Singvögel verhalten sich derart extrem, aber dieses zwanghafte, nur auf einen roten Latz fixierte Verhalten ist für das Rotkehlchen eine typische angeborene Reaktionsweise. Dennoch ist zu bedenken, dass fremde, nicht singende Artgenossen im Revier kurzfristig geduldet werden können.

Auch das Rufrepertoire ist den Singvögeln weitgehend als Fähigkeit angeboren und löst entsprechend vorhersehbare Reaktionen bei den Vögeln aus. So müssen beispielsweise die meistens kurzen und scharfen Signale der Warnrufe bei flugaktiven Tieren schnell funktionieren. Da ist wenig Raum für spielerisches Verhalten; es ist vielmehr notwendig, unmittelbar zu reagieren: «Ein schnell fliegendes Lebewesen … muss bei plötzlich auftauchenden Hindernissen und Gefahren auch in der Lage sein, blitzschnell genau das Richtige zu tun. Bewusstes Überlegen würde in den meisten Fällen viel zu viel Zeit erfordern … Während innerhalb der Säugetier-Evolution die Lernfähigkeit von Stufe zu Stufe weiter vervollkommnet wurde und im gleichen Maße die starre angeborene Reizbeantwortung abgebaut werden musste, haben die Vögel gerade die Fähigkeit, blitzschnell auf festgelegte, einfache Reize mit biologisch sinnvollem Handeln zu antworten, zur höchsten Vollendung gesteigert» (Grzimek VII). Deshalb sind Vögel in ihren Reaktionen so leicht zu durchschauen, was sie zu bevorzugten Objekten für die Verhaltensforschung werden ließ. Im Vergleich zu den extrem beweglichen Vögeln hat sich bei den Säugetieren mit der Höherentwicklung des Gehirns eine gesteigerte Verhaltensflexibilität entwickelt, wodurch sich Säugetiere stärker als Vögel von festgelegten Verhaltensmustern lösen konnten. Allerdings ist bei der Entfaltung der Stimme eine gegenläufige Entwicklung zu beobachten, über die noch zu sprechen sein wird (s. Kap. 8.1).

Ausgehend vom genetisch mehr oder weniger festgelegten Gesangsverhalten können, im Zusammenhang mit der jugendlich-plastischen Lern- und Spielphase, zunehmende Grade an Flexibilität[43] im spielerischen Stimmgebrauch der Singvögel angegeben werden:
1. Lernen mit innerer Bereitschaft (Disposition) zum arteigenen Gesang (Gesangslernen)
2. entspannter Motivgesang (Variationsvielfalt über biologische Notwendigkeiten hinaus)
3. angleichender Wechselgesang (aktive musikalische Annäherung)
4. kompositorische Veränderung von Motiven und Strophenanordnungen
5. Jugendgesang und Plaudergesang (s. Kap. 8.4)
6. komplexe Duettgesänge (s. Kap. 7.5.3)
7. vielfältige Imitationsmöglichkeiten (s. Kap. 9).

In der Vergangenheit sind die Gehirnleistungen der Vögel ziemlich unterschätzt worden. Weit bekannt sind inzwischen die Experimentierfreudigkeit und das intelligente Verhalten der Keas (*Nestor notabilis*). Diese verspielten neuseeländischen Bergpapageien lösen schwierige kognitive Aufgaben und agieren, ähnlich wie Kolkraben, «flexibel und einsichtsvoll, anstatt lange Versuch- und Irrtum-Phasen zu durchlaufen» (Huber 2008). Das gilt auch für Tauben, die im Labor anhand von vorgelegten Urlaubsfotos mit großer Zielsicherheit abgebildete Personen wiedererkennen; einzelne Tauben können, wie man heute weiß, sogar über 700 visuelle Muster unterscheiden (Müller-Jung 2008). Im Folgenden möchte ich speziell auf verschiedene Lernleistungen eingehen.

Da sind einerseits angeborene Fähigkeiten, die durch Lernen weiter ausgebildet werden müssen. So ist den Kolkraben angeboren, wie man ein Nest baut, aber sie müssen lernen, welches Material sich am besten eignet. Neuntöter kön-

---

43 Siehe hierzu auch die Aufstellung gesanglicher Entwicklungsstufen mit den verschiedenen Bedeutungen *angeborener* Verhaltensmuster (s. Kap. 7.1).

nen von Natur aus Großinsekten jagen und sie auch aufspießen; sie lernen aber das «Entstacheln» erbeuteter Bienen und Wespen von den Eltern. Andererseits haben wir die Fähigkeiten, die durch Spielen und Lernen entwickelt und tradiert werden. Rabenvögel, die größten Vertreter der Singvogelgruppe, haben sich in zahlreichen Untersuchungen als erstaunlich intelligent erwiesen. Sie zählen zu den Vögeln «mit der höchsten Ausformung des Gehirns; nur Eulen und Spechte und unter den Exoten Papageien und Tukane lassen sich mit ihnen vergleichen. Ein solches hohes Nervenleben bringt lebhaftes Interesse an der Umgebung, es schafft starke Sozialbeziehungen und fördert damit auch die Bereitschaft zu spielerischem Gebaren. Spielen setzt immer eine reiche Beziehung zur Welt voraus, wobei Beziehung nicht Wissen bedeutet, sondern Augenmerk und Teilnahme und einen hohen Grad an innerer Aktivität» (Portmann 1970). So lernen Rabenvögel Menschen binnen weniger Tage in beliebiger Kleidung individuell unterscheiden (Glutz 13/III). Raben führen manchmal größere Raubtiere zur Beute, die sie selbst nicht überwältigen können, von der sie dann aber auch fressen (Heinrich & Bugnyar 2007). In den letzten fünfzehn Jahren wurden immer wieder erstaunliche Untersuchungsergebnisse veröffentlicht: Auf geschickte und intelligente Weise lösen Kolkraben, wie oben angedeutet, verschiedenste komplizierte Aufgaben. So hat man diesen Vögeln Fleischstückchen an langen Schnüren an den Sitzstangen aufgehängt. Das Verhalten der Vögel lässt sich in zwei qualitativ völlig unterschiedliche Abläufe aufteilen. 1. Nach verschiedenen (spielerischen) Versuchen gaben manche Tiere auf, andere aber kehrten in Zeitabständen wieder zurück. 2. Bei einem der Vögel folgte dann nach längerer Betrachtung des unten hängenden Fleischstückchens plötzlich eine folgerichtige *einsichtige* Handlung: Er zog

mit dem Schnabel die Schnur ein Stück hoch, hielt diese dann mit dem Fuß fest und zog die Schnur mit dem Schnabel so stückweise weiter hoch, bis er das Fleischstücken erreichen konnte. «Daraus, dass der Rabe das Problem ohne Zwischenschritte oder Herumprobieren löste, wurde geschlossen, dass er das Problem verstanden haben musste» (Rosslenbroich 2006b).

In ähnlich zweiphasiger Weise verlief ein anderer Versuch mit den intelligenten und inzwischen berühmt gewordenen Geradschnabelkrähen oder Neukaledonischen Krähen (*Corvus moneduloides*): Man zeigte einem jungen Weibchen einen kleinen Behälter, gefüllt mit Fleischstückchen. Der Behälter, der mit einem kleinen Bügel versehen war, wurde auf die Erde gestellt, eine stabile, durchsichtige Plexiglasröhre darübergestülpt und am Boden befestigt. In die über einen Meter hohe, oben offene Röhre wurde ein längeres, kräftiges Drahtstück hineingestellt. Die Krähe begann sofort unten, wo sie das Futter sehen konnte, an der Plastikröhre zu hacken; sie versuchte offensichtlich eine Öffnung zu finden oder selbst herzustellen, was ihr aber nicht möglich war. Danach flog sie auf den oberen Rand der Röhre, ergriff den Draht mit dem Schnabel und stocherte damit in dem Futter herum. Da die Fleischstückchen aber nicht hängen blieben, gab sie es bald auf und probierte wieder von unten an das Futter heranzukommen. Nach mehreren erfolglosen Versuchen und Unterbrechungen schien die Krähe ihre Bemühungen aufzugeben. Nach einer Weile jedoch – und damit begann, ohne weiteres Ausprobieren, eine von der ersten völlig verschiedene zweite Phase – flog die Krähe auf den oberen Rand der Röhre und schaute für längere Zeit auf den Grund der Röhre.

Dann nahm die Krähe plötzlich den Draht in den Schnabel, zog ihn hoch, hielt ihn mit dem Fuß fest und wiederholte den Vorgang, bis der Draht außerhalb der Röhre auf den Boden fiel.

Der Vogel ließ sich auf den Boden nieder, ergriff mit dem Fuß das Ende des Drahts und bog diesen mit dem Schnabel hakenförmig um. Danach hüpfte er ans andere Ende des Drahts, fasste ihn mit dem Schnabel und beförderte ihn richtig mit dem Haken voran in die Röhre, ergriff dann das obere Ende mit dem Schnabel und stocherte nicht wie zuvor in den Fleischstückchen herum, sondern versuchte sofort den Draht wie einen Angelhaken zu benutzen, um das gebogene Drahtende unter den Bügel des Behälters zu bringen, was ihm bald gelang. Darauf zog er den Behälter, wieder wechselweise Schnabel und Fuß einsetzend, vorsichtig nach oben. Anschließend fasste der Vogel mit dem Schnabel den kleinen mit Fleisch gefüllten Behälter und flog davon (Weir 2005). Ich habe diesen Vorgang leider nur im Fernsehen gesehen. Überrascht hat mich vor allem – zwischen der ersten und zweiten Phase –, wie *konzentriert* die Krähe längere Zeit nach unten schaute, so als überlegte sie, den Zusammenhang zu erfassen und das Problem zu lösen, was ja in einem offensichtlich handlungsmäßigen Ablauf gelang. Einige Neukaledonische Krähen verstehen es auch, «die langen Blätter des Schraubenbaums so zu zerschlitzen, dass die harte Mittelspreite einen Spieß oder Haken ergibt, mit dem sich Maden und dergleichen aus Holzspalten herauspulen lassen» (Heinrich & Bugnyar 2007). In verschiedenen Testreihen hat ein Forscherteam der Universität Oxford ähnliche Versuche wiederholt. Es wurde deutlich, dass diese Vögel den Werkzeugtyp jeweils den Erfordernissen im Sinne einer «zweckdienlichen Anwendung» anpassten. Rabenvögel sind also nicht nur fähig, spezielles Werkzeug zu benutzen, sondern es sich ansatzweise sogar selbst herzustellen. Und die Jungvögel sitzen daneben, schauen neugierig zu und lernen es auf diese Weise.

Unter den Rabenvögeln (und Meisen) gibt es Arten, die karge Jahreszeiten «durch das Anlegen von Vorräten überbrücken. Sie verstecken Samen und Nüsse in ihrem Aktionsradius an hunderten, manchmal an über tausend verschiedenen Stellen in Astlöchern, unter der Rinde oder im Boden. Die Vögel finden ihre eigenen Verstecke nicht nur nach Tagen, sondern oft nach Wochen und Monaten zuverlässig wieder (Schwanzmeisen nach sechs Wochen, der amerikanische Kiefernhäher oder Nussknacker (*Nucifragus columbiana*) sogar nach neun Monaten). Diese Leistung ist umso erstaunlicher, als sich die Struktur und das Aussehen der Umgebung jahreszeitlich verändert … Es stellte sich heraus, dass versteckende Arten einen an Volumen und Neuronenzahl größeren Hippocampus im Gehirn aufweisen als vergleichbare nicht versteckende Arten» (Heldmaier & Neuweiler 2003). Interessanterweise «legen Unglückshäher (*Perisoreus infaustus*) nicht nur Nahrungsvorräte an, sondern auch Depots für weiche Niststoffe, die sie dann für die Isolierung des Nestes verwenden» (Limbrunner & Bezzel 2001). Auch Tannenhäher und vor allem Blauhäher (*Cyanocitta cristata*) merken sich Hunderte von Verstecken, das heißt, all diese Vögel können sich nicht nur den Ort, an dem es Futter gibt, merken, sondern gleichzeitig auch, wann und was für Futter sie dort versteckt haben, was eine flexible Nutzung ermöglicht. Ähnlich wie die oben genannten Arten verstecken auch Kolkraben Nahrung. Sie beobachten darüber hinaus noch genau, wer ihnen möglicherweise beim Futterverstecken zusieht. Sie kennen nicht nur alle Artgenossen individuell, sondern sie scheinen auch einbeziehen zu können, was diese von ihnen *wissen*. Wenn beispielsweise ein Rabe bemerkt, dass er beim Verstecken von Nahrung beobachtet wird, so wartet er so lange, bis der beobachtende Artgenosse seinen Standort verändert hat, gräbt dann das Futter wieder aus und versteckt es an einem anderen Platz, wobei er darauf achtet, dass er nun unbemerkt bleibt.

Offenbar ahnen diese Vögel manche Reaktionen der anderen voraus und greifen ihnen vor.

Biopsychologen der Universität Bochum haben ausgeklügelte Spiegelexperimente mit Elstern vorgenommen: Fast jede Elster zeigte sich gegenüber dem Spiegel sehr neugierig und erkundend. Sie bemerkte bald, dass sie es nicht mit einem Artgenossen zu tun hatte, und suchte einen solchen auch nicht hinter dem Spiegel, wie man es von Affen kennt. Auch lokalisierte die Elster die seitlich am Schnabel angebrachte farbige Markierung, und sie zeigte deutlich, dass ihr diese nicht gefiel. Die Markierung schien offensichtlich nicht *korrekt* zu sein! Die Elster versuchte jedoch nicht, diese etwa hackend vom Spiegelbild zu entfernen, sondern scheuerte den Schnabel mit der *störenden* Markierung mehrfach über den Boden, schaute wieder in den Spiegel und wiederholte den Vorgang. Sie versuchte dann auch noch mit dem Fuß die Markierung zu entfernen. Immer wieder vergewisserte sich die Elster, ob die Markierung noch vorhanden sei. Erst als sie in ihrem Spiegelbild *erkannte*, dass alles wieder in Ordnung war, hörte sie mit den Scheuerbewegungen auf und verlor dass Interesse an dem Spiegel. Das selbstbezogene Verhalten markierter Elstern vor einem Spiegel legt den Schluss nahe, dass sie im Spiegelbild ihren eigenen Körper wahrnehmen. Wie ein Mitglied des Bochumer Teams, der Verhaltensforscher Helmut Prior, im Gespräch mit der Deutschen Presse-Agentur sagte, sind die Leistungsfähigkeiten von Vögeln bis vor kurzem unterschätzt worden.[44] Ein Grund dafür ist, dass der Aufbau ihres Gehirns sich sehr von dem der Menschen und Säugetiere unterscheidet (dpa 10.01.2001/wissenschaft.de). Die Leistungen, die

hier in der Großhirnrinde ihren Ursprung haben, werden im Vogelgehirn in anderen Bereichen vollbracht (s. Kap. 7.4); die Intelligenzleistungen gleichen einander aber oft bis in Feinheiten (Güntürkin 2008).

Zum Abschluss noch etwas über die Lernleistung von zwei kleinen, dem Menschen sehr vertrauten Singvögeln:

Die Kohlmeise ist lern- und anpassungsfähiger als alle anderen *Parus*-Arten. Experimente ergaben, dass sie beim Lernen von Artgenossen erfolgreicher ist als andere Meisenarten. Das Verhaltensmodell wird nicht streng kopiert, vielmehr wird die Aufgabe individuell unterschiedlich gelöst. Ihre Lernfähigkeit sollte Mitte des letzten Jahrhunderts in England berühmt werden: Eine Kohlmeise hatte damit begonnen, den Deckel von Milchflaschen, die üblicherweise vor den Haustüren abgestellt waren, zu öffnen und den Rahm abzutrinken. Die Nachbarmeisen ahmten es nach, und die außergewöhnliche Lernbegabung zeigte sich darin, wie rapide sich die Fähigkeit über England ausbreitete (Glutz 13/I).

Der Haussperling zeigt insbesondere beim Nahrungserwerb eine erstaunliche Plastizität des Verhaltens und in Einzelfällen eine fast unglaubliche Lernfähigkeit: Lokale Trupps lernten nach zahlreichen Berichten in kurzer Zeit die Nutzung angeblich spatzensicherer Futterautomaten, tranken aus Saftröhrchen für Kolibris und kopierten als eine der ersten Arten das oben berichtete Öffnen von Milchflaschen durch Meisen. An einer Bushaltestelle öffneten Haussperlinge durch Flattern vor dem Fotosensor die automatische Tür zum Warteraum, zu dem sie vorher durch eine Schwingtür gelangt waren, suchten drei Rolltreppen tief in der Londoner U-Bahn nach Nahrung, schüttelten auf Bahnsteigen Papierabfälle, solange Brotkrumen herausfielen, klammerten sich über Stunden einer über dem

---

44 Auch in Bezug auf die musikalischen Leistungen der Singvögel fand eine Geringschätzung des Vogelgehirns statt (s. Kap. 5.3; 7.1; 7.4), wodurch wissenschaftliche Untersuchungen des Vogelgesangs unter musikalischen Gesichtspunkten fast völlig unterblieben.

anderen an Hotelfassaden und warteten auf das Balkonfrühstück der Gäste. Auch suchten Haussperlinge, inzwischen weit verbreitet, Kühlergrills parkender Kraftfahrzeuge und selbst das Innere von Motorhauben nach Insekten ab. Ein Trupp Haussperlinge saß im Halbkreis um einen Grünspecht und partizipierte an dessen Beute. Oder als ein Beispiel für schnelles Lernen: Ein Trupp klammerte sich an Halme vom Wiesenfuchsschwanz und fraß an den Ähren; sobald der Erste einen Halm herunterbog, um auf der festen Unterlage leichter an die Samen zu gelangen, zeigten alle dasselbe Verhalten; auch bei der Erbeutung von Insekten wurde ein ähnliches Nachahmungslernen beobachtet. Als Ausdruck großer Flexibilität müssen auch die unterschiedlichen Strukturen im Sozialverhalten der Haussperlinge gesehen werden. Es gibt koloniebewohnende Individuen mit artspezifischen gemeinsamen Aktionen und ausgeprägter Gleichordnung des Tagesablaufs und anderseits, ohne dass Möglichkeiten für gemeinsames Brüten und Übernachten fehlten, lokale Populationen von Einzelgängern mit getrennten Brut- und Schlafstellen (Glutz 14/I).

Diese eindrucksvollen Leistungen zeigen uns, dass nicht nur bei Säugetieren, sondern auch bei verschiedenen Singvögeln Lernfähigkeit mit Neugierde und Intelligenz gepaart ist. Ansonsten finden wir bei den Singvögeln, im Vergleich zu den Säugetieren, stärker genetisch bedingte Verhaltensweisen (s. Kap. 7.3; 8.1). Progressive Tendenzen des Spielerischen und Freiheitlichen zeigen sich dagegen in der Stimmentfaltung der Singvögel. Zahlreiche Singvögel haben ebenso wie Säugetiere ein ausgeprägtes Neugier- und Spielverhalten, nur leben sie ihr spielerisches Nachahmungslernen zum großen Teil auf einer anderen, nämlich der akustisch-musikalischen Ebene in Form von akustischem Spielverhalten (s. Kap. 8) und akustischen Nachahmungsfähigkeiten aus (s. Kap. 9).

7.4 Melodiewahrnehmung der Singvögel

In der Vergangenheit gab es immer wieder Diskussionen darüber, ob Singvögel überhaupt musikalisch seien. Sie könnten, so hieß es häufig, lediglich mehr oder weniger klangvolle Töne[45] hervorbringen und diese auf vielfältige Weise aneinanderreihen, aber keine Melodien wahrnehmen. Die Vertreter dieser Meinung fühlten sich Ende des letzten Jahrhunderts durch die Ergebnisse der Hirnforschung anfänglich bestätigt. Denn es hatte sich gezeigt, dass im menschlichen Gehirn offenbar kein spezielles Musikzentrum existiert, sondern dass, um beispielsweise eine gesamte Lautfolge als Melodie zu verstehen, mehrere Gehirnareale miteinander aktiv sind. Singvögel würden jedoch, im Gegensatz zum Menschen, nicht über vergleichbare Gehirnregionen verfügen; deshalb könne man bei ihnen auch nicht von *musikalischer* Fähigkeit sprechen.

Diese Logik hat mich jedoch nicht überzeugt: Wenn man einem Beo (*Gracula religiosa*) oder einer Schamadrossel (*Copsychus malabaricus*) eine Melodie vorsingt, so wird diese nicht selten perfekt nachgeahmt, dann aber, falls dem Vogel die menschliche Stimme zu tief liegen sollte, möglicherweise um eine Terz oder Quint höher transponiert. Die Frequenz eines jeden einzelnen Tones verändert sich damit, die Tonfolge, die als Melodie verstanden wird, bleibt aber gleich. Demzufolge ist davon auszugehen, dass Singvögel sehr wohl einen *Sinn* für musikalische Struk-

---

45 Sowohl durch das menschliche Gehör als auch durch physikalische Messungen wurden viele der von Vögeln erzeugten Schallwellen als periodische, (quasi-) harmonische Schwingungen bestätigt. Sie sind also von Klängen, Geräuschen und Klanggemischen zu unterscheiden und werden berechtigterweise *Töne* genannt (Bornemisza 1999); reine Töne sind z.B. die flötenden Elemente in der Strophe einer Nachtigall.

turen haben (Streffer 2003). Man kann doch nicht etwas objektiv Wahrnehmbares leugnen, nur weil bestimmte Gehirnzentren fehlen, von denen man überzeugt ist, dass sie dazu notwendig seien. Die große Frage ist vielmehr: Wie bringen die Singvögel ihre gesanglichen Leistungen zustande, ohne über diese Gehirnregionen zu verfügen? Inzwischen gehen nun amerikanische wie deutsche Neurologen und Ornithologen, die speziell Vogelgehirne und Vogelgesang untersuchen, davon aus, dass Vögel ein hoch organisiertes Gehirn besitzen, dass Singvögel durchaus über musikalische Fähigkeiten verfügen, dass sie dazu dem Menschen adäquate Gehirnzentren gar nicht benötigen[46] und dass sich sogar im Gehirn erwachsener Singvögel neue Zellen bilden können.

Die deutschen Ornithologen Erwin Tretzel, Jürgen Nicolai und Hans Rudolf Güttinger haben sich seit mehreren Jahrzehnten mit der Frage der akustischen Gestaltwahrnehmung befasst. Wegen der Aktualität, der Bedeutung für die Musikalität der Singvögel wie auch im Hinblick auf die Ordnungsprinzipien der Gesangsstruktur (s. Kap. 7.5) und das Imitationsvermögen der Singvögel sei hier aus der Arbeit von Güttinger & Nicolai (2002) zitiert, die sich grundlegend mit der Melodiewahrnehmung des Gimpels befasst: «Mithilfe von bildgebenden Verfahren (z.B. funktionelle Magnetresonanztomographie) ist es in den letzten Jahren beim Menschen gelungen, die für die musikalische Lautverarbeitung wichtigen Gehirnzentren in der Großhirnrinde zu lokalisieren. Selbst die Wahrnehmung einer einfachsten Melodie erfordert beim Menschen ein bisher nicht in allen Details geklärtes Wechsel-

spiel von unterschiedlichen in der Hirnrinde (Cortex) des Großhirns liegenden Zentren: Der primäre auditorische Cortex analysiert die aktuell ankommenden Schallereignisse (z.B. die Tonhöhe des Lautes), während der übergeordnete sekundäre auditorische Cortex die musikalischen Aspekte, die Beziehungen zwischen aufeinanderfolgenden Lauten (Melodie) erfasst. Das bedeutet, dass für die Wahrnehmung einer Melodie das menschliche Gehirn nicht nur Detailstrukturen von Einzelheiten isoliert, sondern auch die Tonhöhenunterschiede zwischen aufeinanderfolgenden Lauten und ihre unterschiedliche Dauer analysieren muss. Es wird deshalb angenommen, dass das Gehirn der Singvögel nicht in der Lage ist, in einer Lautfolge die den Einzellauten übergeordneten Gesetzmäßigkeiten, wie zum Beispiel die Tonschritte zwischen den Lauten (Intervalle) oder die rhythmische Gliederung durch unterschiedliche Längen der Laute und Pausen, wahrzunehmen.

Beim Singvogel wird die Tonhöhe jedes einzelnen Lautes im stimmbildenden Organ, der Syrinx (s. Kap. 11), über die Zentren der akustischen Kontrolle im Vorder- und Mittelhirn lautspezifisch festgelegt. Diese akustischen Zentren in den Basalganglien stellen eine evolutive Neubildung der Vögel, im Besonderen der Singvögel, dar. Beim Menschen erfolgt dagegen diese Kontrolle in eng begrenzten Feldern des Temporallappens der Großhirnrinde; bei den Vögeln fehlen die für die Melodieerkennung des Menschen wichtigen Gehirnzentren (primärer und sekundärer auditiver Cortex). Die Analysen von menschlichen Melodien und von Gesangsstrophen von Kanarienvögeln, welche Gimpel während ihrer Jugendentwicklung gelernt hatten, ergeben nicht nur einen Einblick, wie genau Singvögel Rhythmen und Tonintervalle von Vorbildern übernehmen können, sondern erlauben auch Rückschlüsse, ob Singvögel Lautfolgen lediglich als eine voneinan-

---

46 Zeigler, H. P. & Marler, P. (2004): Behavioral Neurobiology of Birdsong. Annals of the New York Academy of Sciences. Vol. 1016. Der 788 Seiten starke Band enthält 39 Beiträge von über sechzig führenden amerikanischen Neurologen, Psychologen, Neurobiologen, Zellphysiologen, Anatomen, Ornithologen und Biologen.

der unabhängige Reihenfolge von Lauten oder entsprechend der Melodiewahrnehmung beim Menschen als melodische Einheit wahrnehmen können: Ein Gimpel erlernte die 45 Noten umfassenden, gekürzten Melodien *Im tiefen Böhmerwald* und *Abend wird es wieder* sowohl im Rhythmus als auch in den Intervallschritten weitgehend vorbildgetreu. Der von einem Kanarienvogel aufgezogene Gimpel erlernte dreizehn von der Gimpelnorm sehr stark abweichende Lautgruppen in der vom Kanarienvogel gesungenen Folgebeziehung. Der menschliche Lehrer und der Gimpel singen die Melodie in einer unterschiedlichen absoluten Tonhöhe. Der Gimpel transponiert die Melodie, d. h., er erhöht die absolute Frequenz der einzelnen Töne um einen Halbtonschritt. Während der menschliche Lehrer von Strophe zu Strophe in der absoluten Tonhöhe der einzelnen Noten variiert, in einer ungefähren Tonlage von As-Dur pfeift, singt der Gimpel die identischen Noten in den Wiederholungen sehr konstant in A-Dur. Hervorzuheben ist die Tatsache, dass der Gimpel nicht die absolute Tonhöhe, sondern die relativen Abstände, die Intervallschritte, kopierte.

Im Vergleich zum menschlichen Vorbild wird vom Gimpel in unterschiedlichen Strophen die Tonhöhe sehr viel konstanter gehalten.[47] Der

Gimpel hat die für den Melodierhythmus bestimmende Lautdauer wesentlich genauer kopiert, als unser Ohr die Dauer überhaupt wahrnehmen kann. Das Transponieren liefert den Nachweis, dass der Gimpel Lautfolgen nicht nur entsprechend der menschlichen Wahrnehmung als Melodie verarbeitet, sondern auch entsprechend pfeifen kann. Die erstaunliche Koordination von Tonhöhe, Tondauer und Lautdynamik bedeutet, dass das Gehirn der Singvögel wenigstens andeutungsweise entsprechende Leistungen vollbringt, wie sie für die höheren Gehirnzentren des Menschen typisch sind, obwohl entsprechende anatomische Strukturen fehlen. Im Aufbau weicht der Kanariengesang sehr stark von demjenigen des Gimpels ab. Falls nun Gimpel von Kanarien lernen, so lässt sich prüfen, ob Lernen auch über die arttypische Norm hinaus möglich ist. Während der Gimpel selten mehr als zwei identische Lautgruppen hintereinander reiht, singen Kanarien regelmäßig über zwei bis drei Sekunden lang oft zwanzig bis dreißig streng rhythmische Wiederholungen (Touren oder Triller genannt). Außerdem dominieren beim Kanarienvogel kurze, 20 bis 100 Millisekunden dauernde Lautgruppen, während beim Gimpel die viel länger ausgehaltenen Pfeiftöne das Gesangsgerüst bilden. Der hier eingehend dokumentierte Fall zeigt, dass der Gimpel nicht nur artfremde Laute und die Lautabfolge vorbildgetreu kopiert, sondern auch die übergeordnete zeitliche Gliederung wahrnehmen und übernehmen kann» (Güttinger & Nicolai 2002).

Alle bisher beschriebenen Entwicklungsschritte der Singvögel stehen in engem Zusammenhang mit einer entsprechenden Ausbildung des Gehirns. Das gilt insbesondere für das Lern- und Spielverhalten, das notwendigerweise eine Steigerung der neuronalen Fähigkeiten voraussetzt. Beispielhaft wurden dazu verschiedene intelligente Leistungen einiger Singvogelarten

47 Die Gesangsleistungen von Singvögeln sind sprichwörtlich. Sie verfügen auch über ein sehr gutes Gehör und haben «jedenfalls ein besseres Ohr für Töne als Menschen. Getestet wurden Zebrafinken (*Taeniopygia guttata*), Weißkehlammern (*Zonotrichia albicollis*) und Wellensittiche (*Melopsittacus undulatus*) ebenso wie Menschen darauf, wie gut sie Töne bestimmten Tonlagen zuordnen konnten. Während alle Singvögeln bei den Tests einzelne Töne gut erkennen, klassifizieren und sich auch an sie erinnern konnten, gelang es den menschlichen Probanden nur schwer, einzelne Töne Tonlagen zuzuordnen, ohne zuvor einen anderen Ton zum Vergleich gehört zu haben ... Die Gesellschaft ihrer Artgenossen scheint bei der Gehörbildung der Vögel eine nicht unbedeutende Rolle zu spielen, da isoliert aufgewachsene Vögel bei den Tests etwas schlechter abschnitten» (Sturdy 2005).

beschrieben (s. Kap. 7.3). Ferner soll noch dargestellt werden, dass sich die hohe Flexibilität der Singvögel vor allem auf der musikalischen Ebene repräsentiert (s. Kap. 8). Eine Zunahme dieser Fähigkeiten ist in der erstaunlichen Nachahmungsfähigkeit verschiedener Singvögel zu sehen (s. Kap. 9). Im Rahmen der neueren Gehirnforschung erhält auch das Vogelgehirn eine größere Wertschätzung:

Früher nahm man an, dass sich das Gehirn des Menschen etwa ab dem Zeitpunkt der Geburt kaum noch verändert. Gewiss, der Kopf und sein Inhalt, im Wesentlichen das Gehirn, wachsen noch auf etwa die doppelte Größe heran. Die Nervenzellen selbst jedoch sind ab einem Zeitpunkt kurz nach der Geburt bereits praktisch in voller Zahl vorhanden. Neben der Entdeckung der Spiegelneurone gehört es zu den spannendsten Ergebnissen der Neurowissenschaft der vergangenen beiden Jahrzehnte, dass sich die Sicht des Gehirns als statisches, kaum veränderliches Organ völlig verändert hat. Das Gehirn ist nicht statisch, sondern vielmehr äußerst plastisch, das heißt, es passt sich den Bedingungen und Gegebenheiten der Umgebung zeitlebens an. Es ist, wie wir heute wissen, die Lebenserfahrung eines jeden Menschen, die sein Gehirn zu etwas Einzigartigem macht. Man weiß heute, dass die Verbindungen (Synapsen) zwischen Nervenzellen erfahrungsabhängig beständig neu geknüpft werden, dass die Veränderungen von Synapsenstärken als Grundlage des Lernens gelten und dass Nervenzellen im Gehirn des Menschen sogar neu entstehen können. Dieser Prozess, also der Anpassungsvorgang im Zentralnervensystem an die Lebenserfahrung eines Organismus, wird als Neuroplastizität bezeichnet. Bei Singvögeln gelang ferner der Nachweis, dass nach Verletzung des *Singareals* nachwachsende Neurone bestimmte Funktionen, zum Beispiel das Singen eines Liedes, wieder ausführen können. Man

entdeckte, dass das Gehirn auf spezifische und häufige Aufgaben, wie sie beim Musizieren vorkommen, nicht nur mit Änderungen der Funktion, sondern sogar mit strukturellen Änderungen reagiert. Auch veränderte sich die einfache Einteilung des Gehirns in *Sprachzentrum links, Musikzentrum rechts*. Es zeigte sich zwar eine eindeutige Dominanz der linken Hirnhälfte für die Sprachverarbeitung, und es gab auch zunächst Hinweise auf die Zuständigkeit der rechten Gehirnhälfte für Musik, gleichsam als Kontrast zur sprachbegabteren linken Gehirnhälfte. Inzwischen geht man aber davon aus, dass es im Gehirn kein Musikzentrum im eigentlichen Sinne gibt, denn Studien zur Repräsentation von Musik im Gehirn ergaben, dass praktisch das gesamte Gehirn zur Musik beiträgt (Spitzer 2002).

Auch neueste Forschungen am Institut für kognitive Neurowissenschaft der Universität Bochum unter der Leitung von Professor Onur Güntürkin (Lehrstuhl für Biopsychologie) geben deutliche Hinweise darauf, dass die zu Anfang dieses Kapitels vertretene Ansicht berechtigt ist, dass nämlich Singvögel für ihre musikalischen Leistungen nicht die bisher für notwendig gehaltenen Gehirnregionen benötigen. Die gegensätzliche, lang vertretene wissenschaftliche Meinung hängt engstens zusammen mit einem Irrtum des berühmten Frankfurter Neurologen Ludwig Edinger (1855–1918): Entgegen seiner Vorstellung basiert das immer höhere geistige Leistungsvermögen verschiedener Tiere und des Menschen nicht etwa schlicht darauf, dass im Verlauf der Evolution neue Gehirnkomponenten sozusagen stufenweise hinzukamen. Vögel besitzen zwar eindeutig keinen Neokortex und auch sonst keine geschichtet strukturierte Hirnrinde, aber trotzdem ein vergleichsweise riesiges Großhirn, das hauptsächlich aus dem Pallium (Hirnmantelmaterial) besteht. Beim Menschen und auch bei Säugetieren gilt die Hirnrinde im

Bereich der Stirn (Präfrontalkortex) als der Sitz der kognitiven Fähigkeiten. Gleiches leistet bei den Vögeln eine am hintersten Ende des Großhirns gelegene Region namens Nidopallium caudolaterale (NCL). Inzwischen hat sich gezeigt, dass viele Einzelheiten beim Präfrontalkortex und beim NCL weitgehend übereinstimmen oder einander in verblüffendem Maße entsprechen. Anscheinend erfüllt demnach das Nidopallium für die Vögel so ziemlich dieselben Funktionen wie bei den Säugetieren der Präfrontalkortex. Normalerweise würden Biologen vermuten, dass zwei Strukturen mit derart großen Übereinstimmungen aus derselben Urstruktur, die ein gemeinsamer Vorfahr besaß, hervorgegangen sind. Doch in diesem Fall trifft das nachweislich nicht zu. Schon die Lage des Nidopalliums der Vögel am hintersten Ende ihres Großhirns zeigt gegenüber dem präfrontalen Kortex der Säugetiere, der den vordersten Teil des Stirnhirns bildet, die getrennte Herkunft und eigenständige Entwicklung. Das Beispiel der Vögel beweist, dass höhere kognitive Fähigkeiten nicht unbedingt einen Neokortex erfordern (Güntürkin 2008). Normalerweise sind bei den Singvogelmännchen die Gehirnpartien größer als bei den Weibchen. Damit mag zusammenhängen, dass in der Regel die Männchen singen. Dass aber größere für den Gesang verantwortliche Gehirnpartien nicht zwingend bessere musikalische Leistungen zur Folge haben, zeigen uns jene Vogelarten, bei denen auch die Weibchen singen beziehungsweise die Partner sogar duettieren (s. Kap. 7.5.3). Die große Frage war, wie die Weibchen das machen. Man entdeckte nun beim afrikanischen Waldweber (s. S. 132), dass die betreffenden Nervenzellen der Weibchen mehr Proteine produzieren: «Die Weibchen brauchen also für das gleiche Lied weniger Hirn als die Männchen, weil ihre Neuronen effizienter arbeiten» (Gahr 2009).

Allem Anschein nach ist das Singvogelgehirn ganz auf Musik eingestellt. Neuesten Forschungsergebnissen zufolge scheinen bei Singvögeln sogar gleiche Nervenzellen für Hören und Singen zuständig zu sein. So konnte bei den im östlichen Nordamerika heimischen Sumpfammern (*Melospiza georgiana*) festgestellt werden, dass in ihrem Vorderhirn bestimmte Nervenzellen gleichermaßen aktiv sind, wenn die Vögel Gesänge hören und wenn sie selbst singen. Damit haben diese Nervenzellen eine verblüffende Ähnlichkeit mit den sogenannten Spiegelneuronen,[48] die der Italiener Giacomo Rizzolatti 1996 in den Gehirnen von Affen (und auch beim Menschen) entdeckte. Die neu entdeckten «Imitationsneuronen» scheinen sowohl bei der Kommunikation als auch bei der akustischen Nachahmung eine wesentliche Rolle zu spielen. Und in der Tat sind diese Nervenzellen mit jenen Bereichen im Gehirn der Sumpfammer verbunden, die für das Lernen zuständig sind (Pratzer 2008). Von großer Bedeutung scheint auch zu sein, dass während des Gesangslernens viele Nervenzellen durch neue ersetzt werden, die Spiegelneuronen hingegen nicht, sodass sie während der gesamten Gesangsentwicklung stabil bleiben. Somit wird diesen stabil bleibenden Neuronen bei der Gesangsimitation eine zentrale Stellung bei der sensomotorischen Konvergenz zugeschrieben (Woog 2008).

Eine weitere, möglicherweise bahnbrechende Entdeckung gelang den Forschern der Universität Zürich, die das Gesangslernen unter Zebrafinken untersuchten. Insofern ein Jungvogel seinen Gesang über das *auditorische Feedback* an die akustische Vorlage anpasst, muss er während des Singens auch in der Lage sein, Hintergrundgeräusche zu erkennen (s. S. 69 f.). Welche

---

48 Zum Phänomen der Spiegelneurone sei auf das Buch von Joachim Bauer hingewiesen: *Warum ich fühle, was du fühlst. Intuitive Kommunikation und das Geheimnis der Spiegelneurone* (2005).

Nervenzellen dafür zuständig sind, war lange Zeit unklar und umstritten. Es gelang nun der Nachweis, dass sich diese «Schlüsselneurone» im sogenannten auditorischen Kortex, der Hörrinde, befinden und nicht wie bisher angenommen in den eigentlichen gesangsspezifischen Hirnarealen. Das Besondere scheint aber zu sein, dass es sich um zwei unterschiedlich spezialisierte Zelltypen handelt: Wenn man dem Jungvogel seinen Artgesang und gleichzeitig Hintergrundgeräusche vorspielt, so zeigt während des Singens der eine Neuronentyp gleichmäßige Aktivitätsmuster, lässt sich also von Störgeräuschen nicht beeinflussen, während der andere fast nur auf die Geräuschkulisse reagiert. Die Signale der beiden neu entdeckten Neuronentypen könnten zentral sein für das Erlernen der Vokalisierung. Denn zwischen Erwartetem und tatsächlich Gehörtem unterscheiden zu können bildet die grundlegende Voraussetzung, um singen (und sprechen) zu lernen (Keller & Hahnloser 2009). Die neueren Erkenntnisse zur Melodiewahrnehmung der Singvögel lassen es mehr als berechtigt erscheinen, die Gesänge der Singvögel nicht nur unter funktionellen Aspekten zu analysieren, sondern auch unter musikalischen Gesichtspunkten zu untersuchen. Ferner werfen die obigen Forschungsergebnisse ein Licht darauf, dass die Gesangsstrukturen verschiedener Singvögel nach klaren Ordnungsprinzipien aufgebaut sind, was ja ebenfalls ein musikalisches *Talent* voraussetzt. An einigen Beispielen soll darauf im folgenden Kapitel eingegangen werden.

7.5 Musikalische Gesetzmäßigkeiten in den Gesangsstrukturen von Singvogelarten

7.5.1 Musikalische Qualitäten und Gesetzmäßigkeiten im Vogelgesang

Wenn man die Fähigkeit der Singvögel zur Melodiewahrnehmung ernst nimmt, ist es eigentlich selbstverständlich, dass sie auch über musikalische Qualitäten verfügen (Streffer 2003). So ist zu beobachten, dass zahlreiche Singvögel sauber intonieren, ihre Strophen also oft in der gleichen Tonhöhe anstimmen. Aber auch wenn sie kontrolliert bestimmte Frequenzen ansteuern können, sind sie nicht darauf festgelegt. Denn die begabten Arten können während des Singens von einer Tonart in eine andere wechseln; sie modulieren gewissermaßen. Veränderte Tonhöhen können über längere Zeit konstant eingehalten werden. Für W. Craig (1943) besitzen Vogelgesänge in der Dimension der Zeit und der Tonhöhe musikalische Strukturen. Nach Thorpe (1961) ist es sicher, dass «die Fähigkeit zur Tonhöhenunterscheidung bei Vögeln ebenso gut ausgeprägt ist wie die der Menschen». Inzwischen hat sich gezeigt, dass auch das absolute Gehör, die Fähigkeit also, die Tonhöhe einzelner Töne genau zu bestimmen, bei Singvögeln oft besser entwickelt ist als bei Menschen (Sturdy 2005).

Auch die Verarbeitung von Rhythmen scheint bei Vögeln genauer als beim Menschen zu erfolgen (Bornemisza 1999). Klare rhythmische Strukturen zeigen die Gesänge von Goldammer, Klappergrasmücke, Buchfink, Feldschwirl, Wiesenpieper und Baumpieper (s. Kap. 7.5.2) wie auch von Kohlmeise, Hausrotschwanz, Teich- und Drosselrohrsänger. Einen rhythmisch ein-

Abb. 29: Wüstenläuferlerche

fach gegliederten Gesang besitzt der Zilpzalp. Rhythmus in Verbindung mit Trillern erleben wir in besonders schöner Weise bei Zaunkönig, Heidelerche und Waldlaubsänger. Entwicklung und Entfaltung des Rhythmus hat bei vielen Singvögeln eine hohe Stufe erreicht. Vollendete Rhythmen, verbunden mit Tonsprüngen, finden wir auch in den kraftvoll melodischen Gesängen von Amsel, Singdrossel und Nachtigall. Die Rhythmusgenauigkeit ist erstaunlich. Dass dies nicht nur auf subjektiven Eindrücken der Beobachter beruht, zeigen die Messergebnisse von Messmer (1956). Danach können Amseln über viele Jahre (besonders eindrucksvolle) Motive nicht nur frequenz-, sondern auch rhythmusgetreu vortragen. Amselmotive zeigen nach Hoffmann (1908) einen «so hoch entwickelten Rhythmus, dass wir einem gleichen Grade der Entwicklung erst auf der höchsten Stufe unserer musikalischen Kunstschöpfung wieder begegnen».

Für unser Hörempfinden dringt bei Amsel, Nachtigall und in etwas abgeschwächter Form bei der Singdrossel aber das Melodische stark in den Vordergrund. Der Motiv- und Melodien-

schatz von Amsel und Nachtigall ist außerordentlich groß. Auch andere gute Sänger haben eine ausgeprägte melodische Komponente wie Rotkehlchen, Mönchs- und Gartengrasmücke, Fitis, Baumpieper, Gartenrotschwanz, Trauerschnäpper oder Pirol. Sie können teilweise auch ganze Tonfolgen in andere Tonlagen übertragen. Diese Fähigkeit zum Transponieren besitzen beispielsweise Amsel, Singdrossel, Nachtigall und natürlich die Spottsänger wie Sumpfrohrsänger oder Gelbspötter, die häufig fremde Gesänge oder Laute in einer ihnen gemäßen Tonlage vortragen oder ihrem eigenen Gesang einweben. Als man zum Beispiel bei einer Nachtigall Töne ihres Vortrags in einer anderen Tonhöhe imitierte, unterbrach sie ihr Lied und setzte es auf einer der Imitation entsprechenden Tonhöhe fort. Um aber entsprechende Gesangsmotive in einer anderen Tonart wieder hervorzubringen, müssen Singvögel die einzelnen Töne ihrer Motive zueinander in Beziehung setzen können, das heißt, sie verfügen über einen musikalischen Sinn für Intervalle. Und das «Eigentliche» in der Musik sind nicht die einzelnen Töne in ihrem Nacheinander oder in ihrer Gleichzeitigkeit, sondern das Unhörbare, *die Intervalle zwischen ihnen* (Suchantke 2008). Zahlreiche Gesänge unserer Singvögel enthalten (wenn auch nicht immer) reine Terzen, Quarten, Quinten und Oktaven. Somit kann gesagt werden, dass «Vogellieder, im Blick auf die verwendeten Tonhöhen, häufig eine im menschlichen Sinn musikalische Struktur aufweisen, und sie lassen, zumindest ansatzweise, *harmonische Beziehungen* zwischen einzelnen Tönen erkennen» (Bornemisza 1999). Natürlich entsprechen Vogelgesänge nicht unbedingt unserem Tonsystem. Wenn man aber nach Übereinstimmung mit der menschlichen Musik sucht, sollte man beispielsweise auch die arabische und indische Musik berücksichtigen, denn «für uns missgestimmt klingende Mikrointervalle, also Tonabstände kleiner als ein Halbton, versetzen Hörer in diesen Ländern in Entzücken» (Patel 2009).

Singdrosseln wie auch zahlreiche Duettsänger, beispielsweise der afrikanische Boubouwürger (*Laniarius aethiopicus*), singen saubere Intervalle. Besonders von der nordafrikanischen Wüstenläuferlerche (*Alaemon alaudipes*) kennen wir eindrucksvolle Intervalle (s. Abb. 29).

Die nordamerikanische Walddrossel (*Catharus mustelina*) eröffnet ihre Lieder oft mit einem Dur-Dreiklang, und die ebenfalls in Nordamerika beheimateten Einsiedlerdrosseln (s. S. 61) verwenden perfekt intonierte große und kleine Terzen sowie Oktaven. Auch der gut untersuchte amerikanische Waldschnäppertyrann (*Contopus virens*) neigt dazu, präzise Intervalle zu singen (s. S. 107), die denen im westlichen Tonsystem verwendeten an Genauigkeit um nichts nachstehen. Viele Vögel, zum Beispiel Star oder Fitis, können zwei oder mehr Töne gleichzeitig erzeugen, die oft musikalische Intervalle bilden (Bornemisza 1999). Von den erstaunlichen musikalischen Fähigkeiten von Amsel, Spottdrossel und Leierschwanz wird später noch zu sprechen sein; die *musikalischen Spielregeln* der Schamadrossel zeigen eindeutige Ordnungsprinzipien.

Viele Singvögel haben die Möglichkeit, Tonhöhe, Lautstärke und Tempo individuell und stimmungsvariabel zu verändern, andere können im Duett singen oder antiphonieren (s. Kap. 7.5.3). So wie es auf der unteren Sprosse einer musikalischen Stufenleiter Singvögel gibt, deren Gesänge relativ einfach strukturiert sind, zum Beispiel Zilpzalp, Gartenbaumläufer, Haussperling oder Zebrafink, besitzen begabte Sänger, am oberen Ende einer musikalischen Rangordnung, die Fähigkeit zu Variation und Improvisation; einige beherrschen sogar die Kunst, fremde Motive kompositorisch zu verändern (s. Kap. 9.3.4). Viel «plausibler als die Erklärung, die veränderten

Töne seien dem Zufall anheimgestellt worden, erscheint die Annahme, dass Vögel variieren oder improvisieren» (Bornemisza 1999). Wir können bei Amseln erleben, wie sie Melodien frei erfinden, sie neu zusammenstellen oder fremde Motive in ihre charakteristischen und unverkennbaren Strophen übernehmen, um sie dann wiederum – teilweise stundenlang übend – zu neuen Melodien umzuschmelzen. Auf die musikalischen Fähigkeiten der Amsel hat bereits Bernhard Hoffmann (1908) hingewiesen, dass sie häufig Lieblingsmotive bevorzugen und wiederholen und vor allem in fortgesetzten Neuschöpfungen reizvoller, melodiöser Motive und Themen ihre Fantasie beweisen. Die Nachtigall verfügt sowohl über eine bewundernswerte Klangfülle, einen großen Motivreichtum, eine ausgeprägte Exaktheit der Motive als auch über eine meisterliche Vortragskunst: Sie versteht es, sämtliche Tempi einzusetzen und ausdrucksstark zur Geltung zu bringen wie auch zwischen piano und forte dynamisch zu wechseln.

Der afrikanische Purpurastrild (*Pyrenestes ostrinus*) aus der Familie der Prachtfinken besitzt einen hoch komplexen und sehr variablen Gesang. Bei genaueren Untersuchungen konnten von 447 aufgenommenen Gesängen 90 verschiedene Gesangstypen 42 Individuen zugeordnet werden. Die Strophen enthielten 5 bis 30 Noten von ca. 0,4 bis 3,0 sec Dauer; die Tonhöhe schwankte zwischen 0,646 und 9,044 kHz. Jeder Vogel sang bis zu sieben individuelle Gesangstypen. Jeder Gesangstyp wurde mehrfach wiederholt, bevor der Wechsel in einen anderen erfolgte (Urban & Keith 1992), so wie wir es von Singdrossel und Kohlmeise kennen.

In Bezug auf ihre Musikalität und ihren Gesangsvortrag verfügen zahlreiche Singvögel über eine große Wahrnehmungsfähigkeit. Während einer Afghanistanreise konnte Gerhard Thielcke zwischen der Tannenmeise und der nahe ver-

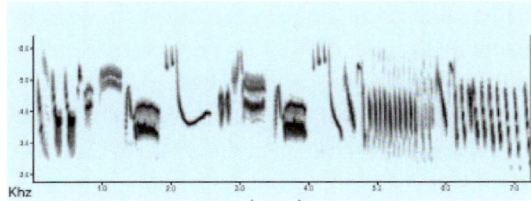

Abb. 30: Ausschnitt aus dem Gesang der Feldlerche

wandten Schwarzschopfmeise (*Parus melanolophus*) keine gesanglichen Unterschiede feststellen. Der Prozess der gesanglichen Auseinanderentwicklung beider Arten beziehungsweise Unterarten[49] war also kaum vorangeschritten. Offensichtlich ist das nicht erforderlich, denn «Vögel unterscheiden für uns sehr ähnliche Gesänge. Unsere Tannenmeisen unterscheiden afghanischen Kohlmeisengesang anscheinend mühelos von arteigenem, obwohl beide für uns sehr ähnlich sind ... Wir sehen an unserer Tannenmeise, dass wir die Leistungsfähigkeit der Sinnesorgane und des Gehirns unserer Vögel unterschätzen, wenn wir starken gesanglichen Kontrast als Notwendigkeit zur Nichtbeachtung (oder zum persönlichen Erkennen) fordern» (Thielcke 1969). Die Wahrnehmungsgenauigkeit der Singvögel ist hoch entwickelt, und auffällige gesangliche Differenzierungen zum Erkennen der einzelnen Arten sind biologisch nicht zwingend notwendig. Die außerordentliche Gesangsvielfalt ist vielmehr ein Indiz ihrer musikalischen Fähigkeiten.

Für die meisten Menschen klingen einfacher strukturierte Gesänge, beispielsweise das Lied der Goldammer, zuerst einmal ziemlich gleich, vielleicht sogar monoton. Das hängt nicht zuletzt damit zusammen, dass wir auf Gesänge, die uns bekannt sind, nicht so sorgsam hinhören und uns deshalb die feinen Unterschiede ent-

gehen können. Andererseits hat es aber seine Ursache auch darin, dass das menschliche Ohr nicht alles aufzulösen vermag, was ein Singvogel in wenigen Sekunden vorträgt.[50] In Bezug auf ihre Musikalität und ihren Gesangsvortrag befinden sich Singvögel offenbar in einem anders ablaufenden *inneren* Zeitstrom. Sie leben «in einem schnelleren Tempo als wir, sodass kurz für uns wahrscheinlich nicht ganz das Gleiche bedeutet wie für sie ... Neben der Tendenz zu hohen Tönen, verglichen mit menschlichen Musikern, besitzen Vögel die Neigung, Noten zeitlich sehr kurz zu halten ... Die obere Hörgrenze der kleinen Singvögel scheint um einiges höher zu liegen als die des Menschen, und folglich ist das, was für uns extrem schrill klingt, für die Vögel wahrscheinlich etwas Normales oder Gemäßigtes, ein zarter Ton» (Hartshorne 1958).

Vögel sehen nicht nur viel rascher, sondern hören auch umfassender und scheinen somit über eine wesentlich größere *Wahrnehmungsgenauigkeit* als der Mensch zu verfügen. Zumindest «ist die Zeitauflösung besser als beim menschlichen Hören, sodass Vögel viele Details der Lautäußerungen hören, die für uns verschmelzen» (Westheide & Rieger 2004). Anhand von Sonagrammen, die eine feinere Zeitauflösung zeigen, lässt sich das exakt darstellen und auch unmittelbar nachvollziehen (s. S. 20). Bei Untersuchungen über Struktur und Aufbau der Vogellieder wurden einige der Gesänge «mit der Methode der Klangmikroskopie aufbereitet ... Diese durch künstli-

---

49 Die «Schwarzschopfmeise» wird auch als Unterart der Tannenmeise angesehen: *Parus ater melanolophus.*

50 Während der geübte Feldornithologe nach dem Gehör zum Beispiel sechs bis acht Strophen der Sumpfmeise zu unterscheiden vermag, stellte Romanowski (1978) aufgrund von Sonagrammen 37 Strophentypen fest. Thielcke (1968) fand bei Blaumeisen 28 verschiedene Strophentypen. Selbst der Gesang der Kohlmeise mag auf manche Menschen stereotyp wirken. Und doch zählt das Lautrepertoire dieser häufigen Meise zu den umfangreichsten und differenziertesten unter den Singvögeln (Tretzel in Glutz 13/I).

che Hilfsmittel erreichte erhöhte Erfassungs-
genauigkeit und Trennschärfe entspricht der *Nor-
malleistung* des Vogelohres: Die weitgehende
Übereinstimmung von Gelehrtem und Gelerntem
beweist, dass der Vogel das vorgegebene Tonmus-
ter nicht nur in seinen Hauptstrukturen wahr-
nimmt und diese zu einem Lied verarbeitet, sondern das Gehörte in allen Einzelheiten erkennt
und wiedergibt. Das bedeutet, dass die bei ver-
langsamtem Abspielen von Tonäußerungen zu
Tage tretenden Feinstrukturen eine *für uns verborgene*, wegen der Geschwindigkeit unzugäng-
liche Realität der Lebens- und Wahrnehmungs-
welt des jeweiligen Vogels darstellen» (Bornemisza 1999). Das zeigt sich auch in der außerordentlich kurzen Reaktionszeit, in der Duettsänger ihre
Gesangselemente aufeinander abstimmen (s.
Kap. 7.5.3). Wenn wir das berücksichtigen, wird
der Charakter eines gesetzmäßigen Gesangsauf-
baus noch deutlicher. In den Vogelliedern entdeckte man inzwischen «eine ungeahnte Feinstruktur, welche auf eine ungleich höhere Wahr-
nehmungsleistung und Wahrnehmungsge-
schwindigkeit schließen lässt. Wo wir Menschen
der hohen Geschwindigkeit wegen nur ein zu-
sammenfließendes Gezwitscher hören, nehmen
Vögel die tatsächliche Gestalt des Gesangs ihrer
Artgenossen adäquat wahr» (Bornemisza 1999).

Das kann der Leser andeutungsweise wie folgt
nachvollziehen: Die Sonagramm-Abbildung 30
zeigt einen sieben Sekunden langen Ausschnitt
aus dem Gesang einer Feldlerche. Im Internet ist
dieser Ausschnitt[51] sowohl in Normalzeit als
auch in einer auf ein Drittel verlangsamten Strophe zu hören.

Mit dem anderen Zeitempfinden der Singvögel

---

51 www.wildsong.co.uk/sonagrams.html: a) für den
    Feldlerchengesang in Normalzeit unter dem Sona-
    gramm auf «play» klicken; b) unter «view sonagram
    1/3th speed» öffnet sich ein neues Fenster für die lang-
    samere Version.

mag auch zusammenhängen, dass von wenigen
Ausnahmen abgesehen (z. B. Feldlerche, Gartengrasmücke, Zaunkönig), die meisten Singvogel-
gesänge verhältnismäßig kurz sind. In einem
anderen Zusammenhang geht Andreas Suchantke auf das Temperament der blütenbesuchenden
Kolibris ein und ihren ungewöhnlich schnellen
Flügelschlag: «Ein Leben derart auf Hochtouren
ist nur möglich bei einer unerhörten Wachheit
und Präsenz der Sinne ... Hier liegt eine uns un-
bekannte und nicht nachvollziehbare Überwach-
heit der Sinne vor, die bewirkt, dass in einer extrem kurzen Zeitspanne, die uns völlig ereignis-
los vorkommt, von anderen Wesen ungeheuer
viel erlebt wird durch ein uns unbekanntes Auflösungsvermögen für die Zeit» (Suchantke 2002).
In abgeschwächter Weise trifft das auch für zahlreiche Singvögel zu. Das hitzige Temperament
hat sicher auch mit der erhöhten Temperatur dieser Tiere zu tun, denn Singvögel haben (je nach
Aktivität) eine durchschnittliche Körpertempera-
tur von etwa 41 bis 44 °C.

Nach Werner Schulze (Universität für Musik
und darstellende Kunst in Wien) stellt die Möglichkeit der Tonmikroskopie, also der Tonfolgen-
verlangsamung, eine Transposition von Tonhöhe
und Geschwindigkeit dar, und diese Transposition
in den Frequenz- und Tempowahrnehmungsbe-
reich des Menschen ermöglicht, die Intervallik
und Rhythmik der Vogelgesänge zu analysieren.
Eine solche Analyse der Vogellieder leitet, im
Blick auf die Lautäußerungen in der belebten
Natur, zu einer vergleichbaren Erscheinung im
unteren Frequenzbereich über: den Gesängen
der Wale. Bei Erforschung der Musiksprache der
Wale entdeckte man, dass immer wiederkehren-
de Phrasen sich zu langen, komplexen Klang-
sequenzen fügen. Es besteht eine Analogie, dass
die Sprache der Wale als der langsamste Gesang
in der Natur eine große Ähnlichkeit zum Gesang
der Vögel, dem vermutlich schnellsten Gesang,

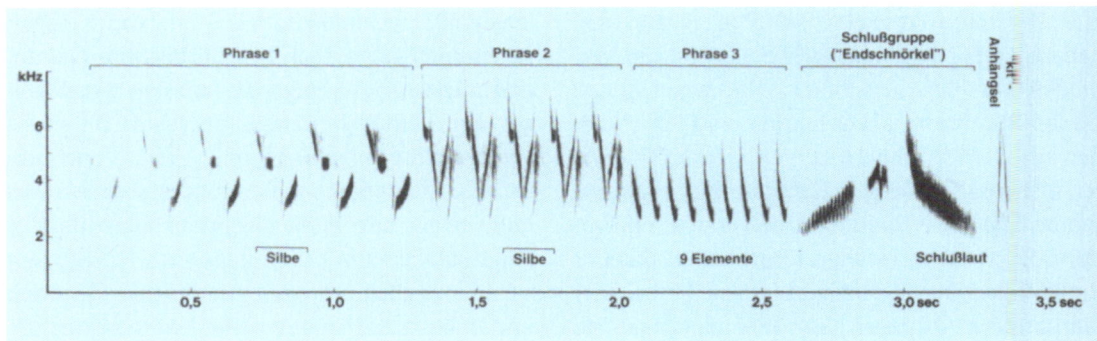

Abb. 31: Zeitliche Gliederung und Struktur einer Gesangsstrophe am Beispiel des Buchfinken

aufweist. Walgesänge mit mehrfach oktavierter Geschwindigkeit klingen wie Vogelgezwitscher. Lässt man, wie zuvor beschrieben, Vogellieder mit einem Viertel oder Achtel der Originalgeschwindigkeit ablaufen, wird die Analogie zum Tonvorrat des Menschen offenbar. Es zeigt sich eine umfassende harmonikale Analogie der Melodiebildung bei Wal, Mensch und Vogel, und es ist nicht unberechtigt, von einem Universalgesang der Natur zu sprechen (Schulze 1999).

Die Tonäußerungen der Singvögel besitzen eine musikalische Form. Vogellieder sind meistens kompliziert aufgebaute Klanggebilde. Gesänge gliedern sich in Strophen, Motive, Phrasen und Klangelemente (s. Abb. 31). Übereinstimmend gesungene, zusammenhängende Folgen von Strophen werden als Strophentyp (typkonstante Elementfolge) bezeichnet. Motive sind zusammenhängende, wiedererkennbare Folgen von Phrasen und Elementen. Phrasen sind meist rhythmische Folgen von typgleichen Silben oder Elementen; letztere sind die kleinsten Lauteinheiten. Gesetzmäßigkeiten lassen sich verhältnismäßig leicht anhand von Sonagrammen erkennen.

Bei zahlreichen Gesängen haben wir zu Recht unmittelbar den Eindruck, dass sie einen mehr oder weniger ordnungsmäßigen Bauplan besitzen und dass Strophen und Motive einer erstaunlichen zeitlichen Gliederung unterliegen. Hier sei auf einige wenige Beispiele hingewiesen:

Beim markanten Singflug des Baumpiepers ist eine Übereinstimmung von Gesangsstruktur und Flugform zu beobachten: Das Männchen steigt meistens stumm auf und beginnt dann kurz vor Erreichen des Gipfelpunktes mit einer leise beginnenden, dann schmetternden «zipp-zipp-zipp-zipp-zipp»-Phrase; es folgt der fallschirmartige Gleitflug mit melodischen Trillern wie auch einem kanarienähnlichen Roller beziehungsweise feldschwirlartigem Schnurren, das bei der Landung in das laute charakteristische «zia-zia-zia-zia» übergeht, das nicht selten auch noch nach erfolgter Landung im Sitzen gesungen wird. Gesang und Verhalten bilden eine dynamische Einheit. Nicht selten werden im Singflug auch noch Imitationen durch arteigene Triller markiert (s. S. 111 f.).

Verschiedene Singvogelarten, zum Beispiel Gartenrotschwanz und Braunkehlchen, zeigen artspezifische Motive zu Beginn der Gesangsstrophe, während individuelle Merkmale häufig in der Schlussstrophe (teils mit Imitationen) zu finden sind (s. Abb. 92 u. 93). Die Strophen der

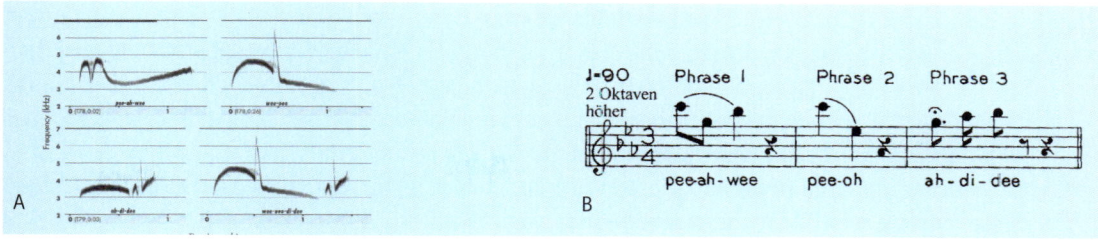

Abb. 32 (A/B): Waldschnäppertyrann (*Contopus virens*): A: typische Phrasen des Morgendämmerungsgesangs; B: musikalische Notation

Kohlmeise bilden sich ganz aus dem Rhythmus heraus; klare Strukturen entstehen durch Wiederholung der Motive, die wiederum durch Rhythmusveränderung variiert werden (s. Abb. 74). Wallace Craig (1943) hat die einfach klingen-

den Strophen des amerikanischen Waldschnäppertyranns (Eastern Wood-pe-wee) umfassend untersucht: Der Morgendämmerungsgesang dauert zwischen 16 und 32 Minuten. Ein typischer Gesang umfasst durchschnittlich 750 Phrasen. Der Gesang folgt einem festgelegten Muster aus den drei möglichen Phrasen (s. Abb. 32).

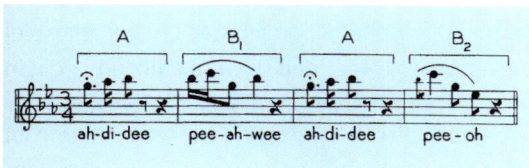

Abb. 33: Der «perfekte» Satz des Waldschnäppertyrannen

Jeden Augenblick kann zwischen den Mustern gewechselt werden. Craig erkannte darin keine mathematische Tendenz, sondern eine musikalische; er war der Ansicht, dass sich die spezifische dreiteilige Gesangsstruktur entwickelte, weil sie sich musikalisch für einen kontinuierlichen rhythmischen Gesang eignet. Der Vogel selbst scheint auch eine Ahnung zu haben, welche Variationen am besten sind, denn das am häufigsten vorgetragene Muster ist nach Meinung des Ornithologen auch ein *perfekter* Satz (s. Abb. 33).

Der Ornithologe Craig war übrigens einer der einflussreichsten Lehrer von Konrad Lorenz und kritisierte dessen fest verankerte Meinung, dass Instinkthandlungen auf Kettenreflexen (Prägung) beruhen. Craig überzeugte Lorenz, dass Organismen nicht jedes Mal automatisch auf den gleichen Reiz reagieren.[52] Ästhetik ist nach

---

52 Wallace Craig schrieb im Jahre 1940 an Konrad Lorenz, ob die Reizbeantwortung auch für die besondere musikalische Komplexität des Vogelgesanges gelte. Lorenz erwiderte: «Ich bin weit davon entfernt, alles als Auslöser zu betrachten, und beginne langsam an der Auslöserfunktion der Details des Vogelgesangs zu zweifeln. Er ist sicherlich schöner als nötig und ähnelt in dieser Hinsicht der menschlichen Kunst im Allgemeinen. Kunst ist eine Tatsache, und letztendlich wäre es aus Sicht unserer evolutionistischen Ideologie eher lächerlich, die Möglichkeit zu bestreiten, dass es etwas Ähnliches auch bei anderen Arten geben könnte» (zitiert nach Rothenberg 2007).

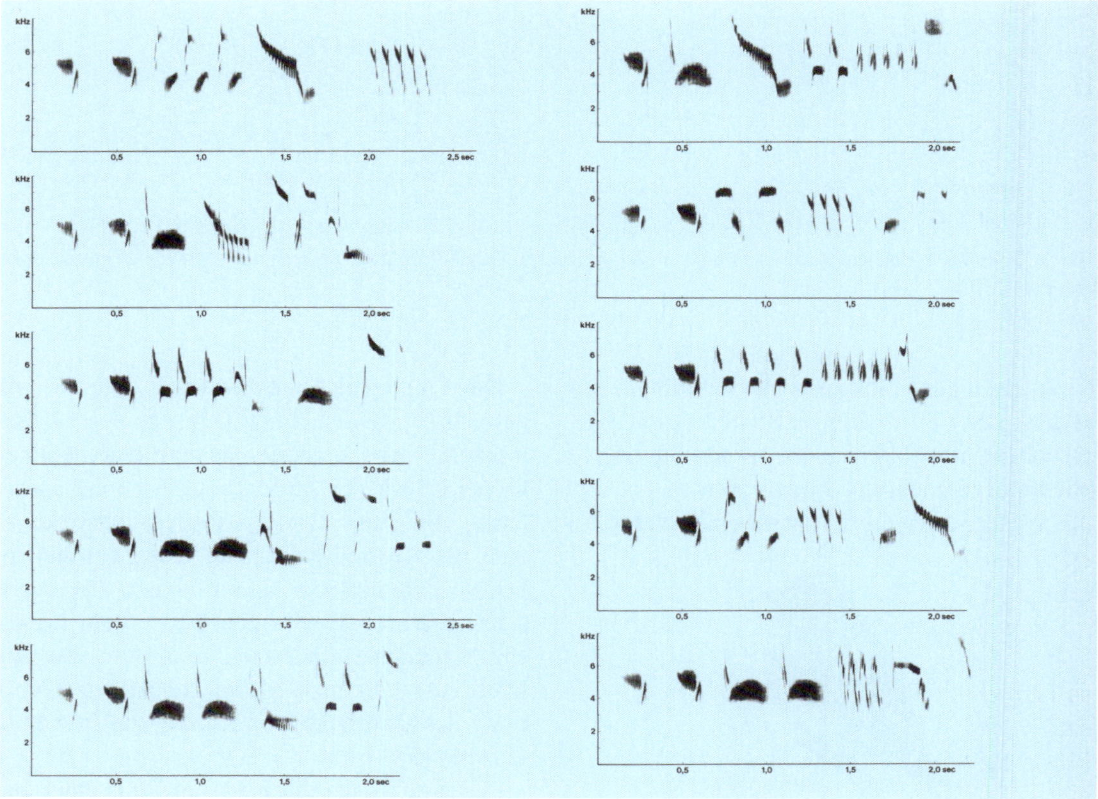

Abb. 34: Verschiedene Reviergesänge eines Rohrammermännchens

Craig weitaus mehr als nur etwas Schönes. Sie «ist unanfechtbar das Resultat der Evolution. Der Vogelgesang ist Musik nicht nur für uns, sondern für Vögel, und wir sollten nicht erwarten, ihn innerhalb der engen Grenzen der Biologie erklären zu können. Die zukünftige Vogelgesangsforschung sollte die Musikalität bei ihren Gesangsanalysen berücksichtigen» (zitiert nach Rothenberg 2007).

Der schlichte Gesang der Rohrammer klingt fast wie Sperlings-Tschilpen, daher auch der Name Rohrspatz. Allerdings sind die Strophen etwas melodischer; vor allem ist bei dieser Vogelart der Motivreichtum individuell sehr verschieden. Während manche Männchen lang und

monoton bestimmte Strophen wiederholen, zeichnen sich andere durch vielfältige Abwechslungen aus. Derartige Reviergesänge zeigt die Abbildung 34, wobei zu beachten ist, dass es sich bei diesen Sonagrammen um zehn während eines ununterbrochenen Gesangsvortrages in

dieser Reihenfolge gesungenen Strophen desselben Männchens handelt. Die Formenvielfalt der Elemente und die Variabilität der Strophen werden durch einfache Elementumstellungen erreicht (Glutz 14/III).

Auch der Gesang der Tannenmeise ist vergleichsweise recht einheitlich. Zwei bis vier abfallende oder ansteigende Elemente bilden stets ein mehrfach wiederholtes Motiv. Jedes Männchen verfügt aber über mehrere Strophentypen (Tietze et al. 2008).

Die beiden Beispiele zeigen uns, auf welche einfache Weise Gesangsvariationen entstehen können; zudem erhalten wir einen Einblick in die Gesetzmäßigkeit von Gesängen. Ferner sei darauf hingewiesen, dass strukturelle Gesetzmäßigkeiten an einfachen Strophen leichter zu erkennen sind als an komplexen Gesängen.

Wenn aber bei so schlichten Sängern wie Rohrammer oder Waldschnäppertyrann bereits so klare strukturelle Gestaltungen zu erkennen sind, warum sollten dann die motivreichen Gesänge von Nachtigall, Feldlerche oder Amsel nur eine Ansammlung beziehungsweise zufällige Anordnung von Motiven sein? Die Fachleute wurden zunehmend mit der Musikalität der Singvögel konfrontiert; sie begannen verstärkt auch die komplizierten Gesänge zahlreicher Singvogelarten zu untersuchen, und es zeigten sich immer deutlicher sowohl musikalische Qualitäten als auch Gesetzmäßigkeiten im Gesangsaufbau.[53]

---

53 Musikalische Ordnungsprinzipien in der Gesangsstruktur der Singvögel sind beispielsweise untersucht und hier beschrieben worden bei Amsel, Spottdrossel, Schamadrossel, Nachtigall, Gartengrasmücke, Haubenlerche, Heidelerche, Gimpel. Verschiedene Ornithologen und Musiker haben sich intensiv mit den Gesetzmäßigkeiten im Vogelgesang befasst, zum Beispiel Bornemisza (1999), Craig (1943), Güttinger & Nicolai (2002), Hoffmann (1908), Hultsch & Todt (1989), Jarvis (2004), Kneutgen (1969b), Kroodsma (2005), Marler & Zeigler 2004), Naguib & Mundry

Ein ausgezeichneter Sänger, dessen ungewöhnlich schöne Tonfolgen auch nachts zu hören sind, ist die Heidelerche. Alwin Voigt, dem wir das anregende *Exkursionsbuch zum Studium der Vogelstimmen* verdanken, hat bereits 1913 darauf hingewiesen, dass in dem eindrucksvollen melodiösen Fluggesang der Heidelerche jede Strophe im Aufbau von der vorhergehenden verschieden ist. Tretzel (1965) stellte zum Heidelerchengesang fest, dass die Frequenzunterschiede aufeinanderfolgender Strophen eine wichtige Bedeutung für Reaktionen auf den arteigenen Gesang haben. 1990 veröffentlichten Detlef Singer und Jürgen Nicolai ihre Untersuchungen über die *Organisationsprinzipien im Gesang der Heidelerche*, mit dem Ergebnis, dass die Gesangsstrophen einerseits aus Serien qualitativ gleicher Silben bestehen und andererseits, dass die Strophen eines ununterbrochenen Gesangsvortrages in einer festgelegten Anordnung (Strophenkette) aufeinander folgen.

Aber die Komplexität von Spottdrosselmotiven (s. Kap. 9.3.4) ist immer noch schwer zu erfassen und Amselgesang nicht leicht zu analysieren, denn nicht die Gesamtzahl an Gesangstypen erzeugt Komplexität, sondern der *Gegensatz* zwischen einer Phrase und der nächsten; es muss im Ablauf eine kontinuierliche Variabilität erkennbar sein. Selbst der Gesang von Staren liegt an der Grenze des menschlichen Begriffsvermögens (Rothenberg 2007). Und was sagt einer der weltweit führenden Experten für die Komplexität des Vogelgesanges, der kürzlich von der Universität Massachusetts emeritierte Donald Kroodsma, dazu? Er warnt, dass viele Dissertationen an der Spottdrossel gescheitert seien, und gesteht, dass wir immer

---

(2002), Nicolai (1969), Rothenberg (2007), Singer & Nicolai (1990), Thorpe (1972), Thorpe & Hall-Craggs (1976), Tiessen (1953), Tretzel (1965,1997), Williams (2004).

noch sehr wenig darüber wissen, warum einige Singvogelarten so rätselhaft und komplex sind: «Ich erforsche seit über 40 Jahren den Gesang von Vögeln, aber ich weiß überhaupt nichts über Musik. Vielleicht ist es an der Zeit, daran etwas zu ändern» (zitiert nach Rothenberg 2007).

7.5.2 Ordnungsprinzipien am Beispiel des Imitationsgesanges

Der Aufbau von Gesangsstrukturen verschiedener Singvögel vollzieht sich nach musikalischen Ordnungsprinzipien; unerwartete Feinstrukturen konnten aufgedeckt werden. Voraussetzung für eine derartige musikalische Entwicklung ist die Entkoppelung von genetisch festgelegten Gesangsstrukturen als autonome Leistung. Hinzu kommen als wesentliche Kriterien die genannten musikalischen Qualitäten, die akustische Gestalt- oder Melodiewahrnehmung wie auch die beschriebenen Phänomene im angleichenden Wechselgesang.

Gesetzmäßigkeiten und Ordnungsprinzipien in der Gesangsstruktur zeigen sich besonders in der Fähigkeit, fremde Gesänge und Laute mehr oder weniger exakt wiedergeben zu können (Imitation). Da wir diese Steigerung der Gesangsentfaltung noch ausführlicher betrachten wollen (s. Kap. 9.3.4 f.), seien hier nur einige Aspekte, die auf die Ordnungsstrukturen hinweisen, vorweggenommen:

1. Zahlreiche Spottsänger geben Imitationen mit großer Präzision wieder.
2. Eindrucksvolle Kopiergenauigkeit der Imitationen, zum Beispiel beim Sumpfrohrsänger.
3. Fremde Gesänge werden insofern nach klaren Gesetzmäßigkeiten kompositorisch verändert, als von Fremdmotiven oder Strophen unter Beachtung der charakteristischen Gesangsstrukturen Kurzfassungen erstellt werden, zum Beispiel von Gartengrasmücke und Braunkehlchen.
4. Vielfältige Imitation werden von der Spottdrossel zu einem Musikmix kombiniert.
5. Soeben übernommene Imitationen werden vom Weißscheitelrötel (*Cossypha niveicapilla*) anfangs in verschiedenen Tonarten gesungen und dann in einen neuen Zusammenhang eingearbeitet.
6. Kombination des eigenen Imitationsrepertoires zu präzisen rhythmischen Mustern in Gruppen und Untergruppen, sodass eine klare musikalische Ordnung erkennbar ist, etwa im Gesang der Spottdrossel.
7. Kombinationsgabe wie auch ein Empfinden für die richtige beziehungsweise falsche Form von Lauten, Motiven und musikalischer Ordnung (Amsel).
8. *Bearbeitung* eines Fremdmotivs nach musikalischen Ordnungsprinzipien, wie man es bei der Amsel und anderen Drosselarten beobachten kann.
9. Markierung eines Fremdmotivs durch arteigene Lautmuster (s. Baumpieper, S. 111 f.) oder Platzierung eines nachgeahmten Motivs an die *richtige* Stelle innerhalb einer Strophe, (z.B. Amsel, Haubenlerche).
10. *Korrektur* von unsauberen Gesangsvorbildern in reine Tonfolgen, zum Beispiel Haubenlerche, Gimpel, Leierschwanz und Schamadrossel.
11. Tonleitern werden von der Schamadrossel schnell erlernt, gut wiedergegeben und darüber hinaus nicht nur selbstständig erweitert, sondern mit vorbereitenden und ausklingenden Lautgruppen umrahmt, wodurch ein gefälliger musikalischer *Satz* entsteht.
12. Erstaunliche, fast grenzenlose Vielfalt und Exaktheit der Imitationen beim Leierschwanz.
13. Genaue Imitation von Volksliedern, auch in Hinsicht der Rhythmik und Klangfarbe, beispielsweise beim Gimpel.

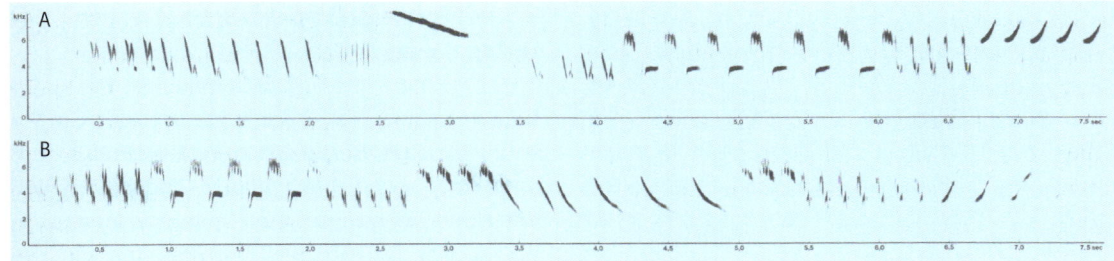

Abb. 35: Singflug des Baumpiepers; vollständige Strophen zweier Männchen aus (A) Bayern und (B) Frankreich

14. Nachahmung von Mozart-Melodien und Entwicklung von musikalischen Spielregeln, beispielsweise bei der Schamadrossel.
15. Nachahmung der menschlichen Sprache, zum Beispiel von Rabenvögeln, Staren und Papageien.

Die genannten Phänomene, die eine freiheitliche Entwicklung repräsentieren, wären aber nicht möglich, wenn die Singvögel nicht auch über die beschriebene gesteigerte Wahrnehmungsgenauigkeit verfügen würden.

Am Beispiel des Baumpieperliedes soll deutlich gemacht werden, dass ein Singvogel nicht nur verschiedene Laute zu einer Strophe aneinanderreiht, sondern dass die Gesänge einen *Bauplan* haben beziehungsweise nach *Ordnungsprinzipien* gestaltet sind. Auch wenn wir diese Strukturen aufgrund des Gesangstempos meistens nicht hören können, so lassen sich doch anhand von Sonagrammen gesetzmäßige Anordnungen sichtbar machen und erkennen.

Die beiden Sonagramme (Abb. 35) zeigen zwei vollständige Singflugstrophen des Baumpiepers. Auf den übereinstimmenden Rhythmus von Gesang- und Fluggestalt im eindrucksvollen Singflug des Baumpiepers wurde bereits hingewiesen (s. Kap. 7.5.1).

Die je ca. 7,5 Sekunden langen Strophen enthalten Imitationen des charakteristischen «pink» des Buchfinken. Dieser Kontakt- und Alarmruf ist vom Buchfink (wie auch zum Verwechseln ähnlich von der Kohlmeise) während des ganzen Jahres zu hören und kann bei Beunruhigung ständig wiederholt werden. Es ist also ein Ruf,

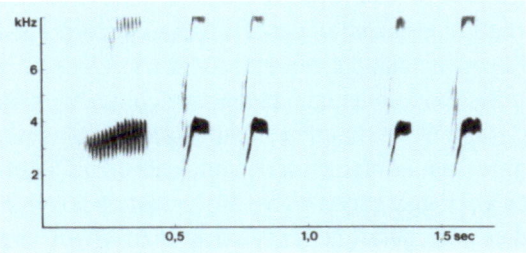

Abb. 36: Buchfinkenrufe: Nach dem sogenannten Regenruf folgen vier der häufig zu hörenden «pink»-Rufe in natürlichem Abstand

der zur klanglichen Umwelt des Baumpiepers gehört und auch dessen Stimmlage entspricht. So ist zu verstehen, dass diese Imitation in vielen Baumpiepergesängen wahrzunehmen ist, obwohl der Baumpieper nicht zu unseren begabten Spöttern gehört.

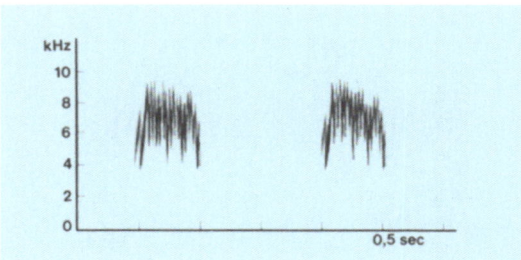

Abb. 37: Arteigene Rufe des Baumpiepers (aus Abb. 35 vergrößert), mit denen jede Buchfinkenimitationen eingerahmt ist

Im Sonagramm (A) von Abb. 35 finden wir sechs etwas verkürzte Buchfinkenimitationen im Zeitrahmen von sec 4 bis 6, im zweiten Sonagramm (B) vier Rufimitationen, unmittelbar nach der ersten Sekunde gesungen. Original und Imitation liegen beide etwa in einer Frequenz von 4000 Hz. Das Besondere ist nun, dass in beiden Strophen jeder einzelne imitierte Buchfinkenruf (s. Abb. 36) mit arteigenen stimmfühlungslautähnlichen Klangelementen (s. Abb. 37), die in der Frequenz höher liegen, eingerahmt und dadurch deutlich *platziert* wird. Darüber hinaus wird jede «Imitationsgruppe» von ähnlichen trillerartigen Klangelementen symmetrisch flankiert.

Die Imitationen tauchen also nicht wahllos im Gesang des Baumpiepers auf, sondern scheinen nach bestimmten Gesetzmäßigkeiten in die längere Fluggesangsstrophe eingegliedert zu werden. Auf derartige Ordnungsprinzipien in den Imitationsgesängen begabter Spottsänger werden wir im Kapitel 9 noch zu sprechen kommen wie auch auf die *geheimen* Gesetze, wonach einige Singvögel unsaubere Klangvorbilder in saubere Tonfolgen korrigieren (s. S. 189 f., 211 f., 217, 221 f.).

7.5.3 Ordnungsprinzipien am Beispiel des Duettgesanges

In der Singvogelwelt ist alternierendes Singen weit verbreitet. Bekannt ist es vor allem als Kontergesang, wenn benachbarte Vogelmännchen derselben Art wechselweise miteinander singen, wobei sich im erregten Kontergesang die Gesangsstrophen überlappen können. In seltenen Fällen findet Wechselgesang auch interspezifisch statt, zum Beispiel zwischen Heckenbraunelle und Zippammer.

Eine verwandte Gesangsform ist der Duettgesang. Darunter verstehen wir ein aufeinander abgestimmtes Singen (oder Rufen) verpaarter Männchen und Weibchen. Wenn Partner im Duett singen, können die jeweiligen Phrasen der beiden Geschlechter sowohl gleichzeitig (synchron) als auch wechselweise (alternierend) vorgetragen werden oder sich harmonisch überlappen. Ein Tongebilde kann antiphonal, polyphon oder unisono erzeugt werden (s. Abb. 38); dieser Vorgang wird von den Ornithologen als Duettieren bezeichnet.

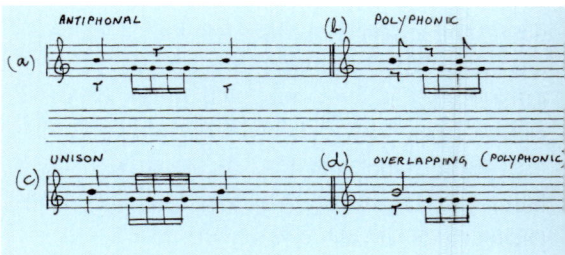

Abb. 38: Typen des Duettgesanges

Bei zahlreichen tropischen Singvogelarten koordinieren Männchen und Weibchen ihre Strophen so perfekt, dass richtige Duette entstehen. Die Gesangselemente der Paare sind dabei in der Regel zeitlich so genau aufeinander abgestimmt (synchronisiert), dass sie den Eindruck einer einheitlichen Klangfigur vermitteln; es ist häufig nicht ohne Weiteres zu erkennen, ob die zu hörende Strophe von einem einzelnen Vogel oder gemeinsam von einem Paar gesungen wird.

Es gibt zwar melodische Duette, zum Beispiel vom Boubouwürger. Duette sind aber, zumindest für unser Empfinden, nicht immer schöne Gesänge, denn Duettgesang ist nicht generell eine musikalische Steigerung in Form von Motiv- und Klangfülle. Duettgesänge können durchaus komplex sein; die einzelnen Phrasen sind aber meistens recht kurz. Die Perfektion mancher Duettgesänge mag wegen der geringen Zeitdauer anfangs den Eindruck von genetisch festgelegten Formen erwecken; es handelt sich aber um komplizierte Prozesse, die erst durch längeres Einüben erworben werden. Das Besondere, was uns hier vor allem beschäftigen soll, liegt in der musikalischen Struktur und der Gesetzmäßigkeit des Ablaufs, zum Beispiel in der erstaunlichen Synchronizität und Präzision, mit der die Partner einiger Singvogelarten ihre verschiedenen Klangelemente zu einem Lied gestalten. Hervorzuheben ist ferner, in welch hohem Maß das gemeinsame Singen (und die dazu notwendige musikalische Abstimmung) das verbindende Element zwischen den Geschlechtern zu sein scheint, denn viele Duettsänger leben dauerhaft zusammen.

In Afrika leben mehrere Arten der Schmuckbartvögel, die alle ausgeprägte Duettsänger sind. Ohrfleck-Bartvögel (*Trachyphonus darnaudii*) sind im Sudan und in Äthiopien verbreitet, während der Lebensraum des nahe verwandten Usambiro-Bartvogels (*Trachyphonus usambiro*) das nördliche Tansania und der Südwesten Kenias sind. Diese liebenswerten, drolligen Vögel unterscheiden sich vor allem durch ihren Gesang. Sie duettieren oftmals am Tage, sowohl innerhalb als auch außerhalb der Brutzeit, und stets singen die Paarpartner miteinander.

Abb. 39: Duettierende Schmuckbartvögel. Zeichnung von Andreas Suchantke

Bei *Trachyphonus darnaudii* beginnt in der Regel das Männchen das Duett mit mehreren Lauten, die wie das Anlassen eines kleinen Motors klingen und sich dann, kürzer, lauter und heller werdend, mit den Lauten des Weibchens zum raschen, lang anhaltenden Duettgesang entwickeln (s. Abb. 40). Dabei ruft das Weibchen mit fast geschlossenem Schnabel ein nicht sehr lautes «tuck-tucktuck». Das Männchen lässt auf den

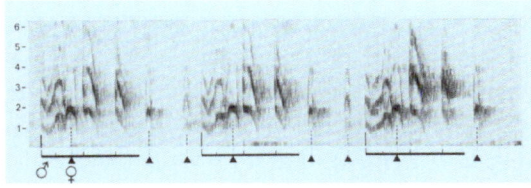

Abb. 40: Zwei Sekunden langer Ausschnitt aus dem Duettgesang des Ohrfleck-Bartvogels (*Trachyphonus darnaudii*). Die schwarzen Dreiecke zeigen auf die Laute des Weibchens, die schwarzen Striche auf die Laute des Männchens

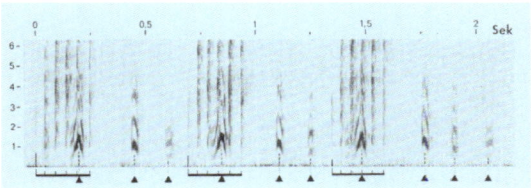

Abb. 41: Duettgesang des Usambiro-Bartvogels (*Trachyphonus usambiro*)

aus der Einleitung entstandenen Schleifer zwei weithin hörbare, helle Laute folgen, vor deren erstem höherem, lauterem Laut es den Körper kurz hochreckt. Das Männchen hat beim Rufen den Schnabel weit offen. Das Weibchen kann verschieden viele «tuck»-Rufe äußern, die in langen Duettgesängen schließlich exakt in den ersten Teil der männlichen Strophe wie auch in die rhythmischen Pausen des Partnergesangs eingefügt werden; siehe die im Sonagramm markierten Stellen (Abb. 40). Das Männchen ruft sehr regelmäßig und scheint im Duettgesang zu führen (Wickler 1973).

Das Duett von *Trachyphonus usambiro* ist in den Elementen weniger differenziert, dafür stärker rhythmisch gegliedert. Die Laute von Männchen und Weibchen sind extrem verschieden (s. Abb. 41). Die Rufe des Männchens sind ein heiseres «schräh», während die Laute des Weibchens denen von *Trachyphonus darnaudii* gleichen (Wickler 1973).
Bei aller Präzision hören sich die Duette der Schmuckbartvögel aber noch an, als würden die Weibchen ihre Laute jeweils in den Gesangspart der Männchens hineindrängen. Auch die Sonagramme vermitteln diesen Eindruck, vor allem wenn wir sie mit den folgenden Sonagrammen verschiedener Singvogelarten vergleichen. Dazu muss gesagt werden, dass die Schmuckbartvögel nicht zu den Singvögeln gehören; auf diesen Un-

terschied und die mögliche musikalische Entwicklung des Duettgesanges soll am Schluss des Kapitels noch kurz eingegangen werden.

Weltweit sind inzwischen mehr als 200 Arten bekannt, bei denen Duettgesang festgestellt werden konnte. Von den einheimischen Vögeln, die duettieren, sind Zwergtaucher und in gewisser Weise auch Pirole zu nennen. Bienenfresser, die wie Uferschwalben ihre Bruthöhlen in Sandwände graben, lassen während des etwa vierzehntägigen Höhlenbaus ein einfaches Grabeduett ertönen (Hahn 1982). Auch Kranichpaare rufen im Duett. Und besonders im Winterhalbjahr hören wir häufig die wechselnden Rufe der Gimpel; diese wehmütigen, einsilbigen Rufe klingen eher wie schlichte Stimmfühlungslaute, haben aber durchaus Duettcharakter. Auch die sogenannten Erregungsduette der Trauerschnäpper und die Kontaktduette der Kohlmeisen gehören dazu.
Auf die knapp 1,5 sec lange Lockstrophe des Kohlmeisenmännchens (s. Abb. 42), die aus drei ansteigenden «zü-tieh»-Elementen besteht (A), antwortet das Weibchen mit zwei ähnlichen Motiven, die das Männchen wie zur Bestätigung mit zwei Elementen ergänzt (die Pause zwischen Lock- und Antwortstrophe ist um 50 Prozent verkürzt dargestellt). Das zweite Sonagramm (B) zeigt zwei Lockstrophen des Männchens (zwei abfallende «zi-ta»-Elemente, wobei die letzte Strophe um ein Element erweitert ist); es folgen drei Elemente des Weibchens, die das Männchen bei sec 3,5 um ein Element ergänzt. Die Pausen zwischen den drei Strophen dauerten in Wirklichkeit etwa 1,7 sec (Glutz 13/I). Das ist noch kein Duettgesang; wir haben es mehr mit duettartigen Rufkontakten zu tun. Man könnte es aber in gewisser Weise als eine Annäherung an den Duettgesang bezeichnen.
Der größte Teil der Duettsänger ist in tropischen und subtropischen Regionen beheimatet.

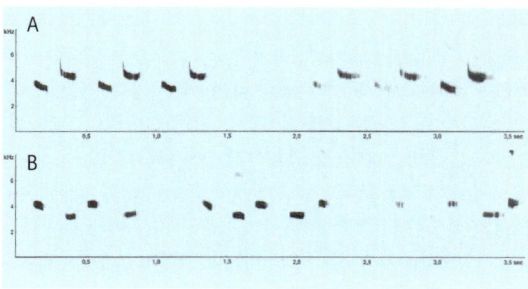

Abb. 42: Rufduette von Kohlmeisen (A/B)

Zu jeder der im Folgenden genannten Familien gehören verschiedene Arten, für die Duettgesang typisch ist, so überwiegend aus Afrika: Pirole (*Oriolidae*), Drongos (*Dicruridae*), Schnäpper (*Muscicapidae*), Drosseln (*Turdidae*), Grasmückenverwandte (*Sylviidae*), Würger (*Laniidae*); Buschwürger (*Malaconotidae*); aus Asien und Australien: Großfußhühner (*Megapodiidae*), Glatt- und Raufußhühner (*Phasianidae*), Rallen (*Rallidae*), Honigesser (*Meliphagidae*), Drosselstelzen (*Grallinidae*), Würgerkrähen / Flötenvögel (*Cracticidae*), Timalien (*Timaliidae*); aus Süd- und Mittelamerika: Töpfervögel (*Furnariidae*), Ameisenvögel (*Formicariidae*), Zaunkönige (*Troglodytidae*); aus Nordamerika Drosseln (*Turdidae*) und Spottdrosseln (*Mimidae*).

Da in diesem Kapitel nicht das weitverbreitete Phänomen des Duettierens, sondern vorrangig die musikalischen Gesetzmäßigkeiten und Ordnungsprinzipien im Duettgesang betrachtet werden sollen, wollen wir uns im Folgenden vor allem auf vier der genannten Singvogelfamilien beschränken, bei denen der antiphonische Gesang seine höchste Entwicklungsstufe erreicht hat: Grasmückenverwandte, Drosseln, Buschwürger und Zaunkönige.

GRASMÜCKENVERWANDTE (*Sylviidae*):

In der zweiten Hälfte des 20. Jahrhunderts haben verschiedene Ornithologen das Phänomen des Duettgesangs genauer untersucht, zum Beispiel R. B. Payne, D. Todt und W. Wickler. Grundlegend ist die umfangreiche Arbeit des englischen Ornithologen W. H. Thorpe,[54] auf die hier vor allem Bezug genommen wird. Aus der

Grasmückenfamilie sind besonders Vertreter der Gattung *Cisticola* bekannt geworden, die antiphonisch singen. Die Duettgesänge einiger *Cisticola*-Arten sind von großer Präzision. Mit zwei Ausnahmen sind alle der 49 Arten (in etwa 150 Unterarten) auf Afrika begrenzt.

Abb. 43: Farncistensänger *(Cisticola chubbi)*

Zwei Arten, die hier besprochen werden sollen, sind vorzügliche Duettsänger. Sie leben in dichter Grasvegetation Ostafrikas auf einer Höhe von über 1500 m; in einem Fall erstrecken sie sich sogar bis auf 4300 m *(Cisticola hunteri)*. Die Gesänge sind normalerweise ein Duett, welches wahrscheinlich vom Männchen angefangen wird; individuelle und geographische Differenzierung von Gesangsmustern konnten nachgewiesen werden (Thorpe 1972).

Der Gesang des Farncistensängers *(Cisticola chubbi)* ist ein präzises antiphonales Duett, das von den Partnern ganzjährig, meist von einem erhöhten Standort und vor allem während der Brutzeit, intensiv vorgetragen wird. Das Männchen beginnt seinen Gesang mit «twii-trrrr twii-trrrr», das Weibchen beantwortet die Phrase des Männchens mit «see-tuit». Auf dem Sonagramm

---

54 Thorpe, W. H., *Duetting and antiphonal song in birds, its extent and significiance*, Brill, Leiden 1972. 197 Seiten.

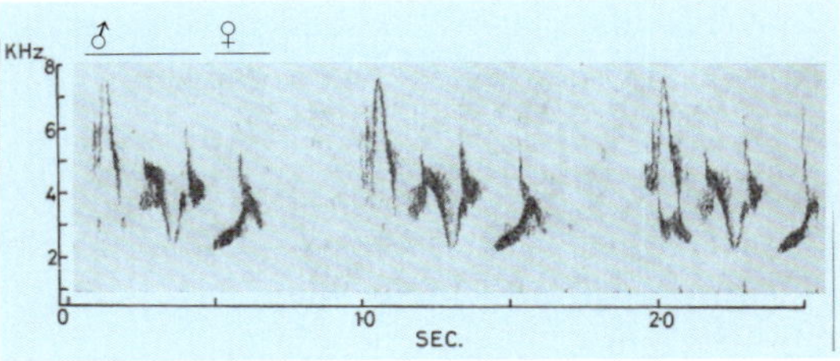

Abb. 44: Duettgesang von *Cisticola chubbi*

(s. Abb. 44) ist zu sehen, dass die Phrase des Männchens etwa eine halbe Sekunde dauert und im Sekundentakt wiederholt wird; der kurze Beitrag des Weibchens erfolgt bei sec 0,5, 1,5 und 2,5. Die exakte Synchronizität ist außergewöhnlich. In einem aufgenommenen Gesangsbeispiel wurde die mittlere Reaktionszeit (von ungefähr 400 Millisekunden durchweg mit einer Standardabweichung von nur 0,7 Prozent (ca. 3 msec) aufrechterhalten. Das entspricht ungefähr der achtfachen Genauigkeit, deren ein menschliches Wesen in ähnlichen Bedingungen fähig wäre. Hier zeigt sich die große Wahrnehmungsgenauigkeit der Singvögel.

Das Verhalten während des Duettgesangs ist auch für zahlreiche andere Duettsänger mehr oder weniger charakteristisch: Sobald ein Vogel zu singen beginnt, fliegt der Partner zu ihm, um sich in seiner Nähe am Gesang zu beteiligen. Farncistensänger sitzen sich während des Duettierens meist gegenüber und verbeugen sich mit gespreizten und teils aufgerichteten Schwanzfedern voreinander, manchmal ist auch lautes Flügelschlagen zu hören (Thorpe 1972, Hoyo 1992f.). Solange einer der Partner außer Sichtweise war, konnte Duettgesang bei *Cisticola chubbi* nicht wahrgenommen werden (Grimes 1976).

Der Gebirgscistensänger oder Hunters Grassänger (*Cisticola hunteri*) singt ganzjährig. Männchen und Weibchen duettieren entweder aus der Deckung heraus oder von einem exponierten Platz aus, wobei das vermutlich mit dem

Gesang beginnende Weibchen[55] etwas höher sitzt als das Männchen. Die Paargesänge werden lautstark und anhaltend vorgetragen, wobei die antiphonisch singenden Vögel nicht nur vokal sehr aktiv sind: Sie sitzen meistens dicht beieinander und führen rhythmische, ihre Gesangsdarbietungen unterstreichende Bewegungen aus; die Vögel bewegen ihre Köpfe auf und ab und spreizen etwas ihre Flügel und lassen sie rhythmisch vibrieren.

Die Gesänge sind bemerkenswerte Duette. Die Weibchen lassen einen langen, zitternden, in Wellen auf- und absteigenden Triller hören, der aus zahlreichen unmittelbar aufeinanderfolgenden, gleichen Motiven besteht und der wie «twiiiiiirrrrrrrrrrrrrr» klingt, während der Partner kurze, sanfte Pfeiflaute, wie «shit-chiiir», «tu-it», «sii-tu-it» oder «tui-wiit» von sich gibt, die, ebenfalls in der Frequenz auf- und absteigend (s. Abb. 45 A), das beginnende Decrescendo des Weibchengesangs markieren (Thorpe 1972; Hoyo 1992 f.).

Duettierende Grassänger wiederholen ihre Gesangsmotive meist mehrfach, oft mehr als zwanzigmal. Jedes einzelne Grassängerpaar beherrscht mehrere verschiedene Duettmotive, deren zeitliche Übereinstimmung sehr genau ist (s. Abb. 45 B); es handelt sich um komplex strukturierte Lautmuster (Todt 1970).

Nach Dietmar Todt (1970) nahmen an den antiphonen Gesängen verpaarter Grassänger mehrfach auch offenbar unverpaarte Artgenossen teil und sangen im *Terzett*. Darüber hinaus duettierten verschiedene Paare auch mit verpaarten Nachbarn; die Abläufe der beobachteten *Quar-*

---

55 Männliche und weibliche Paarsänger sind dem Aussehen nach nicht zu unterscheiden; wohl aber lassen sie sich dem Verhalten nach geschlechtlich einordnen. So wird der anfängliche Teil aller Wahrscheinlichkeit nach nur vom weiblichen, der spätere Part sehr wahrscheinlich nur vom männlichen Tier gesungen.

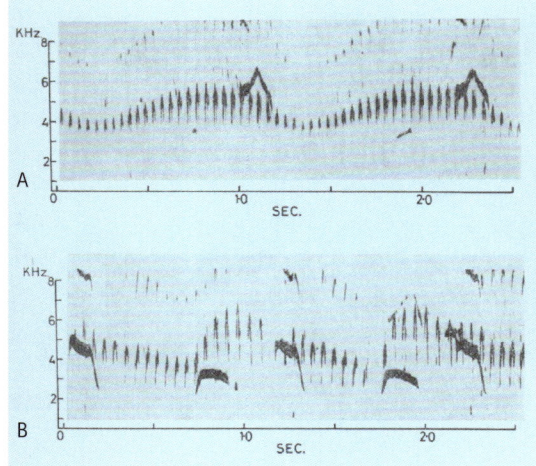

Abb. 45: Duettgesänge des Gebirgscistensängers *(Cisticola hunteri)*

Abb. 46: Gebirgscistensänger *(Cisticola hunteri)*

tette waren stets ähnlich: Sie begannen damit, dass eines der Nachbarpaare an der Reviergrenze mit Motiven duettierte, die auch das Vogelpaar im Beobachtungszentrum in ähnlicher Form häufig sang. Befanden sich diese Vögel ebenfalls in der Nähe dieser Grenze, so nahmen sie sofort Kontakt zueinander auf. Sodann näherten sie sich gemeinsam, meist innerhalb des Buschwerkes und dabei in der Regel bereits antiphonierend, ihren duettierenden Nachbarn. Die zeitliche Koordination der sich an den Quartett-Duetten (Konterduetten) beteiligenden Tiere war im Mittel weniger präzis als während der Terzette. Alle Terzette, Quartette und Quintette fanden innerhalb dichten Buschwerks statt, an das sich die Tiere zuvor meist von Busch zu Busch und versteckt angenähert hatten. Wurde einem beteiligten Sängerpaar sein eigener Gesang vorgespielt, so verließ es die *Versammlung*, näherte sich freifliegend dem Lautsprecher und stimmte in den vorgespielten Gesang ein; jetzt aber von exponierten Positionen aus. Dieses Verhalten zeigte stets nur dasjenige Paar, dessen

Gesang reproduziert wurde. Bei seinen Beobachtungen gewann der Ornithologe den Eindruck, dass die Partner gegen Ende ihrer gesanglichen Begegnungen mit anderen Artgenossen deutlicher, das heißt zeitlich präziser, aufeinander eingestimmt waren als zu deren Beginn. So duettieren die Paare stets auch nach Abschluss der Quartette noch einige Zeit für sich allein weiter. «Ungenaue» Präzision zu Beginn finden wir aber nicht nur bei Quartetten, sondern durchgängig bei den meisten Duettgesängen, denn die *Einleitung* zum Duettsingen ist ja bereits die erste Strophe. Es liegt deshalb nahe, dass der präzise Einsatz des Partners bei der ersten Strophe minimal verzögert erfolgt.[56]

In der artenreichen Gruppe der Feinsänger, die ebenfalls zur Familie der *Cisticolidae* gehört und in Afrika lebt, gibt es verschiedene gute Duettsänger. So ist vom Maskenfeinsänger

---

56 Reaktionszeiten und Antwortzeiten lassen notwendigerweise nur eine Aussage darüber zu, was die betreffenden Tiere tun, nicht, aber was sie *können*. Wir müssen damit rechnen, dass sie vielleicht nur selten ihr zeitliches Leistungsvermögen voll demonstrieren: Bei der Beobachtung der Grassänger entsteht manchmal der Eindruck, dass es den Tieren teilweise gar nicht darauf ankam, gleich zu Beginn ihrer Duette wohlkoordiniert zu singen. Sie hatten ja stets die Möglichkeit, diese Koordination auch vom zweiten oder dritten Motiv an herauszustellen (Todt 1970).

(*Apalis binotata*) ein gut aufeinander abgestimmtes Duett zu hören. Das gilt auch für den Schwarzkopf-Feinsänger (*Apalis melanocephala*), dessen Gesänge geographisch sehr variabel sind. So scheint die Komplexität der Duettgesänge bei dieser Art von der Küste in das Innere des Landes kontinuierlich zuzunehmen. Der Gesang der Eminie (*Eminia lepida*) besteht aus einer Serie kräftiger Triller und verläuft beständig 6 bis 20 sec lang. Der Gesang ist dem der Nachtigall ähnlich und zeigt auch Verwandtschaft mit den Strophen eines Kanarienvogels, die sich aber auf das doppelte Volumen steigern. Der Gesang des Weibchen ist ein langer Triller bis zu 18 Tönen in 2,5 sec, der periodisch vorgetragen wird, während das Männchen dauerhaft singt. In einer nicht kontinuierlichen siebenminütigen Aufnahme trug das Männchen fünfzehn Gesangssalven vor; alle außer einer bestanden aus wiederholten Phrasen, und das Weibchen trillerte achtmal im Duett. Während des Duettgesangs sitzen Männchen und Weibchen nahe beieinander oder hüpfen aufgerichtet umeinander herum (Urban & Keith 1992; Hoyo 2002).

Abb. 47: Eminie *(Eminia lepida)*

DROSSELN (*Turdidae*):

Drosseln zeichnen sich stärker durch klangvolle, komplexe und variationsreiche Gesänge aus als durch Duettgesang. Gesetzmäßigkeiten und Ordnungsprinzipien sind ja auch unschwer in der Gesangsstruktur zahlreicher Drosseln und Drosselverwandter (z.B. Nachtigall, Amsel, Rotkehlchen, Spottdrossel, Schamadrossel) zu erkennen. Dennoch gibt es in dieser gesangsbegabten Gruppe einige Vertreter, die als ausgezeichnete Duettsänger bekannt sind, etwa der afrikanische Rotbauchschmätzer und der Weißbrauenrötel.

Der Rotbauchschmätzer (*Thamnolaea cinna-*

momeiventris) gehört mit zu den besten Sängern Afrikas. Beide Geschlechter singen. Der melodiöse, reichhaltige und weittragende Gesang wird kraftvoll und anhaltend vorgetragen. Zwei Gesangstypen werden unterschieden, möglicherweise Vollgesang und Subsong: Der Vollgesangstyp ist ein klarer, lauter, melodiös-flutender Gesang, langsam und ruhig vorgetragen, jedoch ohne Imitationen; der zweite Gesangstyp ist schneller, unzusammenhängend und weniger laut als der Vollgesang. Vor allem enthält dieser subsongähnliche Gesang zahlreiche, zum Teil perfekte Imitationen anderer Vogelarten (über dreißig Spezies sind dokumentiert). Gesangsstrophen werden darüber hinaus vom Paar häufig in präzisem synchronem Duett gesungen, möglicherweise auch in der Funktion der Revierverteidigung (Urban & Keith 1992; Hoyo 2002).

Tonbandaufnahmen von wilden Weißbrauenröteln oder Schmätzerdrosseln (*Cossypha heuglini*) in Kenia und Uganda sowie von gezüchteten Vögeln in England wurden analysiert, um die Struktur der Duettmuster und die Verteilung der Motive auf die beiden Geschlechter zu erfassen. Es ist immer das Männchen, das zu

Abb. 48: Weißbrauenrötel *(Cossypha heuglini)*

Abb. 49: Weißbrauenrötel in einer typischen Haltung während des Duettgesangs

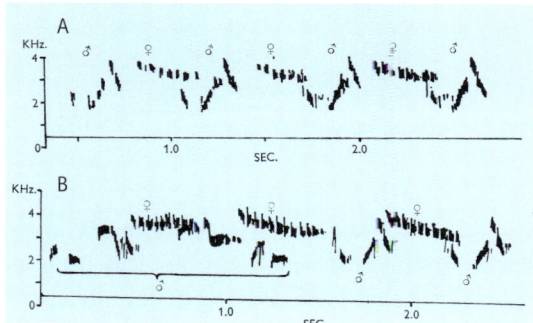

Abb. 50: Zwei Variationen (A/B) des Duettgesangs von *Cossypha heuglini*

singen anfängt. Verpaarte Vögel bleiben in enger Verbindung, wenn sie sich im Vogelhaus befinden; oft verharren und duettieren sie Seite an Seite sitzend. Am meisten wird beim Morgengrauen und in der Abenddämmerung gesungen. Der Gesang des Männchens ist außergewöhnlich betreffs seines dauernden Accelerando und Crescendo; es zeigt sich, dass ein bestimmtes Intensitätsniveau dem Weibchen als Signal dient, mit seinem Gesang zu beginnen. Sobald der Gesang des Männchens eine kritische Amplitude erreicht, fällt das Weibchen mit seinen Gesangsmotiven ein, wobei es jene mit den Motiven des Männchens koordiniert (Thorpe 1972). Ähnlich wie beim Rotbauchschmätzer imitiert der Weißbrauenrötel nicht im Vollgesang; Imitationen anderer Vogelarten sind auch bei ihm nur im Subsong zu erkennen (Urban & Keith 1992).

Männchen und Weibchen singen alternierend. Der Gesang des Männchens ist eine Serie von Phrasen, die zwei- bis fünfmal rhythmisch wiederholt werden; jede Phrase besteht, wie das Sonagramm zeigt (s. Abb. 50 A), in der Regel aus mehreren in der Tonhöhe ansteigenden Elementen. Das Weibchen fügt ein hohes, sanft abfallendes «tsriiiiu» nach dem Motiv des Männchens ein, wobei sich ihre Endnoten mit den Anfangsnoten der nächsten Phrase des Männchens überlappen können.

Die Motive, besonders der Männchen, können geographisch und auch individuell stärker

Abb. 51: Rotkardinal *(Cardinalis cardinalis)*

variieren (s. Abb. 50 B). Weibchen können auch mit einem schrillen Ruf das Duett initiieren. Ferner sind zeitweise Duette zu hören, bei denen Männchen und Weibchen zur selben Zeit singen; die Strophe des Männchen ist dann allerdings kein Crescendo. In Abwesenheit des Weibchens kann das Männchen den ganzen

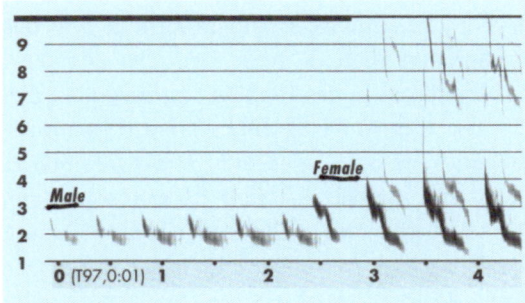

Abb. 52: Duett des Rotkardinals *(Cardinalis cardinalis)*

Paargesang auch allein vortragen.[57] Es setzt dann die normalerweise vom Weibchen gesungenen Klangelemente an den richtigen Platz, ohne seinen Gesang anderweitig zu verändern (Urban & Keith 1992; Hoyo 2002).

Derartige Duette sind häufig die ersten Gesänge des Tages; sie können in Abständen während des ganzen Tages, auch als Antwort auf Duette von Nachbarpaaren, erfolgen. Die Sonagramme zeigen deutlich die zeitliche Übereinstimmung der Partner und die Ordnungsstruktur der Duettgesänge, wobei zu beachten ist, dass die Präzision im weiteren Gesangsverlauf zunehmen kann (s. S. 132ff.).

Die Arten der Gattung *Copsychus* gehören zu den besten Sängern der Welt; sie sind Meister der Imitation, und sie singen häufig antiphone Duette, zum Beispiel Schamadrossel (*Copsychus malabaricus*), Dajaldrossel (*Copsychus saularis*), Malegassendajal (*Copsychus albospecularis*) und mit weniger als fünfzig überlebenden Individuen der vom Aussterben bedrohte Seychellendajal (*Copsychus sechellarum*).

KARDINÄLE (Cardinalidae):

Mehr als vierzig Arten dieser Singvogelfamilie, die den Ammern nahesteht, sind in Amerika verbreitet. Bekannt und beliebt ist besonders der farbenprächtige Rotkardinal (*Cardinalis cardinalis*), der häufig in den Gärten der östlichen USA, auch im Winterhalbjahr, zu beobachten ist. Mit seinen klaren, flötenden Strophen gehört er zu

---

57 Auch wenn es bei vielen tropischen Duettsängern die Regel ist, dass Männchen und Weibchen gleichermaßen die Tonelemente des Partners beherrschen, so gibt es Drongoarten, die nur ihre eigenen Motive vortragen. Sie singen «je individuelle Motive, wobei keiner in seiner persönlichen Motivfolge ein einziges Motiv des Partners verwendet – ein komplementäres Duett von erlesener Schönheit» (Wulffen 2005).

den guten Sängern Nordamerikas; früher wurde er sogar als «Virginia-Nachtigall» bezeichnet.[58] Das schlichter gefärbte Weibchen singt ebenfalls, jedoch nicht so häufig. Rotkardinäle sind gute Duettsänger. In der Regel beginnt das Männchen, und das Weibchen setzt dessen Strophe unmittelbar fort; teilweise kann aber auch der Gesangsbeginn des Weibchens das Gesangsende des Männchens um zwei bis drei Elemente überlappen. In jedem Fall erklingt eine durchgehende Strophe. Die auf dem Sonagramm (s. Abb. 52) in der Lautstärke erkennbaren schwächeren Elemente des Männchens sind nicht typisch, sondern resultieren daraus, dass das Männchen bei dieser Aufnahme weiter im Hintergrund singt.

Abb. 53: Goldscheitelwürger *(Laniarius barbarus)*

BUSCHWÜRGER *(Malaconotidae)*:

Die Familie der Würger *(Laniidae)* ist für ihren vokalen Reichtum und besonders für ihr Imitationstalent berühmt (s. S. 191 f.). Bei den afrikanischen Gelbschnabel- und Elsterwürgern *(Corvinella corvina & C. melanoleuca)* wie auch Weißscheitel- und Rüppelwürgern *(Eurocephalus anguitimens & E. rueppelli)* ist Duettgesang entwickelt und wird teils im Chor vorgetragen. Hier wollen wir uns eingehender mit einigen ebenfalls in Afrika verbreiteten Buschwürgerarten, besonders der Gattung *Laniarus*, beschäftigen. Sie haben sehr klangvolle Stimmen; ihre Strophen bestehen häufig aus aneinandergereihten reinen Flöten- oder Glockentönen. Vor allem die Duettgesänge sind zum Teil außergewöhnlich; es sind oft melodische und harmonische Tonintervalle zu hören. Man könnte «annehmen, dass im polyphonischen Singen die Schwebungen, welche von der Koinzidenz von Grund-

tönen mit kleinem Intervall und von Obertönen mit größerem Intervall stammen, die Vögel dazu führen, so sehr wie möglich die genaue Proportion von natürlich gestimmten konsonanten Intervallen zu erreichen – was wir tatsächlich finden: Konsonanzen werden Dissonanzen gegenüber vorgezogen. Es bestehen tatsächlich Gründe, um anzunehmen, dass konsonante harmonische Intervalle zu Kommunikationszwecken wirksamer sind als dissonante harmonische Intervalle» (Thorpe 1972). Auffällig ist, dass in Würgerduetten sehr häufig die große Terz vorkommt. So wie die meisten Duettsänger sind auch die *Laniarius*-Arten fast nur paarweise zu beobachten.

Der Gesang des Schwarzwürgers *(Laniarius leucorhynchus)* besteht aus kurzen oder langen, schönen flötenden Tönen, die in unterschiedlich schnellem Tempo zu hören und in der Klangfarbe dem Gesang des unten beschriebenen Boubouwürgers verwandt sind; die Duette sind sowohl antiphon als auch synchron. Die Trauerwürger oder Schieferwürger *(Laniarius funebris)*

---

58 Bei Rotkardinälen wurden erstmalig von der Syrinx eines singenden Vogels Röntgenfilmaufnahmen gemacht (s. S. 250).

Abb. 54: Rotbauchwürger *(Laniarius erythrogaster)*

zeichnen sich durch die außergewöhnliche Mannigfaltigkeit der Duettmuster aus.

Das Repertoire des prächtigen Goldscheitelwürgers (*Laniarius barbarus*), den man bereits in den Hotelgärten westafrikanischer Städte beobachten kann, enthält typischerweise flötende und raue Töne. Die drei bis vier verschiedenen synchronen, kurzen Duetttypen werden sehr rasch und mit großer Exaktheit vorgetragen. Das gilt auch für die Duette des Papyruswürgers (*Laniarius mufumbiri*).

Der Rotbauch- oder Scharlachwürger (*Laniarius erythrogaster*) duettiert in schöner Harmonie. Dem vollen, lauten, flötenden Pfiff des Männchens folgt fast unmittelbar das Gurren oder Quarren des Weibchens. Die Duette sind von höchster zeitlicher Präzision: Die Vögel halten das Tempo so genau ein, als würden sie nach dem Schlag eines Dirigenten singen. Dabei ist die Abstimmung der Rhythmik und der Tonhöhen so exakt, dass man meint, nur einen Vogel singen zu hören, obwohl der Gesang vom Männchen und vom Weibchen gemeinsam vorgetra-

gen wird. Bei der Analyse einer Tonfilmaufnahme konnte entdeckt werden, dass das Weibchen den Bruchteil einer Sekunde nach dem Männchen angesetzt hatte. Sie reagierte blitzschnell, selbst wenn sie ihren Gefährten nicht sehen konnte (Bornemisza 1999). Individuelle Paare können Beantwortungszeiten von bis zu 125 Millisekunden bis auf eine Standardabweichung von etwa 3 msec konstant halten.

Aufgrund seiner klangvollen Stimme und des hohen Ranges als Duettsänger gehört der Boubouwürger oder Tropical Boubou (*Laniarius aethiopicus*) zu den am besten untersuchten Duettsängern. Sein glockenähnlicher Gesang ist einer der schönsten Klänge in Afrika; daher der volkstümliche Name «bellbird» (Glockenvogel). Die Stimme ist höchst komplex und abwechslungsreich. Der Gesang ist in der Regel ein aufeinander abgestimmtes Duett von Männchen und Weibchen, die stets nah beieinander sitzend singen (s.

Abb. 55: Boubouwürger *(Laniarius aethiopicus)*

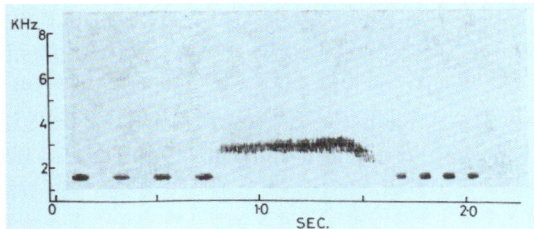

Abb. 56: Duettgesang von *Laniarius aethiopicus*

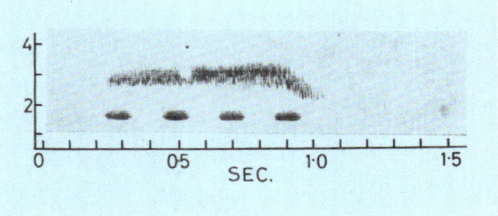

Abb. 57: Duettgesang von *Laniarius aethiopicus*

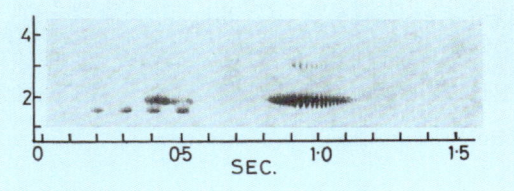

Abb. 58: Duettgesang von *Laniarius aethiopicus*

Abb. 67 a). Den volltönenden antiphonischen Duettgesang des Boubouwürgers habe ich zum ersten Mal 1971 in Kenia kennengelernt.

Der Gesang besteht aus drei melodischen, weichen Glockentönen «hoo-hiih-hoo», wobei der zweite Ton etwa um eine Terz höher ist. Dieses Motiv wird häufig wiederholt. Anfangs ist nicht wahrzunehmen, dass die Strophen von zwei Individuen erzeugt werden. Das wird einem erst bewusst, wenn man beide Vögel zusammen singen sieht. Den ersten und dritten Ton singt das Weibchen oder das Männchen, der zweite Ton kommt mit ebenso wohlklingender Stimme vom Partner. Dieser nur eine Sekunde lang dauernde Gesang ist eines der am häufigsten zu hörenden Duette. Nicht selten singt das Weibchen anfangs auch zwei Töne, sodass das Duett wie «hoo-hoo-hiih» klingt (s. Abb. 59, Tonreihe 1 A, 4. Takt). Oder das Weibchen singt vier gleiche Töne, und das Männchen singt gleichzeitig zum dritten Ton des Weibchens seinen um eine Terz höheren Ton: «hoo-hoo-hiih-hoo» (s. Abb. 59, Tonreihe 1 A, 2. Takt). Es ist erstaunlich, mit welcher Genauigkeit das Männchen seinen Ton zwischen die zwei beziehungsweise drei Töne des Weibchens eingliedert oder zeitgleich mit dem dritten Ton des Weibchens singt und wie sich die Klangfarbe der Töne gleicht. Ein anderes häufig zu hörendes Duett setzt mit dem höheren Ton ein und klingt wie «hiih-hoo-hoo-hiih-hoo», wobei auch das Weibchen beginnen kann (s. Abb. 59, Tonreihe 1 A und 1 B).

Das ist eine völlig andere musikalische Ebene als bei den oben beschrieben Schmuckbartvögeln. Ein Duett der Boubouwürger kann auch aus zwei Tönen bestehen, wenn beispielsweise das Weibchen mit einem hohen Ton anfängt und das Männchen mit einem tieferen Ton antwortet, wobei die Frequenz der Töne im Laufe der Wiederholungen geringfügig abnehmen kann (s. Abb. 59, Tonreihe 3); solche Duette können auch vom Männchen begonnen werden.

Abb. 59: Duettgesang von *Laniarius aethiopicus*

x = Weibchen; oder umgekehrt
y = Männchen

Abb. 60: Flötenwürger *(Laniarius ferrugineus)*

Es sind auch längere Duette zu hören: Das Sonagramm (Abb. 56) zeigt beispielsweise eine Duettform, bei der das Männchen zwischen zwei Phrasen von je vier gleichen Glockentönen des Weibchens ein geräuschhaftes, zum Schluss abfallendes Schnarren platziert. Das Schnarren des Männchens kann auch die Töne des Weibchens ganz (s. Abb. 57) oder nur teilweise überlagern und sich rhythmisch an die Töne des Weibchens anschließen (s. Abb. 58). Häufig beginnen auch die Männchen die Duette mit Schnarrlauten (s. Abb. 59, Tonreihe 2 A und 2 B).

Boubouwürger wie auch die sieben Unterarten beherrschen möglicherweise mehr als zehn verschiedene Duette; darüber hinaus gibt es regionale Dialekte (von West- bis Ostafrika). Die meisten Duette dauern zwischen 0,5 und 3,0 Sekunden. Obwohl Männchen wie Weibchen den Gesang beginnen oder abschließen können, wird ein Duett in der Regel vom Männchen initiiert. Jeder Vogel kann ferner seinen Teil auch allein vortragen. Die Boubouwürger-Duette folgen regelmäßigen Mustern; sie sind ausgesprochen musikalisch, und die Gesetzmäßigkeit der Duettstruktur ist von hoher Präzision.

Wie oben bereits angedeutet, ist der Boubouwürger dank seiner schönen Stimme, vor allem aber wegen der Vielseitigkeit und Exaktheit seiner Duette, genauer untersucht worden. So hat auch der englische Ornithologe W. H. Thorpe seine Studien an Duettsängern in den 1960er Jahren bevorzugt auf die Buschwürgerarten gerichtet. Der größte Teil seiner bahnbrechenden Arbeit über den Duettgesang (1972) befasst sich mit der Unterart *Laniarius aethiopicus major* (in drei verschiedenen Gebieten: Südwest-Uganda / Nähe Nakuru-See / Kapenguria, 240 km nordwestlich von Nakuru).

Die beschriebenen kunstvollen Duette des Boubouwürgers sind auch von dem nahe verwandten Flötenwürger oder Southern Boubou (*Laniarius ferrugineus*) zu hören. Die Stimmgebung dieser beiden alternierend singenden Arten ist nach Thorpe (1972) im Wesentlichen musikalischer Natur.

Thorpe, der von der Tonqualität der Boubouwürger-Duette stark beeindruckt war, konnte nachweisen, dass
1. die Lautäußerungen (mit Ausnahme der Ruflaute) gewöhnlich aus antiphonischem Gesang zwischen den Partnern eines Paares besteht;
2. das Männchen gewöhnlich, jedoch nicht notwendigerweise, im Gesang führt;
3. die Vögel gelegentlich ein ganzes Gesangsmuster vollkommen synchron singen;
4. jeder Vogel das ganze Duett für sich selbst singen kann;
5. das letztgenannte Verhalten allem Anschein nach auch dazu dienen kann, den abwesenden Partner in sein Revier zurückzurufen (Thorpe 1972).

Diese Untersuchungen sind nicht nur für das Duettieren der Boubouwürger von grundlegender Bedeutung; sie sind von wissenschaftlicher Aussagekraft über die Ordnungsstrukturen des Duettgesangs überhaupt. Deshalb seien hier die wesentlichen Untersuchungsergebnisse mitgeteilt:

«Obwohl viele Duettmuster den meisten, wenn nicht allen Paaren eines gewissen Gebietes gemeinsam angehören, neigt das Gesangsrepertoire eines Paares dazu, sich von demjenigen seiner Nachbarn abzuheben. Das Lautrepertoire wird durch die beiden Partner eines Paares ausgearbeitet und entwickelt, und isolierte Vögel scheinen unfähig zu sein, einigermaßen komplexe Lautmuster zu erzeugen. Untersuchungen an in Gefangenschaft gehaltenen Vögeln zeigten, dass bei dichter Besiedlung, und vor allem wenn die Vögel einander nicht sehen können, zahlreiche, jedoch nur temporär bestehende Duettmuster erzeugt werden; und es bestehen gewisse Hinweise dafür, dass in stark bevölkerten Gebieten, wo die Reviere klein sind, die Duettmuster komplexer sind als in Gegenden mit einer geringeren Populationsdichte» (Thorpe 1972).

Die Funktionen des antiphonischen Gesanges scheinen nach Thorpe die folgenden zu sein: Lokalisation und Kontaktbewahrung mit dem Partner; gegenseitige Stimulierung der beiden Partner; aggressive Territorialverteidigung;[59] gegenseitige Beruhigung nach einer Störung.

«Trio- und Quartettgesänge können aus kämpferischen Auseinandersetzungen zwischen Paaren an Territorialgrenzen entstehen. Sehr wahrscheinlich findet Triogesang gewöhnlich zwischen einem verheirateten Paar und einem voll ausgewachsenen Jungvogel statt. Laboratoriumsuntersuchungen über die Lautäußerungen von *Laniarius aethiopicus major* haben die Freilandbeobachtungen bestätigt, dass die Vögel die Synchronisation, die Stimmhöhe und das allgemeine Tempo, in welchem sie ihre Duette erzeugen, genau beherrschen. Die Kontrolle der

Tonhöhe entspricht sicherlich einem Halbton und oft einem Viertelton ... Untersuchungen im Vogelhaus bestätigen, dass die Nachahmungsfähigkeit der Vögel hauptsächlich der Bildung und Aufrechterhaltung von sozialen Bindungen dient. Die Hypothese, dass ein Vogel ein Duettmotiv als persönlichen *Namen* für einen anderen Vogel gebraucht, führte zu Trennungsversuchen[60] von verpaarten Vögeln. Diese bestätigten die Ansicht, dass das Männchen normalerweise die Duette beginnt und dass, wenn ein Weibchen dies tut, es gewöhnlich mit einem Schnarrlaut anfängt» (Thorpe 1972).

ZAUNKÖNIGE (Troglodytidae):

Innerhalb der Familie der Zaunkönige gibt es zahlreiche Vertreter, die über schöne und ausdrucksvolle Gesänge verfügen. Mit Ausnahme des europäischen Zaunkönigs gehören die über achtzig Arten zur Neuen Welt. Bei etwa sechzig Arten singen Männchen und Weibchen (s. S.

---

59 Über den Zusammenhang von Duettgesang und Revierverteidigung siehe auch Seite 130 f.

60 Die Trennungsversuche zeigten u.a., dass die Trennung die allgemeinen Lautäußerungen des im Revier zurückgelassenen Vogels erhöht. Der Vogel, der in ein neues Revier versetzt wurde, neigt dazu, seine Laute zu vermindern. Der im Revier zurückgebliebene Vogel gebraucht, wenn es ein Männchen ist, alle seine gewöhnlichen Laute und kann dazu noch Lautäußerungen seines vermissten Partners erzeugen. Bei isolierten Partnern erscheint früher oder später die regressive Tendenz, Laute zu äußern, welche normalerweise dem Jugendstadium angehören. Das alleingelassene Weibchen beantwortet diejenigen Töne ihres eigenen Männchens, welche es hören kann, antwortet jedoch nicht auf die Töne von Nachbarspaaren. Von einem Männchen, das mit einem duettsingenden Paar zusammen lebte, wurden niemals Lautäußerungen vernommen; als jedoch das revierbesitzende verpaarte Männchen entfernt wurde, zeigte sich, dass der Mitbewohner das Repertoire seines Rivalen wenigstens teilweise gelernt hatte. Das zurückbleibende Weibchen antwortete ihm, was es sonst fremden Vögeln gegenüber nicht tat (Thorpe 1972).

Abb. 61: Zaunkönig *(Troglodytes troglodytes)*

135), und innerhalb von etwa vierzig Arten ist Duettgesang verbreitet. Männchen und Weibchen singen häufig simultan oder antiphon; auch Überlappungsduette sind üblich. Bei vielen Zaunkönigarten, auch beim einheimischen Zaunkönig, haben die Männchen einen starken Hang zum Nestbau. Weit übers «Ziel» scheint der Sumpfzaunkönig *(Cistothorus palustris)* zu schießen, der in der dreimonatigen Brutperiode fünfundzwanzig bis fündunddreißig Nester baut. Er ist aber auch ein guter Sänger und verfügt im Osten der USA über ein Gesangsrepertoire von dreißig bis sechzig Motiven, während die Männchen im Westen der USA bis zu hundert verschiedene Gesänge vortragen; die Weibchen scheinen aber nicht zu singen.

Der Gesang des Pantherzaunkönigs *(Campylorhynchus nuchalis)* ist eine wenig musikalische Serie von sechs oder mehr Lauten. Beide Geschlechter singen. Diese südamerikanische Art ist genauer auf ihr Brutverhalten untersucht worden; es zeigte sich, dass nicht nur die Eltern die Nestlinge füttern, sondern dass auch Helfer daran beteiligt sind. Bei diesen kooperativen Brütern (s. S. 180) lernen die männlichen Jung-

vögel ihr Stimmrepertoire in der Regel von den erwachsenen Männchen, während die jungen Weibchen von den adulten Weibchen lernen. Eine andere Gesangsvariante wurde beim Weißohr-Zaunkönig *(Thryothorus leucotis)* festgestellt: Die jungen Männchen singen wechselweise mit der Mutter, während die jungen Weibchen mit dem Vater singen. Die Paarpartner singen ein gut koordiniertes Duett, wobei ihre jeweilige Rolle nicht zu unterscheiden ist.

Als ausgezeichneter Duettsänger ist der Kastanienzaunkönig oder Uferzaunkönig *(Thryothorus nigricapillus)* bekannt. Häufig sind Duette zu

Abb. 62: Kastanienzaunkönig *(Thryothorus nigricapillus)*

hören, die fast immer vom Weibchen begonnen werden. Die Duette werden mit großer Genauigkeit vorgetragen.

Sehr komplexe Duette singt der Zeledonzaunkönig *(Thryothorus zeledoni)*, der in Mittel- und Südamerika verbreitet ist. Das Repertoire des Männchens besteht in der Regel aus sehr kurzen, schnellen Phrasen, während die Weibchen etwas längere Phrasen vortragen. Vom Männchen sind darüber hinaus auch noch höher frequentierte Phrasen zu vernehmen. Jedes Duett wird gleichbleibend mit einem dieser

Phrasen des Männchens begonnen. Die Duette von Männchen und Weibchen sind von hoher Präzision.

Das Verbreitungsgebiet des Carolina-Zaunkönigs (Thryothorus ludovicianus) sind vor allem Südostkanada und die östlichen USA. Die Vögel sind wesentlich größer als ihre europäischen Verwandten. Die Männchen sind bekannt für ihren lauten, kraftvollen Gesang, der nicht gerade charakteristisch für Zaunkönige ist, sondern häufig wie «tiekettle-tiekettle-tiekettle» klingt. Die meisten Männchen verfügen über ein umfangreiches Repertoire von dreißig bis vierzig verschiedenen Motiven. Sie wiederholen normalerweise jedes Motiv mehrere Male, bevor sie zu einem anderen übergehen. In selteneren Fällen kann aber auch ein Männchen einen großen Teil seines Repertoires, kontinuierlich von Motiv zu Motiv wechselnd, nacheinander vortragen. Auch kann der Gesang je nach Region variieren; so singen zum Beispiel die Vögel in den nördlichen Gebieten langsamer als in den südlichen. Beide Partner singen oft bis zu 2,5 Minuten in einem Duett von perfekter Synchronisation. Die Gesetzmäßigkeit dieser Paargesänge ist beachtlich.

Südamerikanische Fraser-Zaunkönige (Thryothorus euophrys) singen häufig in antiphonalen Duetten und beeindrucken insgesamt durch ihre Sangeskunst: «Sie bilden regelrechte Chöre aus zwei bis sieben Individuen, in denen sich Männchen und Weibchen in komplexen Wechselgesängen ablösen. Das haben schottische Ornithologen bei mehreren Gruppen von Fraser-Zaunkönigen in Ecuador belegen können. Jedem einzelnen Vogel stehen dabei insgesamt etwa achtzig verschiedene Phrasen zur Verfügung. Mit diesen aufwendigen Klangmustern und der unglaublich synchronen Ausführung gehören diese Zaunkönigsgesänge zu den vielschichtigsten bislang in der Tierwelt bekannten

Abb. 63: Carolina-Zaunkönig (Thryothorus ludovicianus)

Sangesleistungen überhaupt ... Was die Zaunkönige bieten, ist zumindest bislang beispiellos. Darauf deutet schon die ungewöhnliche Lebensweise der Vögel hin: Sie leben nicht, wie bislang angenommen, in Paaren, sondern in Gruppen verschiedener Größen und unterschiedlicher Zusammensetzung. Die Ornithologen entdeckten Verbände aus zwei Männchen und zwei Weibchen, zwei Weibchen und drei Männchen sowie fünf Männchen und zwei Männchen. Diese Gesellschaftsstruktur hat offenbar im Lauf der Evolution auch deren Gesang bestimmt: Insgesamt folgt jeder Zyklus einer ABCD-Struktur, wobei die Männchen die Phrasen A und C beitragen und die Weibchen im Wechsel die Phrasen B und D. Obwohl

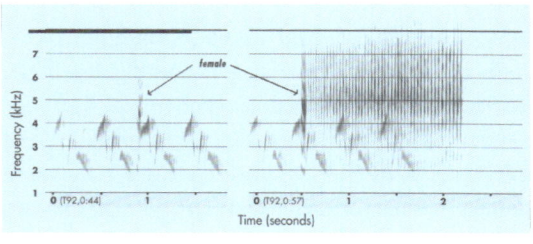

Abb. 64: Duettgesang des Carolina-Zaunkönigs (Thryothorus ludovicianus)

jedem Geschlecht für jede dieser Phrasen etwa zwanzig verschiedene Varianten zur Verfügung stehen, sind alle Teile des Gesangs äußerst synchron. Die Vögel müssen demzufolge ihre Phrasen nicht nur zeitlich genau aufeinander abstimmen, sondern auch gleichzeitig die gleiche Variante auswählen. Bis zu zwei Minuten kann dieser Wechselgesang dauern, wobei die ABCD-Zyklen mehr als vierzigmal wiederholt werden» (Mann 2006).

Duettgesänge sind nicht allgemein in der Vogelwelt verbreitet, sondern kommen, wie bereits angedeutet, vor allem bei tropischen Singvogelarten vor. Nicht alle tropischen Duettsänger verfügen über komplexe Strophen; es handelt sich vielmehr oft um einfache Duette. Aber auch die *einfachen* Duette zeichnen sich in der Regel bereits durch große Genauigkeit in der vokalen Abstimmung der Partner aus. Ich habe hier nur wenige Beispiele angeführt; sie vermitteln aber sowohl einen Eindruck von der musikalischen Gesetzmäßigkeit als auch von der unterschiedlich großen Perfektion in den Wechselgesängen von Männchen und Weibchen. Die Gesangsleistungen der Frazer-Zaunkönige sind erstaunlich, aber nicht «beispiellos», wie es im obigen Zitat heißt, denn hohe Präzision finden wir auch in den Duettgesängen anderer Singvogelarten. In einer musikalischen Steigerungsreihe bezüglich der Exaktheit und Synchronisation der Duettgesänge würden nicht nur Fraser-Zaunkönige, sondern auch *Cisticola*- und *Laniarius*-Arten die oberen Ränge einnehmen.

Es ist zu begrüßen, dass verstärkt auch die musikalischen Gesetzmäßigkeiten in den Gesängen der Vögel untersucht werden – vor allem vor dem Hintergrund, dass das Singvogelgehirn bisher unterschätzt wurde. Und wenn sich das wissenschaftliche Interesse vermehrt der großen Wahrnehmungsgenauigkeit der Singvögel und den Ordnungsprinzipien in ihren Gesängen zuwendet, ist sicher mit noch ganz anderen Untersuchungsergebnissen zu rechnen, die möglicherweise nicht nur neue Erkenntnisse zur Entwicklung des Duettgesanges liefern, sondern auch generell zur musikalischen Kultur der Singvögel.

Zum Schluss sollen noch die häufigsten wissenschaftlichen Interpretationen zur möglichen Funktion des Duettgesanges diskutieren werden: a) Kommunikation in dichter Vegetation; b) Revierverteidigung; c) Duettgesang und lebenslange Partnerschaft.

a) Duettgesang als Kommunikationshilfe in dichter Vegetation?

Da zahlreiche Duettsänger tropische Wald- oder Buschvögel sind beziehungsweise in hoher dichter Grasvegetation leben, wird vermutet, dass die Partner im dichten Blätterwerk durch Duettgesang leichter in Kontakt bleiben können. So schreibt Thorpe (1972): «Es wird schnell deutlich, dass Duettsänger die charakteristischen Vogelarten dichter Wälder, verschlungenem Unterwuchs oder undurchdringlicher Strauchvegetation sind und dass im Verhältnis der Beispiele sich die Geschlechter ähnlich sind ... Die Duette (der *Cisticola*-Arten) finden sicherlich oft an Stellen statt, wo es unwahrscheinlich ist, dass die Vögel einander sehen können ... Es könnte sein, dass in den großen Höhenlagen, wo diese Vögel gefunden werden, anhaltender Dunst und Nebel für den Überlebenswert eines gut entwickelten stimmlichen Kommunikationssystems verantwortlich sind.»

Das mag für bestimmte Arten zutreffend sein, ist aber nicht zu verallgemeinern, denn gerade bei *Cisticola hunteri* duettieren die Partner nicht, wenn einer von ihnen außer Sichtweite ist (s. S. 116f.). Hat sich Duettgesang wirklich entwickelt, damit sich Paare leicht wiederfinden, weil der visuelle Kontakt in bestimmten Biotopen erschwert ist? Wozu die Entwicklung derart komplizierter und präziser Gesangsstrukturen, da doch Kommunikation·viel einfacher zu haben wäre? Denn um in dichter Vegetation, sei es im undurchdringlichen Buschwerk oder in den Baumkronen des tropischen Regenwaldes, miteinander zu kommunizieren, muss man nicht antiphonal singen; prägnante Kontaktrufe würden, wie bei anderen Arten, genügen. Und umgekehrt haben sehr viele urwald- und dickichtbewohnende Arten gar keinen Duettgesang entwickelt. Das zeigt uns beispielsweise auch die sehr artenreiche Familie der in ganz Amerika verbreiteten Tyrannen (*Tyrannidae*); bei den in dichter Vegetation lebenden Arten, gibt es, mit nur wenigen Ausnahmen, keine Duettsänger. Stattdessen finden wir zahlreiche Duettsänger, die offene Habitate wie savannen- und buschbestandene Steppen bevorzugen,[61] was ein Hinweis darauf ist, dass sich Duettgesang nicht nur in Abhängigkeit vom Lebensraum entwickelt hat.

Ein weiteres Indiz, dass die übliche funktions-

Abb. 65: Hornero oder Rosttöpfer *(Furnario rufus)*

bezogene Interpretation fraglich oder zumindest einseitig ist, zeigt sich im Verhalten der Duettsänger selbst: Duettgesang wird mit großer Genauigkeit vollführt, und es ist richtig, dass er auch «dann gebraucht wird, wenn die Partner einander nicht sehen können» (Thorpe 1972). Die Regel ist es aber nicht. So duettieren beispielsweise südamerikanische Töpfervögel, welche nicht nur berühmte Nestbaumeister, sondern auch vorzügliche Duettsänger sind, nicht während des Fluges durch Baumkronen oder Buschwerk, sondern sie stehen sich bei ihren Duetten generell mit gestrecktem Hals und gespreiztem Schwanz unmittelbar gegenüber (sehr häufig auf dem Nest), und ihre glockenähnlichen Stimmen sind fast ganzjährig zu hören (Grzimek IX). Auch die afrikanischen Schmuckbartvögel (s. S. 113) sitzen stets dicht beieinander (Albrecht 1968). Das ist ein charakteristisches Verhalten vieler tropischer Duettsänger, zum Beispiel *Cisticola hunteri*, *Eminia lepida*, *Cossypha heuglini*, *Laniarius aethiopicus*. Und wenn der Partner sich etwas entfernt aufhält, aber den anderen

---

61 Es gibt zahlreiche tropische Vogelarten, die nicht im geschlossenen Regenwald, sondern in offenem Gelände leben und trotzdem gute Duettsänger sind, zum Beispiel Kehlband-Schleppentyrann (*Gubernetes yetapa*), Schwarzscheitel-Maskentyrann (*Phelpsia inornata*), Kapgrassänger (*Sphenoeacus afer*), Schuppenkopfprinie (*Spiloptila clamans*), Strichelcistensänger (*Cisticola natalensis*), Elsterwürger (*Corvinella melanoleucus*), Graukopfwürger (*Malaconotus blanchoti*), Rosenwürger (*Rhodophoneus cruentus)*, Senegaltschagra (*Tchagra senegala*), Graumantelwürger (*Lanius excubitoroides*), Trauerdrongo (*Dicrurus adsimilis*), Riesenzaunkönig (*Campylorhynchus chiapensis*), Rotnacken-Zaunkönig (*Campylorhynchus rufinucha*), Pantherzaunkönig (*Campylorhynchus nuchalis*), Bindenzaunkönig (*Campylorhynchus fasciatus*), Felsenzaunkönig (*Salpinctes obsoletus*), Schluchtenzaunkönig (*Catherpes mexicanus*), Kubazaunkönig (*Ferminia cerverai*), Hartlaub-Heckensänger (*Cercotrichas hartlaubi*), Fahlbürzel-Steinschmätzer (*Oenanthe moesta*).

singen hört, so fliegt er rasch herbei, um sich in dessen Nähe am Gesang zu beteiligen, wie es auch bei *Cisticola chubbi* festgestellt wurde. Die Paare duettieren also meistens ohne räumliche Distanz (s. Abb. 49 u. 67 a). Nicht wenige Arten scheinen erst dann im Duett zu singen, wenn sie nach dem Flug durch dichtes Blätterwerk wieder beieinander sind.

Zur Kommunikation reichten verschiedene Stimmfühlungslaute eigentlich völlig aus. In einer gesteigerten Form könnte auch das Erlernen des Partnergesanges als mögliche «Anrede» betrachtet werden (s. Kap. 7.1) oder in der Art, wie Kolkraben ein gemeinsames Rufrepertoire besitzen, um sich bei größerer Distanz herbeirufen zu können (s. Kap. 9.3.5). Das sind echte Kontaktlaute, um sich auf Distanz zu erkennen und sich schnell wieder zu finden, aber eben nicht, um dann miteinander in einen komplizierten Duettgesang einzutreten. Deshalb ist anzunehmen, dass Duettgesang nicht so sehr der Kommunikation in unübersichtlichem Gelände dient und auch nicht zu diesem Zweck entwickelt worden ist. Es erscheint also berechtigt, die Hypothese der biologischen Funktionen des antiphonischen Gesanges zu hinterfragen, was auch für die weitere Diskussion gilt.

b) Duettgesang als Revierverteidigung?

Duettsingen wird verständlicherweise auch mit Revieranzeige in Verbindung gebracht (Seibt & Wickler 1977). So konnten bei verschiedenen Vogelarten Duettduelle an der Reviergrenze beobachtet werden, zum Beispiel beim Boubouwürger *(Laniarius aethiopicus)*, und zwar in der Art, dass «die Tiere sowohl mit den paar-eigenen Motiven den Partner ansangen und zur Duettantwort brachten als auch Motive des Rivalen aufgriffen und ihm entgegen sangen; sie redeten

also in raschem Wechsel und mit verschiedenen Elementen den Paarpartner und den Rivalen an» (Wickler 1986). Die Paare des afrikanischen Trauerdrongos *(Dicrurus adsimilis)* lassen an der gemeinsamen Reviergrenze nicht sehr laute, aber recht komplizierte Duette erklingen. Ostafrikanische Grassänger und andere *Cisticola*-Arten führen ebenfalls Duettgesänge auf, wobei jedes einzelne Paar mehrere verschiedene Duettmotive beherrscht. Die Paare duettieren auch mit ihren verpaarten Nachbarn, und aus einem daraus resultierenden Quartett kann sich ein sogenanntes Konterduett entwickeln (Todt 1970). Nach Ansicht von Wickler & Seibt (1980) könnten solche Duettkämpfe aus folgendem Grund vorteilhaft sein: «Wenn beide Partner das Revier verteidigen, zeigen sie mit dem Duett eine stärkere Kampfkraft an als ein einzeln rufender Vogel. Den könnte ein reviersuchendes Paar mit Aussicht auf Erfolg angreifen.» Das trifft zu, wenn sich ein einzelner Vogel dem Revier nähert, ansonsten gilt, wenn ein duettsingendes Paar gemeinsam ein Revier gegen Artgenossen verteidigen würde, hätte es auch Duettpartner als Reviernachbarn. Von stärkerer Kampfkraft kann also nicht grundsätzlich gesprochen werden. Ein anderer interessanter Gedanke der genannten Autoren ist, dass Duettsänger in jedem Falle anzeigen, dass sie verpaart sind. Wer also zugleich mit dem Partner ruft, erspart sich möglicherweise Konflikte mit interessierten Artgenossen.

Eine neuere Studie über «Triumphduette» scheint die Theorie zu unterstreichen, dass Duettgesang der Revierverteidigung dient. Danach gehört zum Gesangsrepertoire des Boubouwürgers *(Laniarius aethiopicus)* im westafrikanischen Staat Elfenbeinküste eine Art Siegeshymne. Sobald «diese Vögel Eindringlinge aus ihrem Revier verscheucht haben, stimmen Männchen und Weibchen ein Duett an. Dieses Duett ist nicht nur ein deutliches Signal an die

Verlierer, sondern dient wohl gleichzeitig dazu, die anderen Störenfriede abzuschrecken. Den Siegesgesang schmettern die Boubouwürger nämlich wesentlich lauter in die Landschaft als ihre anderen Duette. Seine Reichweite ist damit viel zu groß, um nur als Botschaft an die direkten Nachbarn oder zur Festigung der Paarbindung zwischen Männchen und Weibchen zu dienen. Außerdem dauert das Lied der Gewinner viel länger als andere Duette. Einige Refrains werden sogar mehr als vierzigmal wiederholt, wohl um der Siegesbotschaft Nachdruck zu verleihen» (Grafe & Bitz 2004).

Die Aussage der beiden Würzburger Tropenbiologen, dass die Reichweite bestimmter Duette viel zu groß sei, um nur als Botschaft an direkte Nachbarn zu dienen, ist kein genügendes Argument für einen «Siegesgesang». Eine solche Interpretation setzt voraus, dass der Gesang nur den wissenschaftlich anerkannten Zwecken dient. Wenn er sich aber, wie in diesem Fall, nicht darauf reduzieren lässt, muss es dann ein zweckmäßiges «Triumphduett» sein? Auch das Vokabular des kanadischen Biologen D. Mennill zielt in diese Richtung. Danach synchronisieren die von ihm in den Regenwäldern von Costa Rica untersuchten Rotrücken-Zaunkönige (*Thryothorus rufalbus*) nicht nur ihre Aktivitäten über den Gesang, sondern nutzen den Duettgesang ebenso als «aggressive akustische Kriegsführung» (Lingenhöhl 2008). Hierzu muss gesagt werden, dass die Zaunkönige durch das Abspielen von Gesängen eines fremden Pärchens in ihrem Revier künstlich gereizt wurden! Selbstverständlich reagieren zahlreiche Singvögel aufgeregt, wenn männliche Artgenossen (oder wie hier fremde Pärchen) in ihren Revieren singen. Es wäre interessant herauszufinden, ob sich diese Zaunkönige möglicherweise deshalb so aggressiv verhalten, weil es im normalen Miteinander gerade nicht üblich ist, in fremden Revieren zu singen.

Das durchgängige Thema in diesem Buch ist, dass die Singvögel in ihren Gesängen wesentlich mehr entwickelt haben, als biologisch notwendig ist. Es ist heute allgemein anerkannt, dass Duettgesang in starkem Maße dem Zusammenhalt der Partner dient und dass er bei der Revierverteidigung zum Einsatz kommen kann. Zu berücksichtigen ist jedoch, dass gesangsbegabte Singvögel vor allem ein Klangrevier verteidigen; Reviergesang wird aber fast immer noch auf die Kampfebene reduziert. So ist zu fragen, ob die territoriale Funktion des Duettgesangs nicht überbewertet wird. Kommen wir zurück auf den Boubouwürger, der im obigen Absatz wegen seiner Siegeshymne zitiert worden ist, denn es finden sich bei dieser Art eindeutige Verhaltensmuster, die nicht als ausgeprägt territorial zu bezeichnen sind.

Auf drei Aspekte, die für eine geringere Aggressivität des Boubouwürgers sprechen, sei hier nach Thorpe (1972) hingewiesen: 1. Ausgewachsene Jungvögel werden nicht aus dem Revier vertrieben, sondern das Revier scheint sich auszubreiten, um die Jungvögel darin aufzunehmen. Dieses Verhalten ist vor allem von jenen Singvogelarten bekannt, bei denen die jungen Männchen noch nicht im zweiten Lebensjahr geschlechtsreif sind und bei der nächsten Brut als Helfer geduldet werden (z.B. Pirol), oder aber es handelt sich um weniger gesangsbegabte Singvögel, die generell kaum territorial sind. 2. Zwei gleichgeschlechtliche, männliche oder weibliche Boubouwürger können sich wie ein richtiges Paar verhalten.[62] Sie können Nestmaterial auf-

---

62 Da die Geschlechtsbestimmung der Vögel schwierig ist, wurden bei den Untersuchungen manchmal unbeabsichtigterweise gleichgeschlechtliche Paare zusammengestellt. Diese Paare neigten dazu, hervorragend normale Duette vorzutragen, und es vergingen manchmal mehrere Monate, bevor festgestellt wurde, dass die Vögel in Wirklichkeit nicht ein wahres Paar bildeten.

heben und tragen, sich gegenseitig das Gefieder pflegen und sogar zusammen Duette singen, was für das Verhalten von Männchen territorialer Arten nicht als typisch bezeichnet werden kann. 3. Während gesangsbegabte Singvögel in der Regel heftig auf das Vorspielen von Gesängen derselben Art wie auch auf den eigenen Gesang reagieren, neigen Duettsänger bevorzugt dazu, die Stimme des Partners zu beantworten. So reagiert das isolierte Männchen des Boubouwürgers auf das Vorspielen seines Partners mit dem zutreffenden Motiv aus seinem eigenen Repertoire. Es neigt viel weniger dazu, das Vorspielen seiner eigenen Stimme zu beantworten; tut es dies trotzdem, wiederholt es dabei höchstens das ihm vorgespielte Motiv.

Die Beispiele zeigen, dass die Territorialität der Boubouwürger und vieler anderer Duettsänger nicht sehr ausgeprägt ist und deshalb der Duettgesang im Zusammenhang mit der Revierverteidigung nicht überbetont werden sollte. Im Vergleich zu zahlreichen europäischen *Solisten* haben bei den Duettsängern die Partner *gelernt*, nahe beieinander zu singen. Im Gegensatz zum Reviergesang erfordert Duettgesang, ähnlich wie Chorgesang, geradezu die räumliche Nähe. Duettgesang dient in einzelnen Fällen sicher auch der gemeinsamen Revierabgrenzung. Zu prüfen wäre im Einzelnen noch, in welchem Maße Duettsänger akustische Reviere verteidigen und wie sie sich gegenüber nicht singenden Artgenossen in ihrem Revier verhalten. Zu beachten ist jedenfalls, dass Duettgesang, als Steigerung des gemeinsamen Singens, zum großen Teil ganzjährig vorgetragen und deshalb nicht primär zur Revierverteidigung während der Brutzeit eingesetzt wird. So gesehen scheint Duettsingen wesentlich mehr zu sein als eine biologische Funktion im Territorialverhalten dieser Vögel (s. auch das Beispiel der Drosselstelze, S. 133 f.).

c) Warum sind tropische Duettsänger häufig in lebenslanger Partnerschaft verbunden?

Der afrikanische Waldweber (*Ploceus bicolor*) lebt im Gegensatz zu anderen Webervögeln nicht gesellig, sondern in einzelnen Paaren in großen Dauerrevieren. Zu seinem ungewöhnlichen Gesang schreibt Wickler (1986): «Es ist ein von den Paarpartnern gemeinsam vorgetragenes Duett, bei dem beide gleichzeitig dasselbe singen. Jedes Paar hat nur eine Strophe und ist wegen paartypischer Besonderheiten daran von jedem anderen Paar zu unterscheiden. Wir sind sicher, dass die exakte Übereinstimmung der Paarpartner nur durch angleichendes Lernen zustande kommen kann. Und wir haben daraus gefolgert, dass es für die Tiere vorteilhaft ist, in einer eingespielten Singpartnerschaft zu bleiben, statt nach einem Partnerwechsel erneut die Angleichungsprozedur auf sich zu nehmen.»

Wenn man davon ausgeht, dass im Verhalten der Tiere immer alles vorteilhaft sein muss, dann mag eine solche Hypothese folgerichtig sein. Vor dem «Eifer, mit dem heute nach dem Selektionswert auch der feinsten Nuancen des Verhaltens gefahndet wird», hat aber Portmann (1953) eindringlich gewarnt. Natürlich dient der Duettgesang als reiner Paargesang der Verständigung und ganz sicher dem Zusammenhalt der Paare. In der Tat tritt Duettsingen oft bei tropischen Arten auf, die dauerhaft als Paare zusammenleben. Ebenso ist richtig, dass es bis zum vollendeten Beherrschen der häufig recht komplexen Duette wochenlanger Übung der Partner bedarf. So üben beispielsweise die oben genannten Waldweber ihren Duettgesang mehrere Wochen, bis sie ihr synchrones Lied vollendet beherrschen (Wulffen 2005). Aber wollen wir allen Ernstes annehmen, dass für Singvögel das Erlernen von Gesängen oder von Duetten eine Prozedur ist, deren Wiederholung die Tiere vermeiden

Abb. 66: Schwarzrücken-Flötenvogel *(Gymnorhina tibicen)*

möchten? Entweder sind Individuen einer Art wenig begabt, dann hören wir auch nur einfache und bescheidene Lautäußerungen, oder aber sie vermögen komplizierte Gesänge und Duette vorzutragen, dann sollte es für dermaßen befähigte Vögel nicht schwierig sein, auch neue Strophen zu erlernen, sofern die Art lebenslang lernfähig ist. Deshalb ist es kaum vorstellbar, dass ausgerechnet Bequemlichkeit auf der Gesangsebene der Grund sein sollte, seinem Partner lebenslang treu zu bleiben.

Machen wir uns nochmals bewusst, dass die Duettsänger unter den Singvögeln über außerordentliche musikalische Fähigkeiten verfügen und die Partner ihre Klangelemente nach offensichtlichen Gesetzmäßigkeiten zu einer Strophe oder einem Lied verbinden. Die Präzision und die extrem kurze Zeitdauer des Duettverlaufs erfordern ein kontinuierliches vokales wie auch psychisches Eingestimmtsein der Partner aufeinander. Das ist Voraussetzung für erfolgreiches antiphones Duettieren, und außerdem fördert das gemeinsame Singen wiederum den Paarzusammenhang der Duettsänger.

Hierzu ein Beispiel: Ein Pärchen des in Nordaustralien beheimateten Schwarzrücken-Flöten-

vogels *(Gymnorhina tibicen)*, auch australische Elster[63] genannt, «gestaltete eine Melodie, die ihm auf der Flöte vorgespielt wurde, zu einem Wechselgesang. Jeder der beiden Partner sang stets nur seinen Teil. Als aber die eine Elster starb, begann die andere das vollständige Motiv zu singen» (Linsenmair 1968). Gibt es ein schöneres Zeichen dafür, dass das verbindende Element die Musik selbst ist? Wir werden später noch hören, wie eine musikalische Kommunikation selbst so unterschiedliche Vogelarten wie

Abb. 67: Drosselstelze *(Grallina cyanoleuca)*

Rotkehlchen und Hänfling einander näherbringen kann (s. Kap. 9.3.4). Ferner zeigen uns die australischen Elstern sehr schön, dass Duettsänger keine irgend geartete Abneigung vor einer «Angleichungsprozedur» haben, denn sie konnten ohne Mühe zu der eigenen noch eine neue Melodie hinzulernen und haben diese nach Duettsänger-Art aufgeteilt. Deshalb stimme ich mit

---

63 Die australischen «Elstern», die zur Familie der Flötenvögel bzw. Würgerkrähen *(Cracticidae)* gehören, sind nicht zu verwechseln mit den nahe verwandten, etwas kleineren schwarzweißen Drosselstelzen, die ebenfalls deutlichen Duettgesang hören lassen.

Linsenmair (1968) überein, dass Duette als die am höchsten entwickelte Form der Ehegesänge zu betrachten sind. Hinzufügen möchte ich noch, dass man in Australien die Flötenvögel wegen ihrer reinen, weichen Stimme zu den besten Sängern des Kontinents rechnet; sie «lassen praktisch das ganze Jahr über ihre Duette und Wechselgesänge ertönen und ahmen auch andere Stimmen nach» (Austin 1963).

Auch bei den Drosselstelzen (*Grallina cyanoleuca*) konnte von A. Robinson nachgewiesen werden, dass sie «lebenslängliche Dauerehen eingehen und dasselbe Revier in aufeinanderfolgenden Jahren benutzen. Männchen wie Weibchen verteidigen das Revier, aber nur gegen Vögel des gleichen Geschlechts. Daher singen sowohl Männchen als auch Weibchen; sie lassen sogar einen deutlichen Duettgesang hören» (Grzimek IX). Der kausale Zusammenhang wäre hier umzukehren: Beide Geschlechter singen, also verteidigen sowohl Männchen als auch Weibchen ein Klangrevier (s. Kap. 6.4).

Auf einen anderen Aspekt, dass ein Vogel ein Duettmotiv als persönlichen Namen für einen anderen Vogel gebraucht, haben wir bereits beim Boubouwürger hingewiesen. Und die Untersuchungen von Gwinner & Kneutgen (1962) an Kolkraben und Schamadrosseln ergaben, dass die Weibchen das Repertoire des Partners sehr genau kennen und sogar zu imitieren verstehen, wenn sie vom Partner getrennt wurden. Dieses individuelle Erkennen des Partners an Gesangsmotiven (*gezielte Anrede*) dürfen wir selbstverständlich generell bei Duettsängern voraussetzen. Es ist ein weiterer Hinweis für die hervorragende Einstimmung der Duettpartner aufeinander, was den engen lebenslangen Paarzusammenhalt stärker von der musikalisch-seelischen Seite als von der biologischen Funktion her verständlich macht.

d) Vergleich von Duettgesang und Kontergesang

Wie bereits erwähnt, trachten die Weibchen der Schmuckbartvögel danach, «dem Männchen sehr präzis ins Wort zu fallen, was die Partner bei anderen Duettsängern eher vermeiden» (Wickler 1973). Die Präzision ist bei den Schmuckbartvögeln, die nicht zu den Singvögeln gehören, sehr exakt, aber man hat noch nicht den Eindruck eines antiphonischen Singens; der Gesang entspricht mehr der Form des Überlappens, und zwar so, wie wir es beim erregten Kampfgesang beschrieben haben. Überlappungsgesang benachbarter Singvogelmännchen entsteht bei verstärkter Abgrenzung und bedeutet vom musikalischen Gesichtspunkt aus ein Abrutschen auf die untere Reviergesangsebene. Insofern die Duette der Schmuckbartvögel aber von Männchen und Weibchen hervorgebracht werden, haben wir es, im Vergleich mit den Duetten der Boubouwürger, mit einer (noch unvollkommenen) musikalischen Annäherung zu tun.

Während der erregte Kontergesang der Singvogelmännchen sich zum entspannten bzw. angleichenden Wechselgesang hin entwickelt, erfährt die gleichzeitige stimmliche Aktivität der Partner im überlappenden Duettgesang ihre musikalische Weiterentwicklung darin, dass die Klangelemente nicht zwischen die Strophe des Partners gepresst werden, sondern dass sich Männchen und Weibchen mehr und mehr aufeinander einstimmen und dass Klangelemente oder Motive entweder kanonartig in die Strophe des Partners eingefügt oder alternierend vorgetragen werden. Entspannter und angleichender Wechselgesang haben große Ähnlichkeit mit dem antiphonischen Duettgesang. Die bedeutende Steigerung des Duettgesangs ist allerdings, dass diese «Wechselgesänge» so harmonisch aufeinander abgestimmt sind.

Wenn Rotkehlchenweibchen im Herbst zu singen beginnen, nehmen sie wieder eigene Reviere ein und verteidigen sie auch gegen ihre Partner. Während der Brutzeit nimmt das Weibchen seinen Gesang gegenüber dem Männchen zurück, damit es nicht zu Aggressionen kommt. Bei gesangbegabten Singvögeln führt die Entwicklung klangvoller komplexer Gesänge dazu, dass sich männliche Reviernachbarn voneinander abgrenzen, selbst unter Partnern, wenn das Weibchen singt. Die Gesangsbegabung der Duettsänger führt dagegen nicht zu Abgrenzung und Distanzierung, denn Duettsänger haben in der Regel keine besonders melodischen Gesänge entwickelt. Ihre Gesangsentwicklung hat eine ganz andere Richtung genommen: Duettgesänge weisen durchaus gesetzmäßige Strukturen und vielfältige Motive auf, und sie lassen auch harmonische Beziehungen zwischen den einzelnen Tönen (Intervalle) erkennen (s. Kap. 7.5.1). Aber die Komplexität der Duette entsteht durch die außerordentliche Genauigkeit, mit der Männchen und Weibchen verschiedene Klangelemente zu einer gemeinsamen Strophe verbinden.

Überlappende Strophen können sowohl abgrenzende (erregter Kampfgesang) als auch annähernde Tendenzen haben, zum Beispiel im Chorgesang (s. S. 37) oder eben im Duettgesang. Selbst erregter Gesang kann eine aggressive wie eine werbende Komponente[64] beinhalten. Während in der kämpferischen Erregung der Reviernachbarn ihr zuvor entspannter Wechselgesang in den sich überlappenden Kontergesang übergeht, wird bei Duettsängern das Überschneiden von Strophen nicht als Störung empfunden.

Singvögel haben offenbar vermöge ihrer musikalischen Fähigkeit gelernt, aus der freudigen Erregung der Partner nicht einen aggressiven Überlappungsgesang zu produzieren, sondern eben eine musikalische Kunstform, den Duettgesang.

Im Aufbau der Gesangsgestalt werden musikalische und rhythmische Gesetzmäßigkeiten entwickelt und beachtet. Die Partner singen nicht nur miteinander, sondern sie bringen auf recht komplizierte Weise und in großer Präzision ein einheitliches Klangmuster hervor, sodass bei den am höchsten entwickelten Duettsängern nicht so ohne Weiteres zu erkennen ist, dass beispielsweise eine Gesangsphrase von nur einer halben Sekunde von zwei Individuen musikalisch gestaltet wird.

Kommen wir abschließend auf die drei diskutierten Fragen zurück. Nach dem oben Dargestellten ergibt sich die Frage, inwieweit bei den wissenschaftlichen Interpretationen der kausale Zusammenhang verschoben ist. Meines Erachtens sind erstens Duettgesänge primär eine musikalische Steigerung der Gesangskunst in Präzision und Synchronisation; sekundär mag der Duettgesang auch zur Kommunikation in unübersichtlichem Gelände von Nutzen sein. Duettgesang ist zweitens nicht prinzipiell als Reviergesang zu bezeichnen, kann aber vereinzelt auch sinnvoll als Reviermarkierung eingesetzt werden. Ganz sicher leben drittens viele tropische Duettsänger nicht deshalb in lebenslanger Partnerschaft, um die sonst in jeder Brutsaison notwendige Angleichungsprozedur im Duettsingen mit neuen Partnern zu vermeiden. Das verbindende Element zwischen den Partnern ist vor allem, dass Duettsänger so intensiv miteinander (teils ganzjährig) singen und dass sie – sowohl akustisch als auch psychisch – kontinuierlich so fein aufeinander eingestimmt sind, um jedes Duett mit dieser erstaunlichen Exaktheit singen zu können.

---

64 Erregungscharakter zeigt sowohl der Werbegesang eines Singvogelmännchens an sein Weibchen als auch die kämpferische Strophe an den Reviernachbarn, etwa die Trillerstrophe des Kleibers (s. Kap. 4.1), sodass durchaus zwischen freudiger und aggressiver Erregung unterschieden werden kann.

Vom Aspekt der Singvogelevolution haben sich zahlreiche gesangsbegabte Singvögel durch markante und klangvolle Gesänge zum Solistischen hin entwickelt. Diese singuläre Leistung führt bei den adulten Männchen auf der unteren Ebene des Reviergesangs zur Abgrenzung, die aber auf der entspannten Ebene und vor allem im angleichenden Wechselgesang gewissermaßen wieder überwunden wird. Auch wenn Duettgesang auf der unteren Stufe der Gesangsentwicklung noch sehr stark Überlappungscharakter zeigt, so ist Duettgesang doch von Anfang an eine Paarleistung. Bei den Duettsängern hat die musikalische Begabung weniger zu prägnanten Liedern als vielmehr zu äußerst komplexen antiphonen Gesängen von hoher Präzision geführt. Natürlich gilt immer als Voraussetzung, dass auch die Weibchen singen.

Die amerikanischen Zaunkönige (s. S. 125 f.) geben uns hier einen wichtigen Hinweis: Bei etwa drei Viertel der achtzig Arten singen beide Geschlechter; von diesen sechzig Arten sind es wiederum zwei Drittel, die duettieren. Die Disposition zu gemeinsamem Singen scheint in dieser Familie deutlich angelegt zu sein. Es entwickeln sich aber zum großen Teil keine singulären Gesänge, die zu gegenseitiger Distanz der Partner führen; stattdessen bilden sich Duettgesänge aus, die einen stark verbindenden Charakter haben. Hier zeigen sich im Sinne einer Autonomiezunahme deutliche Gestaltungsfreiräume, die von den Individuen ergriffen werden können. Die zeitliche Klanggestalt des Duettgesangs wird in ihrer musikalischen Besonderheit nicht genügend erlebt und verstanden, wenn man sie nur auf lebenswichtige Funktionen reduziert.

Die Ursachen des Duettsingens sind damit nicht geklärt. Es ist ein Versuch, sich von verschiedenen Seiten diesem Phänomen anzunä-

Abb. 67a: Typische Haltung duettsingender Boubouwürger (*Laniarius aethiopicus*)

hern. Zweckmäßige Interpretationen greifen hier wenig. Auch zeigt uns die gemeinsame stimmliche Aktivität der Duettpartner eindeutig den spielerischen Charakter dieser Gesangsform. Die teils vollkommen aufeinander abgestimmten Duettgesänge offenbaren klare Ordnungsprinzipien. Darüber hinaus hat die Methode, wie die Vögel diese Duette gestalten und sie immer wieder neu hervorbringen oder variieren, etwas jugendlich Kreatives. So singen die meisten Duettsänger viele Male am Tag nah beieinander (wie die obige Abbildung des Boubouwürger-Pärchens zeigt), und das fast während des ganzen Jahres, also auch außerhalb der Brutzeit. Die kaum vorstellbare Genauigkeit, mit der die Partner ihre Klangelemente zusammenfügen, ist von biologischen Notwendigkeiten weit entfernt. Duettgesang ist eine hohe Entwicklungsstufe des freiheitlichen spielerischen Stimmgebrauchs. Besonders die tro-

pischen Regionen liefern die Freiräume für sogenannte luxurierende Entwicklungen, die in
der Vogelwelt beispielsweise auch zu außergewöhnlichen Prachtgefiedern führen können.
Zahlreiche Singvögel leben dagegen ihr spielerisches Potential auf der musikalischen Ebene
aus, etwa in Form von klangvollen Liedern oder
eben in kunstvollen Duetten, die durch ihren
Rhythmus und ihre Exaktheit im Millisekunden-
bereich die Musikalität der Singvogelwelt und
den Aspekt einer Biologie der Freiheit in neuem
Licht erscheinen lassen. Gerade jene Entwicklungen, die einen spielerischen Charakter zeigen, lassen sich nicht auf nützliche Überlebensstrategien eingrenzen. Deshalb wollen wir uns
im Folgenden noch intensiver mit dem Spielverhalten der Singvögel auf musikalischer Ebene
auseinandersetzen und auch der Frage nachgehen, ob das akustische Spielverhalten nur auf
die Jungvögel beschränkt ist.

8. Akustisches Spielverhalten der Singvögel

8.1 Autonomieaspekte im Bereich der Stimmentwicklung

Im vorangehenden Kapitel habe ich unter anderem zu zeigen versucht, wie komplex die Lernvorgänge im Bereich der Singvögel sind und dass Vogelgesänge in einem viel größeren Maße, als bisher angenommen, nach Ordnungsprinzipien aufgebaut sind. Wir haben uns auch damit beschäftigt, warum das Spielen der Singvögel innerhalb der Verhaltensbiologie eine so untergeordnete Rolle einnimmt. Diesen Gedankenfaden wollen wir noch weiter verfolgen. Dazu müssen wir uns bewusst machen, dass ein gering ausgeprägtes Spiel- und Lernverhalten der Vögel nur auf einer den Säugetieren vergleichbaren Verhaltensebene zutrifft. Deshalb ist es förderlich, dem Phänomen des Vogelgesanges und dem damit verbundenen Freiheitsaspekt weiter unter musikalischen Gesichtspunkten nachzuspüren. Das scheint mir die für das Verständnis der Singvögel angemessene Methode zu sein.

Vergleichen wir dazu die verschiedenen Wirbeltiergruppen miteinander: Bei den Fischen können wir nur wenige und dann meistens mechanisch erzeugte Laute feststellen. Verschiedene Amphibien, zumindest die artenreichen Froschlurche, machen durch ihre Stimmen deutlich auf sich aufmerksam. Von Reptilien kennen wir, mit Ausnahme der rufaktiven Geckos, meist nur heisere, fauchende Laute oder Instrumentallaute[65] wie das Rasseln der Klapperschlange. In der Vogelwelt sind vielfältige Laute die Regel, und besonders bei den Singvögeln ist die Entwicklung der Stimme bis hin zu mannigfaltigen und reich strukturierten Gesängen und komplexen Imitationen weit fortgeschritten. Die meisten Säugetiere haben in der Regel angeborene, affektgebundene Stimmen und treten deshalb in Bezug auf den freiheitlichen Stimmgebrauch nicht so eindeutig in Erscheinung. Ausnahmen gibt es auch hier, zum Beispiel Menschenaffen, Gibbons, Wölfe, Elefanten; besonders verschiedene Meeressäuger wie Wale und Delfine verfügen über ein großes und variables Stimmrepertoire.

Kaum eine Tiergruppe ist zu solchen stimmlichen Leistungen fähig wie die Singvögel. Weder im Stimmumfang, in der Modulationsfähigkeit noch in der Reinheit der Töne werden Singvögel von Landsäugetieren erreicht oder gar übertroffen. Auf der musikalischen Ebene sind es deshalb die Singvögel, die gegenüber den Säugetieren eine höhere Flexibilität entwickelt haben.

Säugetiere haben in ihrer Stimmentwicklung einen anderen, aber sehr bedeutsamen Schritt in Richtung Autonomie vollzogen. Dieser zeigt sich nicht im variationsreichen, spielerischen Umgang mit den Tönen, sondern in der Art, *wie* Säugetiere die Töne hervorbringen. Ihre Stimmen sind zwar leibgebunden, sie können aber darin Freude und Schmerz bewegend ausdrücken; individuell Seelisches tut sich bei ihnen

---

65 Hier wie auch in der gesamten Darstellung geht es um Laute, die mithilfe des Atemstromes erzeugt werden. Diese stimmlich erzeugten Lautäußerungen bezeichnen wir als Vokallaute, die mechanisch erzeugten Laute werden dagegen Instrumentallaute genannt, z.B. das Schnabelklappern von Störchen oder das Flügelklatschen auffliegender Tauben.

kund, was wir in Anlehnung an den Schweizer Biologen Adolf Portmann (1956) auch als gesteigerte Innerlichkeit bezeichnen können. Darüber hinaus besitzen viele Säugetiere eine erstaunliche Fähigkeit, Töne oder Laute zu differenzieren. Jeder Hundebesitzer hat Erfahrung mit den Variationen im Lautgeben seines Hundes, selbst wenn es sich nicht um ausgeprägtes Bellen, sondern nur um einen kurzen Laut handelt. Er erkennt die verschiedenen Bedeutungen sofort an dem seelisch gefärbten, lautmalerischen Ton, obwohl sich das Signal an sich kaum ändert.

Der Reichtum der Innerlichkeit von Singvögeln kommt dagegen «im Gesang als vollendete Zeitgestalt zum Vorschein, eine gesteigerte Selbstdarstellung von Lebensintensität, die wir nur bewundern können» (Wulffen 2005). Auf den Aspekt der Verinnerlichung im Gesangsleben der Vögel wie auch auf das besondere Verhältnis der Singvögel zur *musikalischen* Umwelt kommen wir später noch zurück (s. S. 161 ff.). Wenn wir neben den verschiedenen Gesangsebenen des Reviergesanges auch noch das Gesangsspektrum des spielerischen Stimmgebrauchs berücksichtigen, so wird offenbar, dass die Singvögel stimmlich weniger festgelegt sind und sich im Bereich der Gesangsentwicklung einen gewissen Grad an Autonomie erworben haben. Dieser Entwicklungsschritt hängt eng damit zusammen, dass innerhalb der meisten Singvogelarten die Gesänge individuell erlernt werden müssen. Singvögel haben sich auf musikalischem Gebiet als außerordentlich lernfähig erwiesen. Der spielerische Freiraum in Gestalt von Variationsvielfalt fördert auch innerhalb einer Art unterschiedlich begabte Individuen.

8.2 Spielerischer Stimmgebrauch im entspannten Feld als Ausdruck erweiterter Freiheitsgrade

Im Jahre 1896 hat Karl Groos in seinem Buch *Die Spiele der Tiere* erstmals eine psychologische Darstellung des Tierspiels unternommen und in der 2. Auflage (1907) auf die besondere Bedeutung der Jugendzeit hingewiesen. Gustav Bally (1945) bringt den Spieltrieb mit den Forschungen Adolf Portmanns über Nesthocker und Nestflüchter in Zusammenhang und schreibt, dass sich Spielen «umso mehr entwickelt, je intensiver die Brutpflege ist und je länger die Jugendzeit dauert».[66] So könnte das vermeintlich gering ausgebildete Spielverhalten der Singvögel ursächlich damit zusammenhängen, dass die Entwicklungszeit der Kleinvögel (vom Schlüpfen bis zum Flüggesein) mit etwa 21 Tagen verhältnismäßig kurz ist; die Jugendphase (und damit die Zeit des Spielens) ist ja bei zahlreichen Säugetieren in der Regel sehr viel länger.

Singvögel sind durchweg Nesthocker, bei denen verschiedene Verhaltensweisen weniger früh ausgeprägt sind als bei Nestflüchtern (z.B. Hühner- und Entenvögel). Sie sind während ihrer gesamten (kurzen) Nestlingszeit lernfähig und von Klängen umgeben, für die sie außerordentlich empfänglich sind, insbesondere für den arteigenen Gesang. Manche Singvögel beginnen schon in der ersten bis zweiten Lebenswoche leise auf spielerische Weise zu singen (s. Kap. 8.4). Die Lernphasen sind bei den einzelnen Arten unterschiedlich lang. Besonders ausgeprägt ist die Gesangsentwicklung unserer *Meistersänger*, bei denen der spielerische Stimmgebrauch,

---

66 Siehe hierzu die grundlegende Arbeit von Friedrich A. Kipp über *Die Evolution des Menschen im Hinblick auf seine lange Jugendzeit*. Verlag Freies Geistesleben. 2. bearbeitete Auflage. Stuttgart 1991.

vom Abwandeln ihrer Strophen durch Verändern von Tonhöhe, Tonstärke oder Rhythmus wie auch durch Variieren der Motive bis hin zur Imitationsfähigkeit, mehrere Jahre oder sogar lebenslang (Nachtigall, Amsel) zu beobachten ist. Warum entwickeln aber manche Vögel ihren Gesang jahrelang weiter, obwohl er doch längst seine Funktion erfüllt? Warum zeigen auch erwachsene Singvogelmännchen ein akustisches Spielverhalten? Sicher ist nicht jeder Forscher bereit, von einem freiheitlichen Aspekt in der Singvogelevolution zu sprechen. Dass aber zahlreiche Singvögel, junge wie erwachsene Individuen, mit den Tönen in fast spielerischer Weise umzugehen verstehen, dürfte für jeden, der unvoreingenommen diesem Klangzauber lauscht, zur Gewissheit werden.

Auch wenn Karl Groos grundsätzlich die Theorie des spielerischen Einübens künftiger Tätigkeiten vertrat, so machte er doch bei den Singvögeln eine Ausnahme, insofern er für die Entfaltung des Gesanges nach der ästhetischen Richtung hin andere Ursachen angab, auf die Spieltätigkeit der Vögel hinwies und zum Beispiel das Singen an schönen Wintertagen als *Ausdruck einer Spielstimmung* bezeichnete. Zur spielenden Ausübung des Gesanges, die viel häufiger erfolgt, als man gewöhnlich annimmt, möchte ich Bernhard Hoffmann zitieren, der am Beginn des 20. Jahrhunderts Kunst und Vogelgesang in ihren wechselseitigen Beziehungen vom naturwissenschaftlich-musikalischen Standpunkt beleuchtet hat. Er hebt den spielenden Gesang hervor, der in die Jugendzeit der Vögel fällt, in eine Zeit, «wo der Gesang noch nicht den ausgesprochenen Zweck hat, Weibchen anzulocken. Welchen Zweck dann die so häufige, oft lang andauernde stimmliche Äußerung im Jugendalter hat – in vielen Fällen beginnt das *Singen* schon wenige Wochen, nachdem der Vogel das Ei verlassen hat –, ist nicht schwer zu erraten. Es ist doch kaum anzunehmen, dass ein Vogel mit einem Male den für seine Art typischen Gesang anzustimmen bzw. dass er urplötzlich so herrliche Lieder zu singen vermag, wie wir sie von den besten Sängern zu hören bekommen. Der Vogel muss entschieden seine musikalischen Vorstudien machen, und es gilt hier das alte Wort: *Früh übt sich, was ein Meister werden will.* Das Singen in der Jugendzeit dient sonach der Ausbildung der Stimme und der allmählichen Erlernung des eigentlichen Gesanges in Gestalt einer Art musikalischen Spielens. Sehr schön weist Groos auf die diesbezügliche Bedeutung des Spielens im Allgemeinen hin, indem er sagt: *Die Tiere haben eine Jugendzeit, damit sie spielen können, denn nur so ist es ihnen möglich, die – für sich allein ungenügenden – ererbten Bahnen durch individuelle Erfahrung rechtzeitig so zu überarbeiten und durch Erworbenes, das sich über dem Ererbten aufbaut, so zu erweitern, dass sie den Aufgaben des Lebens gewachsen sind.*[67] Wir möchten dem noch eins hinzufügen, und zwar unter Hinweis auf die Tatsache, dass der Gesang, so sehr er scheinbar von den körperlichen Übungen bzw. Spielen abweicht, sich ihnen unmittelbar an die Seite setzen lässt, handelt es sich doch auch bei ihm in erster Linie um vielseitige (Sing-)Muskeltätigkeit und um eine möglichst leichte und rasche Funktionierung des verbundenen Nerven- und Bewegungsapparates – genau wie bei den Körperbewegungen … Der Spielgesang in der Jugend dient demnach nicht bloß einer allgemeinen Vor- und Einübung im Sinne von Groos, sondern auch der allgemeinen Entwicklung und Kräftigung des Singmuskelapparates» (Hoffmann 1908).

Die Gesänge der Singvögel zeigen häufig einen spielerischen Charakter. Von daher hat es natür-

---

67 Eine Ausnahme von dieser Regel ist zum Beispiel der variationsreiche Jugendgesang der Dorngrasmücke (s. Kap. 10.4).

lich seinen Reiz zu beobachten, wie eng das Spielerische mit dem Lernprozess verwoben ist. Es wurde bereits darauf hingewiesen, dass bei Amseln förmliche Sing- und Lernstunden stattfinden, und zwar sowohl bei Jungvögeln als auch bei erwachsenen Männchen. In *musikalischer Spielfreude* übt der Jungvogel, vom Vater unterwiesen, schon «früh seine Singmuskulatur und deren Fertigkeiten, in denen sich seine Vitalität, sein Betätigungsdrang, seine Daseinsfreude, sein Liebesverlangen und möglicherweise auch darüber hinaus seine Empfindungen aussprechen werden. Wenn sich schon beim jungen Singvogel der musikalische Spieltrieb in solcher Weise regt und entwickelt, wird es verständlich, dass sich bei einzelnen hochstehenden Singvogelarten der Gesang oft genug von den realen Lebensverflechtungen zu lösen vermag und zur Freude am Schönen wird, zum Triebe, *Schönes zu schaffen*» (Tiessen 1989).

Der spielerische Stimmgebrauch, dem ganz ähnliche Merkmale zugrunde liegen, wie wir sie auch dem Spiel junger Säugetiere zuschreiben, ist bei den Singvögeln nicht auf die Jugendzeit beschränkt. Das Neugierverhalten, das sich vor allem auch in einem verstärkten Interesse für die Klangwelt ausdrückt, kann sich bei zahlreichen Vogelarten lebenslang entfalten. Freiräume für individuelle Erfahrungen ergeben sich in Form von individuellen Gesangsvariationen. Je mehr der Gesang im entspannten Feld vorgetragen wird, desto mehr tritt der spielerische Charakter im Umgang mit den Tönen hervor. Das zeigt sich auch darin, dass erwachsene Männchen zahlreicher Singvogelarten nach der Brutzeit wieder in den jugendlichen subsongartigen Plauderoder Spielgesang wechseln können (s. Kap. 8.4).

8.3 Parallelen zum Spielverhalten im entspannten Motivgesang

Als Vorstufen zum Reviergesang gelten sowohl der Jugendgesang als auch der leise, sehr variable Plaudergesang (*subsong*); der spielerische Charakter ist deutlich. Wir können aber nicht nur diese beiden Gesangsformen dem Spielverhalten zurechnen, sondern müssen auch bestimmte Bereiche des Reviergesanges selbst hinzunehmen. Das mag erstaunen, erfüllt der Reviergesang doch erwiesenermaßen zur Brutzeit eindeutige Funktionen. Außerdem wird er von erwachsenen Männchen vorgetragen. Wie kann also der Reviergesang dennoch Ausdruck des Spielerischen sein?

Solange wir nur allgemein von Reviergesang sprechen, erscheint eine solche Fragestellung als Wagnis. Durch eine Differenzierung des Reviergesanges wurde jedoch versucht, den «erregten Kampfgesang» vom «entspannten Motivgesang» abzugrenzen. Und für Letzteren, der wenig mit Rivalität zu tun hat, lässt sich die Nähe zum spielerischen Stimmgebrauch aufzeigen. Auf der entspannten Ebene des Motivgesanges erhält der Reviergesang etwas Leichtes, Freiheitliches, Spielerisches.

Insofern dem Spiel der Ernstbezug fehlt, kann man den erregten Kampfgesang selbstverständlich nicht dem Spiel zuordnen. Der entspannte Motivgesang erklingt jedoch, wie der Name schon sagt, in einer beruhigten Atmosphäre und nähert sich dadurch dem Spielerischen, was seinen lebendigen Ausdruck im Musikalischen findet. Denn auf dieser Ebene, die tendenziell frei ist vom Ernst des Streites, erklingen die Gesänge am schönsten und vielfältigsten. Dadurch entspricht der entspannte Gesang mehr einem spielerischen Gesangswettbewerb. Und es gibt vom entspannten Motivgesang zum erregten Kampfgesang ebenso fließende Übergänge wie zwischen Spiel und Ernst (s. Kap. 7.2).

Ein junges Säugetier genießt nicht nur dank des Elternschutzes einen entspannten Raum zum Spielen, sondern es ist selbst aktiv daran beteiligt. Dadurch, dass es im Spiel zeitweise von biologischen Notwendigkeiten befreit ist, «schafft sich das Tier ein entspanntes Feld, und es versetzt sich in die Lage, mit seinem Bewegungskönnen zu experimentieren und sich dialogisch mit seiner Umwelt auseinanderzusetzen» (Eibl-Eibesfeldt 1999). Ähnlich ist es im akustischen Lebensraum der Singvögel. Allerdings ist das entspannte Feld hier nicht auf die Jugendphase beschränkt; auf der mittleren und oberen Ebene des Reviergesanges erklingen die Strophen ebenfalls in einer entspannten Atmosphäre. Wenn das selbst zur *aufregenden* Brutzeit möglich ist, so ist verständlich, dass sowohl der Plaudergesang als auch der Herbst- und Wintergesang in einer völlig entspannten Spielstimmung vorgetragen werden. Ein entspanntes Umfeld ist aber nicht nur Voraussetzung für ein entspanntes Singen, sondern erwachsene Männchen scheinen durch das gemeinsame Singen dieses entspannte Feld selbst schaffen zu können (s. S. 38). Das zeigt sich zum einen darin, dass innerhalb der Brutperiode ein hoher Anteil des Reviergesangs der entspannten Sphäre zugeordnet werden kann. Zum anderen haben Singvögel die musikalische Leichtigkeit entwickelt, den größten Teil ihrer territorialen Auseinandersetzungen durch Gesang zu schlichten. Auch lässt sich beobachten, dass der Übergang vom erregten zum entspannten Gesang verhältnismäßig rasch vonstatten geht. Das Wesen des Musikalischen übt in der Singvogelevolution gewissermaßen einen *heilsamen Einfluss* aus und wirkt bis in die Verhaltensstrukturen (z.B. Verteidigung von Klangrevieren) hinein.

Das Revier- und Gesangsverhalten der Singvögel ist auf der Ebene des entspannten Motivgesanges von einem zarten Balanceakt geprägt (s. Kap. 4.2; 10.3), den die Singvogelarten auf bewundernswerte Weise meistern. Einerseits werden Gesangsnachbarn auf Distanz gehalten, andererseits sollen sie aber auch nicht gänzlich vertrieben werden, damit der gesangliche Austausch weiter gepflegt werden kann. Das ist ein sensibler Grenzbereich, der etwa mit demjenigen zwischen Spiel und Ernst vergleichbar ist und den wir auch im Zwischenmenschlichen als Problem von Abstand und Nähe kennen. In jedem der genannten Fälle, wenn auch auf ganz unterschiedliche Art, muss immer wieder neu um das Gleichgewicht gerungen werden, denn ebenso wie man auf die untere Streitebene abrutschen kann, besteht auch die Möglichkeit, sich frei und entspannt auf einer höheren Ebene auszutauschen und anzuregen. Die Singvögel scheinen innerhalb der Evolution die letztere Variante in besonderer Weise entwickelt zu haben.

Hoch entwickelte Organismen zeigen ein ausgeprägtes Spielverhalten; gesangsbegabte Singvögel leben diesen Spieltrieb auf akustischer Ebene aus. Darüber hinaus ist Spiel «ein Verhalten, das in einer besonderen Weise das freudige Interesse im Menschen erregt; das Spielverhalten von Tieren rührt uns deshalb so an, weil es Anklänge an die umfangreiche menschliche Verhaltensflexibilität hat» (Rosslenbroich 2007). Diese Anklänge sind auch beim entspannten Motivgesang der erwachsenen Singvogelmännchen zu bemerken. Der Zugang zum spielerischen Charakter des entspannten Motivgesanges wäre leichter, wenn wir das Gesangsleben der Singvögel nicht auf die Funktion einer (aggressiven) Revierverteidigung reduzierten. Der Reviergesang selbst ist sicherlich kein Spiel, und selbstverständlich wäre es wünschenswert, das spielerische Element im entspannten Motivgesang noch konsequenter biologisch zu begründen (s. Kap. 8.4).

Parallelen zum Spielverhalten zeigen sich jedoch für die mittlere Ebene, den entspannten Motivgesang, sehr deutlich:

1. Der Umgang mit den Tönen hat allgemein etwas Freiheitliches, Spielerisches.

2. Die Fähigkeit zu improvisieren, fremde Gesänge zu imitieren, Motive zu erfinden oder die eigenen Gesangsstrophen zu variieren, wie wir es von den begabten Singvogelarten kennen, ist spielerischer Stimmgebrauch auf hohem Niveau.

3. Von spielerischem Stimmgebrauch darf auch deshalb gesprochen werden, weil im Gegensatz zum erregten Kampfgesang der weitaus größte Teil des Reviergesanges in einem entspannten Feld erklingt.

4. Im entspannten Motivgesang, nicht in der Ernstsituation des erregten Kampfgesanges, entfaltet sich die ganze musikalische Fülle des Vogelgesanges. Hier zeigt sich der Freiraum, der sich weit über das biologisch Notwendige erhebt.

5. So wie eine fast völlige Sorglosigkeit im Spiel junger Säugetiere durch den Schutz der Eltern ermöglicht wird, so entfalten erwachsene Singvögel durch die Qualität des Musikalischen eine etwa vergleichbare Entspanntheit.

6. Auch Nachahmung ist eine Fähigkeit, die wir besonders mit der spielerischen Jugendphase der Säugetiere in Verbindung bringen, die aber gerade bei adulten Singvögeln im entspannten Motivgesang zur Geltung kommt. Bei manchen Arten ist diese *jugendliche* spielerische Entwicklungsmöglichkeit zeitlebens mit teils erstaunlichen Ergebnissen zu beobachten (s. Kap. 9).

7. Der entspannte Motivgesang ist doppelter Natur: Einerseits wird ein autonomer Klangbereich abgegrenzt, andererseits wird gesanglich die nachbarliche Kommunikation gepflegt. Da dieser Ausgleich auf der musikalischen Ebene realisiert wird, erhält der entspannte Gesang spielerischen Charakter.

8. Singvögel regeln den größten Teil ihrer Revierstreitigkeiten auf gesanglicher Ebene.

9. Im Vergleich zur Verteidigungsstrategie auf der Ebene des erregten Kampfgesanges (mit gesanglichen Attacken, Drohgebärden und notfalls auch Kampfhandlungen) gewinnt der im Frühjahr täglich mehrfach wiederholte Flug durchs Revier und die damit verbundene Kommunikation mit den Gesangsnachbarn ein friedliches spielerisches Gepräge.

10. Bei Singvögeln ist, im Vergleich zu den meisten Wirbeltieren, die Ursache für die Verteidigung eines Territoriums in der Regel nicht im bekannten genetischen Verhaltensspektrum der Männchen zu suchen (Kämpfe um die Weibchen, um die Rangordnung oder das Jagd- und Nahrungsrevier usw.). Das Revierverhalten der meisten (gesangsbegabten) Singvögel hat vielmehr musikalischen Ursprung, insofern kein Nahrungsrevier, sondern ein Klangrevier abgegrenzt wird.

8.4 Jugendgesang und Plaudergesang *(Subsong)*

Singvögel, auch die sich territorial verhaltenden Arten, singen sehr viel mehr *miteinander*, als allgemein angenommen wird. Das hängt eng mit der musikalischen Begabung dieser Tiergruppe und dem spielerischen Umgang mit den Tönen zusammen. Noch offensichtlicher als der Reviergesang offenbaren, wie mehrfach angedeutet, Jugend- und Plaudergesang die spielerische Komponente.

Der in der Regel leise vorgetragene (und teils

angeborene) Jugendgesang einiger Singvogelarten ist häufig schon unmittelbar nach dem
Flüggewerden oder einige Wochen später zu hören, so zum Beispiel von Steinschmätzer, Feldlerche, Wiesenpieper, Nachtigall, Gartengrasmücke, Klappergrasmücke, Teichrohrsänger,
Schilfrohrsänger, Rohrschwirl, Hecken- und Alpenbraunelle, Gartenrotschwanz, Sommer- und
Wintergoldhähnchen, Kleiber, Zaunkönig, Goldammer, Grauammer, Neuntöter, Stieglitz, Kohlmeise (s. Abb. 75), Blaumeise, Haubenmeise,
Schwanzmeise, Sumpfmeise.

Auch von Drosseln ist Jugendgesang bekannt;
der halblaute, abwechslungsreiche Jugendgesang der Amsel scheint angeboren zu sein und
ist ab der dritten Lebenswoche wahrzunehmen.
Der Jugendgesang des Sumpfrohrsängers ist
ebenfalls angeboren und erklingt ab der vierten
Lebenswoche; er ist ab August oft minutenlang
zu hören, enthält aber noch keine Imitationen.
Bei zahlreichen Vogelarten sind es noch einfache, nicht voll ausgebildete Gesangsstrukturen, die wir vernehmen können. In einigen Fällen offenbart sich jedoch schon sehr früh das
Entwicklungspotential der entsprechenden Vogelart; es kündigt sich bereits in der Frühphase
des Singens der kommenden Meistersänger an.

Mit wenigen Ausnahmen lauschen die Nestlinge im Rahmen ihrer Lernphase (s. Kap. 7.1) dem
arteigenen Gesang des erwachsenen Männchens.
Regelrechte Gesangsstunden werden bei Sumpf-

meisen von beiden Elternteilen abgehalten; die
Jungvögel tragen dann, in entspannter Atmosphäre, den oft überlangen Jugendgesang im
Chor vor. Bei Tannenhäher und Girlitz kann sich
der Jugendgesang ebenfalls zum chorischen Gesang steigern; bei Jungamseln sind regelrechte
Übungsstunden zu beobachten (s. S. 71).

Da der jugendliche Gesang der Singvögel im
Vergleich zum Vollgesang häufig aus noch un-
differenzierten Klangelementen besteht (z.B.
beim Gartenbaumläufer, s. Abb. 69), wird er
meistens als einfache Vorstufe zum späteren
Reviergesang betrachtet. Ich möchte hier kurz
zurückblicken auf das Spiel junger Säugetiere
(s. Kap. 7.2), um an wenigen Beispielen aufzuzeigen, dass das dort Dargestellte sich auch in
der spielerischen Gesangsentfaltung von Singvögeln spiegelt und dass darin nicht nur das
Einüben von notwendigen Funktionen zu sehen
ist. Wenn man das *akustische Spielverhalten* der
Singvögel berücksichtigt, ergibt sich keine Notwendigkeit, den Jugendgesang wie auch den
sich daraus entwickelnden Plaudergesang vorrangig unter Nützlichkeitsgesichtspunkten zu
betrachten.

Viele Säugetiere sind in ihrer Jugendzeit in unermüdlich wiederholte Bewegungsspiele verwickelt, und sie lernen dabei sicher viel Anwendbares für das spätere Leben. In vergleichbarer
Weise spielen junge Singvögel dauerhaft und in
fast virtuoser Weise mit den Tönen; es ist ein

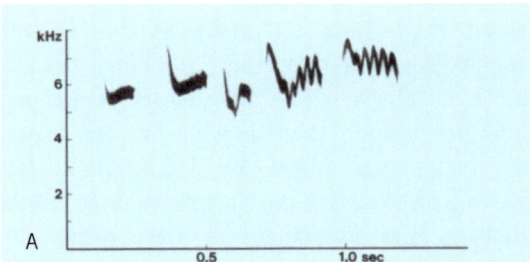
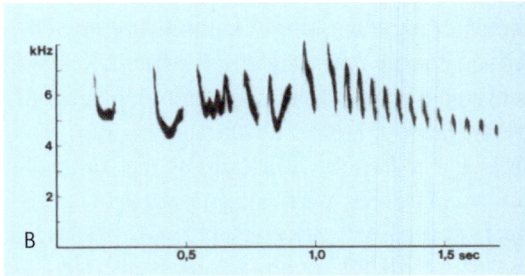

Abb. 68: Reviergesänge von Gartenbaumläufern aus (A) Ludwigsburg / Baden-Württemberg und (B) Marokko

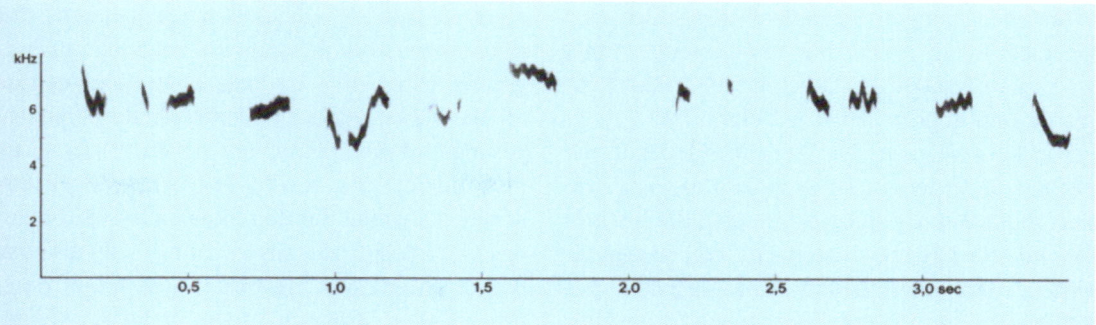

Abb. 69: Jugendgesang eines 36-tägigen Gartenbaumläufers

deutlicher Lern- und Übungsprozess zu beobachten. So gesehen ist die spielerische Aktivität dieser Jungvögel durchaus mit denen junger Säugetiere zu vergleichen; während diese aber ihre Gliedmaßen, ihre Kondition und ihr Reaktionsvermögen trainieren, lernen jene ihre *Sprache*! Die musikalische Ebene der Singvögel zeigt uns Parallelen zum Spielverhalten der Säugetiere, nicht zuletzt durch eine das Spielen fördernde Atmosphäre, das entspannte Feld. Wenn der Mensch das Bewegungsspiel zur Kunst entfaltet, so entstehen nach Bruno Snell (1952) Formen. Und sobald begabte Singvögel wie Amsel oder Spottdrossel Töne in spielerischer Weise bewegen, so entstehen ebenfalls Formen, deren musikalische Gesetzmäßigkeiten wir erst seit kurzer Zeit zu verstehen beginnen.

Ein anderes wichtiges Element im spielerischen Treiben von Jungtieren wie auch im Verhalten erwachsener Säugetiere ist das Beschwichtigungsverhalten, zum Beispiel Beißhemmung oder Begrüßungsritual, das dem Aggressionsabbau dient. Verwandtes klingt bei Singvögeln an, nur dass das Problem wiederum auf musikalischer Ebene *geregelt* wird: Bei erwachsenen Vögeln ist es das entspannte Singen zwischen den Reviernachbarn. Bei Jungvögeln scheint es das Musikalische selbst zu sein, das

eine beschwichtigende, *heilsame* Wirkung auslöst; so ist bereits wenige Tage nach dem Ausfliegen der Buchfinken Jugendgesang zu hören, «zwischen Nahrungserwerb und aggressiven Jagereien mitunter auch im Chor» (Glutz 14/II). Ähnlich wie bei den oben erwähnten kleinen Sumpfmeisen scheinen auch die jungen Buchfinken in einer entspannten Atmosphäre miteinander zu singen. Sollte es nicht auch umgekehrt möglich sein, dass gemeinsames Singen aggressives Verhalten verringert und für ein entspanntes Miteinander sorgt? Nicht nur für den Jugendgesang, sondern für das Verständnis des gesamten Vogelgesangs ist es somit von großer Bedeutung, dass Singvögel nicht nur ihr spielerisches Nachahmungslernen, sondern auch aggressive Stimmungen vor allem auf der musikalischen Ebene ausleben.

Bei zahlreichen Singvogelarten ist der Jugendgesang angeboren. Wäre die Hauptfunktion des jugendlichen Singens tatsächlich (nur) das Einüben des späteren Gesanges, so ergäbe sich die Frage, warum der Reviergesang nicht eine angeborene Fähigkeit (geblieben) ist; als zuverlässige Funktion würde er völlig ausreichen. Wirksamer Reviergesang wäre *billiger* zu haben, also ohne Mühen und Lernprozesse (s. S. 235).

Im Spiel junger Säugetiere zeigt sich der Überschuss an freier Bewegungsenergie. Spiel ist eng verbunden mit Weltoffenheit und Neugierde und geht in der Regel einher mit gesteigerter Lernfähigkeit. Die juvenile Plastizität, die «Fähigkeit zu lernen ist ja gerade dann besonders groß, wenn, wie beim Jungtier, die Instinkte und die Organe noch nicht voll ausgereift sind … Das menschenähnliche Verhalten des verspielten, lernfähigen Jungtieres ist eine Ähnlichkeit mit dem Kindheitszustand des Menschen» (Suchantke 1985). So wie junge Säugetiere zum Teil mit außerordentlicher Beweglichkeit auf Umweltreize antworten und sich recht flexibel neuen Gegebenheiten anpassen können, lauschen junge Singvögel in einer großen inneren Empfänglichkeit auf die Laute in ihrer Umwelt und – in einer gesteigerten *Beweglichkeit* – achten auch auf den musikalischen Gehalt der Laute, auf Klangfarbe, Melodie und Rhythmus.

Singen ist, besonders außerhalb der Brutzeit, Ausdruck einer Spielstimmung. Spielen heißt aber auch (nach Eibl-Eibesfeldt 1999), sich mit der Umwelt auseinanderzusetzen, wobei dieser Dialog aus innerem Antrieb stattfindet. Im Sinne des akustischen Spielverhaltens findet bei Singvögeln dieser Dialog jedoch vornehmlich im akustischen Raum statt (s. S. 161 f.), und zum größten Teil auf friedliche Weise. Singvögel dehnen ihre körperliche Gebundenheit sozusagen durch ihre Klänge weit in den Umkreis aus. Diese Klangräume nehmen sie dann für sich während der Gesangszeit (als akustische Reviere) in Anspruch. Und da hinein, in diesen tönenden Umkreis, werden die kleinen Vögel hineingeboren. Der *musikalische Kosmos* ist ihre eigentliche Heimat.

Die Jugendgesänge mancher Vogelarten erklingen wie eine entfernte Vorstufe des späteren Gesanges, während andere bereits wie eine zarte Version des Reviergesanges wirken, mit Übergängen zum Subsong. So zeigt der Jugendgesang einer etwa 24 Tage alten Klappergrasmücke schon typische Merkmale des Plaudergesangs adulter Männchen (Glutz 12/II). Darüber hinaus gibt es allerdings jugendliche Gesänge, die wenig mit den Motiven und Strophen des männlichen Vorsängers zu tun haben[68] oder die in ihrem Motivreichtum und ihrer noch universellen Variabilität den späteren Vollgesang übertreffen können, allerdings nicht in Dynamik und Klangfülle. So sind gegenüber dem einfachen, stereotypen Reviergesang des Feldschwirls in seinem Jugendgesang «gelegentlich kurze girlitz-, heckenbraunellen- oder grauammerähnliche Klirrstrophen» (Glutz 12/I) zu hören. Der Jugendgesang der Mönchsgrasmücke ist mit etwa einem Monat voll entwickelt und gilt als die «tonal reichste Gesangsform dieser Art»; sogar die ersten Überschläge treten schon auf. Die Elemente des leisen jugendlichen Rotkehlchengesanges «sind von komplexerem Bau und von deutlich längerer Dauer als die des Adultgesangs» (Glutz 11/I); sie sind aber noch nicht in Motiven angeordnet.

---

68 Nach neuesten Mitteilungen von Dimitriy Aronov (2008) sind während des Jugendgesangs von Zebrafinken (im Vergleich zum Vollgesang) nicht alle Hirnregionen aktiv; das *high vocal center* wird offenbar umgangen. Das kann als Indiz gewertet werden, den juvenilen Subsong nur als *succession of primitive vocalizations* zu bezeichnen und ihn mit dem Plappern von Kleinkindern zu vergleichen. Bei Zebrafinken mag das zutreffen, aber für derartige Vergleiche eignet sich dieser weit verbreitete Stubenvogel eigentlich nicht, denn sein Jugend- und Vollgesang sind gleichermaßen schlicht. Deshalb lässt sich das erwähnte Forschungsergebnis nicht so ohne Weiteres auf andere Vogelarten übertragen, weil deren Jugend- und Plaudergesänge, wie oben beschrieben, in ihrer musikalischen Qualität außerordentlich verschieden sind. Und dass der fehlende Einsatz einer bestimmten Hirnregion nicht automatisch als «Mangel» zu betrachten ist, zeigen uns die Arbeiten von Prof. Güntürkin (s. S. 99 f.).

Der Jugendgesang der Dorngrasmücke, ein leiser, fast pausenloser Vortrag des ungestört verborgen sitzenden Männchens, ist bereits mit vier
Wochen voll entwickelt (Glutz 12/II). Adolf Portmann nahm den Jugendgesang dieser Grasmücke zum Anlass, den noch ungebundenen frühen Gesang mit dem funktionalen Reviergesang,
der meistens aus einer kurzen, schwätzend-ge-
pressten Strophenfolge besteht, zu vergleichen:

«Der Artgesang (der Dorngrasmücke) ist kein
Liebeslied ... Der Jugendgesang ist der umfas-
sendste, vollendetste Sang dieser Vogelart. Und
dieser selbe Gesang, der lange vor der geschlechtlichen Reife ertönt, erscheint nach abgeklun-
genem Fortpflanzungstrieb im Nachsommer

Abb. 71: Dorngrasmücke

eingespannt ist, denen sich die Erforschung der
Tiere seit langem mit Vorliebe zuwendet, weil sie
uns unmittelbar als sinnvoll und lebenswichtig
einleuchten. Der Jugend- und Herbstgesang dient
ja in der Tat nicht dem Besetzen eines Reviers
noch dem Erlangen eines Partners – weder dem
Rivalenkampf noch der Brutpflege ... Wird als
Funktion nur anerkannt, was den Betrieb des Lebens unmittelbar erhält, dann ist dieses spielerisch gesungene Lied der Grasmücke in der Tat
funktionslos» (Portmann 1957).

Wenn uns derartige Schilderungen innerlich
stark berühren oder wenn uns beim Studium des
Vogelgesanges Eigenschaften aufleuchten, die
mit menschlichen Seelenregungen verwandt zu
sein scheinen, so sind das nicht unbedingt die
Wirkungen selbst ausgemalter freundlicher
Stimmungsbilder, sondern es können durchaus
reale Seelenstimmungen sein, die aufgrund
wahrgenommener natürlicher Lebensbilder in
uns aufsteigen.[69] Man kann auch sagen: Was in

Abb. 70: Feldschwirl

noch einmal ... Die geschlechtliche Stimmung
bricht nun geradezu in dieses Artgebilde ein, zer-
stückelt es und verwendet die Teile, zu lauten
Motiven verkümmert, im Dienste der besonderen
Funktionen, welche die Arterhaltung von allen
Wesen fordert ... Eines fesselt mich ganz besonders an diesem Jugendgesang: seine Funktions-
losigkeit. Es lohnt sich, diese ein wenig näher
anzusehen. Gemeint ist die Tatsache, dass der
Jugendgesang in keine der arterhaltenden Rollen

69 Es wäre ein großes Missverständnis, wollte man die in
   diesem Buch dargestellten Vergleiche der tierischen
   Gesangsebene mit der menschlichen Gesprächsebene
   (s. S. 33 f.), von Chorsängern mit Solisten und von
   schlichten mit begabten Singvogelarten (s. S. 59) wie

einer «bestimmten Region im Charakter der Jahreszeiten, in den atmosphärischen Erscheinungen wie in der Gestaltung der Erde tätig ist, ruft in den Seelen seiner Bewohner das entsprechende Äquivalent auf und bringt es zum Klingen» (Suchantke 2008). Wenn wir eine dem Forschungsinhalt adäquate Arbeitsmethode finden, also eine den lebendigen Naturerscheinungen angemessene Herangehensweise entwickeln, so heißt das – und das muss einer wissenschaftlichen Forschungsweise nicht im Wege stehen –, sich Naturphänomenen mit Ehrfurcht, Begeisterung und mit Staunen zu nähern. Und beim Vogelgesang könnte ein solches Sich-Annähern bedeuten, dass wir für einen ruhigen Innenraum sorgen, der uns ein waches Zuhören ermöglicht, das mehr und mehr zum Lauschen wird. Auf diese Weise sich einzustimmen führt natürlicherweise dazu, dass wir anfangen, innerlich

---

auch die Balance zwischen Distanz und Nähe (s. S. 26, 239) als Anthropomorphismus bezeichnen. Das Umgekehrte ist der Fall: Im Gegensatz zur verbreiteten anthropomorph-martialischen Sprache in der biologischen Fachwissenschaft werden hier keine menschlichen Eigenschaften und Verhaltensweisen auf die Singvögel übertragen, sondern es sind in der Natur deutlich wahrzunehmende Phänomene, die – durch intensives Miterleben – verwandte Seelenregungen in uns in Bewegung bringen. In ähnlichem Sinne ist die treffende Formulierung von Konrad Lorenz zu verstehen, dass wir die schönsten Lieder einer Amsel oder eines Blaukehlchens gerade dann hören können, «wenn sie in ganz mäßiger Erregung vor sich hinsingen». Und so liegt es nahe, das musikalische Empfinden der Singvögel mit der menschlichen Musikalität zu vergleichen, wie es auch Bernhard Altum tat, als er darauf hinwies, welch verworrenen Eindruck es hinterlassen würde, wenn ein halbes Dutzend Nachtigallen in einem Strauch zusammen sitzend singen wollte (s. S. 55). Dergleichen scheint sowohl für stimmbegabte Singvögel als auch für musikalisch gebildete Menschen unerträglich zu sein. Und inzwischen gehen internationale Ornithologen und Hochschullehrer davon aus, dass die Motiventwicklung in den Gesängen begabter Singvögel nach *Ordnungsprinzipien* gestaltet wird (s. Kap. 7.5).

mitzusingen. Ein solches Eingestimmtsein sollte man nicht vorschnell auf eine subjektive Gefühlsbewegung reduzieren; es kann der Beginn sein, sich ein neues Wahrnehmungsorgan zu erbilden. Nach Portmann (1957) sind *Stimmungen* sogar «ein wichtiger Gegenstand für eine der modernsten biologischen Arbeitsweisen, die Verhaltensforschung».

In ihren «ersten Lebensmonaten sind männliche Jungvögel sehr viel freier und experimenteller in ihrem Gesang. In dieser sensiblen Lernphase können sie immer noch neue Laute lernen» (Rothenberg 2007). Vom Jugendgesang, der häufig noch sehr leise und wenig differenziert ist, geht die Entwicklung meist fließend in den kontinuierlichen und variationsreichen Plaudergesang über, von den Ornithologen meist mit dem englischen Begriff Subsong bezeichnet. Plaudergesang ist nicht nur im Übergang vom Jugendgesang zum Vollgesang zu hören, sondern auch im Herbst oder Spätwinter und bei Zugvögeln manchmal auch im Winterquartier oder auf dem Heimzug. Dieser meist leise, schwätzende und sehr variable Gesang, oft auch Zwitschergesang oder plastischer Gesang genannt, wird nicht so kraftvoll vorgetragen wie der eigentliche Reviergesang und weicht auch in der Struktur von diesem ab. Der Plaudergesang entwickelt sich aus dem musikalischen Spieltrieb der jungen Männchen heraus; er ist Inbegriff des spielerischen Umgangs mit den Tönen und wird auch von adulten Männchen außerhalb der Brutzeit vorgetragen (s. Kap. 9.3.2).

Der Entwicklungsgrad dieser Gesangsart ist von Art zu Art verschieden. Bei Schafstelze, Drosselrohrsänger und Birkenzeisig ist der Plaudergesang beispielsweise noch wenig entwickelt. Junge Heckenbraunellen singen schon fleißig halblaut vor sich hin. Subsongartiger Chorgesang wurde von Grauammern bereits im Alter von 34 Tagen gehört (Glutz 14/III). Bei der Nachtigall beginnt die Phase des vielseitigen plastischen Gesangs ab dem sechsten Lebensmonat. Von Buchfinken ist der vielfältig strukturierte Subsong häufig im zeitigen Frühjahr mit deutlichen Übergängen zum Vollgesang zu hören; der anfangs leise Gesang wird kontinuierlich vorgetragen, ist aber noch nicht so deutlich in Strophen gegliedert (s. Abb. 22). Verschiedene Singvogelarten lassen jedoch im Plaudergesang häufig bereits eine erstaunliche Variationsfülle vernehmen.

Vielfältig schwätzenden Plaudergesang kennen wir ferner von Haubenlerche, Steinschmätzer, Amsel, Singdrossel, Zwergschnäpper, Blaumerle, Rotkehlchen, Orpheusgrasmücke, Gartengrasmücke, Neuntöter, Eichelhäher, Alpendohle. Erlenzeisige lassen ihren zwitschernden Subsong fast das ganze Jahr hören, meistens im Schwarm. Für den Steinrötel ist ein schnell sprudelnder Plaudergesang charakteristisch; vom Männchen ist darüber hinaus ein Gesangsverhalten bekannt, das auch für andere Singvögel zutreffen könnte: «Wenn das Männchen nicht mit Nahrungserwerb oder Revierverteidigung beschäftigt ist, sitzt es oft längere Zeit (leise) singend in der Nähe des brütenden Weibchens. Nimmt es etwas Verdächtiges wahr, verstummt der Subsong; das dahindösende Weibchen wird aufmerksam» (Glutz 11/I).

Ähnlich wie beim Jugendgesang gibt es einige Singvogelarten, deren plastischer Gesang schöner klingt als der Reviergesang. Neben dieser subjektiven Empfindung sind diese Gesänge aber auch objektiv gesehen variationsreicher; sie sind häufig länger und enthalten vielfältige Motive, Intervallsprünge wie auch reizvolle Harmonien. Der schwätzende Subsong einiger Arten kann sogar Imitationen artfremder Stimmen enthalten, selbst wenn diese im späteren Reviergesang nicht verwendet werden (s. Kap. 9.3.2).

Die Motive sind im Plaudergesang in der Regel noch sehr veränderlich. Beim Fitis konnte festgestellt werden, dass die Variationsmöglichkeiten besonders groß sind und dass das Verhalten, zumal in bestimmten juvenilen Stadien, abwechslungsreich, locker, oft spielerisch und funktionslos erscheint; auch nähert sich der Gesang nach der Brutzeit wieder dem Plaudergesang an (Schubert 1967).

In der Zeit vor der Eiablage ist bei der Elster von Männchen und Weibchen leiser, jeweils an den Partner gerichteter, bald weich, bald rhythmisch, bald wie Geplauder klingender, subsongartiger Gesang zu hören. Dieser Plaudergesang variiert individuell stark und enthält häufig weiche Trillerlaute und hohe Töne. Erwachsene Eichelhähermännchen tragen (gerne an einem geschützten, sonnigen Platz und vermutlich in einer besonderen Stimmung) einen subsonghaften Gesang vor, der manchmal an den Plaudergesang von Mönchsgrasmücke oder Misteldrossel denken lässt. Er ist allerdings so leise, dass störgeräuschfreie Sonagramme fast nicht herstellbar sind (Glutz 13/III).

Der häufig vernehmbare, aber leise Plaudergesang des Wintergoldhähnchens entwickelt sich fließend aus dem Jugendgesang und ist vor allem während der Zug- und Überwinterungsperiode, gelegentlich auch während der Brutsaison, zu hören. Nach Glutz (12/II) ist gegenüber dem kurzen, strophig gegliederten Reviergesang des Wintergoldhähnchens der lang andauernde Plaudergesang ungemein variabel, melodiös und ästhetisch ansprechend, ein sehr leises, stark moduliertes und auch Fremdelemente enthaltendes, fortlaufendes Gezwitscher (s. Abb. 82).

Wie bei anderen Arten auch, ist der Subsong des Pirols im Vergleich zum Vollgesang (s. Abb. 73) ein leiser, schwätzender Gesang, der allerdings sehr selten zu hören ist. Das Sonagramm

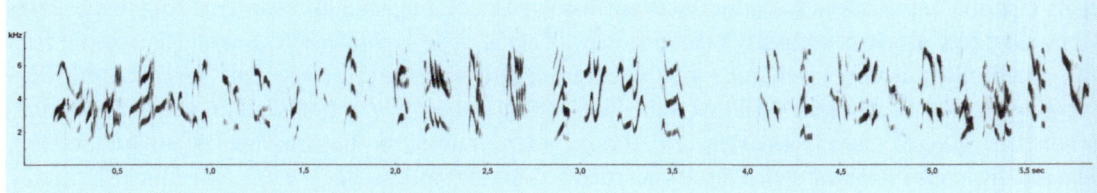

Abb. 72: Seltener Plaudergesang (Subsong) eines Pirolmännchens

(s. Abb. 72) zeigt einen Ausschnitt aus dem Plaudergesang, der «den beträchtlichen Obertonreichtum erkennen lässt» (Glutz 13/II).

Der Plaudergesang erwachsener Kohlmeisenmännchen «ist nicht erst als Herbstgesang, sondern gelegentlich bereits im Juni zu hören, ist sehr leise, weist starke Intensitätssprünge auf, und zwischen einer Vielzahl uncharakteristischer Zwitscherlaute sind mehr oder weniger

zeigt uns das abgebildete Sonagramm des 15 Sekunden dauernden Plaudergesanges (Abb. 76), besonders wenn wir es mit den nur 0,5 bis 1,0 Sekunden langen Motiven des Reviergesangs vergleichen (s. Abb. 74). Dabei ist auch zu be-

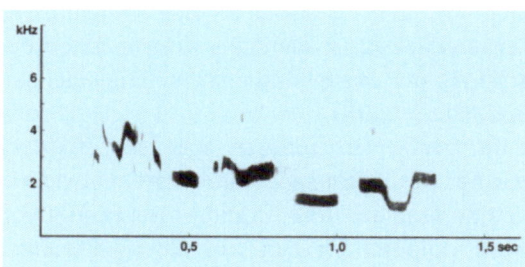

Abb. 73: Typischer Motivgesang des Pirols

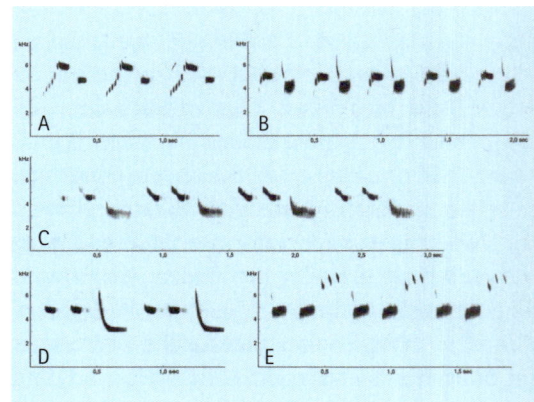

Abb. 74: Reviergesang der Kohlmeise: Fünf verschiedene Motive (A–E), die durch jeweils zwei- bis fünfmalige Wiederholung zu einer Gesangsstrophe verbunden werden

deutliche Laute beziehungsweise Lautgruppen aus den verschiedensten Motivationsbereichen herauszuhören. Auffallend ist, dass auch im Subsong adulter Männchen die sonst reinen Klänge der Reviergesangsmotive unsauber, mit einer andersartig frequenzmodulierten Oberwelle erscheinen» (Glutz 13/I). Wie vielseitig und plastisch diese Gesangsform der Kohlmeise ist,

achten, dass der Plaudergesang der Kohlmeise, ähnlich wie der Jugendgesang (s. Abb. 75), nicht in einzelne Strophen gegliedert ist, sondern vielmehr ein fortlaufendes Vor-sich-Hinsingen zu sein scheint.

Beim Plaudergesang haben wir es mit einer tonal sehr variablen Gesangsart zu tun. Selbstverständlich reicht der Subsong vieler Singvogel-

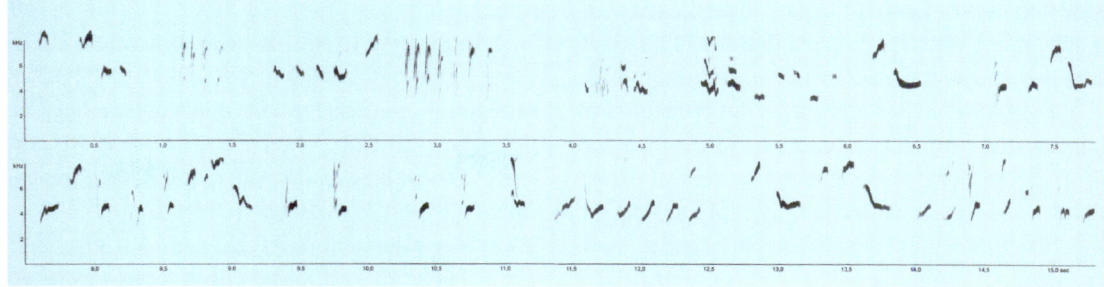

Abb. 75: Jugendgesang der Kohlmeise

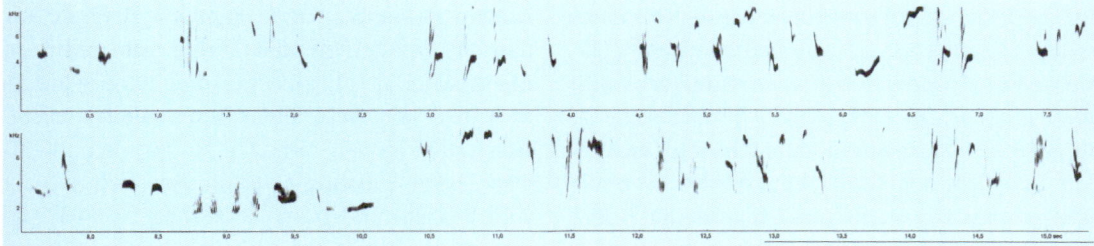

Abb. 76: Zusammenhängender Ausschnitt aus dem Plaudergesang (Subsong) der Kohlmeise

arten in der Regel nicht an die Komplexität und Klangschönheit des entspannten Motivgesangs heran. Bei einigen Singvogelarten gewinnt man aber den Eindruck, als erleide der Gesang von der jugendlichen zur erwachsenen Phase eine musikalische Einbuße. So ist bei der Dorngrasmücke (s. S. 147) die Gesangsqualität der juvenilen Männchen musikalisch höher einzustufen als der Gesang der adulten Männchen. Bei einigen Arten ist der Plaudergesang nicht nur variationsreicher als der spätere Reviergesang, sondern die jugendliche Experimentierfreudigkeit und Begabung ist teilweise sogar mit Imitationsfähigkeit gepaart, die später erlöschen kann (s. S. 171).

Vor allem aber ist bei etlichen Singvogelarten der Subsong musikalisch qualitätsvoller als der erregte Kampfgesang. Ich würde zwar nicht so weit gehen wie einer der großen Verhaltensfor-

scher und Lorenz-Schüler und generell sagen, dass die «Singvögel ihre an Variationen reichsten und damit schönsten Lieder außerhalb der Fortpflanzungszeit singen» (Eibl-Eibesfeldt 1999). Ein zentraler Bereich des Vogelgesanges wird aber mit dieser Aussage berührt, die für den erregten Kampfgesang weitgehend zutrifft, für den entspannten Gesang jedoch nur in eingeschränkter Weise.[70]

Überraschend ist ferner, dass erwachsene Männchen zahlreicher Singvogelarten nach der Brutzeit wieder in den jugendlichen, subsongartigen Plaudergesang übergehen können. Im

---

70 Eine Gliederung des Reviergesanges, wie sie zu Beginn des Buches vorgenommen wurde, könnte eine entsprechende Differenzierung ermöglichen und würde auch den musikalischen Spielcharakter von Plaudergesang und entspanntem Motivgesang erkennbarer machen.

subsonghaften Herbst- oder Wintergesang erwachsener Männchen ist deutlich die Entspanntheit des spielerischen Singens wahrzunehmen.

Man könnte auch sagen, dass Singvogelmännchen unter dem Hormoneinfluss in der Brutzeit ihre gesangliche Vielseitigkeit verlieren. Allerdings wird durch die hormonelle Steuerung die juvenile Plastizität nicht generell beendet, sondern temporär überdeckt. Erwachsene Singvogelmännchen erhalten sich demnach ihre jugendliche Offenheit, die fern der Brutpflichten wieder aufleben kann. Hier zeigen sich noch von einer anderen Seite her plastisch-spielerische Elemente des Subsongs wie auch Parallelen zum Spielverhalten im entspannten Motivgesang (s. Kap. 8.3; 9.3.2). Insofern halte ich es für richtig, den Subsong dem Spiel zuzuordnen und als Spielgesang zu bezeichnen (Hoffmann 1908, Immelmann 1979).

Der Plaudergesang ist also nicht grundsätzlich als schlichte, rudimentäre Vorstufe zum Reviergesang zu verstehen, sondern er stellt vielmehr eine universelle, plastische Stufe im Gesangsleben der Singvögel dar, die ein unbeschwertes Singen, auch auf der mittleren und oberen Ebene des Reviergesanges, ermöglicht.

Verschiedene Ornithologen halten den Subsong durchaus für eine funktionslose, ungezwungene Gesangsaktivität. Aufgrund von radiotelemetrischen Herzfrequenzmessungen an einem acht Monate alten handaufgezogenen Amselmännchen sollten konkrete Anhaltspunkte gewonnen werden, ob sich eine mögliche Unbeschwertheit des Gesangs oder eine körperliche Anstrengung des Singens in messbaren physiologischen Parametern nachweisen ließe. Bei dem Amselmännchen gelang es erstmals, den Herzschlag während des Singens zu messen. Das wesentliche Ergebnis war, dass sich die Herzfrequenz des Jungvogels (gegenüber der Ruhe-Herzfrequenz) während vier Ge-

sangsphasen um 33 bis 72 Prozent erhöhte. Der Forschungsbericht schließt mit folgendem Resümee: «Der aus entspannter Situation heraus erfolgende Subsong stellt eine physiologische Belastung für den Vogel dar, die seine Einstufung als unbeschwert oder gar funktionslos unwahrscheinlich macht» (Diehl & Helb 1985). Weitere Untersuchungen an vier Amseln über einen längeren Zeitraum sollten überprüfen, ob dieser einzige Versuch repräsentativ für die den Subsong begleitenden physiologischen Veränderungen ist und ob sich ähnliche Befunde für den Vollgesang erhalten lassen. Die teilweise überraschenden Ergebnisse der Herzfrequenzmessung, vor allem deren Heterogenität, bestätigten den ersten Versuch so gut wie nicht. Denn beim Subsong blieb die Herzfrequenz zu 75,6 Prozent und beim Vollgesang zu 64,4 Prozent gleichmäßig auf recht niedrigem Niveau. Es besteht somit «die begründete Vermutung, dass beispielsweise die pauschal als Subsong bezeichnete Lautäußerung der Amsel durchaus von verschiedenen Motivationen gesteuert sein kann und auch sehr unterschiedliche Funktionen haben kann ... Schließlich zeigte es sich jedoch auch, dass der Parameter Herzfrequenz allein nicht ausreicht, insbesondere die Einflüsse von psychischen Faktoren und stoffwechselphysiologischen Erfordernissen auf das Singen voneinander unterscheidbar zu machen» (Diehl 1992).

Bei derartigen Versuchen wäre vergleichsweise auch die Herzfrequenz eines erwachsenen Männchens im entspannten Motivgesang wie im erregten Kampfgesang zu messen. Jedenfalls sollte unbeschwertes Singen, wie es im Plaudergesang der Fall ist, nicht auf eine zweckmäßige Funktion reduziert werden. Ich möchte daran erinnern, was schon Konrad Lorenz betonte, dass ein Blaukehlchen in ganz mäßiger Erregung *dichtet* (s. Kap. 4.1). Eine «mäßige Erregung» ist die Sphäre des entspannten Motivgesangs! Mir scheint die obige Versuchsreihe eng mit den fraglichen Kosten-Nutzen-Analysen über den Energieverbrauch des Singens in Bezug auf den Profit verknüpft zu sein (s. Kap. 8.5).

Steigende Herzschlagfrequenz allein sagt auch wenig über Spiel und Ernst aus, und wir erfahren so gut wie nichts über die Unterschiede von *freudiger* und *aggressiver* Erregung. Hier berühren wir ein weiteres Reizthema mancher Biologen, nämlich die Frage nach den Gemütsbewegungen, den *Stimmungen* (s. S. 48). Ich bin überzeugt, dass ein gereizter Pirol, der sich mit einem aufdringlichen Artgenossen an der Reviergrenze auseinandersetzt und dessen Stimme sich dabei hörbar überschlägt, eine höhere Herzfrequenz aufweist, als wenn der Vogel ungestört singt. Bei einem Männchen, das offensiv um ein Weibchen wirbt, ist sicher ebenfalls ein erhöhter Anstieg der Herzfrequenz zu messen, der eine Zunahme von Erregung signalisiert; wir haben hier aber zwei völlig verschiedene Formen der Erregung. Aktives Spielen von Hundewelpen gilt beispielsweise auch dann als unbeschwertes Spiel, wenn sich der Herzschlag der Tiere gegenüber dem entspannten Schlafzustand deutlich erhöht. Die unterschiedlichen Versuchsergebnisse, die keine eindeutige Aussage zulassen, vernachlässigen als wesentlichen Faktor die individuelle Gestimmtheit der Versuchsvögel, umso mehr als es sich bei diesen nicht um freilebende Wildvögel, sondern meistens um stressgeplagte Käfigvögel handelt. Zu berücksichtigen wären aber gerade die Stimmungen der Singvögel in ihrer natürlichen Umwelt.

Es ist nun nicht so, dass der Begriff *Stimmung* von Ornithologen generell gemieden würde. Es ist von Flucht- und Balzstimmung, von Flug- und Zugstimmung die Rede. Symptomatisch für die darwinistische Grundhaltung ist aber, dass dieser Begriff vor allem dann gebraucht wird, wenn es um «aggressive Stimmung» geht, solange also eindeutige Funktionen (im Kampf ums Überleben) nachweisbar sind; man muss nur einmal das 22-bändige *Handbuch der Vögel Mitteleuropas* daraufhin ansehen. Geläufig ist auch, von Stimmungsübertragung zu sprechen, wenn gesellig lebende Vögel durch entsprechende Rufe Abflugstimmung signalisieren. Seltener ist von Stimmungsübertragung singender Männchen die Rede, wie auch der Variations- und Modulationsreichtum eines männlichen Singvogels kaum mit seiner jeweiligen Stimmung verknüpft wird. Das hängt nicht zuletzt damit zusammen, dass die Fülle der Publikationen auf zweckmäßige, funktionelle, messbare Ergebnisse ausgerichtet ist und Vogelgesang unter musikalischen Gesichtspunkten kaum untersucht wird.

Meines Erachtens scheinen aber gerade subsongähnliche Gesangsstrophen in besonderem Maße Ausdruck unterschiedlicher Gemütsbewegungen zu sein; auch die Plaudergesänge von Rabenvögeln geben deutlich individuelle Stimmungen wieder. Wie bereits betont, erklingen neben Jugend- und Plaudergesang auch andere Gesangsformen, beispielsweise entspannter und sphärischer Gesang, Chorgesang, Herbst- und Wintergesang, größtenteils stimmungsabhängig. All diesen Gesangsformen ist nun eines gemeinsam, dass sie einen mehr oder weniger ausgeprägten spielerischen Charakter haben und in einem entspannten Feld erklingen. In einer entspannten Atmosphäre entfaltet sich ebenso eine unbeschwerte Singstimmung, wie ein unbeschwertes Singen auch eine *kooperative* Stimmung unter benachbarten Artgenossen fördert. Warum also sollte der Begriff Stimmungsübertragung gerade für den Bereich der Stimme nicht benutzt werden – und zwar im Sinne von Übereinstimmung, von Harmoniebedürfnis auf musikalischer Ebene?

Das akustische Spielverhalten der Singvögel, im Zusammenhang mit dem Freiheitsmotiv in der Singvogelevolution, zeigt sich uns besonders schön in jenen Verhaltensweisen, die auch für die menschliche Entwicklung von Bedeutung sein können:

1. Singvögel lassen ihre vielfältigsten und schönsten Lieder nicht nur in einer entspannten Sphäre erklingen, sondern sie sind ansatzweise auch fähig, ein entspanntes Feld zu schaffen.

2. Erwachsene Männchen, die zur Herbst- und Winterzeit wieder den plastischen Gesang vortragen, zeigen uns so alljährlich etwas von ihrer juvenilen Plastizität, was musikalisch gesehen bedeutet, dass Männchen verschiedener Singvogelarten aufgrund des spielerischen Umgangs mit den Tönen gewissermaßen jung bleiben.

3. Singvögel haben die musikalische Leichtigkeit entwickelt, den größten Teil ihrer territorialen Auseinandersetzungen durch Gesang zu schlichten.

Somit erscheint es berechtigt, vom akustischen Spielverhalten der Singvögel zu sprechen. Der spielerische Stimmgebrauch der Singvögel kann als Ausdruck erweiterter Freiheitsgrade gewertet werden, die vor allem im entspannten Motivgesang, im angleichenden Wechselgesang, im Chorgesang (z.B. Nachtigall und Sumpfrohrsänger) wie auch im eindrucksvollen Singflug von Baumpieper, Waldlaubsänger (s. Abb. 1) und Feldlerche deutlich werden. Wir haben es beim akustischen Spielverhalten der Singvögel mit einem bisher wenig beachteten Freiheitsmotiv in der Evolution zu tun. Das spielerische Element und die Autonomiezunahme im Gesang der Vögel zeigen sich natürlich in besonders hohem Maße in der Fähigkeit, fremde Stimmen nachzuahmen. Deshalb soll die akustische Imitationsfähigkeit im Folgenden (s. Kap. 9) umfangreich behandelt werden.

8.5 Fragwürdige Kosten-Nutzen-Analysen über den Energieverbrauch des Singens

In der Ornithologie wie auch in der gesamten biologischen Wissenschaft, allen voran in der Soziobiologie, ist häufig von Kosten/Nutzen und Fitness zu lesen und zu hören. Gemeint ist damit der Zeit- und Energieaufwand für bestimmte Verhaltensweisen wie Nahrungssuche, Jungenaufzucht oder aufwendige Balzgebärden. Damit verbunden «ist immer eine Beanspruchung beziehungsweise Belastung durch eine Risikoerhöhung, zum Beispiel durch Feindeinwirkung bei erhöhter Nahrungssuche, und eine Minderung der eigenen Fitness. Eine auf dem Kosten-Nutzen-Verhältnis basierende Modellvorstellung ist etwa die *Optimierung des Nahrungserwerbs*, bei der die Kosten (Energie und Zeitaufwand) geringer sein müssen als der Nutzen (Nährwert), um sich *effektiv* zu ernähren» (Wassmann 1999). Derartige Formulierungen zeigen uns, dass das Leben der Organismen gleichsam wie ein Wirtschaftsunternehmen analysiert wird. Für fast jede morphologische Erscheinung und Verhaltensweise erhalten wir zweckgebundene Erklärungen, die uns den mechanistischen Ablauf der Evolution begreiflich machen sollen.

Selbst der Gesang der Vögel wird irgendeinem Vorteilsprinzip untergeordnet und dementsprechend interpretiert. Welche Rolle der Gesang im Leben eines Buchfinkenmännchens spielt, lässt sich nach Meinung führender Ornithologen an der von ihm dafür aufgewendeten Zeit ablesen. Der Buchfink singt beispielsweise täglich tausendfach seine Strophen und wendet dafür zusammengerechnet mehr als drei Stunden auf, kann also in dieser Zeit weder Nahrung aufnehmen noch sein Gefieder pflegen oder schlafen. Man weiß zwar nicht genau, wie viel Energie es den Buchfink tatsächlich kostet, drei oder vier Stunden zu singen, aber man geht dennoch davon aus, dass ein derart häufiger und intensiver Gesang immer noch ein kostengünstigeres Mittel ist, sein Revier zu markieren, als ständige Aufmerksamkeit in alle Richtungen haben zu müssen oder viele Angriffe gegen Eindringlinge führen zu müssen (Bergmann 1987). Abgesehen davon, dass die meisten Singvögel ein Klangrevier und weniger ein Nahrungsrevier verteidigen, erschöpft sich der weisheitsvolle Spielraum des Naturgeschehens nicht in einer Kosten-Nutzen-Analyse. Es liegt aber in der Konsequenz darwinistischer Weltanschauung, vorrangig den für eine Tierart möglichen Nutzen zu betonen. Hier zeigt sich die Einseitigkeit der neo-darwinistischen Methode besonders deutlich.

Auch impliziert die obige Aussage, dass weniger Gesangseinheiten mehr Angriffe von Rivalen zur Folge haben könnten, wofür es aber keine Hinweise gibt. Allerdings sind uns zahlreiche Singvogelarten bekannt, die täglich wesentlich weniger Strophen als der Buchfink singen und trotzdem nicht stundenlang in Kämpfe verwickelt sind. Das Problem ist, dass Reviergesang vorrangig auf Kampfgesang reduziert wird. Würde man realisieren, dass die Vögel auf der entspannten Ebene *miteinander* singen, ergäbe sich ein völlig anderes Bild. So singt der Buchfink bis in den Juni hinein, obwohl es eigentlich nur zu Beginn der Brutperiode zu Auseinandersetzungen kommt. Danach beruhigt sich das anfangs nervöse Verhältnis der Reviernachbarn, und die musikalische Reduzierung vom entspannten Motivgesang in den erregten Kampfgesang findet immer seltener statt. Obwohl im Frühsommer kaum noch mit Eindringlingen zu rechnen ist, singt der Buchfink fleißig weiter. Der Energieaufwand im erregten Kampfgesang mag im Vergleich zum entspannten Motivgesang messbar sein. Ist aber für Singvögel intensives Singen tatsächlich «kostenaufwendig»?

Nachtigallen singen zur Brutzeit tagsüber wie andere Singvögel, darüber hinaus aber auch zur Nachtzeit viele Stunden lang, oft im Chor. Ganz sicher aber singen Nachtigallen nachts nicht deshalb so viel, um während der Dunkelheit die Angriffshäufigkeit durch Eindringlinge zu vermindern. Der Gewichtsverlust nach einer durchsungenen Nacht kann vielleicht bei einem Vogel gemessen werden, müsste aber mit dem Gewichtsverlust verglichen werden, den ein nicht singender Vogel erleidet, wenn er nachts künstlich wach gehalten wird. Das eigentliche Problem ist, dass der minimale Energieaufwand im Verhältnis zum möglichen Profit untersucht wird. Diese Methode erscheint mir für den musikalischen Bereich ziemlich fragwürdig. Auch werden derartige Untersuchungen in der Regel bei gekäfigten Vögeln vorgenommen, die naturgemäß dauerhaft einem gewissen Stress unterliegen; Messungen bei vollkommen entspannten Vögeln dürften schwierig sein.

Was bringt es uns nun zu erfahren, dass der dauerhafte Nachtgesang für eine Nachtigall nicht sehr *kostengünstig* sein kann? Es mag für eine Nachtigall anstrengend sein, derartig schöne und vielfältige Lieder zu lernen, diese in einer so dynamischen, variationsreichen Weise vorzutragen und sie dann auch noch über Wochen in einer erstaunlichen Häufigkeit zu wiederholen. Aber geht es einer Nachtigall um ein günstiges Kostenverhältnis in ihrer Energiebilanz? Geht es in der Evolution nur ums Überleben? Für ein Leben auf einer *höheren* Stufe würde sich dieser wundervolle gesangliche *Aufwand* allerdings lohnen. Die Frage bleibt: Wie viel Energie kostet das Singen?

Um die Fragwürdigkeit der Energiebilanz in Bezug auf das Singen deutlicher zu machen, sei an das Spielen junger Säugetiere erinnert, das ebenso wie ein Großteil des Singens im entspannten Feld stattfindet. Der Energieverbrauch junger Hunde oder Katzen ist während ihrer oft lang anhaltenden wilden Spiele gewiss sehr hoch. Wir sprechen dennoch nicht von Energieverschwendung. Wir wissen, dass Messungen über den Energieaufwand, den Jungtiere beim Spiel erleiden, wenig bringen würde, weil junge Säugetiere Unmengen von freier Bewegungsenergie zu besitzen scheinen.

Im Zusammenhang mit dem akustischen Spielverhalten der Singvögel stellt sich die Frage, ob nicht auch erwachsene Singvögel, zumindest auf der entspannten Gesangsebene, ähnlich dem Kraftüberschuss junger Säugetiere, ein solches Übermaß an Energien haben. Das Spielen tobender Jungtiere ist energetisch sicher sehr aufwendig. Aber ist das vergleichbar mit dem Singen? Fällt der spielerische Umgang der Singvögel mit den Tönen als Kraftaufwand ins Gewicht? Ich möchte hier noch darauf aufmerksam machen, dass Säugetiere in ihrer Kindheit und Jugend nicht nur sehr viel Nahrung zu sich nehmen, sondern dass sie in dieser Zeit sehr viel schlafen. Bei Singvögeln lässt sich jedoch nicht feststellen, dass sie als *Ausgleich* zu ihren teils langen Gesangsphasen einen größeren Schlafbedarf[71] haben als sonst. Im Gegenteil: Einige Singvögel, zum Beispiel Nachtigall und Heidelerche, singen nicht nur am Tag, sondern auch nachts. Das mag als Indiz gelten, dass Singen nicht so energieaufwendig ist, wie wir vielleicht annehmen.

---

71 Zum Schlafverhalten der Singvögel sei hier noch angemerkt, dass nach neuesten Erkenntnissen Vögel (wie auch Wale und Delfine) die im Tierreich ansonsten selten vorkommende Fähigkeit zum einseitigen Schlaf besitzen: Die Tiere können mit einem offenen Auge und mit einer wachen Hirnhälfte wachen, während das andere Auge geschlossen ist und die korrespondierende Hirnhälfte schläft (Spitzer 2002).

Kann man den Energieverbrauch für ein Amsellied, das in entspannter Ruhe erklingt, überhaupt errechnen? Bei tausendfachen Buchfinkenstrophen an einem Tag mag es möglich sein. Auch bei einer Feldlerche könnte man geneigt sein zu denken, dass ein unentwegt über fünf bis dreißig Minuten lang singender und zugleich fliegender Vogel erschöpft zu Boden fällt. Nach der Landung steigt die Lerche aber bald schon wieder auf. Und das während der Brutzeit viele Male täglich. Ich habe jedenfalls in meinen fünfzig Jahren intensiver Singvogelbeobachtung noch keinen vom Singen erschöpften Vogel bemerkt.

Vom Methodischen her ist es wenig sinnvoll, das Musikalische unter Kosten-Nutzen-Aspekten zu betrachten. Denn der Gesang der Singvögel hat auch viel mit *Stimmung* zu tun. Verständlicherweise sind Messverfahren im emotionalen Bereich Grenzen gesetzt. Aus diesem Grunde möchte ich im Folgenden vor allem an den gesunden Menschenverstand meiner Leser appellieren und das Problem des messbaren Energieverbrauchs durch das Singen vernachlässigen. Wir können uns aber durchaus fragen, ob Singen für einen Singvogel *anstrengend* ist. Dazu ein Wort des angesehen amerikanischen Ornithologen, Musikers und Philosophieprofessors David Rothenberg (2007): «Den Vogelgesang muss man gezielt lieben lernen, bevor er sich einem erschließt. Vogelgesang lädt zunächst einmal nicht zum Analysieren oder Berechnen ein, sondern wirkt direkt auf die Sinne – nicht nur bei uns, sondern auch bei den Vögeln. Wenn wir uns nicht bemühen, ihn zu erfassen und in unser Gedächtnis einzuprägen, können wir ihn niemals hören, und wenn Vögel ihn nicht begeistert aufnehmen und spüren», hat er auch für sie keine Bedeutung.

Auch wenn es nicht viele wissenschaftliche Untersuchungen darüber gibt, wie Musik auf uns wirkt, so ist zumindest die vielfältige positive Wirkung von Musik auf unser Gemüt nachgewiesen worden. Wohl kaum jemand wird daran zweifeln, dass uns Musik emotional ergreift. Auch kennen wir die heilsame Wirkung der Musiktherapie. Die Idee «der Verbindung von Musik und Heilkunst ist keineswegs neu. Ägyptische Papyri sprechen ebenso von Musik und Heilkunst wie die Bibel, die griechische Tradition oder die vielen Stammesriten einfach lebender Völker» (Spitzer 2002).

Bei der Frage, ob Singen anstrengend ist oder ob Singvögel möglicherweise über Energien verfügen, die sich kaum messen lassen, wollen wir jene Qualität nicht außer Acht lassen, die dem Leben wie der Musik gleichermaßen eigen ist, den Rhythmus. Wir wissen, dass sowohl Rhythmus als auch Musik im Leben des Menschen eine die Gesundheit und das Immunsystem förderliche Wirkung ausüben. Auch wenn es nicht allgemein so bekannt wäre, würde jeder intuitiv zustimmen, dass durch die Verbindung von Rhythmus und Musik diese förderliche Wirkung verstärkt wird.

Nicht zufällig wird von altersher und weltweit rhythmisches Singen gepflegt, um die Arbeitskraft der Menschen zu steigern. Die Wirkung ist aber nicht von der Art, wie es nach Konsum von Aufputschmitteln geschieht, dass also nach einer kurzfristigen Leistungssteigerung ein umso größerer Leistungsabfall stattfindet. Rhythmischer Gesang scheint vielmehr verborgene Lebensenergien dauerhaft zu mobilisieren. Es existiert eine Fülle von Liedern, die «von bestimmten Arbeitsmenschen zur Erleichterung ihrer Tätigkeit gesungen werden, besonders dann, wenn die Arbeit eine mechanische, gleichmäßige ist. In allen Ländern kursieren solche teils primitiven, teils künstlerisch bemerkenswerten Gemeinschaftsgesänge (so zum Beispiel für die Weber, die Spinnerinnen, die Balkenträ-

ger, die Stampfer, die Matrosen, Schiffsleute usw.); auch die ausländische Musik, besonders die russische, ist reich an derartigen Melodien» (Singer 1927).

Das Wissen um die kräftestärkende Wirkung von Musik und Rhythmus hat eine lange Tradition. Schon beim Bau der ägyptischen Pyramiden mussten unzählige tonnenschwere Steinblöcke bewegt werden. Von Gesängen ist bei solchen Transporten immer wieder die Rede, zum Beispiel von den Männern mit starkem Arm, die beim Transport der Statue des Thothotep sangen und jeder die *Kraft von tausend Mann* erreichte (Teichmann 2003). Auch war die Musik ein Mittel, um diese Ordnung herzustellen. So muss der Bauplatz einer Pyramidenanlage «ehemals einen ganz ungeheuer großen Eindruck gemacht haben. In genau festgelegter Ordnung liefen die Arbeiten ab und bewegten sich die Bautrupps, nach den Rhythmen, die in ihrer Umgebung erklangen. Wenn man sich diese tönende Ordnung vorzustellen versucht, so wird deutlich, dass die Teilnahme an einem solchen Werk tiefe Erlebnisse bei der Bevölkerung Ägyptens hinterlassen haben muss. Denn eine solche tönende Ordnung wurde als Abbild einer himmlischen Welt erfahren, die auch erklingend und durch und durch geordnet gedacht wurde» (Teichmann 2003).

Durch rhythmisches Bewegen und Singen wird aber nicht nur die Kraftleistung erhöht, sondern auch die Arbeitslust gesteigert. So wird sicher kein Unteroffizier seinen Soldaten während eines langen Marsches mit dem Hinweis, Gesang koste Energien, das Singen verbieten. Im Gegenteil: Er erteilt ihnen den Befehl, ein Lied anzustimmen, weil er aus eigener Erfahrung weiß, dass eintöniges Marschieren mit Gesang weniger anstrengend ist. Auch liegt dem Rhythmus, wie wir beim Pyramidenbau erfahren haben, ein ordnendes Prinzip zugrunde. So waren die Lieder, die von Seeleuten zur Arbeit gesungen wurden, auch «eine Hilfe, um die Aktivität der Gruppe zu koordinieren. Auf einem Segelschiff geht es, prinzipiell zumindest, nicht viel anders zu als in einem Sinfonieorchester: Nur wenn jeder funktioniert wie der organische Teil eines größeren Ganzen, gelingt die gemeinschaftliche Aktivität. Matrosen können jedoch im Gegensatz zu Sinfonikern Musik und Rhythmus gezielt dafür einsetzen, genau diese Koordination zu erreichen. Abgesehen von den Seemannsliedern ist Arbeitsmusik in der europäischen Kultur praktisch nicht mehr vorhanden. Anderswo ist dies ganz anders. In den meisten afrikanischen Gesellschaften beispielsweise begleitet rhythmische Musik die Arbeit auf dem Feld sowie das Dreschen oder Mahlen des Getreides. Mitglieder des Stammes der *Frafra* in Ghana schneiden Gras begleitet von Musikern. Sie schwingen die Sense im Rhythmus und verrichten so ihre Arbeit schneller. Nicht anders auf Jamaika, wo Gruppengesänge während Gruppenarbeiten wie Graben, Sägen oder Dreschen stattfinden» (Spitzer 2002).

Wir erleben Gesang als anregend, belebend, aufbauend und kräftefördernd, insbesondere auch im Zusammenhang mit rhythmischer Bewegung.[72] Können wir das nicht auch für so musikalische Wesen, wie es die Singvögel sind, annehmen? Vor allem, wenn wir uns bewusst machen, dass Singvögel weniger gegeneinander als vielmehr miteinander singen. Auch wenn im Frühjahr zu Beginn der Revierverteilung bei den männlichen Artgenossen hin und wieder kraftzehrende körperliche Auseinandersetzungen zu beobachten sind, muss nicht die gesamte Gesangsentfaltung darauf reduziert

werden. Unabhängig davon, ob man bei einem Buchfinken nach stundenlangem Singen einen geringen Gewichtsverlust messen kann (und dieser tatsächlich auch *nur* auf das Singen zurückzuführen ist), scheint es so zu sein, als sei das Singen für die Singvögel alles andere als anstrengend. Darüber hinaus scheint das spielerische Singen, zum Beispiel im entspannten Umfeld, bis zu einem gewissen Grade auch eine wirksame Methode zu sein, selbst eine entspannte Atmosphäre zu erzeugen. Ich habe den Eindruck, dass das gemeinsame Singen für die Singvögel weniger ein Energieaufwand ist, sondern vielmehr eine belebende Kraftquelle darstellt, von der wir uns inspirieren lassen sollten.

---

72 Schon «das Einschwingen des Körpers in einen musikalischen Rhythmus kann sich in Spannungsminderung oder Spannungspotenzierung äußern» (Thomas 1976).

9. Imitation: Vielfalt auf hoher musikalischer Ebene

9.1. Einleitendes und Gedanken zum *Einklang* der Singvögel mit ihrer Umwelt

In der biologischen Wissenschaft wird Imitation vorrangig als visuelle Nachahmung von Verhaltensweisen untersucht. Verhaltensforscher befassen sich selbstverständlich mit verschiedenen Tierfamilien; sie haben auch nachweisen können, dass Vögel recht intelligent sind und als echte Augentiere sehr viel durch Beobachtung lernen (s. Kap. 7.3). Aber innerhalb der Wirbeltiergruppe sind es vor allem die Säugetiere, bei denen in diesem Bereich eine erstaunliche Verhaltensflexibilität festgestellt wurde. Deshalb ist es auch für Ethologen so attraktiv und anregend, sich mit dieser Tierklasse zu beschäftigen. Der Nachahmungstrieb tritt bei spielenden Jungtieren stark in den Vordergrund; in gesteigertem Maße ist das bei jenen Landsäugetieren der Fall, deren Vordergliedmaßen frei beweglich eingesetzt werden können (z.B. Katzen, Bären, Nagetiere, Fischotter, Affen) oder wie bei Elefanten, die mit ihrem Rüssel (als Handersatz) über eine außerordentliche Sensibilität verfügen.

Kriterien des Spielverhaltens im *entspannten Feld* sind Weltoffenheit, Neugier, Beweglichkeit und Experimentierfreudigkeit; wir finden sie auch bei den Singvögeln (s. Kap. 8). Das Spielverhalten der Singvögel hat sich aber schwerpunktmäßig – und in einer außerordentlichen Dynamik – auf der akustischen Ebene entwickelt. Es ist deutlich wahrzunehmen und zu erkennen, dass zahlreiche Singvögel ihre Strophen und Gesangsmotive häufig variieren, und zwar so, als würden sie mit den Tönen spielen. Manche lassen sich sogar von anderen Sängern inspirieren und übernehmen fremde Motive, was als Zeichen für spielerischen Stimmgebrauch gewertet wird. Es ist aber nicht vorgegeben, wie zum Beispiel Nachahmungen in den eigenen Gesang übernommen oder eingebaut werden, ob sie verkürzt oder kompositorisch verändert, ob sie klanggetreu oder sogar in *reineren* Tönen als das Vorbild nachgeahmt werden.

Aufmerksam und staunend, und das bereits im Altertum, haben Menschen zur Kenntnis genommen, dass Vögel artfremde Laute und Gesangsstrophen nachahmen können. Man muss nur eine Weile den Tönen einer Singdrossel lauschen, um sich von der Vielfalt fremder Motive zu überzeugen, die als Imitationen in ihrem Gesang vorgetragen werden. Intuitiv empfinden Menschen, dass die akustische Imitationsfähigkeit der Vögel eine Steigerung der Gesangsfähigkeit ist. Ich möchte anhand von konkreten Beispielen aufzeigen, dass es zahlreiche Argumente gibt, wonach dieses gesunde musikalische Empfinden durchaus berechtigt ist.

Ein wichtiger Schritt in Richtung autonomerer Entwicklung war die Entkoppelung der Gesänge von festgelegten genetischen Mustern: Im Gegensatz zu fast allen anderen Tierfamilien lernen die meisten Singvögel ihre Stimme individuell; lediglich das Rufrepertoire ist größtenteils angeboren. Lernen beinhaltet eine größere Flexibilität des Verhaltens, und die Entwicklung des Imitationsgesanges der Singvögel ist wiederum als Steigerung der Lernprozesse zu betrachten. Kaum ein Landwirbeltier ist fähig, fremde Laute nachzuahmen. Die erstaunliche Fähigkeit, Gehörtes wiederzugeben, ist im

Wesentlichen auf Singvögel und Papageien beschränkt.

Insofern nun jede Art von Gesangslernen genau genommen durch Nachahmung erfolgt, unterscheiden wir zwei Methoden des Imitierens: Zum einen das Nachahmungslernen innerhalb der eigenen Art, wobei der Gesang durch Nachahmung von einem arteigenen Vorbild erworben und nachgebildet wird (s. Kap. 9.2). Die Kenntnis des artspezifischen Gesanges wird auf diese Weise von einer Generation zur anderen weitergegeben. Zum anderen steht dem Lernen artspezifischer Muster die Primär- oder Fremdimitation gegenüber (s. Kap. 9.3), die – besonders bei virtuosen Sängern – auch als *Spottgesang* bezeichnet wird. Bei dieser «Imitation im engeren Sinne» werden vielfältige Motive aus dem Gesangsrepertoire einer oder mehrerer Vogelarten übernommen und in den eigenen Gesang eingefügt. Ornithologen sprechen deshalb bei Nachahmung eines arteigenen Vorbildes von *Tradition* und bei Nachahmung eines artfremden Vorbildes von *Fremdimitation*, wobei Tradierung und Fremdimitation keine Gegensätze darstellen, denn, wie wir noch sehen werden, können auch Fremdimitationen von Generation zu Generation tradiert werden (Bergmann 1987).

Im Bereich der Fremdimitation, mit der wir uns hauptsächlich befassen wollen, können wir drei Typen unterscheiden, die wiederum Stufen unterschiedlicher Flexibilität repräsentieren:
1. Die erste Stufe umfasst Nachahmungen von Rufen oder Gesängen, die der eigenen Stimme adäquat sind (s. Kap. 9.3.1) und so einer arttypischen Norm entsprechen (z. B. Kohlmeise, Klappergrasmücke) oder die auf einen bestimmten Frequenzbereich begrenzt sind.
2. Die zweite, wesentlich anspruchsvollere Stufe umfasst das Nachahmen artfremder Gesänge und Gesangsteile aller Art (s. Kap. 9.3.4). Aus dem gesamten Stimmrepertoire der Vogelwelt werden Gesänge, Motive oder Rufe übernommen, teilweise aber auch andere Tierlaute oder Geräusche nachgeahmt. Dabei können

(a) fremde Stimmen in größerer Anzahl teils genau imitiert werden (Gartenrotschwanz, Mönchsgrasmücke, Braunkehlchen), oder

(b) die Gesänge bestehen aus einer solchen Vielfalt von fremden Gesängen, dass Imitationen zum wesentlichen und vorherrschenden Charakteristikum des Gesangsvortrags werden. Wir sprechen dann von Spottgesängen, sei es in Form von zahlreichen exakt kopierten Nachahmungen (Singdrossel), sei es in langen, vielfältigen Imitationsreihen (Haubenlerche, Blaukehlchen) beziehungsweise derart, dass der Gesang aus so vielen sich mischenden fremden Vorbildern besteht, dass arteigene Gesangsstrukturen kaum noch erkennbar sind (Gelbspötter, Sumpfrohrsänger), oder

(c) fremde Motive werden zusätzlich *kompositorisch* verändert (Gartengrasmücke), wobei einige Vogelarten auch musikalisch klingende technische Geräusche übernehmen und darüber hinaus selbst neue Motive erfinden können (Amsel, Spottdrossel).

3. Auf der dritten Stufe lassen sich Vogelarten mit stark erweiterten Imitationsmöglichkeiten einordnen (s. Kap. 9.3.6), beispielsweise der australische Leierschwanz oder die ostasiatische Schamadrossel, deren Imitationskünste mehr als eindrucksvoll sind. Ferner rechne ich dazu alle Vogelarten, welche die Gabe besitzen, die menschliche Sprache nachzuahmen, und jene, die ohne zeitlich messbaren Lernprozess zu imitieren vermögen, zum Beispiel die beiden vorgenannten Arten wie auch Neuntöter, Weißscheitelrötel und Spottdrossel.

Wir können davon ausgehen, dass die Organismen nicht nur passive Ergebnisse ihrer Gene beziehungsweise von Umwelteinflüssen sind, sondern dass sie sich im Laufe der Evolution emanzipiert haben und dass wir besonders im Bereich der zunehmenden Verhaltensflexibilität deutliche autonome Schritte erkennen können. Nach neueren Forschungen wird den Organismen gegenüber dem Genom und der Umwelt ein größeres Mitsprachevermögen zugebilligt (Schad 1997, Lewontin 2002), sodass das Autonomieprinzip klarer hervortritt. Das gilt insbesondere für die Nachahmungsfähigkeit der Singvögel im akustischen Bereich. Und wie wir später noch bei der Frage nach der Bedeutung des Imitierens sehen werden (s. Kap. 9.4), greifen übliche Zweckmäßigkeitsargumente hier noch weniger als sonst, wie überhaupt kausalmechanistische Interpretationen zum Vogelgesang in dem Maße hilfloser wirken, als sich die musikalische Stufe des dargestellten Phänomens steigert.

Singvögel sind dank ihrer ausgezeichneten Seh- und Hörfähigkeit umweltoffene Wesen; sie leben wie andere Organismen mehr oder weniger gut angepasst in ihrer Umwelt. Ein Singvogel nimmt, wie etwa auch Waldmaus, Eichhörnchen oder Ringeltaube, deutlich menschliche Stimmen, Warnrufe, Tierlaute oder Geräusche wahr. Das auffällige Rätschen eines Eichelhähers beachten nicht nur Artgenossen oder andere Singvögel; viele Tiere des Waldes erleben diesen weit hörbaren Ruf als warnende *Information*, wie sich an ihren spezifischen Reaktionen (verbergen, flüchten) leicht wahrnehmen lässt. Kanadakleiber (*Sitta canadensis*) scheinen sogar richtige «Meister im Entschlüsseln von Informationen zu sein, die gar nicht für sie bestimmt sind. Die gefiederten Abhörspezialisten analysieren Warnrufe, mit denen Schwarzkopfmeisen (*Parus atricapillus*) ihre Artgenossen auf Feinde aufmerksam machen, und können daraus sogar

die Art der Gefahr heraushören» (Templeton & Greene 2007).

Es geht also erstens um die Information und zweitens um das Erkennen ihrer Bedeutung, was auch als «semantischer Aspekt» bezeichnet wird (Tembrock 1982). Und im Vergleich zu anderen Tiergruppen zeigen uns Singvögel in ihrem Verhältnis zur Umwelt drittens noch einen bedeutsamen qualitativen Unterschied: Sie achten zusätzlich auf Klangstrukturen des Gehörten wie Melodie, Rhythmus und Klangfarbe – und zwar jenseits allen Nutzens; sie haben ein ausgeprägtes Verhältnis zur *tönenden* Umwelt. Von diesem *Freiraum*, über alle biologischen Notwendigkeiten hinaus, berichten uns Singvögel, wenn sie Gehörtes, unabhängig vom Stimmrepertoire der eigenen Art, nachahmen.[73] Darin unterscheiden sich Singvögel grundlegend von fast allen Landwirbeltieren. Auf dieser Ebene können die Innerlichkeit der Singvögel erlebt wie auch die gesetzmäßigen Strukturen der Gesangsmotive und die Ordnungsprinzipien im Imitationsgesang verstanden werden. Deshalb sollten wir, wenn von der Umwelt der Singvögel gesprochen wird, stets die akustische Umwelt elementar mit einbeziehen.

Naturfreunde verbinden nicht selten mit bestimmten Vogelgesängen auch typische Landschaften und Lebensräume und erinnern sich etwa an den erzählenden Gesang einer Singdrossel auf der Spitze eines Baumes, an die klangvollen Strophen mehrerer Nachtigallen in einem Auwald oder an den dahinperlenden

---

73 Das oben Gesagte kann selbstverständlich nur für jene Singvogelarten als gesichert dargestellt werden, die zur Imitation befähigt sind. Insofern aber fast alle Singvögel ihre Gesänge lernen und wiederum jede Form von Gesangslernen auf Nachahmung beruht, sind vermutlich fast alle Singvögel für die musikalische Komponente von Klängen und Lauten entsprechend empfänglich.

Feldlerchengesang über einem Feld. Die *Stimme der Landschaft* (Frieling 1937) ist ein Phänomen, das uns innerlich bewegt und anspricht: So gehören zum lauten, rauschenden Gebirgsbach beispielsweise die scharfen Stimmen von Wasseramsel und Gebirgsstelze. Sind diese durchdringenden Rufe aber wirklich nur bioakustische Anpassungen an die Umwelt?

Wenn wir Rohrsänger in ihren Lebensbereichen beobachten und ihren unterschiedlichen Gesängen lauschen, gewinnen wir bald den Eindruck, dass Melodik und Stimmentfaltung in dem Maße zunehmen, wie der Lebensraum der Arten vom eintönigen Schilfröhricht zur vielseitigen Strauchvegetation wechselt. Drossel- und Teichrohrsänger bewohnen meist die Wasserseite des raschelnden Schilfbestandes, Schilfrohrsänger leben mehr im Uferbereich, und Sumpfrohrsänger finden wir in der artenreichen Ufervegetation wie auch im Brennnesseldickicht, während der nahe verwandte Gelbspötter schon ein echter Baumbewohner ist. Die Gesangsqualität der Rohrsänger steigert sich mit zunehmender Vegetationsvielfalt und gilt entsprechend als *angepasst*. Das gilt auch für den Gesang der Samtkopfgrasmücke im Verhältnis zu Mönchs- und Gartengrasmücke: «Es scheint, als ob der Gesang in seiner tonalen Struktur an den Lebensraum angepasst sei. Je niedriger die Vegetation, desto härter der Gesang. Gerade die Arten, die offene Lebensräume mit niedriger oder lückiger Vegetation bewohnen, ergänzen ihre akustischen Signale durch visuelle Schaustellung», also gaukelnden Singflug (Bergmann 2004). Nur «sollten wir dabei nicht an irgendwelche Nutzeffekte, sondern mehr an eine Harmoniebeziehung zwischen dem Tier und seiner Umgebung denken» (Kipp 1983).

Das eigentlich Problem liegt darin, dass An-

passung überwiegend in Richtung Selektion gedacht wird und dass wir stets von einer mechanistisch interpretierten Umwelt ausgehen. Würden wir «Landschaft als ein organismusähnliches Gebilde» betrachten (Suchantke 1982), so wären Pflanzen und Tiere die Organe dieses übergeordneten Organismus. Wir würden dann nicht nur die Organismen in ihrer Beziehung zur Umwelt betrachten, sondern noch stärker in ihrer Beziehung zu anderen Organismen. Das gemeinsame Verflochtensein der Organismen träte stärker in den Vordergrund. Der lebendige Zusammenhang *mit* der Umwelt wie auch die innere Kompetenz der Organismen *gegenüber* der Umwelt ergäbe sich buchstäblich auf organische Weise. Unter Anpassung könnten wir dann auch *Einpassung* verstehen.

Was bedeutet aber nun, sich in eine klangerfüllte Umwelt einzupassen? Ganz sicher doch: im übertragenen wie im wörtlichen Sinne im *Einklang*, in *Übereinstimmung* zu sein mit der Umwelt. Darauf weisen die obigen Beispiele hin. Eine besonders enge Beziehung zu den Klängen in seinem unmittelbaren Umkreis zeigt uns der knapp zwei bis drei Wochen alte, also gerade flügge gewordene Sumpfrohrsänger, der intensiv den vielfältigen Stimmen in seiner Umgebung lauscht und sie sich merkt. Der kleine Vogel nimmt die ihn umgebende Klangwelt innig auf; er bringt sogar aus seinem Winterquartier zahlreiche Gesänge afrikanischer Vogelarten als Imitationen mit und setzt sie später als erwachsener Vogel in eigene Töne um. So bereichert er dann, im Sinne einer «aktiven Adaptation», in verinnerlichter Weise die Umwelt seines Brutplatzes mit völlig neuen Klängen (s. Kap. 9.3.4), die wiederum von anderen begabten Sängern aufgenommen und in deren Gesängen tradiert werden können. In gewissem Sinne wirkt jeder Singvogel auf seine *musika-*

lische Umwelt ein, in besonderer Weise aber die imitationsbegabten Arten.[74]

Wenden wir uns wieder den harmonischen Beziehungen zu, die zwischen dem Gesangstyp eines Singvogels und seinem Lebensbereich bestehen. Es lohnt sich, auf diesen Zusammenklang zu achten. Wir können annehmen, dass sich die Gesangsformen der Singvögel im Einklang mit ihrer Umwelt entwickelt haben. Sobald wir etwa die Gesänge in Laubwäldern mit den Stimmen in Nadelwäldern vergleichen, nehmen wir deutliche Qualitätsunterschiede wahr. Im vielfältigen, meist sonnendurchfluteten Laub- oder Mischwald erklingen melodiösere, differenziertere und motivreichere Gesänge als im artenärmeren, häufig dunkleren Nadelwald. Vergleichen Sie jeweils die Gesänge einiger typischer Vertreter dieser beiden unterschiedlichen Lebensräume, zum Beispiel Kohl- und Haubenmeise, Amsel und Misteldrossel oder auch Eichel- und Tannenhäher. Vielleicht geht es nicht nur um den Gesang einer bestimmten Vogelart. Vermutlich verinnerlichen und spiegeln die Waldvögel den Charakter ihres Lebensbereiches jeweils auf arteigene Weise, sodass gerade die Mannigfaltigkeit der Gesänge es ist, welche die Seele des Waldes zum Klingen bringt. Man könnte auch sagen: Die Singvögel «verinnerlichen in ihren Gesängen den durchseelten Umkreis» (Suchantke 2002).

Wenn wir nicht immer sofort den Eindruck gewinnen können, dass die in einem Gebiet zusammenlebenden Vögel auch einen verwandten Gesangsstil haben, so ist das nicht unbedingt ein Widerspruch. Manche *Unstimmigkeiten* hängen

insbesondere damit zusammen, dass wir meistens großflächige Landschaftsräume mit den dort erklingenden Gesängen vergleichen und die kleineren Landschaftsräume vernachlässigen. Förderlich ist deshalb, den direkten Lebensraum einer Vogelart, sein Revier, stärker zu beachten, denn «auch Landschaften selbst kleineren Umfanges sind in sich erheblich differenziert» (Suchantke persönlich). So, wie ein aufmerksamer Gartenbesitzer sich schon nach kurzer Zeit einen lebendigen Eindruck von den verschiedenen kleinklimatischen Verhältnissen in seinem Garten erwirbt, scheint es nötig zu sein, innerhalb eines Ökosystems auch die vielfältigen Kleinbiotope mit ihren typischen Vogelgesängen stärker zu beachten.[75] In ähnlicher Weise finden wir auch Zusammenhänge von Landschaftstyp und Ausdrucksbewegungen; der Zusammenklang von Bewegungsart mit der Umwelt wurde bereits ausführlicher dargestellt (Streffer 2003). Die Vielfalt der Vogelgesänge und der Stimmreichtum vieler Arten machen deutlich, welche Rolle die akustische Kommunikation für die Vögel spielt. Anhand von Gesangrepertoires beziehungsweise der Komplexität der Gesänge können Vögel wahrscheinlich die Qualität eines Reviernachbarn, eines Partners oder auch die seines Reviers bewerten (Klump 2008).

Dieser kurze Ausflug in den Umkreis des Vogels sollte anregen, die gesamte klangliche Sphäre des Vogels stärker zu berücksichtigen; auch dürfen wir annehmen, dass die meisten Sing-

---

74 Der entspannte Motivgesang hat auf den ersten Blick sicher wenig mit aktiver Adaptation zu tun. Insofern aber für die begabten Singvögel der klangliche Umkreis eine herausragende Rolle spielt und sie sich den entspannten Klangraum, in welchem diese Gesangsform erklingt, selbst schaffen, kann dieser Aspekt hier mitgedacht werden.

75 Die Aussage des amerikanischen Evolutionsbiologen Richard Lewontin (2002) geht in die gleiche Richtung: «Bei Tieren kann es vorkommen, dass sie sehr spezielle Plätze mit ganz bestimmten Eigenschaften, sogenannte Mikrohabitate, bewohnen, die nicht besonders typisch für den allgemeinen Lebensraum der Gegend sind.» Manche «Unstimmigkeiten» können allerdings auch damit zusammenhängen, dass sich einige Singvögel, z.B. durch Klimaveränderung oder Verdriftung, auf neue Lebensbereiche umstellen mussten, ihre Gesänge aber (noch) nicht angeglichen haben.

vögel, die andere Stimmen nachahmen können, ein vorzügliches Gehör besitzen und über ein ausgezeichnetes Gedächtnis für das Gehörte verfügen. Die weiteren Betrachtungen befassen sich mit der unterschiedlichen Imitationsfähigkeit bestimmter Vogelarten und teils differenziert damit, welche fremden Arten von ihnen nachgeahmt werden. So wird der Leser leichter erkennen, wie die jeweiligen Imitationskünstler ihr Stimmrepertoire *erweitern* und dass, wie bereits angedeutet, insbesondere in den Gesängen der imitierenden Vogelarten klare musikalische Strukturen und Ordnungsprinzipien zu finden sind. Später soll noch darauf eingegangen werden, dass es sich beim Spottgesang nicht, wie früher angenommen wurde, um *Täuschungsmanöver* handelt (s. Kap. 9.4).

So wie uns die musikalisch begabteren Sänger zeigen, dass sie in ihrer Gesangsentwicklung graduell bestimmte Freiheitsgrade *errungen* haben, vollzieht sich mit der Entfaltung des Imitationsgesanges eine deutliche Zunahme an Autonomie. Aus diesem Grunde habe ich den Versuch unternommen, die Vielfalt dieser stärker individuell geprägten Gesangsrichtung etwas ausführlicher darzustellen. Die Kapitelfolge ist als Steigerungsreihe gedacht, um innerhalb der Singvogelwelt die Zunahme der Imitationsfähigkeit leichter erkennbar zu machen. Die folgende Gliederung der Imitationsfähigkeiten impliziert aber keine evolutionsgeschichtliche Hypothese zur Ausbildung der akustischen Imitation, darf aber als eine erste Ordnung der Imitationsbegabung im Sinne der Autonomiezunahme betrachtet werden.

9.2 Tradition: Nachahmung innerhalb der eigenen Art

9.2.1 Nachahmen des arteigenen Vorbildes (Gesangslernen)

Die Neigung, das Lied der Eltern, in der Regel des männlichen Vorbildes, nachzuahmen, ist den meisten Singvögeln in Form einer Lerndisposition, als inneres Klangbild für den arteigenen Gesang von Natur aus mitgegeben. Die Gesangsstrophen müssen jedoch individuell gelernt werden. Voraussetzung ist, dass das innere Klangbild der Jungvögel zum Klingen gebracht wird. Sehr schön lässt sich bei fast flüggen Jungamseln beobachten, wie sie in den angeborenen Jugendgesang Motive eines erwachsenen Vorsängers einfügen; anfangs üben sie täglich nur fünf bis zehn Minuten, nach wenigen Tagen aber bereits mehr als eine halbe Stunde (Glutz 11/II). Durch Nachahmungslernen und Motivanpassung werden nicht nur arteigene Gesänge, sondern auch regionale Dialekte tradiert.

Beim Bluthänfling kann ein «populationstypischer Dialekt entstehen. Zuwanderer passen ihren Gesang der lokalen Population an. Neben perfekt imitierten Motiven entstehen solche, die dem Vorbild nur teilweise entsprechen. Manche Männchen erreichen eine weitgehende Annäherung an den Gesang der Lokalpopulation erst im dritten Jahr, das heißt nach zwei dort verbrachten Brutperioden» (Glutz 14/II). Dass es auch ganz anders geht, wurde bei Amerikanerkrähen (*Corvus brachyrhynchos*) festgestellt: Zuwanderer lernen nicht den Kontaktruf der neuen Gruppe, sondern der Gruppenruf ändert sich dann für alle Individuen (s. Kap. 9.3.5).

Das Nachahmen des eigenen Vorbildes, also das, was wir als normales Gesangslernen bezeichnen, vollzieht sich unabhängig von der musikalischen Begabung einer Singvogelart. Ein Zilpzalp lernt seinen schlichten Gesang auf ähnliche Weise, wie die Nachtigall den ihrigen auf hohem Gesangsniveau erwirbt. Der Übungsprozess kann unterschiedlich lang sein, aber der Lernvorgang ist im Prinzip gleich. Das musikalische Ergebnis ist allerdings sehr verschieden. Und hier sind wir wieder mit der Frage konfrontiert, warum zahlreiche Arten so komplexe Gesänge entwickelt haben, die von den Jungvögeln immer wieder erübt werden müssen, während doch für die Funktion der Revierverteidigung auch recht einfache genügen (s. Kap. 9.4). Besonders im Bereich des Vogelgesangs und verstärkt bei der eigentlichen Imitationsfähigkeit zeigt sich, dass sich die Singvogelwelt stufenweise von den Zwängen des natürlicherweise vorgegebenen Stimmrepertoires *befreit* hat.

9.2.2 Nachahmen individueller Gesangsvariationen von Reviernachbarn im angleichenden Wechselgesang

Ebenso wie das Gesangslernen auf Nachahmung beruht, setzt auch die Übernahme von Motiven unter Reviernachbarn die Fähigkeit voraus, imitieren zu können. Das gilt insbesondere für den angleichenden Wechselgesang, bei dem sich Reviernachbarn in ihren Gesangsstrophen derart annähern, dass teilweise eine völlige Übereinstimmung erzielt wird. Dabei handelt es sich nicht um Fremdimitation, da sich der Prozess noch innerhalb der eigenen Spezies vollzieht und die Artgenossen eine Lerndisposition für ihren Gesang besitzen. Insofern es aber innerhalb einer Art ungleich begabte Individuen und somit auch unterschiedliche Gesangsspektren gibt, liegt hier bereits eine etwas flexiblere Form des Nachahmungslernens vor. Ohne diese Entwick-

lung, auf die wir nochmals unter dem Aspekt der Entstehung und Bedeutung des Imitierens zurückkommen werden, wäre eine so ausgeprägte Form des kooperativen Singens gar nicht möglich.

9.2.3 Nachahmen von Imitationen im Gesang des Vorsängers (indirekte Imitation)

Junge Singdrosseln oder Haubenlerchen lernen ihren Gesang ebenso vom Vater wie junge Haussperlinge. Wenn aber ein junger Haussperling, der in der freien Natur recht selten fremde Gesangsteile nachahmt, im zweiten Lebensjahr einen imitierten Grünlingruf in seinem schlichten Gesang vorträgt, so gehen wir in der Regel davon aus, dass er ihn auch von einem Grünling übernommen hat. Falls wir aber wissen, dass bereits der Altvogel über eine derartige Imitation verfügte, so ist ziemlich sicher, dass der Jungvogel sie von diesem übernommen hat. Bei Singdrossel oder Haubenlerche, deren Gesänge zahlreiche Imitationen enthalten, liegt es nahe, dass die Jungvögel von dem großen Imitationsschatz ihrer erwachsenen männlichen Vorbilder partizipieren. Viele dieser Imitationen sind vermutlich *indirekte* Imitationen, das heißt von arteigenen Vorsängern gelernte Nachahmungen. Auf diese Weise werden Imitationen artfremder Lautäußerungen tradiert. Insofern stellen, wie schon angedeutet, Tradierung und Fremdimitation keine Gegensätze dar, sondern sind miteinander verwoben.[76] Und es ist außerordentlich interessant, sich mit den Übergängen zu befassen. Wenn wir bei-

---

76 Selbstverständlich wird hier vorausgesetzt, dass die Gesangsaktivität der Altvögel mit den sensiblen Lernphasen der Jungvögel übereinstimmt, was zum Beispiel beim Sumpfrohrsänger, einem unserer besten Spötter, nicht zutrifft (s. S. 197 f.).

spielsweise verschiedene Singdrosselpopula-
tionen miteinander vergleichen, werden wir
feststellen, dass sie sich sowohl in der Anzahl
der Imitationen als auch in der Gesangsqualität
gravierend unterscheiden können. Wir erhalten
damit einen deutlichen Hinweis auf die Tradierung von Fremdimitationen. Bei Spottsängern
ist es naturgemäß nicht leicht, genau festzustellen, welche Imitationen vom Vater erworben
und welche von fremden Sängern übernommen
wurden. Das bedeutet, dass bei den folgenden
Betrachtungen stets die Frage mitschwingt, ob
es sich um indirekte (also tradierte Imitation)
oder um echte Fremdimitation handelt. Das gilt
allgemein für Imitationen im Jugendgesang,
wobei jedoch zu berücksichtigen ist, dass bei
verschiedenen Singvogelarten nur im Jugend-
bzw. Plaudergesang Nachahmungen anderer
Vogelstimmen zu hören sind (s. Kap. 9.3.2);
diese Jungvögel können ihre Imitationen also
nicht von erwachsenen Vorsängern übernommen haben.

Abb. 77: Goldammer

9.3 Fremdimitation: Nachahmung über die Artgrenze hinaus

9.3.1 Imitation von Rufen und Gesängen, die der eigenen Stimme adäquat sind

Sobald wir gezielter auf Primär- oder Fremdimitationen in den Gesängen achten, bemerken wir
bald, dass zahlreiche imitationsfähige Singvögel
nicht wahllos Töne nachahmen, sondern dass
sie bevorzugt diejenigen Laute und Motive in ihr
Stimmrepertoire übernehmen, die der eigenen
Stimme verwandt sind. Und in der Tat wissen
die Forscher von vielen Vogelarten zu berichten,

dass «sie aus der Umgebung solche Laute aufgreifen, die ihren eigenen Gesängen entsprechen
oder gut dazu passen» (Wickler 1986).

Mischsänger:
Eine besondere Art des Lernens durch Nachahmung können wir bei sogenannten Mischsän-
gern beobachten. Darunter verstehen wir Individuen, die neben ihrem arteigenen Gesang in der
Regel auch noch den Gesang einer nahe verwandten, also morphologisch äußerst ähnlichen
Art (Zwillingsart) vortragen. Es können Teile des
anderen Gesanges übernommen werden, oder
beide Gesänge werden zu einer Mischform neu
kombiniert (Wassmann 1999).

Bei Nachtigall und Sprosser kann der Mischgesang unterschiedlich stark ausgeprägt sein.
Mischsänger sind aus dem gesamten Gebiet
sympatrischen Vorkommens bekannt.[77] Bei verschiedenen Männchen finden sich alle Stadien

---

77 Sympatrisch lebende Arten sind nahe verwandte Arten, die dasselbe geographische Gebiet bewohnen. So
überlappen sich beispielsweise die Verbreitungsgebiete von Nachtigall und Sprosser in Südost-Schleswig-
Holstein.

von der Übernahme einzelner fremder Silben, Phrasen und Strophen in das eigene Repertoire bis hin zum (mindestens zeitweise) vollständigen Ersatz des eigenen Gesangs durch den der Zwillingsart. Bei so begabten Sängern ist zu beobachten, dass neben den arteigenen Gesangsstrophen der Gesang der Zwillingsart dem Vorbild sehr ähnlich gesungen wird. Mischsänger mit Nachtigall-Sprosser-Gesang erwiesen sich bisher in fast allen näher untersuchten Fällen als Sprosser (Lille 1988).

Mehrfach dokumentiert wurden auch Beobachtungen an Laubsängern, die einen mehr oder weniger ausgeprägten Mischgesang zwischen Zilpzalp- und Fitisgesang vortrugen. Meist beginnen solche Mischstrophen mit Zilpzalp-Elementen; es sind aber zeitweise auch reine Fitis- und Zilpzalp-Strophen zu hören (Glutz 12/II). Die meisten Mischsänger scheinen, entsprechend der universelleren musikalischen Begabung, Fitislaubsänger zu sein; dafür spricht auch, dass der Fitis in Gefangenschaft den Zilpzalpgesang lernt, während das Umgekehrte nicht vorkommt (Glutz 12/II). Bei sympatrischem Vorkommen von Gelb- und Orpheusspötter wie auch von Halsband- und Trauerschnäpper sind gleichermaßen Mischsänger anzutreffen (Glutz 12/I; 13/I).

Mischgesänge von Garten- und Waldbaumläufer werden meistens von Letzteren vorgetragen. In Dänemark jedoch, wo der Waldbaumläufer dicht siedelt, aber nur etwa 250 bis 300 Gartenläuferpaare vorkommen, sind häufiger Mischgesänge von Gartenbaumläufern zu hören.

Es wird vermutet, dass Mischgesänge durch Kopierfehler entstehen, die tradiert werden (Glutz 13/II). Wenn man aber bedenkt, wie verbreitet das Imitationstalent unter Singvögeln ist, wie gut Singvögel hören und wie frequenzgenau sie singen können, erscheint es auch

Abb. 78: Singender Waldbaumläufer

möglich, dass so nahe verwandte Arten sich auf musikalischer Ebene – wie Artgenossen im angleichenden Wechselgesang – durch Mischgesang *annähern*.

Auch unter Dorngrasmücken wurden Mischsänger beobachtet. So sang ein freilebendes Männchen neben den arteigenen Motivgesangsstrophen den Überschlag der Mönchsgrasmücke (Bergmann 1973). Diese Fähigkeit darf als wichtiges Indiz dafür gelten, dass Dorngrasmücken über ihre angeborenen Grundmerkmale hinaus lernfähig sind.

Ferner gibt es Mischsänger, die nicht derselben Gattung angehören, zum Beispiel Buchfink und Grünling oder Buchfink und Baumpieper. Wesentliches Kriterium ist, dass der Buchfink «zwar eine buchfinkentypische Strophe singt, sie aber aus Elementen zusammensetzt, die anderen Ar-

Abb. 79: Grauammer

ten entlehnt sind» (Bergmann 1987). Jeder Sänger trägt also Strophen oder Elemente aus dem fremden Gesang vor.

Mischsänger von Sumpfrohrsänger und Teichrohrsänger sind im Gefolge von Mischbruten ebenfalls bekannt geworden. Bei imitierenden Teichrohrsängern handelt es sich aber möglicherweise um Mischsänger, die ihre Imitationen von Sumpfrohrsängern gelernt haben (Glutz 12/I).

Eine Besonderheit ist bei den stark zu Dialekten neigenden Ammernarten zu beobachten: In manchen Dialektgebieten, vor allem solchen mit Überlappung benachbarter Dialekte, treten sogenannte Dialektmischsänger auf, zum Beispiel von Ortolan, Grauammer und (selten) Goldammer (Glutz 14/III).

Singvogelarten mit begrenztem Imitationsanteil:

Hier sollen verschiedene Singvögel angeführt werden, die entweder selten imitieren oder deren Imitationen nur aus einzelnen Lauten und Fragmenten bestehen beziehungsweise die nur wenige Arten imitieren. Im Vergleich zum Imitationstalent einiger Spottsänger ist ihre Imitationsfähigkeit deutlich eingeschränkt.

Eine Klappergrasmücke kann etwa nicht jedes beliebige Vorbild nachsingen. Sie übernimmt Gesangselemente, die ungefähr der arttypischen Norm entsprechen. So werden von den hier beispielhaft genannten Arten nur diejenigen Gesänge oder Rufe nachgeahmt, die der eigenen Stimmlage, Klangfarbe und Tonhöhe oder dem eigenen Rhythmus adäquat sind. Damit mag zusammenhängen, dass bestimmte Qualitäten bevorzugt werden. Auch gibt es verschiedene Singvögel, von denen wir im Erwachsenenalter nur selten Nachahmungen fremder Laute hören, die aber im Jugend- und Plaudergesang (*Subsong*) Imitationen einfügen.

Mit wenigen Ausnahmen können Singvögel eine gehörte Melodie nicht unmittelbar imitieren. Der Aneignungsprozess fremder Stimmen

Abb. 80: Feldlerche

Auswahl von Singvogelarten, bei denen Nachahmungen meistens auf kurze Rufe oder Gesangsfragmente beschränkt sind:

a) **Hausrotschwanz** mit Imitationen z.B. von Haubenlerche, Feldlerche, Rauchschwalbe, Bachstelze, Mönchsgrasmücke, Gartenrotschwanz, Amsel, Gartenbaumläufer, Kohl- und Blaumeise, Star, Haussperling, Grünling, Stieglitz, Erlenzeisig, Hänfling, Girlitz

b) **Erlenzeisig** meist mit Imitationen von Nadelwald bewohnenden Arten wie Haubenmeise, Fichtenkreuzschnabel – bekannt sind aber auch Rufe von Baumpieper, Kleiber, Hänfling oder Schwarzspecht

c) **Buchfinken** imitieren (selten) Klappergrasmücke, Trauerschnäpper, Tannenmeise – auch Grünling und Baumpieper (als Mischsänger).

d) **Hakengimpel** reproduzieren Imitationen von anderen Finkenvögeln wie auch von Wiesenpieper und Wanderlaubsänger.

e) **Fichtenkreuzschnabel** imitiert Kohl- und Tannenmeise und ganze Elementgruppen aus dem Gesang anderer Finkenvögel.

f) **Dorngrasmücken** lassen Imitationen, ähnlich wie Klappergrasmücken, häufiger im Vorgesang als im Vollgesang hören. Im Singflug beziehungsweise kurz vorher und kurz danach sind die Strophen länger und ziemlich regelmäßig mit Imitationen versehen, z.B. Grünling, Bachstelze, Mönchsgrasmücke, Feldsperling, Gartengrasmücke, Fitis, Buchfink (Glutz 12/II).

g) **Sperbergrasmücken** können ebenfalls andere Vogelarten imitieren; ihre Imitationsfähigkeit wird aber unterschiedlich beurteilt.

h) **Baumpieper** lassen hin und wieder im Singflug imitierte Gesangselemente artfremder Vorbilder hören, zum Beispiel das charakteristische «pink» des Buchfinken (s. Abb. 35).

i) **Steinschmätzer:** Der Gesang kann häufiger recht gute Imitationen enthalten.

j) **Klappergrasmücke:** In dem etwas monoton klingenden Gesang werden manchmal auch Gesangteile anderer Vogelarten vorgetragen.

Singvogelarten mit teils vollkommenen und deshalb leicht erkennbare Imitationen, die allerdings nicht häufig zu hören sind:

a) **Rotkehlchen** imitieren Strophenfragmente von Buchfink, Heckenbraunelle, Goldammer oder auch kurze Gesangsabschnitte von Feldlerche, Fitis oder Mönchsgrasmücke.

b) **Feldlerchen** verstehen gut zu imitieren und beispielsweise Motive von Haubenlerche, Sumpfrohrsänger, Hänfling und Limikolen in ihren Gesang einzubauen.

c) **Heidelerchen** ahmen z.B. Strophenteile von Baumpieper, Rauchschwalbe und Feldlerche wie auch Laute von Kohlmeise und Zilpzalp nach.

d) **Kurzzehenlerche:** Die Strophen enthalten während des aufsteigenden Singfluges häufig Imitationen anderer Lerchenarten, bestehen vereinzelt aber auch ganz aus gereihten Fremdstimmen.

e) **Schwarzkehlchen:** Der Singflug, der (nur von unverpaarten Männchen) über Wochen vorgetragen wird, enthält regelmäßig Imitationen, sonst sind fremde Lautäußerungen weniger häufig.

f) **Weidenammer:** Der Gesang kann nahezu perfekte Nachahmungen von Ortolan- und Goldammergesang enthalten.

g) **Kohlmeisen** imitieren fast alle einheimischen Meisenarten, besonders Tannenmeise und zum Verwechseln ähnlich den Gesang der Sumpfmeise.

h) **Nachtigall:** Imitationen verschiedener Vogelarten sind im Freiland bekannt, aber nicht sehr häufig zu hören. Handaufgezogene Männchen offenbaren allerdings die große Nachahmungsfähigkeit dieser Art (s. Kap. 9.3.2); begabte Nachtigallmännchen sollen bis zu sechzig verschiedene Imitationen anderer Vogelstimmen singen können.

unterliegt einem verschieden langen *Zeitfenster*, denn Nachahmung ist bei Vögeln im Allgemeinen «kein unmittelbar verschieden ablaufender Vorgang, wie wenn ein Mensch ein einmal vorgepfiffenes Motiv sofort nachpfeift. Der Vogel wählt ein Vorbild aus und nimmt dessen Gesang in sein Gedächtnis auf. Der oft viel später anschließende Lernvorgang geht durch *Übung* vor sich» (Bergmann 1987).

Ähnlich wie beim Gesangslernen ist die Imitationsbegabung nicht nur von Art zu Art verschieden, sondern ebenso bei den Individuen innerhalb einer Art ungleich verteilt. Auch entspricht die Imitationsfähigkeit nicht prinzipiell der gesanglichen Leistung, denn von der Blaumeise hört man fast genauso wenig Nachahmungen wie vom Haussperling.

Die folgenden Angaben gründen sich auf eigene Beobachtungen oder sind dem *Handbuch der Vögel Mitteleuropas* (Glutz) entnommen. Für die Vogelwelt der amerikanischen, afrikanischen, asiatisch-australischen Regionen wurde, neben speziellen Avifaunen, vor allem das *Handbook of the Birds of the World*, herausgegeben von Jos. del Hoho (2002f), zu Rate gezogen.

Sehr selten sind Imitationen bei folgenden Arten: Blaumeise, Haussperling, Schlagschwirl, Goldammer und Grauammer; der in Südwesteuropa und Nordafrika verbreitete Trauersteinschmätzer imitiert nur im leisen *Imponiergesang* (zum Beispiel Bienenfresser, Elster). Verhältnismäßig wenige Imitationen sind zu hören von: Rauchschwalbe, Wintergoldhähnchen, Samtkopfgrasmücke, Grauschnäpper, Teichrohrsänger, Bergfink.

Häufigere Imitationen, aber nur im Bereich des eigenen Stimmumfanges:
Den meisten Singvogelarten sind insofern Grenzen gesetzt, als sie nicht über den arteigenen Stimmumfang hinaus Imitationen singen kön-

nen. Das gilt auch für jene Arten, die verhältnismäßig häufig imitieren, aber dabei doch in einem dem Artgesang entsprechenden Frequenzbereich bleiben. Drei Arten seien beispielhaft genannt:
a) Grünling: Als zusätzliche Elemente enthalten die meisten Grünlingsgesänge Imitationen anderer Vogelarten, zum Beispiel Rufe von Buchfink, Amsel, Feldsperling, Gimpel, Bachstelze. Sehr verbreitet sind Imitationen von Erregungslauten des Kleibers, die dicht gereiht dem Tourenschema des Grünlings entgegenkommen. die Gesangsstrophe der Blaumeise entspricht ohnehin seinem Gesangsschema.
b) Mittelmeersteinschmätzer: Imitationen von verschiedenen Vogelstimmen sind häufiger zu hören (zum Beispiel Uferläufer, Bienenfresser,

Mauersegler, Rauchschwalbe, Felsenschwalbe, Mehlschwalbe, Heidelerche, Kurzzehenlerche, Bachstelze, Kohlmeise, Stieglitz).
c) Sumpfrohrsänger: Selbst dieser Imitationskünstler, der zu unseren besten Spottsängern zählt (s. Kap. 9.3.4), kommt hinsichtlich des Stimmumfanges an seine Grenzen, denn Arten, deren Stimme außerhalb des Frequenzspektrums des Sumpfrohrsängers liegen, werden nicht imitiert.

9.3.2 Imitationen im Jugend- und Plaudergesang

Der Jugendgesang und der Plaudergesang (*Subsong*) gehen, wie wir gesehen haben, in der Regel kontinuierlich in den Vollgesang über. Deshalb könnte man annehmen, dass der Reviergesang generell eine musikalische Steigerung

Singvogelarten, die bereits im Jugend- oder im Plaudergesang Imitationen hören lassen

a) **Haubenmeise:** Imitationen sind sehr selten und nur im Subsong zu erwarten (z.B. Sumpf- und Tannenmeise).

b) **Buchfink:** Der Jugendgesang kann Imitationen enthalten.

c) **Steinschmätzer:** Der am Boden (meist verhalten) vorgetragene Subsong ist anhaltender und reichhaltiger als der Reviergesang. Der Subsong wird von Alt- und Jungvögeln beiderlei Geschlechts vorgetragen.

d) **Mittelmeersteinschmätzer:** Im Singflug sind manchmal Imitationen zu hören; der Subsong enthält dagegen oft zahlreiche Imitationen anderer Vogelstimmen.

e) **Grauschnäpper:** Mitunter ist aus nächster Nähe zwischen den relativ lauten Elementen noch ein leiser, schwätzender Subsong zu hören, der Imitationen artfremder Lautäußerungen enthalten kann.

f) **Zwergschnäpper:** Diese Art verfügt neben territorialem Gesang über eine Art Subsong, ein halblautes, anhaltendes Zwitschern, in das auch Imitationen fremder Vogellaute (z.B. Pirol, Stieglitz, Waldlaubsänger, Baumpieper) eingeflochten werden können.

g) **Feldschwirl:** Im Jugendgesang können girlitzähnliche Klirrstrophen auftreten.

h) **Wintergoldhähnchen:** Kurze Imitationen sind im Schlussteil der Reviergesangsstrophen zu hören; vor allem Erregungs- und Kontaktlaute von Buchfink und Meisen (s. Abb. 82). Leise, aber vollständigere Imitationen, z.B. von Sumpf-, Kohl- und Haubenmeise (auch Buchfink) kommen häufig im Subsong vor (s. Abb. 81).

i) **Hausrotschwanz:** Selten sind neben dem arttypischen Mittelteil auf kurze Laute beschränkte Imitationen (z.B. von Haubenlerche, Feldlerche, Rauchschwalbe, Bachstelze, Gartenrotschwanz, Amsel, Grasmücken, Meisen, Gartenbaumläufer, Star, Sperling, Grünling, Distelfink, Erlenzeisig, Hänfling, Girlitz) in den Reviergesang oder einen leisen Subsong eingefügt.

j) **Steinrötel:** Der leise und fortlaufend vorgetragene Subsong ist eine bunte Mischung aus formlosem Gezwitscher und Bruchstücken arteigener wie auch artfremder Rufe und Gesangsmotive; Imitationen sind in dieser Gesangsart besonders häufig (s. Kap. 8.4).

k) **Rotkehlchen:** Elemente des Jugendgesangs sind von komplexerem Bau und deutlich längerer Dauer als die des Adultgesanges. Sie sind praktisch nicht in Motiven angeordnet. Unvollständige Imitationen, vor allem des Buchfinkengesangs, sind häufig zu hören.

l) **Weißbrauenrötel** (*Cossypha heuglini*): Imitationen dieses guten afrikanischen Duettsängers sind fast ausschließlich im Subsong zu hören (s. S. 118ff.).

m) **Rotbauchschmätzer** (*Thamnolaea cinnamomeiventris*): Einer der ausgezeichnetsten Sänger Afrikas; er verfügt über zwei Gesangstypen: ein sehr melodiöser und variationsreicher Vollgesang und perfekte Imitationen anderer Vogelarten enthaltende subsongähnliche Strophen (s. S. 118).

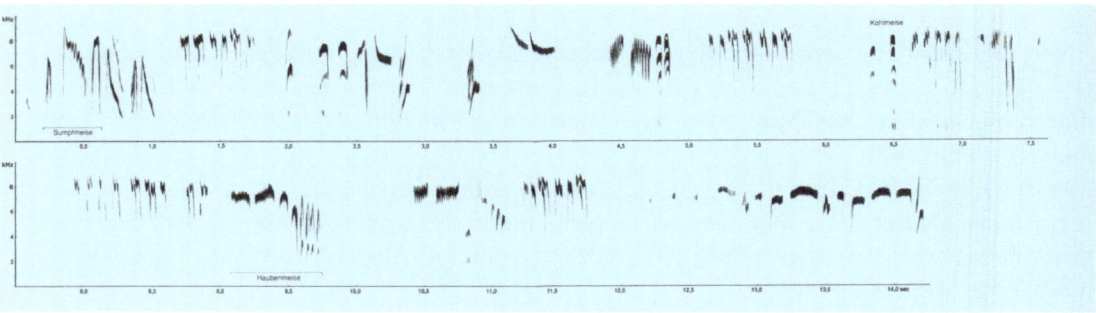

Abb. 81: Leiser, vierzehn Sekunden lang dauernder Subsong eines Wintergoldhähnchens mit mehreren Imitationen

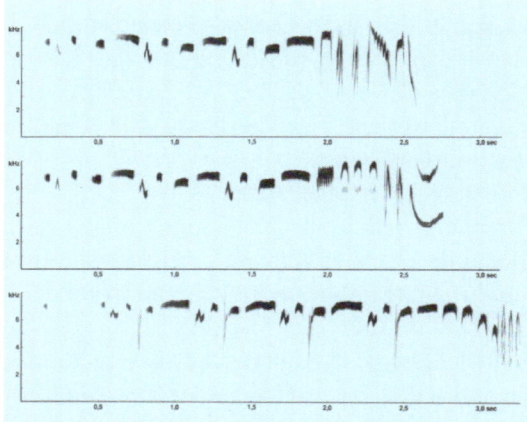

Abb. 82: Reviergesangsstrophen von adulten männlichen Wintergoldhähnchen mit Imitationen, etwa 2,5 sec lang

gegenüber dem Jugend- und Plaudergesang dar-stellt.

In gleicher Weise könnte vermutet werden, dass die meisten Singvögel auch erst im Vollge-sang Imitationen hören lassen. Es gibt aber Sing-vogelarten, deren Imitationen im jugendlichen Gesang entweder vielfältiger beziehungsweise häufiger sind oder die nur im Jugend- und Plau-dergesang Imitationen vortragen.[78] Wir erleben

bei diesen Arten, von denen unten einige bei-spielhaft genannt sind, etwas von jener juveni-len Plastizität, die wir auch bei Singvögeln erle-ben, die in der Obhut des Menschen aufwachsen und dann für uns überraschend – im Sinne Goe-thes – über sich *hinauswachsen*:

Es ist, wie oben angedeutet, ein bekanntes und oft untersuchtes Phänomen, dass bei fast allen imitationsbegabten jungen Singvogelmänn-chen das Nachahmungslernen in Gefangenschaft gesteigert werden kann. Voraussetzung ist, dass sie gute und dauerhaft singende Vorbilder ha-ben. In einem englischen Labor lernten Nachti-gallen ihre Gesänge nicht von abgespielten Ton-bändern allein, sondern benötigten auch eine Art Lebendvorbild (s. Anm. S. 74). Dies konnte auch ein menschlicher *Tutor* sein, sofern dieser bereits sehr früh, etwa sechs Tage nach dem Schlüpfen, zu füttern begann. Die Forscher ent-deckten, dass bei Nachtigallen (im Vergleich zu Amseln) «der Nachahmung eine sehr viel größe-re Bedeutung zuzukommen scheint als der Im-provisation. Jeder Vogel lernte die 29 Hauptge-

---

78 Bei Singvögeln, die im Plaudergesang vielfältiger bzw. häufiger imitieren als im Reviergesang, mag es sich zum Teil um indirekte Nachahmungen, also um vom

Vorsänger übernommene Imitationen handeln. Dass es sich vermutlich aber um eine weitgehend originäre Fähigkeit handelt, zeigen imitierende Jungvögel jener Arten, die als erwachsene Individuen nicht (mehr) nachahmen, die demnach die Nachahmungen nicht von ihren Vätern gelernt haben können.

sangstypen von einem Tonband, jedoch nur in Anwesenheit seines Pflegers oder *Ersatzlehrers*» (Hultsch & Todt 1982). Nach einer anderen Studie reagierten Nachtigallen am aufmerksamsten auf vorgespielte Pfeifgesänge; zumeist erwiderten sie dieses Pfeifen, oft in der gleichen Tonhöhe (zitiert nach Rothenberg 2007). Nachtigallen zeigen uns, wie dynamisch das Lernvermögen der Singvögel ist und dass ihr Entwicklungspotential in freier Natur bei Weitem nicht ausgeschöpft ist.

Selbst handaufgezogene Haussperlinge versuchen sich mit Erfolg an Zwitscher- und Kanarienstrophen. Der Fitis lernt in Gefangenschaft den Zilpzalpgesang, und auch Kernbeißer, von denen im Freiland keine Nachahmungen fremder Laute bekannt sind, imitieren als handaufgezogene Vögel. In Tirol, wo der Fichtenkreuzschnabel im 19. Jahrhundert ein seines Gesanges wegen sehr gefragter Käfigvogel war, schätzte man seine Fähigkeit zum Erlernen kurzer, kunstloser Fremdgesänge. Mancher jung aus dem Nest genommene Fichtenkreuzschnabel erlernte in Gesellschaft eines Vorsängers den Gesang von Erlenzeisig, Girlitz, Bluthänfling, Stieglitz oder auch Partien von Kanarienvogelstrophen (Glutz 14/II).

Zuerst einmal erstaunt es zu hören, dass beispielsweise die Nachtigall, die für ihren komplexen und schönen Gesang bekannt ist, verhältnismäßig wenig imitiert. Doch sie verfügt, wie Beobachtungen zeigen, über ein großes Lernpotential, lebt dieses aber im Freiland nicht wie ein Sumpfrohrsänger in Imitationsvirtuosität aus, sondern in einer außergewöhnlich dynamischen Vortragsweise. In menschlicher Obhut bringen jedoch fremde Gesangsvorbilder in Verbindung mit sozialer Anregung bei jungen Nachtigallen, die noch plastisch und in einer Art musikalischem Kosmos leben, auch die andere Seite des Nachahmungslernens meisterhaft zum Klingen.

Eine Steigerung dieses Phänomens *zurückgehaltener* musikalischer Fähigkeiten finden wir bei Gimpel, Star und Rabenvögeln (s. Kap. 9.3.5).

9.3.3 Gesangsmimikry bei Brutparasiten (Witwenvögel) – Imitation des Stimmrepertoires der Wirtseltern (Prachtfinken)

Sobald wir von Brutparasiten oder Brutschmarotzern hören, denken wir zuerst an den Kuckuck. Auch wenn dieser Vogel in vielen Regionen nicht (mehr) so leicht zu beobachten ist, gehört er doch zu den bekanntesten Vogelarten. Bereits in den alten indischen Veden wird vom Koel, dem südostasiatischen Kuckucksverwandten, berichtet, dass er von fremden Vögeln aufgezogen wird. Ähnliches ist auch vom indischen Dichter Kalidasa im späten 4. Jahrhundert n. Chr. zu lesen. Kuckucke sind weltweit mit etwa 140 Arten in 28 Gattungen vertreten. Echte Brutparasiten wie der einheimische Kuckuck bauen keine Nester, brüten nicht und füttern auch nicht ihren Nachwuchs. Sehr häufig werden bestimmte Vogelarten bevorzugt, so vom Kuckuck meistens bestimmte Singvogelarten, vom Häherkuckuck (in Südeuropa) die Elster. Vom europäischen Kuckuck ist allgemein bekannt, dass der Jungvogel unmittelbar nach dem Schlüpfen beginnt, Eier oder Nestlinge über den Nestrand zu werfen.[79] Damit zeigt er einen gewissen Endpunkt der Evolution, denn nicht alle Kuckucksarten sind echte Brutparasiten; etwa zwei Drittel von ihnen sind selbstbrütend, bauen also Nester

---

79 Auch der afrikanische Honiganzeiger (*Indicator spec.*) ist ein echter Brutschmarotzer. Bei diesen Vögeln, die ihre Eier hauptsächlich in die Nisthöhlen von Spechten und Bartvögeln schmuggeln, «bringt der frisch geschlüpfte noch blinde Jungvogel die Kinder der Wirtsart mithilfe scharfer, dolchartiger gebogener Schnabelhaken um, indem er mit unvorstellbarer Hartnäckigkeit auf sie einschlägt und ihnen dabei tödliche Verletzungen beibringt» (Nicolai 1965).

1. Der amerikanische Schwarzschnabelkuckuck (*Coccyzus erythrophthalmus*) brütet selbst, schiebt aber gelegentlich anderen Vogelarten Eier unter.

2. Sowohl der Riesenani (*Crotophaga major*) als auch der ebenfalls in Südamerika verbreitete Glattschnabel-ani (*Crotophaga ani*) betreiben kooperative Brutpflege (s. S. 177 f.). Sie brüten in kleinen Kolonien und legen öfters ihre Eier in ein Gemeinschaftsnest. Die Eier werden von den Weibchen wechselweise bebrütet, wobei sich auch ein Weibchen vor dem Brutgeschäft drücken kann (eine mögliche Vorstufe zum Parasitismus).

3. Südamerikanische Guirakuckucke (*Guira guira*) leben in Gruppen, brüten selbst. Manchmal legen sie ihre Eier in fremde Nester, auch in jene der beiden vorgenannten Anis. Es kommt sogar vor, dass sie sich mit den Wirtsvögeln in der Brut abwechseln. Gesellig lebende Kuckucke sind auf Amerika beschränkt; in der Regel brüten und füttern beide Geschlechter.

4. Übergänge zum Brutparasitismus können nicht nur, wie man denken möchte, mit Nahrungsmangel zusammenhängen, sondern erstaunlicherweise auch mit Nahrungsüberfluss; so legt das Weibchen des Gelb-schnabelkuckucks (*Coccyzus americanus*) bei reichlichem Nahrungsangebot zusätzlich zur eigenen Brut noch mehrere Eier in die Nester fremder Arten.

5. Häherkuckucke (*Clamator glandarius*) brüten (teilweise) noch selbst, legen aber häufig ihre Eier in die Nester fremder, meist großer Vogelarten.

6. Der in Südostasien und Australien lebende Bronzekuckuck (*Chrysococcyx lucidus*) brütet gar nicht mehr, füttert jedoch vereinzelt seine ausgeflogenen Jungen.

7. Der Indische Koel (*Eudynamys scolopacea*), von Indien bis Australien verbreitet, ernährt sich im Gegen-satz zu fast allen Kuckucken von Früchten; er brütet selbst nicht. Der geschlüpfte Jungvogel bringt seine Stiefgeschwister nicht aktiv um; sie verhungern aber meistens, weil die jungen Koels vorrangig die darge-botene Nahrung für sich beanspruchen.

und ziehen gemeinsam ihren Nachwuchs auf. Zwischen diesen Arten und den eigentlichen Brutparasiten gibt es fließende Übergänge, wie hier an einigen Beispielen gezeigt werden soll: Das Besondere beim europäischen Kuckuck ist die Anpassung (a) an die Eiergröße kleiner Singvögel, (b) an die Eierfarbe der Wirtsvögel, womit sicher auch die Bevorzugung einer bestimmten Art zusammenhängt, (c) an die kürzere Bebrütungszeit der Singvögel und (d) die Rigorosität, mit der Eier und / oder Nestlinge aus dem Nest geworfen werden.

Wir wollen uns im Folgenden auf eine Vogelgruppe beschränken, bei der sich die Mimikry auch auf den stimmlichen Bereich ausgedehnt hat: Es ist die im tropischen Afrika verbreitete Familie der Witwenvögel (*Viduidae*), die Brutparasiten verschiedener Prachtfinkenarten (*Estrildidae*) sind. Eines der «auffälligsten Merkmale der Prachtfinken sind die merkwürdigen farbigen Rachenzeichnungen und Schnabelwülste ihrer Jungvögel. Alle Prachtfinken kennen angeborenermaßen die Rachenzeichnungen ihrer Kinder sehr genau und übergehen Jungvögel mit abweichenden Mustern, die sich zwischen den eigenen Kindern im Nest befinden, bei der Fütterung» (Nicolai 1965). Die Nestlinge verschiedener Witwenarten zeigen nun gleichfalls Rachenzeichnungen, die von den Mustern bestimmter Prachtfinken, nämlich denen der jeweiligen Wirtsvogelart, kaum zu unterscheiden sind. Die Rachenmuster sind insofern von gro-

Witwenvögel als Brutschmarotzer und ihre bevorzugten Prachtfinken als Wirtsvögel	
Schmalschwanz-Paradieswitwe (*Vidua paradisaea*)	Buntastrild (*Pytilia melba*)
Breitschwanz-Paradieswitwe (*Vidua obtusa*)	Wienerastrild (*Pytilia afra*)
Langschwanz-Paradieswitwe (*Vidua interjecta*)	Aurora-Astrild (*Pytilia phoenicoptera*)
Togo-Paradieswitwe (*Vidua togoensis*)	Rotmaskenastrild (*Pytilia hypogrammica*)
Königswitwe (*Vidua regia*)	Granatastrild (*Uraeginthus granatinus*)
Dominikanerwitwe (*Vidua macroura*)	Wellenastrild (*Estrilda astrild*) Schmetterlingsastrild (*Uraeginthus bengalus*)
Strohwitwe (*Vidua fischeri*)	Veilchenastrild (*Uraeginthus ianthinogaster*) Blaukopfastrild (*Uraeginthus cyanocephalus*
Weißfuß-Atlaswitwe (*Vidua purpurascens*)	Rosenamarant (*Lagonosticta rhodopareia*)
Rotfuß-Atlaswitwe (*Vidua chalybeata*)	Senegalamarant (*Lagonosticta senegala*)

Abb. 83: Paradieswitwen-Arten und ihre bevorzugten Wirtsvögel

ßer Bedeutung, als sie einen das Füttern auslösenden Reiz ausüben. Hinzu kommt, dass auch die Bettellaute der jungen Witwen auf die Jungen der Wirtsvögel abgestimmt sind. Die Übereinstimmung zwischen den Jungvögeln einer Witwenart und der entsprechenden Prachtfinkenart ist ein Sonderfall von Mimikry. Aber auch die Fütterungstechnik zeigt ein hochspezialisiertes Verhalten.

Es konnte nachgewiesen werden, dass sich die meisten Witwenvögel bevorzugt an eine Wirtsvogelart angepasst haben (s. Abb. 83), besonders dann, wenn sich die Verbreitungsgebiete verschiedener Witwenarten überschneiden.

Ähnlich wie Papageien, Tauben und verschiedene Finkenvögel füttern Prachtfinken ihre Jun-

Abb. 84: Männchen und Weibchen der Breitschwanz-Paradieswitwe (rechts); Wienerastrild (links oben) und 19-tägige Jungvögel in der Bildmitte links (Wienerastrild oben, Witwe unten).

gen mit vorverdauter Nahrung aus dem Kropf. Ein bedeutender Unterschied liegt jedoch in der Art der Futterübergabe. Durch eine spezielle *Pumptechnik* ist die Fütterung der Prachtfinken gegenüber anderen Sperlingsvögeln ein viel länger anhaltender Akt, wobei es zu einem festen und anhaltenden Kontakt zwischen den Schnäbeln kommt. So unerheblich diese Unterschiede in der Fütterungstechnik auf den ersten Blick erscheinen mögen, können sie doch auf ein hohes stammesgeschichtliches Alter zurückblicken. Die Druckpumpentechnik der Prachtfinken ist unter allen Sperlingsvögeln einmalig und hat einen Spezialisationsgrad erreicht, der die Aufzucht junger Prachtfinken durch Altvögel jeder anderen Vogelgruppe unmöglich macht (Nicolai 1964). Versuche, solche Nestlinge von Finkenvögeln aufziehen zu lassen, sind bisher fehlgeschlagen.

Im Unterschied zum extremen Brutparasitismus des einheimischen Kuckucks verhalten sich die fremden Witwenvogelkinder gegenüber den Prachtfinkenkindern in der Regel nicht aggressiv. Ebenso wie die eigenen Kinder «werden die jungen Witwenvögel von den Pflegeeltern mit der gleichen Sorgfalt betreut und aufgezogen. Im Gegensatz zu den meisten anderen Brutparasiten, die das Vermehrungspotential ihrer Wirte erheblich schädigen, wachsen die jungen Witwen also im fremden Nest heran, ohne dass auch nur eines ihrer Wirtsgeschwister geopfert wird.» (Nicolai 1965)

Die Witwenvögel verfügen zwar über einen angeborenen Reviergesang, aber sie sind dennoch außerordentlich lernfähig; sie lernen sowohl von den Wirtseltern als auch von Artgenossen die Stimmen ihrer jeweiligen Wirtsvogelart (Payne 1990). Grundlegende Untersuchungen zur Gesangsmimikry der Witwenvögel verdanken wir dem Ornithologen Jürgen Nicolai, der sowohl durch Feldforschungen in Afrika als auch durch Volierenhaltung wegweisende Erkenntnisse lieferte:

«Wie die Mehrzahl aller Singvögel tragen die Witwen-Männchen während der Fortpflanzungszeit einen abwechslungsreichen Gesang vor. Hat man die Gelegenheit, die Gesänge mehrerer Witwenarten zu vergleichen, so zeigt sich, dass bestimmte hart und schäckernd klingende Motive bei allen Witwen wiederkehren und von Art zu Art nur geringfügig variieren. Der Kenner der Stimmen afrikanischer Kleinvögel hört aus diesen Gesangsanteilen sofort ihren weberartigen Charakter heraus: Sie erinnern an die harten Gesänge der Feuerweber und Widavögel, die wir als nahe Verwandte der Witwen kennengelernt haben. Diese Strophen sind uraltes Erbgut dieser ganzen Vogelgruppe, und wir wollen sie daher als *Witwenstrophen* bezeichnen. Den Hauptteil des Gesanges nehmen jedoch andere Motive ein, die bei jeder Witwenart verschieden und jeweils vollendete Kopien der Lautäußerungen einer ganz bestimmten Prachtfinkenart sind. Jede Witwenart trägt neben den für die ganze Gruppe typischen Witwenstrophen den gesamten Wortschatz *einer* Prachtfinkenart vor, und es sei vorweggenommen, dass diese Nachahmungen die Laute der zugeordneten Wirtsvogelart sind. Wir nennen diese Motive daher *Wirtsvogelstrophe*»

Abb. 85: Das Männchen der Königswitwe macht sein Weibchen durch Vortragen des Nestlockrufs der Wirtsvogelart auf ein nestbauendes Wirtsvogel-Männchen (Granatastrild) aufmerksam.

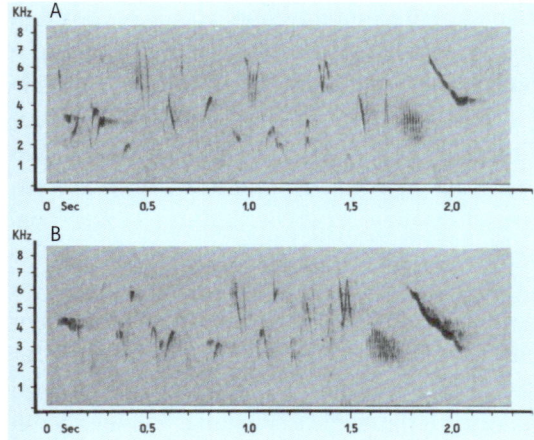

Abb. 86: (A) Gesangsstrophe des Granatastrilds und
(B) Nachahmung durch die Königswitwe

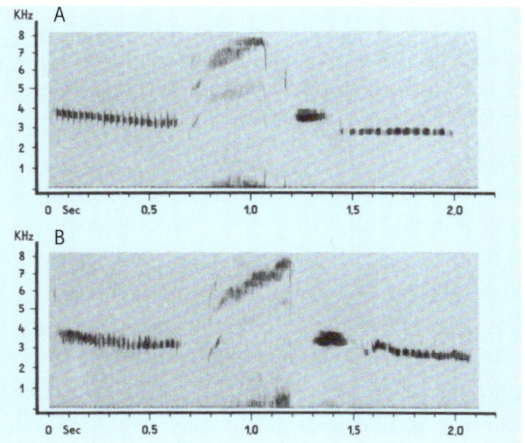

Abb. 87: (A) Ausschnitt aus dem Gesang des Buntastrilds
und (B) gleicher Ausschnitt der Gesangsimitation der
Schmalschwanz-Paradieswitwe

(Nicolai 1965). In der Regel beherrscht ein Witwenmännchen den gesamten Wortschatz seiner Wirtsvogelart (z.B. Stimmfühlungslaute, Erregungsrufe, Gesang, Bettellaute) und trägt ihn in seinem Gesang als buntes Potpourri neben seinen Witwenstrophen vor. Die Nachahmungen der Wirtsvogellaute sind so vollendet, dass selbst die Wirtsvögel sie nicht von arteigenen Lauten unterscheiden können: Wenn man etwa einem kontaktsuchenden Senegalamarant (*Lagonosticta senegala*) ein Tonband mit dem Gesang eines Atlaswitwenmännchens (*Vidua chalybeata*) vorspielt, so antwortet es in solchen Situationen auf die Nachahmungen wie auf die Lautäußerungen eines Artgenossen. Das gilt auch für andere Prachtfinken- und Witwenarten. Somit geben die Männchen der Witwenvögel in ihren Gesängen Auskunft über die Wirtsvögel.[80] Das war vor allem bei jenen Witwenarten aufschlussreich,

deren Wirtsvögel noch unbekannt waren. Schon nach einer Vortragsdauer von wenigen Minuten hat ein singendes Witwenmännchen verraten, zu welcher der insgesamt 64 afrikanischen Prachtfinkenarten seine Pflegeeltern gehören. So leitete das erste in Gefangenschaft verfügbare Männchen der Strohwitwe (*Vidua fischeri*) seinen ersten Gesangsvortrag mit einem langen Triller ein, der durch seine Klangfarbe sowie ein typisches Accelerando sofort als das unverwechselbare Kontakttrillern des Veilchenastrilds (*Uraeginthus ianthinogaster*) zu bestimmen war. Als der Vogel unmittelbar darauf einen zweiten Triller und anschließend eine der klangvollen Rufstrophen dieses Prachtfinken hören ließ, war der Wirtsvogel innerhalb von sechs Sekunden eindeutig bestimmt (Nicolai 1965).

Nicolai beobachtete in den 1960er Jahren auch, wie ein in ruhigem Wechsel zwischen Wirtsvogel- und Witwenstrophen singendes Königswitwenmännchen plötzlich eine Serie von Witwenstrophen vorzeitig abbrach und ohne Pause in heftiges Granatastrild-Nestlocken überging und dabei in vorgereckter, waagerechter

---

80 Auch bei den Paradieswitwen ließen sich aus den Gesängen der Männchen die Wirtsvögel ermitteln, und das wiederum eröffnete in den 1960er Jahren die Möglichkeit, das damals noch schwierige Problem der Artzugehörigkeit zu entscheiden (Nicolai 1965).

Haltung in eine bestimmte Richtung starrte. Dort begann in halber Höhe eines Strauches ein Granatastrildmännchen mit dem Nestbau (s. Abb. 85). Inzwischen wissen wir, dass auch andere Viduinenmännchen ihre Weibchen bei der Suche nach Wirtsvogelnestern und zur Eiablage begleiten (Nicolai 1964). Alle Witwenmännchen scheinen polygam zu sein und versuchen so viele Weibchen wie möglich anzulocken. Nicolais Entdeckung, dass Witwenmännchen nach möglichen Wirtsvogelnestern Ausschau halten und ihre Weibchen darauf aufmerksam machen, war von großer Bedeutung zum Verständnis der Koevolution von Witwen- und Prachtfinkenarten.

Wenn wir uns dem Phänomen dieser einzigartigen Gesangsmimikry annähern wollen, müssen wir uns fragen, was es bedeutet, dass die Witwenvögel das gesamte Gesangsrepertoire der Wirtsvögel beherrschen und dass die jungen Witwen mit den Wirtsgeschwistern zusammen groß werden:

Die jungen Witwenvögel befinden sich in den ersten Wochen ihres Lebens in ständigem Kontakt mit ihren Pflegeeltern und Stiefgeschwistern. In dieser sensiblen Phase werden sie ganz auf die Wirtsvogelart eingestimmt; diese Zeitspanne ihrer Jugendentwicklung ist für ihr späteres Fortpflanzungsverhalten von entscheidender Bedeutung. Die enge Bindung der Jungvögel an die Wirte prägt beiden Geschlechtern die Stimme der Pflegeeltern in allen Einzelheiten ein. Männchen und Weibchen tragen gleichermaßen über alle Lautäußerungen der Wirtsart ein vollständiges, alle Bedeutungen und Motivationen umfassendes Bild zeitlebens in sich. Beide Geschlechter sind also durch die Jugenderlebnisse auf die Art der Pflegeeltern geprägt. Und wenn eine Vogelart über den gesamten Lautschatz einer Art aus einer anderen Ver-

wandtschaftsgruppe verfügt, so müssen wir daraus auf besonders enge Beziehungen zwischen beiden Arten schließen (Nicolai 1964). So empfängt jeder in elterlicher Pflege aufwachsende Jungvogel «während der Zeit der Abhängigkeit von seinen Betreuern Eindrücke, die sein späteres Verhalten, zum Beispiel im Sozialleben, gegenüber Feinden, bei der Fortpflanzung und Biotopwahl in oft sehr einschneidender Weise bestimmen. Alle mit dem Schlaf- oder Brutnest zusammenhängenden Verhaltensweisen werden durch die Pflegeeltern beeinflusst.[81] Die Auswirkungen der partiellen Prägung auf die Wirtsvogelart äußerten sich bei den Männchen der Viduinenvorfahren in ihrem Geschlecht entsprechenderweise. Die auffälligste Verhaltensänderung war wohl die Übernahme von Gesangsteilen und Kontaktrufen des Pflegevaters in den eigenen Gesang, zu dessen angeborenen Elementen diese erworbenen kamen. Mit der Modifikation des Gesanges durch Bestandteile des Wirtsvogellautschatzes waren für die Männchen der Viduinenvorfahren die wesentlichsten für die Fortentwicklung zum Brutparasitismus bedeutsamen Verhaltensveränderungen eingetreten» (Nicolai 1964). Die Einplanung der Wirtsvogelstrophen in die Witwengesänge war nach Nicolai «das Ergebnis einer strengen geschlechtlichen Zuchtwahl, die darin bestand, dass die Weibchen bei der Gattenwahl immer wieder Männchen bevorzugten, die ihre Herkunft von der gleichen Wirtsvogelart und damit ihren gleichen Anpassungstyp in ihrem Gesang zu erkennen gaben. Dieses Verhalten hat nichts Vergleichbares in anderen Vogelgruppen. Es hat die

---

81 Wenn beispielsweise Jungvögel einer Art, die normalerweise nach dem Ausfliegen das Nest nicht mehr aufsuchen, von Mövchen, die gern im Nest schlafen, aufgezogen werden, so schlafen auch die fremden Jungvögel jede Nacht mit den Pflegeeltern im Nest und halten sich auch tagsüber häufig darin auf (Nicolai 1964).

Evolution der Witwenvögel nachhaltig beeinflusst und immer wieder zur Erhaltung und Vervollkommnung des hohen Anpassungsgrades beigetragen, der über Sein oder Nichtsein dieser Brutparasiten entscheidet» (Nicolai 1965).

Wir wollen nun den Anpassungsprozess, der über *Sein oder Nichtsein* der Brutparasiten entscheiden soll, nicht zu einseitig in den Vordergrund stellen. Dazu ist förderlich, auch einen Blick auf das Verhalten der Wirtsvögel selbst zu werfen: Prachtfinken (z.B. Amadine und Astrilde) sind zumeist Bewohner von Savannen, Gras- und Buschsteppen oder lichter Trockenwälder. Sie gehören nicht nur deshalb zu den beliebtesten Käfig- und Volierenvögel, weil sie so hübsch und in der Haltung ziemlich anspruchslos sind, sondern weil sie zum großen Teil lebhafte, gesellige und dazu auch friedfertige Vögel sind (Männchen von Wellen- und Buntastrild können allerdings zur Brutzeit gegen Artgenossen aggressiv sein). Ich habe mehrere Jahre Blaukopfschmetterlingsfinken oder Blaukopfastrilde (*Uraeginthus cyanocephalus*), Goldbrüstchen (*Amandava subflava*) und Schönbürzel (*Estrilda caerulescens*) zusammen gehalten und habe ihre große Verträglichkeit erlebt. Das soziale Verhalten der Prachtfinken zeigt sich auch darin, dass beide Geschlechter brüten und die Nestlinge füttern. Ferner betätigen sich brütende Altvögel des Blaukopfastrilds als Helfer, indem sie manchmal flügge Jungvögel anderer Paare adoptieren, sowohl der eigenen Art als auch anderer Spezies, zum Beispiel vom Schmetterlingsastrild (*Uraeginthus bengalus)*, Blauastrild (*Uraeginthus angolensis*) und Senegalamarant (*Lagonosticta senegala*); in Gefangenschaft haben brütende Altvögel in gemischten Bruten ihre eigenen Jungen und die vom Schmetterlingsastrild gefüttert, auch noch nachdem sie flügge waren (Urban & Keith 1992).

Versuchen wir das Verhältnis von Witwen und Prachtfinken unter phänomenologischen und weniger unter zweckmäßigen Aspekten zu betrachten: Da sind auf der einen Seite die Witwenvögel, die den Prachtfinken ihre Eier unterschieben. Die jungen Witwen fügen ihren Wirtsgeschwistern aber keinen Schaden zu; stattdessen lernen sie – über ihre angeborenen Strophen hinaus – das Gesangsrepertoire ihrer Pflegeeltern. Auf der anderen Seite haben wir die Prachtfinken, welche die Eier der Witwen ausbrüten und die fremden Kinder zusammen mit ihren eigenen großziehen. Obwohl diese Verhaltensweisen wohl nur für die Witwen von Vorteil sind, könnte man fast von einer symbiotischen Beziehung sprechen. Es liegt nahe, dass die jungen Witwen auf der Suche nach einem Partner gleichgeprägte Individuen bevorzugen, die sich also «wie sie selber stark zu der Art der ehemaligen Ammeneltern hingezogen fühlen» (Nicolai 1964). Das soziale Potential der Prachtfinken, einschließlich ihrer Anlage zur kooperativen Brutpflege, ist ein Verhaltensmodus, den die Prachtfinken den Witwenvögeln entgegenbringen. Man könnte auch von einer Affinität zwischen der von den Prachtfinken zu erbringenden Leistung und ihrem sozialen Verhaltensgefüge sprechen. Während unsere einheimischen Singvögel in der Regel den Kuckuck zu vertreiben suchen, ihn also als *Feind* betrachten, zeigen die Prachtfinken gegenüber den Witwenvögeln kaum Aggressivität. Das mag unter anderem auch damit zusammenhängen, dass die übereinstimmenden Strophen jeweils beider Arten eine für die Prachtfinken vertraute Klangatmosphäre erzeugt. Zu erwähnen ist noch, dass sich auch innerhalb der Weberfamilie schon deutliche Tendenzen zum Brutschmarotzertum zeigen: Zur Brutzeit bilden die Männchen der Leierschwanzwida (*Euplectes jacksoni*) «kreisförmige Tanzringe um Grasbüschel, auf denen sie balzen, indem sie wiederholt bis fast einen Meter hoch in die Luft springen» (Williams 1969). Die Vögel dieser Art brüten noch selbst, haben aber bereits starken innerartlichen Brutparasitismus entwickelt, während der Kuckucksweber (*Anomalospiza imberbis*) bereits ein echter Brutparasit ist.

Vergleichsweise sei noch auf eine ausschließlich in Amerika verbreitete, sowohl artenreiche als auch individuenstarke Vogelgruppe hingewiesen, um verschiedene Ausbildungsgrade des Brutparasitismus innerhalb einer Vogelfamilie aufzuzeigen: Die Stärlinge (*Icteridae*) sind wegen ihrer Intelligenz bekannt, die sich vor allem in ihrer bemerkenswerten Vielfalt der Nahrungssuche, ihrer großen Verhaltensflexibilität und ihrer Lernfähigkeit zeigt. Innerhalb dieser Familie gibt es sowohl Arten, bei denen Helfer[82] während der Aufzucht tätig sind, als auch Arten, die in graduellen Unterschieden Brutparasitismus betreiben: Bei Braunkuh- und Andenstärling (*Agelaioides badius & A. oreopsar*) ist beispielsweise kooperative Brutpflege bekannt. Trupiale dagegen, etwa der Baltimoretrupial (*Icterus galbula*), sparen sich die Mühen des Nestbaus, indem «sie alte Nester anderer Arten benutzen oder sogar die Eigentümer belegter Nester vertreiben. Die Kuhstärlinge gehen noch einen Schritt weiter, indem sie ihre Eier in die Nester anderer Arten legen und sich darauf verlassen, dass ihre Jungen von diesen aufgezogen werden. Rotachsel- und Riesenkuhstärling (*Molothrus rufoaxillaris & M. oryzivorus*) konzentrieren ihren Brutparasitismus hauptsächlich auf andere Stärlinge, vor allem auf Braunkuhstärlinge, Kas-

siken und Stirnvögel (*Icteridae*). Im Gegensatz dazu wenden Braunkopf- und Seidenkuhstärling (*Molothrus ater & M. bonariensis*) eine Art *Schrotschuss*-Parasitismus an, indem sie ihre Eier in die Nester Hunderter anderer Arten legen. Der Brutparasitismus der Kuhstärlinge schließt ein: Mimikry der Eier und Jungen gegenüber der Wirtsart, verkürzte Brutdauer und Entfernung der Wirtseier» (Perrins 2004), aber keine Gesangsmimikry.

So wie Übergänge von Symbiose zum Schmarotzertum denkbar sind, wenn etwa ein Partner mehr und mehr auf Kosten des anderen lebt, so finden wir sie auch bei Vogelarten, bei denen Individuen innerhalb der eigenen Art (intraspezifisch) oder auch bei verwandten Arten (interspezifisch) üblicherweise als Helfer aktiv sind. Das kann dazu führen, dass andere Individuen sich mehr und mehr auf diese Helfer einstellen und möglicherweise Schmarotzereigenschaften entwickeln. Sowohl die Kuckucke wie die Stärlinge lassen uns in ihrem Fortpflanzungsverhalten etwas von der Evolution des Parasitismus erahnen. Selbst Individuen ein und derselben Art können sich diesbezüglich unterschiedlich verhalten: Braunkuhstärlinge brüten teilweise noch selbst, übernehmen (oder erobern) aber häufig Nester anderer Paare oder legen fremden Arten ihre Eier ins Nest; andere Individuen sind dagegen während der Brutzeit als Helfer tätig und können zugleich selbst Ziel brutparasitierender Artgenossen werden. Wenn wir evolutive Vorgänge nicht zu einseitig in Richtung Profit denken, sondern auch den kooperativen Aspekt berücksichtigen, rücken so Entwicklungen, die mit der Balance im Naturgeschehen zu tun haben (s. Kap. 10.3), stärker in den Vordergrund.

Der Entwicklungsprozess vom Selbstbrüter über Gemeinschaftsbrut zum Brutparasitismus ist ein komplexer Vorgang, der hier nur angedeutet werden kann: Da ist zum einen, dass die

---

82 Individuen, die sich an der Brutpflege von Jungvögeln beteiligen, die nicht ihre eigenen Nachkommen sind, nennt man Helfer; sie sind häufig mit den Jungen über die Eltern verwandt (primäre Helfer), müssen es aber nicht sein (sekundäre Helfer); es sind bisher über 220 Helferarten (vor allem in warmen Gebieten) nachgewiesen worden. Soziale Strukturen, in denen neben Männchen und Weibchen eines Paares sich regelmäßig noch weitere Individuen (Helfer) an der Brutpflege in einem Nest beteiligen, werden als kooperative Brutpflege bezeichnet (Bezzel & Prinzinger 1990).

Vögel immer weniger die eigenen Eier ausbrüten, sie dann mehr und mehr in fremde Nester legen und so zunehmend die gesamte Brutpflege Wirtsvögeln überlassen. Zum anderen spielt abnehmender Nestbau eine bedeutsame Rolle, auch wenn der Verlust des Nestbautriebes wohl nicht die Ausgangssituation war, die zum Brutparasitismus führte, sondern mehr als ein beeinflussender, sekundärer Prozess gesehen wird (Nicolai 1964). Und drittens ist noch als weiterer Faktor zu bedenken, dass die Männchen der meisten Witwenarten bei ihrem Wechsel vom Schlicht- zum Prachtkleid stark verlängerte Schwanzfedern entwickeln. Wir wissen, dass die Prachtgefiederentwicklung der Vogelmännchen zu einer mehr oder weniger deutlichen Trennung vom Brutgeschäft führen kann (s. S. 88). In welchem Maße dieses Kompensationsprinzip in diesem Fall die Loslösung von der Brutpflege und die Entwicklung hin zum Brutparasitismus beeinflusst hat, ist unklar. Es scheint bei den *Vidua*-Arten eine untergeordnete Rolle zu spielen, insofern die Witwenmännchen nicht nur mit ausgeprägter Selbstdarstellung die Weibchen anlocken, sondern selbst an der rudimentären Bruthandlung beteiligt sind, nämlich die Wirtsnester aufzuspüren und sie dem Weibchen anzuzeigen. Ferner ist interessant, dass bei den Paradieswitwen die eigenen Strophen zugunsten des Wirtsvogelgesanges stark reduziert sind; so verfügt die Schmalschwanz-Paradieswitwe nur noch über die artspezifische Schäckerstrophe.

Die Frage ist aber nun, ob die Gesangsmimikry der Witwen wirklich eine Steigerung im Sinne einer perfekten Täuschung darstellt (s. Kap. 9.4). Zuerst einmal hat es den Anschein, denn die Gesänge des Wirtes werden fast vollkommen nachgeahmt. Das ist eine erstaunliche gesangliche Fähigkeit. Aber ist das Erlernen der Wirtsvogelstimmen wirklich eine so außergewöhnliche Imitationsleistung, wie es häufig dargestellt wird?

Obwohl es mir ein Anliegen ist, die Imitationsleistungen zahlreicher Singvögel als eine Höherentwicklung der Gesangskunst zu würdigen, so finde ich, dass es sich bei den nachgeahmten Prachtfinkenlauten durch die Witwenvögel nicht um *vollendete Kopien* im Sinne einer Mimikry oder gar Täuschung handelt. Es ist richtig, dass die Witwenmännchen den Werbegesang ihrer Wirtsart perfekt nachahmen und so ihre Weibchen stets zum richtigen Wirt führen, aber sie lernen alle *fremden* Laute auf ganz *natürliche* Weise im Nest der Wirtsvögel, genauso wie jedes andere Vogelkind den Gesang seines männlichen Vorbildes nachahmt. Auf diese Weise beherrschen sie, neben den angeborenen arteigenen Strophen, das gesamte Gesangsrepertoire ihrer Pflegeeltern.

Nachahmen innerhalb der eigenen Art wird als Tradition bezeichnet. Eibl-Eibesfeldt (1999) schreibt, dass Jürgen Nicolai bei den Witwenvögeln «Gesangstraditionen festgestellt hat, von denen manche sogar die Artgrenze überspringen». Die Gesangsmimikry überschreitet in ihrer Wirkung zwar die Artgrenze, kann aber eigentlich nicht als echte Fremdimitation betrachtet werden, denn der *fremde* Gesang wird im Nest der Wirtsvögel erlernt und wie Nachahmung innerhalb der eigenen Art tradiert.

Ohne Zweifel verstehen es die Witwen, ihre Wirtsstrophen perfekt einzusetzen. Wenn man aber berücksichtigt, *wie* die Witwen die Wirtsgesänge erlernen, so gehört diese Art der Imitation eigentlich nicht zu den außergewöhnlichen Fähigkeiten im Sinne von Autonomiezunahme und einer Eroberung von Freiräumen. Im Gegenteil: Ich war sogar versucht, die Gesangsmimikry der Witwenvögel bereits im vorangehenden Kapitel (9.2) zu behandeln, weil das Erlernen des *fremden* Gesanges für das junge Witwenmännchen gewissermaßen einem Nachahmen innerhalb der eigenen Art gleichkommt. Auch dass sie den

Bettelgesang der kleinen Wirtsvögel perfekt nachzuahmen verstehen, ist keine originäre Leistung; die jungen Witwen sind von diesen Lauten von Anfang an umgeben, so wie auch der Gesang der adulten Wirtsvögel zu ihrer unmittelbaren klanglichen Umwelt gehört. Möglicherweise hat sich im Laufe der Evolution sogar eine Art Lerndisposition für den Gesang der Pflegeeltern entwickelt.

9.3.4 Imitation artfremder Gesänge und Laute aller Art (auch technischer Geräusche)

Gegenüber dem bisher Dargestellten betreten wir bei der Imitation artfremder Gesänge und Laute eine wesentlich anspruchsvollere Stufe der Imitationsfähigkeit. Auf dieser Ebene können aus dem gesamten Stimmrepertoire der Vogelwelt Gesänge, Motive oder Rufe übernommen, teilweise sogar andere Tierlaute oder Geräusche nachgeahmt werden. Zu den besten Spottsängern Europas gehören: Sumpfrohrsänger (und der nahe verwandte, vortrefflich singende Buschrohrsänger in Nordosteuropa), Singdrossel, Gelbspötter, Blaukehlchen, Star, verschiedene Würgerarten, Isabellsteinschmätzer, Hauben- und Kalanderlerche. Auch die Gartengrasmücke zählt dazu, obwohl wir ihre nachgeahmten Strophen kaum wahrnehmen können, denn sie verkürzt fremde Gesänge. Mönchsgrasmücken nehmen nicht nur Fremdmotive in ihren eigenen Gesang auf, sondern sie sind «auch befähigt, diese abzuwandeln und durch Ergänzungen zu bereichern. Sie verfügen über die Fähigkeit zur Imitation, aber auch über diejenige zur Improvisation» (Bergmann 1987). Dorngrasmücke und Schwarzkehlchen spotten im strophigen Vollgesang nur wenig, im kontinuierlichen (spielerischen) Singflug aber sehr intensiv. Andere Arten zeigen ihr Imitationstalent

Auswahl von Singvogelarten, die zum Teil über perfekte Imitationen verfügen

1. **Weißflügellerche** *(Melanocorypha leucoptera)*: Der Gesang dieser in den Halbwüsten Südasiens verbreiteten Art ist feldlerchenartig, aber nicht ganz so wohltönend, und wie bei der Kalanderlerche (s. Kap. 9.3.4) durch perfekte Imitationen anderer Vogelstimmen (zum Beispiel Lerchen, Schwalben und Finken bis zu Wachtel, Limikolen, Enten und Falken) angereichert.
2. **Stummellerche** *(Calandrella rufescens)*: In den Gesang werden exzellente Imitationen anderer Vogelarten eingefügt.
3. **Theklalerche** *(Galerida theklae)*: Häufig sind sehr schöne Imitationsgesänge zu hören.
4. **Devalerche** *(Galerida deva)*: In der Regel enthalten die Gesänge dieser indischen Lerchenart meisterliche Nachahmungen anderer Vogelarten.
5. **Spottlerche** *(Mirafra cheniana)*: Häufig werden gute Imitationen anderer Singvogelarten, aber auch von Greifvögeln in den Gesang eingewoben; bisher sind Imitationen von 48 Vogelarten aufgezeichnet worden.
6. **Sabotalerche** *(Mirafra sabota)*: Über 60 verschiedene Vogelstimmen sind bei dieser Lerche festgestellt worden, die wie die Spottlerche in Südafrika verbreitet ist.
7. **Sumpflerche** *(Melanocorypha maxima)*: Auch diese tibetische Lerchenart gehört zu den Vogelarten, die sehr häufig Imitationen anderer Vogelarten vortragen.
8. **Gartenrotschwanz** *(Phoenicurus phoenicurus)*: Für den Schlussteil des dreiteiligen, etwas wehmütigen Reviergesangs sind Imitationen typisch (s. Abb. 92), wobei sich die Männchen nach dem akustischen Angebot in der Umgebung des Reviers orientieren; Motive von Dorn- und Klappergrasmücke und generell Leierphrasen werden bevorzugt. Insgesamt sind über 20 fragmentarische Imitationen mehrerer Arten bekannt. Die meisten Vorbildlaute werden frequenz- und in Grenzen auch zeitgetreu imitiert, das heißt, für das angeborene Zeitschema des Gartenrotschwanzes werden zu lange Lautsequenzen entsprechend gekürzt. In diesem Rahmen kann der Gartenrotschwanz jedoch als hervorragender Spötter gelten. Auch indirekte Imitationen scheinen eine größere Rolle zu spielen.
9. **Braunkehlchen** *(Saxicola rubetra)*: Vor allem bei hoher Siedlungsdichte machen imitierte Lautäußerungen einen wesentlichen Teil des Gesanges aus, wobei fremde Strophen vollständig oder verkürzt, oft aber täuschend ähnlich übernommen werden. Häufig sind es Strophen von Reviernachbarn; nicht selten werden aber auch waldbewohnende oder im Brutbiotop nicht vorkom-

mende Vogelarten (auch Amphibienlaute) nachgeahmt (s. Abb. 93).

10. **Nonnensteinschmätzer** (*Oenanthe pleschanka*): Während Imitationen von Fremdstimmen im Subsong selten sind, bauen viele Nonnensteinschmätzer in ihren sehr abwechslungsreichen Reviergesang regelmäßig Strophenteile und Rufe anderer Vögel ein (beispielsweise von Feldlerche, Dorngrasmücke, Hänfling, Grauammer, Brachpieper, Stieglitz, Braunkopfammer, Bachstelze, Flussuferläufer). Auch im Singflug sind zahlreiche Imitationen zu hören. Diese asiatische Art bildet dabei ausgeprägte Gesangsdialekte, und manche spottenden Populationen gelten als vorzügliche Sänger.

11. **Saharasteinschmätzer** (*Oenanthe leucopyga*): Eifriger Sänger (am intensivsten bei Tagesanbruch), der in seine Strophen verschiedene Imitationen einfügt, wobei nicht nur Vogelstimmen, sondern auch Säugetierlaute bis zum Eselwiehern sowie menschliche Pfiffe getreu wiedergegeben werden.

12. **Steinrötel** (*Monticola saxatilis*): Vor allem in der Morgendämmerung sind die Reviergesangsstrophen, die auch im Singflug vorgetragen werden, lang, variabel und reich an Imitationen. Am häufigsten werden Stimmen von Buchfink, Nachtigall, Gartenrotschwanz, Heidelerche, Pirol, Goldammer und Fitis imitiert, aber auch Melodien oder Rufe von siebzehn weiteren Arten. Im Subsong sind Fremdimitationen besonders häufig.

13. **Weißkehlrötel** (*Cossypha humeralis*): Männchen und Weibchen dieser südafrikanischen Art singen. Die Gesänge enthalten viele Imitationen, vor allem von benachbarten Brutvögeln.

14. **Braunrückenrötel** (*Cossypha semirufa*): Der schöne, kräftige Gesang dieser ostafrikanischen Art enthält zum Teil vollendete Nachahmungen von Vogelstimmen.

15. **Spottrötel** (*Cossypha dichroa*): Die klang- und kraftvollen Strophen der südafrikanischen Art sind von September bis Mai zu hören und können über 20 verschiedene Imitationen enthalten.

16. **Natalrötel** (*Cossypha natalensis*): Die Vertreter dieser afrikanischen Art sind ebenfalls vorzügliche Spottsänger; so imitieren sie etwa die Stimme des Grünkopfpirols so gut, dass dieser sogar in einen Wechselgesang einstimmt.

17. **Weißscheitelrötel** (*Cossypha niveicapilla*): Der Gesang dieser in West- und Zentralafrika verbreiteten Art ist bei Sonnenuntergang am kräftigsten. Die kontinuierlich vorgetragenen Strophen sind ein reichhaltiges Gemisch von imitierten Vogelstimmen und menschlichen Pfiffen. Der Gesangsvortrag kann bis zu 15 min dauern. Der Vogel lernt schnell neue Laute: Zuerst werden direkt Imitationen geäußert, möglicherweise ohne zeit-

lich messbaren Lernprozess, dann wird versucht sie in verschiedenen Tonarten zu singen und endlich in einen neuen Zusammenhang einzuarbeiten (Urban & Keith 1992).

18. **Grauflügelrötel** (*Cossypha polioptera*): Diese Art bewohnt die Hochländer von Nigeria bis Kenia und Angola und fällt durch ihre vielfältigen melodischen Flötenstrophen auf.

19. **Weißkehlsänger** (*Irania gutturalis*): Der laute melodische Gesang, der manchmal auch im Flug vorgetragen wird, enthält teils perfekte Imitationen. Das Verbreitungsgebiet dieser mit den Röteln und Nachtigallen verwandten Art reicht vom Iran bis Tadschikistan.

20. **Schilfrohrsänger** (*Acrocephalus schoenobaenus*): Typische Nachahmungen sind relativ hohe Pfeiftöne und Sperlings-Tschilpen. Auffällig sind die imitierten Stimmen von Rauchschwalbe, Mehlschwalbe, Bachstelze, Schafstelze, Hausrotschwanz, Feldschwirl, Seidensänger, Sumpfrohrsänger, Teichrohrsänger, Dorngrasmücke, Fitis, Amsel, Blaumeise, Kohlmeise, Feldsperling, Buchfink und Rohrammer.

21. **Mönchsgrasmücke** (*Sylvia atricapilla*): Nach der Ankunft im Brutgebiet kann der universellere längere Vorgesang überwiegen. Er enthält viele kurze, scharfe und geräuschhafte Elemente, darunter auch hohe Zickzack-Triller, oft auch Imitationen von Rufen und Gesangsfragmenten anderer Vogelarten, vor allem (nach Häufigkeit geordnet) von Nachtigall, Singdrossel, Amsel, Gartengrasmücke, Sumpfrohrsänger, Teichrohrsänger, Kohlmeise, Star, Gelbspötter, Rotkehlchen, Fitis, Pirol, Wendehals und weiteren gut zwanzig Arten. Fremdmotive können auch improvisatorisch abgewandelt werden.

22. **Gelbbrust-Waldsänger** (*Icteria virens*): Die regelmäßig ziehenden großen Schwärme der Waldsänger bilden eine der auffälligsten Erscheinungen im Singvogelleben Nordamerikas. Der Gelbbrust-Waldsänger (auch Bauchredner-Waldsänger genannt) hat einen lauten, flötenden und gurgelnden Gesang; er ist ein vorzüglicher Spötter (Grzimek IX).

23. **Maskenpirol** oder Schwarzkopfpirol (*Oriolus larvatus*): Neben den flötenden Strophen verstehen es einige der tropischen Pirolarten vortrefflich, insbesondere der im östlichen und südlichen Afrika verbreitete Maskenpirol, die Stimmen anderer Vögel nachzuahmen und in ihren Balzgesang einzuflechten (Austin 1963). Das gilt auch für den nahe verwandten westafrikanischen Blauflügelpirol (*Oriolus brachyrhynchus*).

24. *Streifenpirol* (*Oriolus sagittatus*): Dieser in Nord- und Ostaustralien beheimatete Pirol ist ein ausgezeichneter Imitationskünstler; die Stimmen zahlreicher Vogelarten werden perfekt nachgeahmt (Hoye 2008).

Abb. 88: Maskenpirol *(Oriolus larvatus)*

weniger im normalen Gesang als vielmehr, wie
wir oben gesehen haben, im meist leise schwätzenden Jugend- oder Plaudergesang.

Abb. 89: Schilfrohrsänger

Vielfältige und teils vollkommene
Imitationen:

Diejenigen Singvögel, die hier besprochen werden sollen, haben sich in Bezug auf die Imitationsfähigkeit erheblich gesteigert. Sie zeigen sich im
Umgang mit artfremden Klängen und Lauten
sehr flexibel. Gesänge, Motive oder Rufe werden
sehr genau und meistens auch häufig imitiert,
sodass die fremden Gesangsanteile in der Regel
der jeweils entsprechenden Vogelart zugeordnet
werden können. Ein Steigerungscharakter der
einzelnen Kapitel bezüglich des Imitationsver-
mögens ist zwar beabsichtigt, gilt aber nicht für
die Anordnung der Vogelarten innerhalb der Kapitel.[83] Auch folgt die hier vorgenommene Glie-

derung nicht, wie schon angedeutet, einer allgemeinen musikalischen *Rangordnung*. Wir vergleichen vorrangig die Imitationsanteile verschiedener Gesänge, deren Qualität und wie diese in den Gesang eingefügt werden; es geht nicht
(nur) um Klangschönheit, sondern mehr um Differenzierung innerhalb der Imitationsfähigkeit:

Exakte Imitationsfähigkeit kann unter künst-
lichen Bedingungen sogar zu der wohl seltenen
Begebenheit führen, dass zwei artverschiedene
Bewohner eines Gesellschaftskäfigs miteinander
kommunizieren, weil sie sich gegenseitig *verstehen* (s. Kap. 9.4): So verbrachte ein Hänfling
den Sommer in einer Freivoliere, in der er den
Lockruf und den Gesang eines Gimpels über-

---

83 Selbstverständlich lassen sich hier keine eindeutigen
Einteilungen vornehmen; auch sind außereuropäische
Singvogelarten weniger berücksichtigt. Autonomiezu-
nahme sollte erkennbarer werden. Es geht weniger um

eine strenge Systematik als vielmehr um eine lebendige Anordnung, die einen wesentlichen Evolutions-
gedanken von Goethe beinhaltet, dass in jedem Wesen
eine Tendenz zu einem anderen, was über ihm ist,
ersichtlich ist (Riemer 1806).

Abb. 90: Weißscheitelrötel *(Cossypha niveicapilla)*

Abb. 91: Gartenrotschwanz

und wieder aggressiv verhält, erfolgen gegen den Hänfling keine aggressiven Handlungen. Offensichtlich benutzen beide Vögel zur interspezifischen Kommunikation die Lautäußerungen eines dritten Vogels, die von ihren eigenen Lautäußerungen sehr verschieden sind. Sie verständigen sich gewissermaßen in einer Fremdsprache (Kneutgen 1969a).

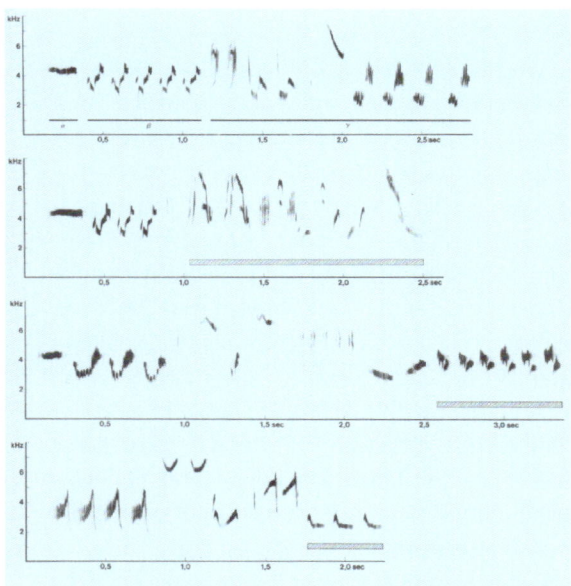

Abb. 92: Reviergesang von Gartenrotschwanz mit Imitationen

nahm. Beide Imitationen lässt er in einem Käfig, in dem sich auch Rotkehlchen, Mönchsgrasmücke und andere Singvögel befanden, fleißig hören. Das Rotkehlchen, ein erst vor Kurzem gefangener Wildvogel, beherrscht ebenfalls Lockruf und Gesang eines Gimpels, die es gleichfalls in seinem Gesang vorträgt. Nach einiger Zeit bringen beide die Lautäußerungen auch isoliert vom arteigenen Gesang: Bringt der Hänfling den Lockruf des Gimpels, so antwortet das Rotkehlchen mit dem gleichen Laut und umgekehrt. Beide Vögel sitzen seither häufig zusammen und schlafen meist dicht nebeneinander. Hin und wieder krault der Hänfling das Gefieder des Rotkehlchens, das dann ruhig sitzen bleibt. Häufig sitzen die Vögel nebeneinander und bringen den Gimpelgesang gleichzeitig. Während das Rotkehlchen sich den übrigen Käfiggenossen gegenüber hin

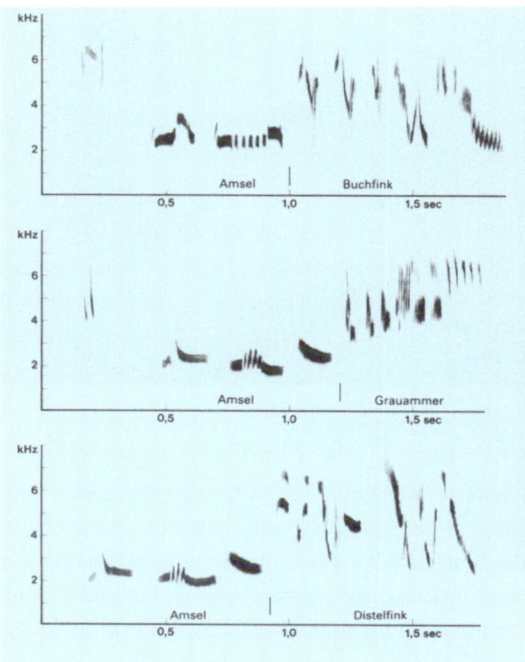

Abb. 93: Reviergesang von Braunkehlchen mit Imitationen

Abb. 94: Braunkehlchen

Wer Rotkehlchen kennt, mag über dieses Annäherungsverhalten zu einem Hänfling, auch wenn es in einer Voliere erfolgte, sehr erstaunt sein, halten doch diese liebenswerten Vögel als ausgesprochene Solisten sehr auf Distanz; das gilt selbst für das Weibchen gegenüber dem eigenen Männchen. Dieses von einem anerkannten und zuverlässigen Ornithologen berichtete Verhalten zeigt uns aber, wie die musikalische Verständigung auch zwei unterschiedliche Vögel miteinander verbinden kann, ähnlich wie es bei zahlreichen afrikanischen Duettsängern zu erleben ist, bei denen Männchen und Weibchen ganzjährig miteinander singen und meistens lebenslang zusammen bleiben (s. Kap. 7.5.3).

Gartenrotschwanz und Braunkehlchen gehören zu den Singvogelarten, die zu Beginn ihrer Gesangsstrophe charakteristische Motive singen, an denen sie leicht zu erkennen sind, während der Schlussteil des Gesanges variabel ist und Imitationen enthalten kann (s. Abb. 92, 93). Das gilt auch für den Gesang des Wintergoldhähnchens (s. Abb. 82). Für das menschliche Ohr sind die klangvollen Anfangsmotive meistens angenehmer als die oft schwätzenden «Anhängsel» (Endschnörkel). Deshalb beachten wir in der Regel mehr den ersten Teil des Gesanges. Es würde sich aber lohnen, seine Hörgewohnheiten etwas zu verändern und verstärkt dem variationsreichen Ende zu lauschen. Während die Liedanfänge sich oft sehr ähnlich sind und etwas *signalartig* den Gesangstypus der Art spiegeln, hat der zweite Teil der Strophe mehr individuellen Charakter. Auch bei der Amsel und selbst beim Buchfinken sind die Schlussstrophen sehr variabel und künden von den fast unendlichen Möglichkeiten individueller Variationen.

Zum Schluss sei noch ein außergewöhnlicher Einsatz der Stimme im Vogelreich erwähnt. Es geht nicht um gegenseitiges Erkennen von Artgenossen, sondern um die Verständigung eines Vogels mit einem Säugetier. Es ist der entfernt mit den Spechten verwandte und etwa drosselgroße Honiganzeiger (*Indicator spec.*), von dem verschiedene Arten in Afrika und Asien leben. Um an das Wachs der Wildbienen zu gelangen, macht der Honiganzeiger, sobald er die grunzenden Laute des weit umherwandernden Honigdachses hört, mit schnarrenden Rufen auf sich aufmerksam. Begegnen sich die Tiere, fliegt der Honiganzeiger unter weiterem Rufen und Schwanzfederspreizen voran, bis er in der Nähe des Bienennestes sitzen bleibt. Der Honigdachs räubert dann mit seinen kräftigen Armen und Krallen das Nest und verspeist mit Leidenschaft den Honig, während der Honiganzeiger die Wachswaben verzehrt. Es sind die einzigen Vögel, die Wachs (mithilfe von Mikroorganismen) verdauen können. Der Honiganzeiger kann übrigens das Wachs riechen, denn er hat einen für Vögel ungewöhnlich guten Geruchssinn. Die Kommunikation mit Menschen geht ebenso gut wie mit dem Honigdachs. Afrikanische Eingeborene verstehen es, den Honiganzeiger anzulocken, und dieser weist mit seinen Lockrufen dann den Menschen den Weg. Es handelt sich also um eine echte Symbiose; außergewöhnlich ist, dass sie unter Einsatz der Stimme vollzogen wird. «Grundlegende Voraussetzung für die Partnerschaft ist allerdings die Fähigkeit des Vogels zur Kommunikation mit Artfremden» (Attenborough 1999). Um den eigenen Nachwuchs kümmern sich Honiganzeiger jedoch nicht. Wie unsere Kuckucke und die im tropischen Afrika lebenden Witwenarten sind sie Brutschmarotzer; die Jungvögel wachsen im Nest von Pflegeeltern auf (s. Anm. S. 173).

Erstaunliche Fülle der Imitationen –
eigentliche Spottsänger:

Singvögel, welche fähig sind, in hohem Maße artfremde Lautäußerungen zu erlernen und zur Kommunikation zu verwenden, nennt man Spottsänger. Der Gesang der Spottsänger besteht aus einer großen Fülle von fremden Vorbildern, die entweder exakt kopiert oder häufig in vielfältigen Imitationsreihen vorgetragen werden. Manchmal werden aber so viele Imitationen und in rascher Folge hervorgebracht, dass arteigene Gesangsmuster kaum noch wahrzunehmen sind, zum Beispiel Gelbspötter und Sumpfrohrsänger. Man könnte bei diesen Vögeln, die nahezu alle Laute sämtlicher Vogelarten wiederzugeben vermögen, den Eindruck haben, als sei ihr Lernvermögen unbegrenzt. Wohl liegen bei den im Folgenden beschriebenen Spottsängern noch gewisse arteigene Lerndispositionen vor, aber der virtuose Umgang mit Klängen, Lauten und Geräuschen erweckt unmittelbar einen leichten, völlig spielerischen Eindruck.

1. Singdrossel (*Turdus philomelos*): Sie verfügt über eine ausgeprägte Imitationsfähigkeit, und sie hat einige Vorzüge, die uns das Studium des Nachahmungslernens ein wenig erleichtern: Sie ist weit verbreitet, sie singt sehr ausdauernd, sie singt laut und kraftvoll, ihr Gesang ist sehr einprägsam, sie sitzt gern exponiert und lange auf der Spitze eines Baumes, ihr Gesang ist sehr formenreich, sie kopiert fremde Gesänge oft mit einer erstaunlichen Genauigkeit, und sie wiederholt regelmäßig ihre Strophen, die zum großen Teil aus fremden Gesängen oder Motiven bestehen, mehrere Male. Für jeden, der sich etwas intensiver mit der Kunst der Imitation beschäftigen möchte, ist die Singdrossel das ideale Studienobjekt, vom ästhetischen Reiz, den ihre kunstvollen Strophen auf uns ausüben, ganz zu

Abb. 95: Singdrossel

schweigen. Es ist in der Regel nicht schwierig, einer Singdrossel über längere Zeit während ihres Gesanges auch zuzusehen. So prägen sich die verschiedenen Strophen besser unserem Gedächtnis ein, und wir können ganz sicher sein, dass diese vielfältigen Strophen auch alle von ihr kommen. Nur dann können wir der Singdrossel auch die zahlreichen sehr leise vorgetragenen Motive zuordnen. Die Singdrossel gehört zu unseren besten Sängern. Sie verfügt unter den westpaläarktischen Drosselarten über das umfangreichste Repertoire an Elementen und Phrasen. Viele ihrer Imitationen sind außerordentlich exakt, überlagern aber nicht den eigenen klangvollen Gesangsstil. Zu beachten ist jedoch, dass die Imitationsbegabung einzelner Individuen erheblich voneinander abweichen kann. In ihren Gesängen finden sich zahlreiche fremde Gesangsmotive und/oder Rufe von Mäusebussard, Wanderfalke, Brachvogel, Kuckuck, Waldkauz, Steinkauz, Grünspecht, Schwarzspecht, Buntspecht, Wendehals, Ziegenmelker, Wachtel, Heidelerche, Nachtigall, Sprosser, Sumpfmeise, Kleiber, Buchfink, Grünling, Distelfink, Fichtenkreuzschnabel oder Gimpel, die als Imitationen in der typischen Weise wiederholt oder in den Gesang eingeflochten werden.

2. Kalanderlerche (*Melanocorypha calandra*): Typisch für den kraftvoll-melodischen Gesang sind die mit vielen Wiederholungen hervorgebrachten Imitationen. Unter den nachgeahmten Stimmen sind nicht nur Gesangsstrophen, sondern auch Flug- und Warnrufe anderer Vögel von Hänfling und Rauchschwalbe bis zu Wachtel und verschiedenen Limikolen und Reihern; manchmal werden auch Krötenquaken, Zieselpfiffe und mechanische Geräusche perfekt nachgeahmt. Vor allem in Gefangenschaft wird die Kalanderlerche (wie die Haubenlerche) zum unermüdlichen Spötter, und mancher im Februar nur den Artgesang äußernde Vogel imitiert im August zwanzig und mehr erlernte Stimmen. Der feldlerchenartig kontinuierliche Gesang kann beim morgendlichen hohen Singflug zu mehr als fünfzig Prozent aus zum Teil in Tonhöhe und Klangfarbe täuschend nachgeahmten, teils auch etwas *übertriebenen* Fremdstimmen bestehen, etwa aus lang gereihten Wiesenpieper- oder Stelzenrufen (Glutz 10/I).

3. Haubenlerche (*Galerida cristata*): Manche Lieder bestehen nahezu nur aus Variationen eines dreisilbigen artcharakteristischen Flötenmotivs, andere bestehen aus zahlreichen Nachahmungen. Im subsongartigen «leisen Gesang» imitiert die Haubenlerche viel mehr als im Reviergesang. Gesangsstrophen und Gesangsabschnitte von einigen Sekunden Dauer sind bekannt z.B. von Feldlerche, Hänfling, Rauchschwalbe, Grünling und Amsel. Daneben übernimmt sie kurze Laute aus dem Repertoire so gut wie aller Singvögel ihrer Umgebung (Brachpieper, Kleiber, Star, Wacholderdrossel, Buchfink u.a.), aber auch von Mäusebussard, Frankolin, Rebhuhn, Limikolen, Bienenfresser, Mauersegler und Grünspecht. Zahlreiche Individuen haben mehr als zwanzig Fremdimitationen in ihrem Gesangsrepertoire. Dabei kann es sich teilweise na-

Abb. 96: Haubenlerche

türlich um *indirekte* (sekundäre) Imitationen, also von arteigenen Vorsängern übernommene Nachahmungen handeln. Besonders zur Geltung kommt die Spottbegabung bei gekäfigten Jungvögeln; manche Individuen übertreffen darin sogar die berühmte Kalanderlerche oder lernen menschliche Melodien fehlerfrei nachzupfeifen; ein Individuum soll sogar die menschliche Sprechstimme nachgeahmt haben. Berühmt wurde die Haubenlerche durch den Ornithologen und Bioakustiker Erwin Tretzel: Zwei von ihm untersuchte freilebende Haubenlerchen eigneten sich alle drei Kommandopfiffe eines Schäfers an und bauten sie recht organisch in ihren Motivgesang ein. Die Hunde gehorchten nun auch den Pfiffen der Haubenlerchen, sodass die Lerchen ungewollt für einige Verwirrung sorgten. Als nun die Imitationen der Haubenlerchen genauer untersucht wurden, zeigte sich im

sonagraphischen Vergleich von Vorbild und Imitation, dass die Lerchen diese Pfiffe in Tonhöhe und Rhythmus viel konstanter vortrugen als der Schäfer! Sie bauten sie in einer besonderen Weise in ihren Gesang ein, indem sie die verschiedenen Pfiffe durch arteigene Lautgruppen trennten und symmetrisch flankierten. Sie hatten ein Gefühl für Takt und Tonhöhe, das dem Schäfer mangelte. Deshalb mutmaßte der Ornithologe, dass die Haubenlerchen die Idealgestalt der Motive erfasst und genauso gepfiffen haben, wie der Schäfer es wohl gedacht hatte, und bescheinigte denn auch den Haubenlerchen ein erstaunliches musikalisches Formgefühl (Tretzel 1965; Grzimek IX). Ähnliche Fähigkeiten sind auch von Amsel, Spottdrossel, Schama und Leierschwanz bekannt. Bestimmte Individuen dieser Singvogelarten bauen nicht nur neue Motive und Imitationen nach Ordnungsprinzipien in ihre Gesänge ein, sondern können auch imitierte Vorbilder verändern und verbessern. Denn die Haubenlerchen ahmten keineswegs nur nach, «sie *korrigierten* die unmusikalisch schwankende, meist unsaubere Tonfolge des Schäfers zum klaren C-Dur; sie hatten also die vom Schäfer gemeinte, aber selten erreichte *Idealgestalt* der Klangfigur, in unserem tonalen System übrigens, erfasst und ausgeführt» (Wulffen 2005).

4. Blaukehlchen (*Luscinia svecica*): Der Gesang ist nicht sehr weittragend, aus der Nähe aber wegen der variablen Strophengliederung und des Spottvermögens vieler Männchen recht auffällig. Ein wichtiges Charakteristikum des Blaukehlchens ist die hohe Spottdisposition, die nicht allein zur Übernahme von Motiven aus den meisten Singvogelgesängen des Brutbiotops, sondern auch zur Nachahmung von Enten-, Segler-, Wachtel-, Rebhuhn-, Kiebitz- und anderen Limikolenrufen (s. Abb. 97), Froschlurchlauten, Grillenzirpen, Laub- und Feldheuschrecken, ja sogar

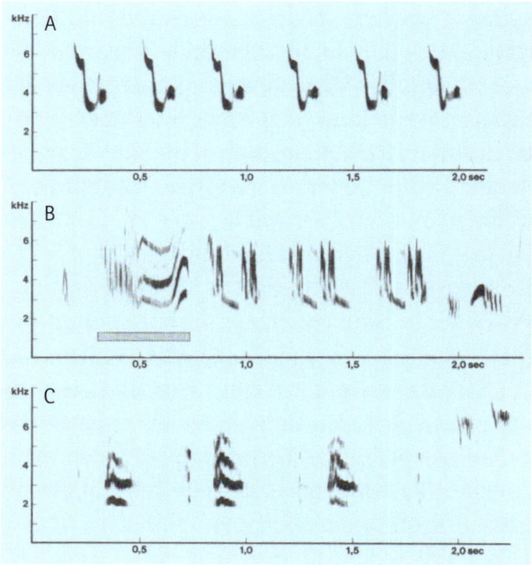

Abb. 98: Blaukehlchen

Abb. 97: Blaukehlchengesang mit Imitationen von Zilpzalp-Gesang (A), Kiebitz-Rufen (B, Anfang) und Rebhuhnrufen (C)

manchen mechanischen Geräuschen wie Sensewetzen, Quietschen, Schellengeläut, Pfeifen einer Dampflokomotive u.a. führt, die vom *hundertzüngigen* Vogel der Lappen alle mit sprechender Treue reproduziert werden. Das Repertoire an Imitationen ist (wie die Qualität des Gesanges) bei den Männchen einer Population recht unterschiedlich. In den Gesängen einer kontrollierten Population waren im Laufe des Frühlings die Stimmen nahezu aller das Gebiet (zeitweilig) bewohnenden Vogelarten zu erkennen. Die meisten Nachahmungen behaupten ihren Platz im vorgetragenen Repertoire aber nur einen oder wenige Tage. Eine neu (und oft) im Revierbereich erklingende Stimme wird in der Regel sofort aufgenommen, dafür oft eine frühere aus dem Gesang fortgelassen, was nicht ausschließt, dass solche *verlorenen* Stimmen später gelegentlich für kurze Zeit zurückkehren. Als beständige Elemente bleiben meist Motive aus den Gesängen einiger benachbarter Brutvögel. Bei den Blau-

kehlchen des Kontrollgebietes waren dies bei Revieren am Wiesenrand besonders Braunkehlchen, Wachtel und Schwarzstirnwürger, an verschilften Fischteichen Wasserralle, Bart- und Beutelmeise, Rohrsänger und Rohrammer; es wurden Imitationen von 35 Vogelarten aufgezeichnet, von denen achtzehn im Biotop dieses Vogels vorkamen. (Glutz 11/I; Grzimek IX). Insgesamt wurden in Blaukehlchengesängen ca. fünfzig verschiedene Imitationen aufgezeichnet. Blaukehlchen, die früher fast ausschließlich in Feuchtgebieten anzutreffen waren, brüten seit mehreren Jahren, zum Beispiel in Norddeutschland, zunehmend auch in Rapsfeldern.

5. Rubinkehlchen (*Luscinia calliope*): Dieser zauberhafte sibirische Sänger vertritt gewissermaßen das Blaukehlchen vom Ural bis nach Ostasien. Der vielfältige, teils nachtigallähnliche Gesang ist außerordentlich melodisch, enthält viele Imitationen und soll die Gesangskunst des Blaukehlchens noch übertreffen.

6. Blauschulterrötel (*Cossypha cyanocampter*): Zahlreiche Vertreter der zur Drosselfamilie zählenden afrikanischen *Cossypha*-Arten gehören mit zu den besten Sängern der Welt. Sie sind –

Abb. 99: Neuntöter

auch von ihrer Gesangsbegabung her – nahe verwandt mit Blaukehlchen, Nachtigall, Rotkehlchen und Steinrötel. Innerhalb dieser Gruppe gibt es vorzügliche Duettsänger und außergewöhnliche Imitationskünstler. Der schöne und klangvolle Gesang des Blauschulterrötels enthält viele Imitationen von außerordentlicher Genauigkeit. Der Vogel ist auch imstande, verschiedene Phrasen und Töne simultan in zwei verschiedenen Tonhöhen zu singen.

7. Isabellsteinschmätzer (*Oenanthe isabellina*): Bei der zum Teil exzellenten Nachahmung beschränkt sich der Isabellsteinschmätzer nicht nur auf Vogelstimmen (bevorzugt werden etwa Triel und andere Limikolen, Lerchen, Schwalben, Stelzen, Bienenfresser, ferner Flughühner, Elster, Turmfalke und Schwarzmilan); er imitiert auch Säugetierlaute (vom Murmeltier- und Zieselpfiff bis zu Pferde- und Eselwiehern, Kamelbrüllen u. a.). Gerne übernommen, und wie andere Vorbilder mit Abwandlungen wiederholt, werden auch Hirtenpfiffe; einzelne Meister sollen es bis zur Wiedergabe der Geräuschkulisse einer vorbeiziehenden Karawane bringen (Glutz 11/I).

8. Neuntöter (*Lanius collurio*): Der Gesang besteht aus einer subsonghaften Aneinanderreihung quetschender und gepresster (arteigener) Töne, die mit zahlreichen nachgeahmten Rufen, Motiven

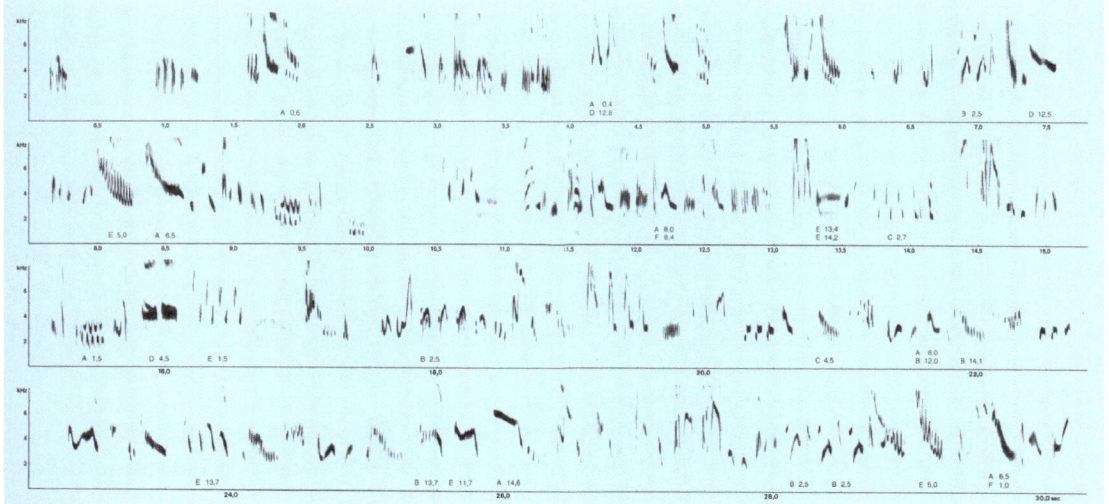

Abb. 100: Imitierter Feldlerchengesang von einem besonders gut spottenden Neuntöter

und Strophenfragmenten aus den Repertoires anderer Vogelarten ohne jede Strophengliederung abwechseln. Im Gesangsvortrag ist, bei oftmaligem Wechsel, jeweils nur eine imitierte Vogelart zu hören, meistens ein- bis zweimal wiederholt. Übernommene Elemente und Phrasen werden nicht gemischt. Oft gehörte Imitationen sind Rufe und Gesangsfragmente von Amsel, Kohl- und Haubenmeise, Rauchschwalbe, Rohrsängern, Grasmücken, Grünling, Rohr- und Goldammer; Rufe und Strophen von Baumpieper, Bachstelze, Wacholderdrossel, Buchfink, Hänfling und Fitis, aber auch Rufe von Rebhuhn, Wachtel, Zwergtaucher und Bekassine. Auch Feldlerchengesang wird gern imitiert.

Dasselbe Männchen hatte sich auch fünf verschiedene Typen von Buchfinkenschlag ange-

eignet, allerdings mit Reduktion der leiseren Anfangselemente oder (wie auch bei anderen Imitatoren üblich) in einer Kurzfassung. Imitationen guter Sänger sind dem Vorbild zum Teil sehr ähnlich, aber mit dünnem Klang. Während einige Forscher die Fähigkeit zu augenblicklicher Nachahmung einer soeben gehörten fremden Stimmäußerung hervorheben, vermisste Tretzel (1965) auch beim Neuntöter die Fähigkeit, öfter vorgespielte Motive sofort richtig und vollständig nachzusingen. Es sind nur wenige Vogelarten bekannt, die unmittelbar ein akustisches Vorbild, also ohne zeitlich messbaren Lernprozess, imitieren können (s. Kap. 9.3.6). Dieses Vermögen ist als Steigerung der Imitationskunst zu interpretieren. Es wäre genauer zu untersuchen, ob der Neuntöter generell auf

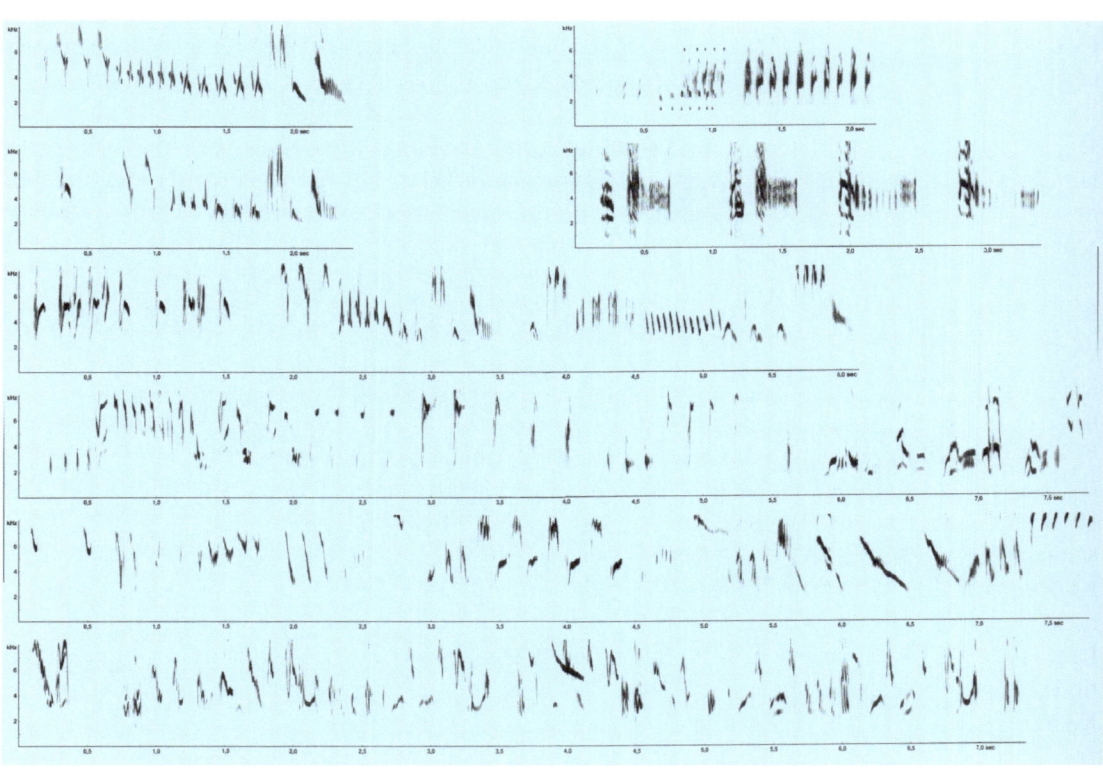

Abb. 101: Imitationen (besonders von Buchfinkengesang und –rufen) im Gesang von Neuntötern

dieser *höheren* Stufe anzusiedeln ist oder ob diese besondere Fähigkeit stark von der unterschiedlichen individuellen Begabung abhängt. Der Umfang der Imitationsleistungen ist jedenfalls beim Neuntöter individuell sehr unterschiedlich. – Die imitierten Stimmäußerungen von Vögeln (und ausnahmsweise auch anderen Tieren) werden von den jungen Neuntötern in einer prägbaren Phase zwischen Verlassen des Nestes und dem Wegzug gelernt. Später soll keine Erweiterung des Repertoires mehr erfolgen. Dieser Auffassung entspricht ein Käfigvogel, der im ersten Jahr sechzehn Gesangsteile, Kontakt- und Warnrufe von Mäusebussard, Rebhuhn, Feldlerche, Zaunkönig, Heckenbraunelle, Gelbspötter, Dorngrasmücke, Sperbergrasmücke, Bachstelze, Amsel, Feldsperling, Goldammer, Buchfink, Stieglitz, Kohl- und Blaumeise imitierte. Im Lauf der ersten Pflegejahre verlernte er etliche dieser Imitationen und ließ nach vier Jahren nur noch neun, ab dem sechsten Pflegejahr noch sechs Imitationen hören. Allgemein gilt aber auch beim Neuntöter, dass er wie einige andere Arten in Gefangenschaft sehr viel lernfreudiger ist.

9. Rotkopfwürger (*Lanius senator*): Der Gesang dieser mit dem Neuntöter nahe verwandten Vogelart ist ein kontinuierliches, nicht in Strophen gegliedertes Geschwätz mittlerer Lautstärke, das aus harten und rauen Lauten sowie vielen Imitationen von Stimmen anderer Vögel (und des Laubfroschs) zusammengesetzt wird. Der Gesang beginnt meist mit Erregungsrufen und enthält oft Imitationen in zwei- bis vierfacher Wiederholung oder aneinandergereihte verschiedene Lautäußerungen derselben Vorbildart. Die Imitationen folgen weniger dicht aufeinander als beim Neuntöter. Gelegentlich sind auch synchrone Duette der beiden Partner zu hören.

10. Schwarzstirnwürger (*Lanius minor*): Der von Imponierflügen begleitete subsongartig ungegliederte Gesang ist ein plaudernd-schwätzendes Gemisch aus teils rauen, schäckernden Eigenlauten mit vielen guten, auch längeren Imitationen. Aufgenommen wurden zum Beispiel Strophen von Amsel, Pirol, Hänfling, Rauchschwalbe, Lerchen und Finken, dazu viele klangrein wiedergegebene Pfiffe, Blaumeisenrufreihen, Limikolenrufe, aber auch Grauammerklirren und Wachtelschlag, Rufe von Rebhuhn, Fasan und Graureiher, selbst das Krähen eines Haushahns oder Hundegebell.

11. Raubwürger (*Lanius excubitor*): Der vom Männchen vorgetragene Gesang besteht aus in größeren Abständen wiederholten motivartigen Kurzstrophen. Im Mittelteil sind häufig auch Imitationen eingebaut. Die Imitationsleistungen schließen Brachvogel- und andere Pfiffe ein und wurden von verschiedenen Ornithologen schon gerühmt.

12. Schachwürger (*Lanius schach*): Dieser ostasiatische Würger ist ruffreudig und laut. Der arteigene Gesang ist ein mäßig lautes, etwas metallisch, aber angenehm klingendes Geplauder, in das vor allem zu Beginn einer «Strophe» eine Fülle von Imitationen verwebt wird. Nachgeahmt werden nicht nur Teile aus Drossel-, Staren-, Rohrsänger- und Bülbül-Strophen oder Rufe von Schmarotzermilan, Drongo, Sperlingen, Seglern, Nachtschwalben, Kuckucken, Lappenkiebitzen, Limikolen, sondern auch die Rufe des Palmenhörnchens und das japsende Kläffen junger Hunde. Der Gesang kann ohne Pausen und Strophengliederung bis zu fünfzehn Minuten lang vorgetragen werden und enthält oft Imitationen auch von Arten, die bereits länger nicht als Vorbilder zur Verfügung standen.

Abb. 102: Schachwürger *(Lanius schach)*

13. Einfarbstar (*Sturnus unicolcor*): Dieser in Südwesteuropa und Nordwestafrika verbreitete, recht sangesfreudige Vogel begleitet, wie sein naher Verwandter, der Star, seine Gesangsstrophen mit Flügelschlagen. Zu hören sind quietschende, schmatzende und pfeifende Töne. Gern werden «andere Geräusche und Vogelstimmen nachgeahmt und in den Gesang eingeflochten, so das Gackern der Hühner, das Krähen eines Hahnes, der Ruf des Pirols, das Quietschen einer Tür, das Knarren der Wetterfahne und Ähnliches mehr. Das Weibchen singt weniger laut und ausdauernd. In Menschenobhut lernt der Einfarbstar vorgepfiffene Melodien und selbst menschliche Worte nachahmen. So wird von einem Star berichtet, dass er den Satz *Ich bin ein wunderschöner Star* deutlich vortrug. Ein anderer, der auf einer Geflügelausstellung in Wien gezeigt wurde, konnte siebzig Worte deutlich sprechen» (Grzimek IX).

14. Lawrencedrossel (*Turdus lawrencii*): Der Gesang dieser südamerikanischen Drossel enthält einen außerordentlichen Imitationsreichtum, sodass die Lawrencedrossel zu den besten Spottsängern der Welt zu zählen ist. Laute, klangvolle, ruhig und kontinuierlich vorgetragene Serien von nahezu perfekten Imitationen sind charakteristisch für ihren Gesang, wobei nicht nur fast alle Vogelarten aus dem Umkreis nachgeahmt werden, sondern auch Laute von Fröschen und Insekten. Bei Gesangsuntersuchungen der Lawrencedrossel konnte nachgewiesen werden, dass im gesamten Stimmrepertoire von dreißig Individuen Imitationen von 173 Vogelarten enthalten waren (Clement & Hathway 2000).

15. Blattvögel (*Chloropsis spec.*): Sie leben in den tropischen Wäldern Malaysias, ernähren sich wie Kolibris von Nektar und gehören zu den wichtigsten Blumen- oder Blütenvögeln. Als Spötter begnügen sie sich nicht mit ihren rauen, teilweise auch musikalisch klingenden Tönen; sie ahmen darüber hinaus nahezu vollkommen die Rufe vieler anderer Vögel nach. Solche *Spottstrophen* folgen einander ohne Unterbrechung; der Zuhörer gewinnt dadurch den Eindruck, als fände eine «Vollsitzung der Vereinten Nationen in der Vogelwelt» statt (Grzimek IX).

16. Gelbspötter (*Hippolais icterina*): Der abwechslungsreiche und vielfältige Gesang mit seinen langen, reinen, auf- und absteigenden Pfeiftönen enthält bei einigen Vögeln so viele meisterhafte Imitationen, dass die Grundstruktur des Artgesangs kaum noch erkennbar ist. Der Gesang kann dem des Sumpfrohrsängers verblüffend ähneln, klingt aber im Allgemeinen voller und kräftiger, enthält allerdings nicht so viele Imitationen. Die wohlklingenden Pfeiftöne werden bei öfter Wiederholung in der Tonhöhe

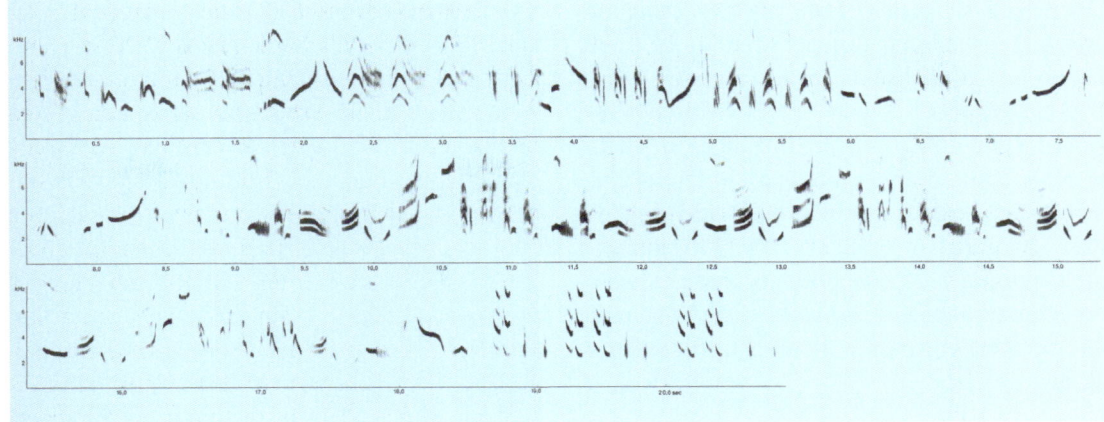

Abb. 103: Gelbspötter, 20 Sekunden langer Reviergesang

moduliert und oft schwungvoll miteinander verbunden. Jedes Männchen überrascht mit eigenen Motiven und Wendungen. Beschrieben sind Imitationen (teils nur Rufe) von Turmfalke, Wachtel, Austernfischer, Kiebitz, Bienenfresser, Türkentaube, Grünspecht, Buntspecht, Wendehals, Feldlerche, Rauchschwalbe, Bachstelze, Hausrotschwanz, Nachtigall, Schwarzkehlchen, Amsel, Wacholderdrossel, Singdrossel, Misteldrossel, Seidensänger, Teichrohrsänger, Drosselrohrsänger, Dorngrasmücke, Mönchsgrasmücke, Trauerschnäpper, Kohlmeise, Pirol, Dohle, Star, Haussperling, Buchfink, Grünling, Stieglitz, Bluthänfling. Ähnlich wie der Sumpfrohrsänger lässt sich der Gelbspötter mittels Tonbandvorspiel von Artgesang leicht und oft anlocken. Dabei beantwortet er vorgespielte Motive öfters mit ähnlichen, in seinem Repertoire bereits vorhandenen. Ein sofortiges Nachsingen eines fremden Motivs ist noch nicht festgestellt worden. Das Frequenzspektrum ist breit, aber nicht unbegrenzt. So versuchte ein Gelbspötter in einer längeren Serie, die hohen, um acht Kiloherz liegenden Luftwarnrufe («ziieeh») einer benachbarten Amsel nachzuahmen. Es war ihm aber nicht möglich, in dreißig Imitationsversuchen von sei-

Abb. 104: Orpheusspötter

ner erlernten Modulationsform dieser Lautäußerung loszukommen und die der Amsellaute zu treffen. Er muss die Vorbilder offenbar öfter und / oder in einer sensiblen Phase hören, um sie richtig nachsingen zu können. Auch dürften die meisten Imitationen der Gelbspötter von artgleichen Vorsängern gelernt worden sein (Beaman & Madge 1998; Glutz 12/I; Grzimek IX).

17. Orpheusspötter (*Hippolais polyglotta*): Die unterschiedlich langen Strophen (10 bis 30 sec) bestehen in typischen Fällen aus zwei Teilen. Im ersten Teil werden mehrmals wiederholte Imitationen von Lautäußerungen anderer Vögel (Dorngrasmücke, Rauch- und Mehlschwalbe, Amsel, Gartenrotschwanz, Zilpzalp usw.) aneinandergereiht; der unmittelbar anschließende zweite Teil besteht aus lebhaftem und raschem Plaudergesang. Im Vergleich zum Gelbspötter ist der Gesang des Orpheusspötters hastiger, variationsärmer, weniger volltönend und enthält nicht im gleichen Ausmaß Imitationen (Beaman & Madge 1998).

18. Buschrohrsänger (*Acrocephalus dumetorum*): Der Gesang ist auffällig und wird in der Regel langsamer und pausenreicher vorgetragen als der Gesang des Sumpfrohrsängers. Zwischen die lauten und markanten Motive und Imitationen sind Reihen sehr leiser, kurzer Laute eingestreut. Die Imitationen sind nicht so zahlreich und folgen weniger dicht aufeinander als beim Sumpfrohrsänger; außerdem neigt der Buschrohrsänger zu öfterer Wiederholung. Der Buschrohrsänger trägt meisterhafte Imitationen vor und ist qualitativ ein ebenso guter Imitator wie der Sumpfrohrsänger, scheint aber im Durchschnitt der Individuen ein geringeres Repertoire an Imitationen zu haben. Die Kompositionen aus Fremdlauten führen bisweilen zu *fantastischen* Strophen. Sie enthalten offenbar auch im Winterquartier erlernte Laute, deren Umfang und Identität aber vorläufig noch ebenso unbekannt sind wie der Anteil von arteigenen und fremden Lauten im Vergleich zum Sumpfrohrsänger. Die publizierten Listen von Fremdlauten sind jedenfalls noch unvollständig. Sie reichen von Wachtel, Waldwasserläufer und Ziegenmelker bis zu den besonders gut vertretenen Drosselvögeln (z.B. Rotschwänze und Braunkehlchen), ferner Bachstelze, Grasmücken, Laubsängern, Meisen, Finken und Sperlingen. Der Ge-

Abb. 105: Sumpfrohrsänger

sang eines Männchens enthält gewöhnlich Lautäußerungen von mehr als zehn verschiedenen Arten, vielfach solchen aus der nächsten Umgebung des Brutplatzes. Nachtgesang kann fast ununterbrochen mehrere Stunden lang vorgetragen werden; tagsüber ist der Gesang stärker gegliedert (Glutz 12/I).

19. Feldrohrsänger (*Acrocephalus agricola*): Der Reviergesang ist demjenigen vom Sumpfrohrsänger ähnlich. Auch der Feldrohrsänger ist ein ausgesprochener Spötter. Der kontinuierlich vorgetragene, gleichfalls nicht in Strophen gegliederte Gesang ist abwechslungsreich im Rhythmus. Schnelle Passagen wechseln mit langsamen, und in den Gesang sind oft imitierte und einmal wiederholte Rufe, flötende Töne, Triller und ähnliche Elemente einbezogen (Glutz 12/I).

21. Sumpfrohrsänger (*Acrocephalus palustris*): Die Stimme dieses *Gesangsakrobaten* unterscheidet sich durch die hellere Klangfarbe und das umfangreiche Motivrepertoire markant von der anderer heimischer Rohrsänger. Der weitestgehend imitative Gesang enthält auch vollklingende Töne und melodiöse Triller, dazu sanfte, glockenartige wie auch schnurrende, klirrende und wetzende Laute. Der vielseitige Gesang zeichnet sich durch große Intervallsprünge und eiligen Vortrag aus. Der ebenfalls imitationsreiche, aber diskontinuierlich vorgetragene Gesang des Buschrohrsängers ist deutlich langsamer. Der rhythmisch und thematisch organisierte Vollgesang des Sumpfrohrsängers wird oft über Stunden ununterbrochen vorgetragen und besteht größtenteils aus Imitationen von Rufen und Gesangsfragmenten anderer Arten. Manchmal hat man den Eindruck, der Gesang sei nur aus *geliehenen* Liedern zusammengesetzt. Bisher sind 212 imitierte Arten bekannt; davon sind 153 Singvögel (*Passeres*) und 59 «Nichtsingvögel» (*Nonpasseres*). Die französische Ornithologin Françoise Dowsett-Lemaire entdeckte, dass Sumpfrohrsänger auch Gesangsteile afrikanischer Vogelarten imitieren, diese dann im europäischen Brutgebiet vortragen und so dem Kundigen *erzählen*, mit wem sie im Winter zusammen waren; daraus ließ sich wiederum schließen, wo die Tiere überwintert hatten. Der Sumpfrohrsänger ist bisher die einzige paläarktische Spezies, von der Imitationen aus dem afrikanischen Durchzugs- und Rastgebiet bekannt sind; 113 afrikanische im Vergleich zu 99 in Europa lebenden Arten konnten nachgewiesen werden. Erfahrungsgemäß sind mindestens dreißig Minuten ununterbrochenen Gesanges für die vollständige Darbietung des gesamten Repertoires nötig. Imitiert werden Rufe verschiedener Funktionen wie Warn-, Alarm-, Flug- und Kontaktrufe und juvenile Laute sowie Gesangsfrag-

mente. Sumpfrohrsängermännchen lassen sich an einer persönlichen Umgestaltung ihrer Vorbilder individuell erkennen.

Die Kopiergenauigkeit vieler Imitationen ist nach Sonagrammen sehr gut, und nicht selten sind bei obertonreichen Klängen auch Obertöne nachgebildet. Rufe und einfach konstruierte, kontinuierlich vorgetragene Gesänge werden vollständig reproduziert, komplexer aufgebaute Gesänge nur in Bruchstücken wiedergegeben. Imitierte Laute werden im Gesang des Sumpfrohrsängers oft aneinandergereiht dargeboten, und zwar in Form von Motiven, die aus mehreren Rufen bestehen, und Abschnitten, die von einem mehrfach wiederholten Motiv auf eine neue Motivfolge überleiten. Der Gesang des Sumpfrohrsängers ist aber so weit von Monotonie entfernt, dass einem schwindelig wird, wenn man nur darüber nachdenkt, ihn zu analysieren. Die Zahl von Kombinationsmöglichkeiten verschiedener Elemente zu einem Motiv ist nahezu unendlich. Doch scheinen relativ konstante Schemata zu existieren, nach denen die Elemente aneinandergereiht werden. Motive werden in der Regel mehrmals wiederholt, bevor ein neues aufgegriffen wird. Die Originalität beruht auf der geschickten Nachahmung und der virtuosen Neukombination der Laute im Bereich seines Stimmumfangs (Rothenberg 2007). Unter allen Rohrsängern umfasst die Stimme des Sumpfrohrsängers das weiteste Frequenzspektrum. Es gibt aber verschiedene Vogelarten, deren Rufe außerhalb seines Frequenzspektrums liegen (etwa Reiher, Enten, Rallen und Tauben) und die deshalb nicht imitiert werden.

Gesangslernen: Bereits im Alter von vier Wochen kann Jugendgesang gehört werden. Erst ab Januar finden sich im Gesang diesjähriger Sumpfrohrsänger Frequenzen reinen Jugendgesanges, die mit Imitationen europäischer und afrikanischer Spezies durchsetzt sind. Man muss also annehmen, dass Jungvögel bereits am Geburtsort, das heißt in den ersten sechs bis acht Lebenswochen, Stimmen fremder Arten in beträchtlicher Zahl in ihrem Gedächtnis speichern. Der Lernprozess hält während des Wegzugs, eines möglichen Zwischenaufenthaltes in Äthiopien und im südafrikanischen Winterquartier an. Obwohl ein großer Anteil des Repertoires schon zu dieser Zeit gespeichert ist, fehlen im Jugendgesang bis Dezember noch jegliche Imitationen. Der danach vorgetragene Imitativgesang enthält von Anfang an sowohl Imitationen afrikanischer wie europäischer Arten. Der Lernprozess läuft möglicherweise in zwei Schritten ab: Speicherung fremder Stimmen im Gedächtnis über einen Zeitraum von mehreren Monaten, anschließend Kombination zu Motiven während der Übergangzeit vom Juvenil- zum Adultgesang. Erwachsene Sumpfrohrsängermännchen haben ein festes Repertoire, das auch in aufeinanderfolgenden Jahren quantitativ und qualitativ unverändert bleibt, woran sich einzelne Männchen feldornithologisch unterscheiden lassen. Die Vögel haben offensichtlich die Fähigkeit verloren, neue Imitationen zu erlernen. Die Lernperiode endet im Alter von zehn bis elf Monaten, bevor die fast einjährigen Rohrsänger das Brutgebiet erreichen. Es ist aber erstaunlich, was die Vögel in dieser Zeit aus ihrer Begabung machen!

Nun ist es aber so, dass im Gegensatz zu vielen anderen Singvogelarten die Gesangsaktivität der erwachsenen Sumpfrohrsänger nicht mit der sensiblen Lernphase der Nestlinge übereinstimmt. Die meisten Männchen, die ihnen vorsingen könnten, haben bereits aufgehört zu singen, sobald die Jungvögel geschlüpft sind. Man muss deshalb annehmen, dass der größte Teil erlernter Imitationen nicht von Altvögeln, sondern über die Lautkulisse der Umwelt aufgenommen wird. Während andere Jungvögel den Liedern ihrer Väter lauschen, horchen die jungen Sumpfrohrsänger mit besonderer Aufmerksamkeit auf die vielfältigen Stimmen in ihrem Umkreis und merken sich diese. Die kleinen Sumpfrohrsänger nehmen gewissermaßen die Klangwelt ihrer Umgebung in sich auf, um sie später in Töne umzusetzen. Das Besondere am Sumpfrohrsänger ist, dass er so stark auf seine Umgebung reagiert und auch auf diese einwirkt, indem er beispielsweise Imitationen von afrikanischen Sängern in seinem deutschen Brutgebiet erklingen lässt (s. Kap. 9.1). Von Nordeuropa bis nach Ostafrika, mit Zwischenstopps am Mittelmeer, greift er die Liedfolge seines Zugweges auf – ein ultimativer Triumph von Imitation *und* Fantasie (Rothenberg 2007; Dowsett-Lemaire 1979; Glutz 12/I).

Als eine Steigerung des Lernvermögens haben wir beim Neuntöter gewertet, dass er ohne zeitlich messbaren Lernprozess imitieren kann. Das ist beim Gelbspötter und beim Sumpfrohrsänger noch nicht festgestellt worden. Vom Sumpfrohrsänger ist bekannt, dass es häufig zu kanonartigem Singen kommt, wobei ein Sänger das Motiv wiederholt, das von seinem Kontrahenten kurz zuvor vorgetragen worden ist. Dabei handelt es sich aber mehr um Wechselgesang zweier Reviernachbarn als um unmittelbar nachgeahmte Laute. Denn meistens werden Motive gewechselt, die in den Gesängen beider Männchen häufig vorkommen. Das umfangreiche Gesangsrepertoire des Sumpfrohrsängers wird ab dem zweiten Lebensjahr in der Regel nicht mehr erweitert (Glutz 12/I; Grzimek IX). Aber es wird nun nicht nur dazu verwendet, um Rivalen auf Distanz zu halten oder um Weibchen anzulocken, sondern auch, um an sonnigen Tagen mit den Reviernachbarn im Chor zu singen.

*Kompositorische Veränderung fremder
Gesangsmotive:*

Eine Steigerung über die genannten Fähigkeiten
hinaus zeigen jene Singvögel, die fremde Gesänge und Motive nicht nur in spielerisch-improvisa-
torischer Weise verändern, sondern diese in einer
kompositorischen Leistung individuell abwandeln, sodass eine deutliche Metamorphose hinsichtlich der Struktur, Tonqualität oder Klangfarbe festzustellen ist. Am Beispiel von drei Vogelarten soll das im Folgenden aufgezeigt werden.

1. Gartengrasmücke: Der melodisch sprudeln-
de Gesang der Gartengrasmücke ist nicht mit
dem Klangvolumen einer Amsel zu vergleichen,
und ihre nachgeahmten Strophen lassen sich
nicht einmal in ihrem Gesang deutlich wahrnehmen. Dennoch zählen Gartengrasmücken zu
den leistungsfähigsten Spöttern unter den *Sylvia*-Arten. Sie beschränken sich nicht nur auf
Nachahmungen kurzer Rufe und Gesangsfragmente von Feldlerche, Rotkehlchen, Nachtigall,
Gartenrotschwanz, Gelbspötter, Heckenbraunelle, Karmingimpel, Stieglitz, Grünling, Kleiber,

Abb. 106: Gartengrasmücke

Pirol oder Rebhuhn, sondern flechten längere
Strophenteile aus den Gesängen von Amsel,
Mönchs- und Dorngrasmücke, Rotkehlchen, Fitis oder Buchfink in ihren Reviergesang ein. Außerdem sind Gartengrasmücken dazu fähig,
fremde Gesänge zu verkürzen und sie dann als
Imitationen in wechselnder Folge in die eigenen
Gesänge einzufügen. Der Gesangsverlauf ist
zwar wohltuend lang, vollzieht sich aber in
einem verhältnismäßig raschen Tempo, sodass
die musikalische Leistung dieser
Vögel nicht so ohne Weiteres zu
bemerken ist.

Es handelt sich bei den Nachahmungen der Gartengrasmücke nicht, wie bei vielen anderen imitierenden Singvögeln,
um kurze fremde Gesänge beziehungsweise Gesangsfragmente, sondern um echte *Kurzfassungen* eines Gesanges, wobei die charakteristischen Elemente ausgewählt und gleich
einem musikalischen Ordnungsprinzip korrekt angeordnet sind,
das heißt, die Auswahl der Klan-

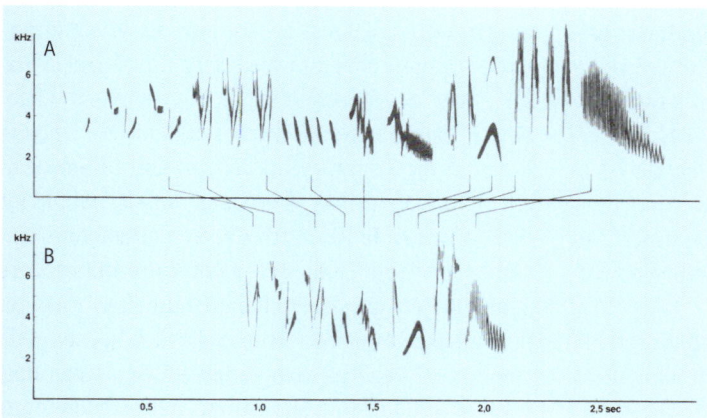

Abb. 107: Typische Gesangsstrophe eines Buchfinken (A) und *Kurzfassung* (B)
durch eine Gartengrasmücke. Die einander entsprechenden Elemente sind durch
Verbindungsstriche gekennzeichnet.

gelemente und deren Gliederung erfolgen nicht zufällig (s. Kap. 7.5). Mit der Sonagraphie lässt sich das sehr gut zeigen: Das Sonagramm (Abb. 107) zeigt eine typische Buchfinkenstrophe, und darunter ist die Imitation der Gartengrasmücke in Kurzfassung zu sehen, die alle wesentlichen Teile des Vorbilds enthält, indem sie von allen Lautgruppen (Phrasen) nur einzelne Elemente übernimmt und auf diese Weise das Vorbild auf fast die Hälfte verkürzt, was eine erstaunliche Leistung relativen Lernens und einer gewissen akustischen Abstraktion bedeutet. Auch in den Sonagrammen des Braunkehlchengesanges lassen sich im variablen Schlussteil Kurzfassungen von Buchfinken- oder Grauammergesang erkennen (s. Abb. 93).

In der wissenschaftlichen Literatur wird darauf hingewiesen, dass Gartengrasmücken mit solchen Fähigkeiten nur vereinzelt und zerstreut zu finden sind. Oder es heißt, dass nur die Begabtesten unter ihnen Kurzfassungen (zwecks besserer Einpassung in ihr Gesangsschema) herstellen würden. Das ist ein deutlicher Hinweis auf die unterschiedliche individuelle Begabung innerhalb einer Art. Wir dürfen im Sinne Goethes nicht nur die Nachtigall als Beispiel nehmen, sondern auch die Gartengrasmücke, um zu erleben, wie ein Individuum in gewisser Weise *über seine Art hinauswächst*. Die unterschiedlichen Gesangsbegabungen oder Möglichkeiten zeigen sich auch im Frequenzverlauf dieser Vögel. So konnte bei untersuchten Vögeln nachgewiesen werden, dass das Frequenzspektrum von imitationsarmen Gesängen geringer war als von Gesängen, die zahlreiche Imitationen enthielten.

Im Zusammenhang mit diesen besonderen Fähigkeiten ist mehrfach von rätselhaft singenden Gartengrasmücken berichtet worden. Diese Gesänge wichen so stark vom arttypischen Muster ab, dass die singenden Vögel vielfach erst nach intensiver Beobachtung oder nach Fang als Gartengrasmücken angesprochen werden konnten. Solche *Rätselvögel* singen häufig sehr intensiv (oft nahezu pausenlos).

2. Amsel: Die Amsel gehört zu jenen Vogelarten, die über vielfältige musikalische Qualitäten verfügen. Gegenüber dem einfachen, rhythmisch gegliederten Gesang eines Zilpzalps ist dem Amselgesang neben dem kraftvoll Melodischen auch ein vollendeter Rhythmus, verbunden mit Tonsprüngen, eigen. Das gilt auch für die Rhythmusgenauigkeit. Dass sie bei der Amsel nicht nur auf den subjektiven Eindrücken der Beobachter beruht, zeigen die Messergebnisse von Messmer (1956). Danach können Amseln etwa über viele Jahre (besonders eindrucksvolle) Motive nicht nur frequenz-, sondern auch rhythmusgetreu vortragen. Bernhard Hoffmann ist davon überzeugt, dass alle Einzelerscheinungen, die beim Rhythmus in unserer menschlichen musikalischen Kunst in Betracht kommen und von Bedeutung sind, auch in der Musik der Vögel angetroffen und in reichem Maße ausdrucks- und wirkungsvoll angewendet werden, besonders wenn wir den hoch entwickelten Rhythmus der Amselmotive betrachten (Hoffmann 1908). Damit würde sie in einer möglichen Stufenleiter europäischer Singvögel wohl an erster Stelle stehen. Mir ist bewusst, dass eine Steigerungsreihe nach musikalischen Qualitätsmerkmalen als willkürlich empfunden werden kann. Jeder hat aber Gelegenheit, sobald er eine genügende Kenntnis der verschiedenen Gesänge erworben hat, sich selber von den unterschiedlichen musikalischen Fähigkeiten und Eigenschaften unserer Singvögel zu überzeugen. Die Amsel verfügt über einen großen Gesangsumfang mit komplexem Aufbau ohne festgelegte Strophentypen (Hesler et al. 2008). Das Repertoire ist mit über dreihundert Motiven außerordentlich umfangreich und mannigfaltig (Glutz

13/III). Der Komponist und Ornithologe Heinz Tiessen (1887–1971) hat der Amsel ein ganzes Büchlein mit zahlreichen Notenbeispielen gewidmet. Er schreibt: «Die Amsel ist, mit den menschlichen Maßstäben von Melodik, Harmonik und Rhythmik gemessen, der musikalisch höchststehende Singvogel Mitteleuropas» (Tiessen 1989).

Amseln ahmen aber auch äußerst kunstfertig zahlreiche fremde Motive nach. Nur fällt es uns nicht sogleich auf, weil ihre fremden Gesangsmotive für unser Ohr weniger deutlich erkennbar sind als etwa diejenigen der Singdrossel. Der weithin hörbare Reviergesang der Amsel besteht aus melodischen Strophen, die mit verhältnismäßig tiefen Flötentönen beginnen und einem leiseren, oft geräuschhaften «Anhängsel» enden,[84] das nicht selten kurze Imitationen enthält, zum Beispiel Laute von Kohl- und Blaumeise, Stieglitz, Rauchschwalbe, Girlitz, Hänfling oder Grünling, öfters Rufe von Grau-, Grün- und Schwarzspecht, Wendehals, Star und Singdrossel. In seltenen Fällen werden auch verkehrslärmähnliche Geräusche und Sirenentöne übernommen, wie auch das musikalische Handy-Klingeln eine Amsel zur Imitation anregen kann (Glutz 11/II). Die Menge der Amselimitationen kommt nicht an die virtuose Vielfalt eines Sumpfrohrsängers heran. Das Besondere und dadurch auch der hohe musikalische Rang der Amsel zeigt sich aber eindrucksvoll im Vergleich zur Singdrossel: Die Amsel kopiert ein fremdes Motiv meistens nicht exakt von ihrem Vorbild, sondern variiert es häufig kunstvoll. Erst nach diesem arteigenen Verschmelzungsprozess übernimmt sie das Motiv dauerhaft in ihr Gesangsrepertoire. Fast jedes

Fremdmotiv wird letztlich in Lautstärke, Rhythmus und Melodie ein echtes Amselmotiv. Amseln sind geradezu *kompositorisch* aktiv. Und «sie lernen in jeder Brutsaison neue Gesänge – ihre sensible Lernphase wiederholt sich saisonal ihr ganzes Leben lang» (Rothenberg 2007).

Ermöglicht wird diese musikalische Steigerung natürlich dadurch, dass Amseln nicht wie Sumpfrohrsänger einer begrenzten Lernphase unterliegen. Amseln können lebenslang fremde Motive aufnehmen; ihre sensible Lernphase ist unbegrenzt oder wiederholt sich saisonal in ihrem Leben. Jedenfalls lernen Amseln in jeder Brutsaison neue Gesänge und *arbeiten* fortgesetzt an der Verschönerung ihrer Gesangsleistungen. Durch fortgesetzte Variationen und Neuschöpfungen reizvoller, melodiöser Motive wird das Gesangsrepertoire ständig bereichert. Manche Motive verschwinden allerdings im Laufe der Zeit, wie auch Lieblingsmotive bevorzugt und häufig wiederholt werden. So eignet sich diese Vogelart sehr gut, um den musikalischen Wandlungsprozess von Motiven zu studieren, denn bei der Amsel finden regelrechte Übungs- und Singstunden statt. Wir können mit viel Geduld und Aufmerksamkeit miterleben, wie fremde Motive umgewandelt werden und eine typisch drosselartige Klangfarbe erhalten. Auch die von uns meist wenig beachteten geräuschhaften Schnörkel am Schluss des Gesanges werden von der Amsel *bearbeitet*. Um einen solchen Entwicklungsprozess genau dokumentieren zu können, sind Tonbandaufnahmen und Sonagramme unerlässlich. Wenn man aber sein Gehör speziell auf die Endschnörkel richtet, lässt sich auch etwas von dem wahrnehmen, was ein mehrere Jahre dauerndes Studium an einem wild lebenden, aber vertrauten Amselmännchen gezeigt hat: Dieser Vogel begann eines Jahres im März mit 26 grundlegenden Motiven, meist sehr melodischen Gesangselementen. Einige dieser Phra-

---

84 Nicht nur die Amsel, sondern auch andere Singvogelarten tragen Imitationen fremder Laute und Klänge häufig im variableren Schlussteil ihrer Gesänge vor, zum Beispiel Gartenrotschwanz, Braunkehlchen und Wintergoldhähnchen.

sen hatten einen Schnörkel, der weniger musikalisch klang. Zunächst «wiederholte der Vogel jede der Grundphrasen einige Male hintereinander, als würde er seinen Gesang in Form bringen. Nach wenigen Wochen hörte er damit auf. Dann arbeitete er daran, eine längere komplexere Reihe von Phrasen zusammenzustellen, wobei er die ursprünglichen Phrasen modifizierte und so eine erweiterte Form schuf, die ihren Höhepunkt Anfang Juni erreichte. Die geräuschhaften Schnörkel wurden durchprobiert, bis schließlich die Entscheidung für eine bestimmte Version fiel. Der Amselgesang wurde nach und nach stärker strukturiert, erreichte aber keine fixierte Form wie beim Leierschwanz, sondern blieb formal flexibel, und der Sinn für Melodie war ausgewogener als in den ersten Wochen des zeitigen Frühjahrs» (Rothenberg 2007).

Die Schwierigkeit der Wahrnehmung liegt darin, dass die Gesänge so kurz sind und so schnell verlaufen. Der Singvogel lebt, besonders in seinen Gesängen, in einem schneller ablaufenden *inneren* Zeitstrom (s. S. 104 f.), sodass uns die Gesangsentwicklungen, die individuellen Variationen wie auch die zahlreichen Imitationen nicht so ohne Weiteres bewusst werden. Aber die Feinstrukturen sind vorhanden und lassen sich nachweisen. So wie wir unser Blickfeld durch Mikroskop und Fernrohr erweitern können, ohne das Maß zu verlieren, so müssen wir den Forschern dankbar sein, die im mikro-musikalischen Bereich verborgene Schätze in der Welt des Vogelgesangs entdecken. Ich persönlich gehe weder ständig mit dem Tonband durch die Natur, um Vogelgesänge aufzunehmen, noch werte ich unentwegt Sonagramme aus. Ich bedaure aber, dass ich manche außergewöhnlichen Gesänge nicht aufgenommen habe. Mir ging es stets auch darum, das eigene Gehör zu schulen. Und manchmal ist es leichter, seine Sinne zu erweitern, wenn

man auf ein Übungsfeld im Grenzbereich hingewiesen wird. So könnten meine Leser aufregende Erfahrungen machen, wenn sie sich zum Beispiel ein ganzes Frühjahr lang mit dem Gesang einer bestimmten Amsel beschäftigten, um so den Entwicklungsprozess sowohl des melodischen ersten Teils als auch des geräuschhaften Schnörkels am Schluss wahrzunehmen. Es sei hier daran erinnert, dass in der Amselstrophe das individuelle Anfangselement, besonders in Bezug auf den angleichenden Wechselgesang, von großer Bedeutung ist.

Wenn man selbst beobachtet, wie ein Vogel (ohne äußere Notwendigkeit) seinen Gesang über Monate verändert und weiterentwickelt, erfährt man mehr von seinem Solistentum und nimmt auch unmittelbar Anteil an der autonomeren Stufe eines begabten Sängers. Achten Sie selbst einmal intensiver auf den oben angedeuteten kompositorischen Aspekt oder darauf, welche Gesangsfragmente anderer Vögel eine Amsel möglicherweise in ihrem Endschnörkel als Imitationen verbirgt oder wie sie eigene Strophen und Fremdmotive verändert! Und Sie können weiter beobachten, dass eine Amsel auch eine Weile damit beschäftigt sein kann, durch mehrfaches Umstellen innerhalb einer Strophe den *richtigen* Platz für ein metamorphosiertes Motiv zu finden. Außerdem verstärkt sich mehr und mehr der Eindruck, als würde der Vogel, in einer erstaunlichen Kombinationsgabe, die Reihenfolge der Gesangsphrasen nach einem musikalischen Ordnungsprinzip festlegen. Jedenfalls scheint die Aufeinanderfolge der Phrasen, wenn man den gesanglichen Entwicklungsprozess eines bestimmten Individuums über längere Zeit verfolgt, alles andere als zufällig zu sein. «Vorspielexperimente haben überzeugend gezeigt, dass Vögel vieler Arten hören können, was für sie richtig ist und was falsch» (Rothenberg 2007).

Wie oben erwähnt, sind melodiöse, klangvolle Laute der Amsel stets Einleitungsthemen für den Gesang, andere, mehr geräuschhafte Laute tauchen immer als Schluss auf. Die beiden britischen Ornithologen W. H. Thorpe[85] und Joan Hall-Craggs betrachten den Gesang ihrer untersuchten Amsel «als eine Gestalt, die nur dann einen Sinn ergibt, wenn sie vollständig und korrekt ist. Aber manchmal machte der Vogel auch Fehler. Wenn dies passierte, begann er oft von Neuem, wie ein menschlicher Musiker, und wiederholte die Phrase, bis sie richtig war. Als der Vogel einmal mehrere Tage lang nicht gesungen hatte, konnte er danach eine bestimmte Phrase nicht mehr vollständig singen; jedes Mal, wenn er an den schwierigen Teil kam, begann er zu zögern, zu glucksen und einige Töne zu wiederholen. Letzten Endes war er nicht mehr in der Lage, den Gesang so perfekt zu singen wie zuvor. Schließlich gelang ihm ein Kompromiss, indem er den Gesang so abwandelte, dass er leichter zu singen war. Aber er konnte nicht einfach nur die schwierige Silbe ersetzen, er musste die ganze Phrase weglassen. Warum? Weil diese Phrase auf eine bestimmte richtige Weise gesungen werden musste, und als das Amselmännchen das nicht mehr konnte, musste der gesamte Abschnitt weggelassen werden. Der Vogel *war buchstäblich aus der Übung.* Je genauer wir auf die Komplexität des Gesangs eines Vogels hören, desto mehr Hinweise finden wir, dass es eine richtige und eine falsche Form der Laute gibt» (Rothenberg 2007). Dieses Beispiel weist uns auf den engen Zusammenhang hin, dass Erlerntes eben auch vergessen werden kann (s. S. 83 f.).

---

85 W. H. Thorpe, Zoologieprofessor, Ornithologe, Gründer des zoologischen Labors der Universität Cambridge, erkannte als erster Bioakustiker das Potential des Sonagraphen für die Analyse von Vogelgesängen; bereits 1949 arbeite er in England mit dem ersten Gerät.

Ähnlich wie bei der Haubenlerche (s. Kap. 9.3.4) sind auch Amseln durch Pfeifimitationen bekannt geworden. Die Folgen der Amselimitationen waren aber anderer Natur; sie geben uns einen Hinweis auf das Zustandekommen eines Dialektes:

In drei Fällen hat offenbar je eine besonders spottbegabte Amsel einen Menschenpfiff nachgeahmt. Weitere Nachahmungen dieser Versionen durch Reviernachbarn und / oder Nachkommen (in mit steigender Entfernung vom Vorbild abnehmender Qualität) ließen diese Imitationen zu Dialektmotiven werden:

1. In einem Fall hat eine Amsel den einer Katze geltenden, aus vier Tönen bestehenden Pfiff um etwa eine Quinte höher transponiert und mit einem Schleifer verziert; diese Version eigneten sich Artgenossen an, wodurch der Pfiff weitertradiert wurde.

2. Im zweiten Fall hat ein Männchen einen aus sechs Tönen bestehenden Familienpfiff zwar schneller, aber rhythmisch unverändert und mit nur geringer Tonhöhenänderung vorgetragen.

3. In einer südenglischen Population ließ sich ein derartiger Pfiff mindestens dreizehn Jahre lang (jeweils bei zwei bis fünf Sängern) verfolgen.

Für die vielseitige Gesangskunst der Amsel ist das Lob eines großen britischen Zoologen und Naturfilmers absolut zutreffend: «Alles in allem kommt keine Stimmäußerung eines anderen Tieres an Dauer, Vielfalt oder Komplexität dem Vogelgesang gleich» (Attenborough 1999).

3. Spottdrossel: Die amerikanische Spottdrossel (Mockingbird) gehört zu den vielseitigsten und besten Sängern der Erde. Sie ist in den USA der Charaktervogel der Südstaaten. Spottdrosseln sind lebhaft, neugierig und entsprechend ihrer hohen Gesangsbegabung äußerst streitsüchtig. Der kräftige, ausdrucksvolle und melodische Gesang ist oft mehr als eine halbe Stunde lang ununterbrochen und sehr weit zu hören. Er wird fast das ganze Jahr, teils auch nachts, vorgetragen und besteht zum großen Teil aus komplexen, variationsreichen Strophen, die vier- bis fünfmal wiederholt werden. Die Spottdrossel ist berühmt wegen ihrer abwechslungsreichen Vortragsweise und ihrer großen Nachahmungsfähigkeit. Ihr wissenschaftlicher Name *Mimus polyglottos* (die Vielzüngige) charakterisiert diese Gesangskünstlerin aufs Beste.[86] Ihr Gesang enthält fast immer Nachahmungen von fremden Vogelstimmen, aber auch von anderen Tierlauten und mechanischen Geräuschen. Selbst Klaviertöne und menschliche Stimmen sollen Spottdrosseln nachgeahmt haben. Die Vögel «brauchen nur einen fremden Laut zu hören, und schon übernehmen sie ihn in ihr eigenes Repertoire» (Austin 1963). Je reichhaltiger das Repertoire, umso leichter wird es dem Vogel, seinen Gesang individuell zu gestalten. Spottdrosseln scheinen von Natur aus sehr experimentierfreudig zu sein. Berühmt wurde ein Männchen, «das 150 verschiedene Imitationen aller in seinem Revier vorkommenden Vögel beherrschte und diese zu einem komplexen Musikmix kombinierte» (Rothenberg 2007). Als man in Florida einmal unsere europäischen Nachtigallen in einer Voliere hielt, ahmten die Spottdrosseln, die in

Abb. 108: Spottdrossel

dieser Gegend frei lebten, den Nachtigallengesang sehr bald nach, und zwar so oft und lange, dass die Nachtigallen das Singen aufgaben (Grzimek IX). Oszillographische Untersuchungen haben ergeben, dass die Spottdrosseln «jede feinste Nuance des Nachtigallenschlages ganz genau wiederzugeben imstande sind, einschließlich der Schwingungen außerhalb des menschlichen Hörbereiches» (Austin 1963).

In Amerika kommt dem «unermüdlichen Elan der Nachtigall am ehesten der Gesang der Spottdrossel nahe, einem lebhaften Imitator zahlreicher Sprachen. Die Spottdrossel setzt ihre Imitationen der Melodien anderer Vögel auf ganz arttypische Weise zusammen, aus leicht erkennbaren Wiederholungen aus vier, fünf, sechs oder sieben Tönen in einfachen Abständen, wobei sie Wiederholungen und Gegensätzlichkeit auf sehr musikalische Weise mischt. Von den bisher betrachteten Vögeln erreicht nur der Sumpfrohrsänger eine ähnliche Bandbreite und Komplexität ... Das Spottdrosselmännchen wiederholt nicht einfach eine Imitation nach der anderen wie ein verlangsamter Sumpfrohrsänger. Ganz und gar nicht – es kombiniert sein Repertoire aus Imitationen zu präzisen rhythmischen Mustern

---

86 Zu den drosselartigen Singvögeln gehören neben den Drosseln und den eigentlichen Fliegenschnäppern auch die Seidenschwänze, Wasseramseln, Stare und Spottdrosseln. Als vorzügliche Sänger der letzten Gruppe gelten die Tropenspottdrossel *(Mimus gilvus)* und die Rotrücken-Spottdrossel *(Toxostoma rufum)*, die über einen virtuosen Reichtum an Gesangstypen verfügen; sie imitieren aber selten bzw. gar nicht. Ebenso außergewöhnlich sind die Gesangskünste der Weißbinden-Spottdrossel *(Mimus triurus)*, der mexikanischen Blauspottdrossel *(Melanotis caerulescens)* und der nordamerikanischen Katzendrossel *(Dumetella carolinensis)*, von denen aber auch gute Imitationen anderer Vogelstimmen zu hören sind (Glutz 10/II; Hoyo 2005).

Abb. 109: Vierzig Sekunden langer Abschnitt eines dreißigminütigen Gesangs einer Spottdrossel, transkribiert in musikalische Notation

in Gruppen von drei bis sechs und gruppiert diese Gruppen dann weiter zu sogenannten *bouts* (Runden) ... es ist eine klare Ordnung erkennbar ... Wenn der Vogel etwas nicht ganz imitieren kann, dann nimmt er die Teile, die er braucht, und kombiniert diese mit den ihm bereits bekannten Mustern» (Rothenberg 2007).

Der obige Gesangsausschnitt enthält Nachahmungen der Spottdrossel von Carolinazaunkönig, Rotkardinal, Kohlmeise, Blauhäher und anderen Singvogelarten. Wir haben es mit einer vereinfachten Transkription zu tun, in der die musikalischen Phrasen deutlich hervortreten;

sie ist zweieinhalb Oktaven tiefer transponiert und zeigt Elemente, die erst dann deutlich werden, wenn der Gesang auf rund ein Drittel der normalen Geschwindigkeit verlangsamt wird (s. Feldlerchengesang, S. 104). Wir finden hier, wie bei der Amsel, eine ähnliche Kombinationsgabe wie auch ein Empfinden für die richtige beziehungsweise falsche Form von Lauten und Motiven. Rhythmus und Vielfalt liegen klar innerhalb unseres Hörbereichs. Eine klare musikalische Ordnung ist erkennbar, wobei anzumerken ist, dass bei der Tonaufnahme des dreißigminütigen Gesanges die Abfolge von Motiven in den übrigen 29 Minuten nie mehr exakt wiederholt wurde. Beim genauen Zuhören entdeckt man etwas Bemerkenswertes: Spottdrosselmännchen komponieren aus den Lauten in ihrem Umfeld ihre eigene, präzise strukturierte Musik (Rothenberg 2007).

Im Revier- und Sozialverhalten gibt es aber einige interessante Unterschiede zur Amsel. So scheinen männliche Spottdrosseln «ihre Gesänge in ihr Revier hinein zu richten und nicht über die Grenzen hinaus in die Territorien anderer Männchen. Das lässt darauf schließen, dass der Gesang Geschlechtspartnerinnen gilt und nicht Rivalen. Verpaarte Männchen jagen Eindringlinge energisch, aber in der Regel lautlos aus ihrem Revier. Die Forscher hatten eigentlich etwas anderes erwartet. Aber dennoch offenbart eine der besten und detailliertesten Studien an Spottdrosseln, eine Arbeit des ehemaligen Biologen und heutigen Regionalplaners in Florida, Peter Merritt (1985), dass die Vögel mit den lautesten und umfangreichsten Gesängen nicht unbedingt die besten Reviere oder den größten Paarungserfolg hatten. Die Männchen mit dem besten Fortpflanzungserfolg gehörten zu jenen, die am wenigsten Zeit für das Singen aufwendeten» (Rothenberg 2007).

Spottdrosseln zeigen in diesem Zusammenhang noch eine weitere Besonderheit: Während zahlreiche Singvogelmännchen vor der Paarung für ihre Weibchen einen Werbegesang hören lassen, singen Spottdrosselmännchen, die bei den Weibchen erfolgreich sind, nicht nur vor, sondern auch während und nach der Paarung! Das kurze Paarungsritual ist ganz in Gesang eingebettet. Man könnte aber auch sagen, dass ein Spottdrosselmännchen so in seinem Gesang aufgeht, dass es diesen auch nicht für den Paarungsakt unterbricht.

Über gute Sänger kann man nun Folgendes lesen: «Je mehr ein Vogel sein Revier verteidigt, desto komplexer und prächtiger ist sein Gesang» (Rothenberg 2007). Im Sinne des Klangreviers möchte ich den Kausalzusammenhang umkehren und sagen: Je komplexere und schönere Strophen ein Vogel singt, umso mehr nimmt er einen größeren Klangraum in Anspruch und verteidigt ihn entsprechend heftig. Nicht (nur) die extreme Revierverteidigung macht einen Vogel zu einem besseren Sänger, sondern die Höherentwicklung der musikalischen Fähigkeiten brachte es mit sich, dass die Singvögel mehr und mehr zu Solisten wurden. Die Spottdrossel ist aufgrund ihrer Gesangsbegabung sehr territorial. Auch die Weibchen singen und zeigen uns ein ganz verwandtes Verhalten, wie wir es von Rotkehlchen- und Schamadrosselweibchen kennen.

Man könnte sich fragen, ob bei der Spottdrossel oder beim Sumpffrohrsänger ein Hang zum *Überdimensionalen* zu entdecken sei.[87] Schießt ein Vogel wie der Sumpffrohrsänger *übers Ziel hinaus*, wenn er fast alles, was an sein Ohr dringt, aufnimmt und dann diese erstaunlich große Ansammlung von Imitationen wieder von sich gibt? Oder die Spottdrossel, die selbst bei der Paarung das Singen nicht lassen kann? Ich glaube, dass wir es bei diesen musikalischen Steigerungen mehr mit dem eingangs angedeuteten Über-sich-Hinauswachsen zu tun haben.

---

87 Ein Hang zum Überdimensionalen zeigt sich im Naturgeschehen beispielsweise im Prachtgefieder der Paradiesvögel und im bizarren Schwanzbild des Pfaus, aber auch in einer Art von «Gigantismus», wie wir sie im Laufe der Evolution feststellen können, etwa bei Dinosauriern und Flugechsen oder beim Säbelzahntiger und beim Riesenhirsch.

9.3.5 Vogelarten mit ungewöhnlichen, aber verborgenen Nachahmungsfähigkeiten – Imitation von Volksliedern und der menschlichen Sprache

Bis hin zu Sumpfrohrsänger, Amsel, Gartengrasmücke und Spottdrossel sind deutliche Entwicklungsschritte im Bereich der Imitationsfähigkeit beziehungsweise der kompositorischen Modifikationsmöglichkeiten zu erkennen. Auf einer dritten Stufe lassen sich nun Vogelarten mit stark erweiterten Imitationsmöglichkeiten einordnen, etwa der australische Leierschwanz oder die ostasiatische Schamadrossel, deren Imitationskünste mehr als eindrucksvoll sind. Ferner rechne ich auch jene Vogelarten dazu, welche die Gabe besitzen, die menschliche Sprache zu imitieren.

Das Nachahmen der menschlichen Stimme ist im Tierreich nur Vögeln möglich, vor allem jenen Arten, die zwar stimmfreudig sind, die wir aber eigenartigerweise nicht als besonders gesangsbegabte Vogelgruppen erleben: Rabenvögel, Stare (einschließlich der nahe verwandten Beos und Mainas) und Papageien. Ihr Nachahmungstalent und damit ihre Stimmbegabung zeigen Kolkrabe, Dohle, Graupapagei, Wellensittich, Star, Beo wie auch der Hirtenmaina (oder Hirtenstar) vor allem in Gefangenschaft; aus dem Freiland liegen nur wenige Beobachtungen vor. Es ist ein immer wieder zu beobachtendes Phänomen, dass zahlreiche Vogelarten in der Obhut des Menschen viel stärker ihre Stimmbegabung zeigen als ihre wild lebenden Artgenossen wie Gimpel, Star, Nachtigall, Kalanderlerche und Neuntöter. Das spielerische Element scheint durch den Umgang mit dem Menschen angeregt zu werden. Jedenfalls ist das Nachahmungslernen bei diesen Tieren deutlich gesteigert, was sich besonders bei sonst wenig gesangsaktiven Arten wie Kernbeißer und Fichtenkreuzschnabel zeigt.

Rabenvögel, Stare und Gimpel singen keine klangvollen Lieder, weshalb wir sie nicht zu den *großen* Sängern zählen. Sie sind aber sehr begabt und sollen hier stellvertretend für drei unterschiedliche Entwicklungsrichtungen im Umgang mit der Stimme angeführt werden. Besonders als handaufgezogene Individuen offenbaren sie uns ihre Lernfreude und ihre verborgenen großen Fähigkeiten.

1. Star: Von mitteleuropäischen Staren lässt sich nicht unbedingt sagen, dass sie eine melodische, also *schöne* Stimme hätten. Der etwas geräuschhafte Gesang besteht aus einem merkwürdigen arttypischen Schnalzen, einem unaufhörlichen Schwätzen. Der Gesang ist abwechslungsreich und komplex, aber nicht klangvoll und im Vergleich zu seinen erstaunlichen stimmlichen Möglichkeiten verhältnismäßig *bescheiden*. Als habe der Vogel ein Empfinden für seinen nicht ganz ausgewogenen Gesangsvortrag, schlägt er während des Singens eifrig mit den Flügeln. Insofern Stare keinen typischen arteigenen Gesang in Form von eindeutigen Liedern entwickelt haben, gehören sie auch nicht zu den territorialen Singvogelarten, die als Gesangssolisten Klangreviere in Anspruch nehmen. Im Gegenteil: Mehrere Männchen können in einem Baum chorsingend angetroffen werden. Stare sind intelligente, sehr anpassungsfähige Vögel, brüten mehr oder weniger gesellig und scharen sich nach der Brut häufig zu großen Schwärmen zusammen.

Das «Gesangsrepertoire des Stars ist beispielsweise im Vergleich zur Amsel (mit ihren mehr als 300 Motiven) klein. Der Eindruck der außergewöhnlichen Variabilität wird durch die Struktur der Motive und die Imitationen erweckt» (Glutz 13/III). Das Imitationsvermögen des Stars ist tatsächlich ausgesprochen groß. Da Stare weit verbreitet und nicht sehr scheu sind, können wir mühelos ihre Nachahmungskunst bewundern.

Abb. 110: Star, singend

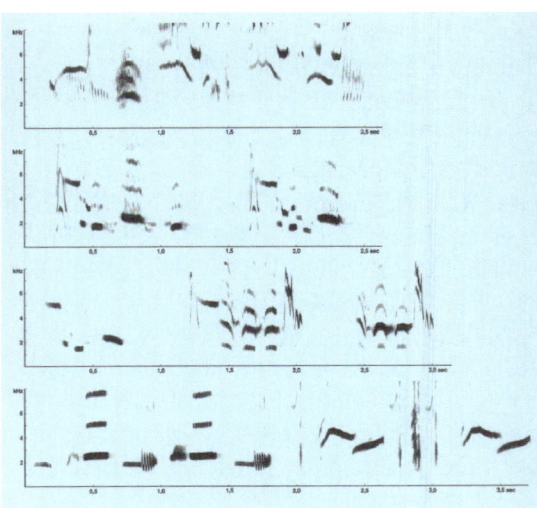

Abb. 111: Ausschnitte aus dem Gesang eines Stars mit verschiedenen Elementkombinationen und -folgen

Einem singenden Star zu lauschen, ist ein lehrreiches Vergnügen: Zu hören sind zahlreiche teils perfekte Nachahmungen von Vogelstimmen, die häufig mit arteigenen *Begleitlauten* kunstvoll verflochten sind. Wie sehr diese Spottsänger Lautäußerungen der in ihrem Umkreis brütenden Vogelarten aufgreifen, wurde mir in besonderer Weise vor fast vier Jahrzehnten nach meinem Umzug von Münster nach Stuttgart bewusst. Die Stuttgarter Stare hören in der Regel keine Brachvögel, und so habe ich auch die Imitationen dieser schönen, trillernden Flötenstrophen im Großraum Stuttgart kaum gehört. Als handaufgezogener Vogel ist der Star sogar fähig, die menschliche Sprache zu imitieren.

Eine der bedeutendsten Studien darüber, wie die Nachahmung strukturiert ist, wurde in Amerika am europäischen Star durchgeführt, der dort zu den meistgehassten unter den eingeführten Arten zählt. Dazu muss gesagt werden, dass sich im 19. Jahrhundert der exzentrische New Yorker Edward Schieffelin ein merkwürdiges Ziel gesetzt hatte: Er wollte alle von Shakespeare erwähnten Vogelarten in der Neuen Welt heimisch machen. So wurden im Central Park von New York 200 Stare freigelassen. Niemandem war zu

jener Zeit klar, wie leicht man durch die Einführung von nur einer robusten Art von Allesfressern in eine neue Umgebung das empfindliche ökologische Gleichgewicht durcheinanderbringen, Dutzende einheimische Singvögel verdrängen und viele Hektar Ackerland schädigen kann. Heute gibt es 200 Millionen Stare in Nordamerika, von Florida bis nach Alaska. Das entspricht einem Drittel der Weltpopulation (Rothenberg 2007).

«In Amerika wird der Gesang des Staren nicht besonders geschätzt, was vielleicht daran liegt, dass er oft als anschwellendes Durcheinander quietschender und quäkender Laute aus einem Baum dringt, in dem mehrere Hundert dieser Vögel sitzen und in Geschwätz versunken sind. In dem Gesang vermischen sich Imitation und eigene, spezifische Töne und Strukturen. Stare sind nicht nur Allesfresser, sondern nehmen auch Laute aller Art auf, wobei sie immer diejenigen auswählen, die ihnen am besten gefallen. Die Struktur dieses Gesangs ist in den letzten

Jahren akribisch entschlüsselt worden, unter anderem, weil diese Vögel so anpassungsfähig und leicht zu beobachten sind. Am eingehendsten hat der belgische Biologe Marcel Eens die Struktur des Starengesangs erforscht. Im Jahre 1997 gelangte Eens in einem achtzigseitigen Artikel zu dem Schluss, dass sich der etwa einminütige Vollgesang eines Staren aus vier verschiedenen Phrasen zusammensetzt: Zunächst ein oder zwei abfallende Pfeiftöne aus einem Repertoire von zwei bis zwölf unterschiedlichen Formen; anschließend ein ruhigeres, kontinuierlicheres Trillern, in das oft Imitationen verschiedener Vögel aus dem Revier des Vogels eingebaut werden; der dritte Gesangsteil besteht aus einer Reihe rascher Klicklaute – bis zu 15 pro Sekunde –, vermischt mit einem Rasseln oder Rätschen ohne deutliche Unterbrechungen; und der Gesang schließt mit lauten hohen Quietschlauten, die viele Male wiederholt werden. Das ist der lauteste Teil des Gesangs, ein kräftiger, geräuschhafter, aber klarer Abschluss. Wer sich mit diesem Wissen hinausbegibt und einem Star zuhört, wird sofort Dinge hören, die er noch nie zuvor gehört hat.

Wie Untersuchungen zeigen, haben diese Gesänge nur wenig Einfluss auf die territorialen Auseinandersetzungen der Männchen. Daher dienen sie vermutlich dazu, die Weibchen zu beeindrucken. Möglicherweise können die Weibchen ihre Partner durch die extremen Unterschiede zwischen den einzelnen Gesängen leichter wiedererkennen. Das bedeutet, dass jeder Vogel einen individuellen Gesang hat, dessen Gestalt Parallelen zu dem aller anderen Stare aufweist, der sich aber durch eine charakteristische Abfolge eigener Phrasen und Imitationen auszeichnet.

Meredith West und Andrew King zogen an der Universität von Indiana neun Stare auf und beobachteten diese zehn Jahre lang. Vier der Vögel hielten sie für sich allein, während die anderen in enger Gemeinschaft mit ihren menschlichen Pflegern lebten, mit intensiven und freundlichen Kontakten zwischen Mensch und Vogel. Sie ließen die Vögel ohne genaues Programm an ihrem täglichen Leben teilhaben, um zu hören, was sie von selbst aufschnappen würden. Nur die fünf Vögel, die täglich engen Kontakt mit Menschen hatten, lernten, menschliche Laute zu imitieren. Sie erkannten einzelne Phrasen und kombinierten diese nach dem Zufallsprinzip neu. *Grundlagenforschung* sagte einer, *wahrhaftig, ich glaube, das stimmt.* Ein Vogel, dessen Krallen wegen einer Infektion behandelt werden mussten, wand sich, als er festgehalten wurde, und schrie: *Ich habe eine Frage!* – Die meiste Zeit erfolgte ihr Gesang jedoch in Form von Pfeifen, Trillern, Klick- und Kreischlauten, aber statt im zweiten Abschnitt Vogellaute nachzuahmen, mischten sie menschliche Sätze mit merkwürdig gesetzten Schlusspunkten darunter. Anders als die Amseln übt ein Star nicht, um den Gesang richtig zu singen. Er schnappt auf, was er möchte, und baut es in die eigenwillige Starenmusik ein … Starenpaare sind sehr viel gesprächiger als Sumpfrohrsängerpaare. Man geht davon aus, dass der komplexe Gesang der Stare eine der Qualitäten des Männchens als Geschlechtspartner anpreist – aber welche? Wir haben keine Vorstellung davon, warum diese Gesänge so komplex sein müssen … Am offenkundigsten zeigen Stare, dass sie in der Stimmung zu musizieren sind, wenn sie ruhig sind, ihren Kopf schief halten und auf ein Pfeifen, Musik oder vielleicht den Teekessel lauschen … Und ein lärmender Star lässt sich am besten ruhigstellen, indem man ihm neue Laute bietet. Dann muss er aufhören zu singen, um die Lautschnipsel zu verarbeiten» (Rothenberg 2007).

Stare können einfache Gesangsstrukturen von komplizierteren unterscheiden: Nachdem einige

Versuchsvögel, die ihnen von Menschen vorgegebenen klanglichen Grundmuster erlernt und erkannt hatten, waren sie auch in der Lage, neue Motive oder Strophen nach diesen Gesetzmäßigkeiten (s. Kap. 7.5) problemlos in den Gesang einzuordnen. Sie scheinen demnach eine gewisse Fähigkeit *grammatikähnlicher* Regeln zu besitzen, denn aus den Versuchen ging hervor, dass die Vögel die neuen Motive nicht einfach nur auswendig gelernt hatten (Gentner et al. 2006).

Wer den variablen Starengesang genauer studieren möchte, achte besonders auf den zweiten Strophenteil; dieser ist individuell sehr unterschiedlich und enthält kaum übereinstimmende Motive. Imitationen und Gesangsfragmente sind von mehr als siebzig Vogelarten beschrieben (häufig Sing- und Watvögel), ferner auch Nachahmungen von Fröschen, Hausgeflügel, Hund, Katze, Schaf und vielen technischen Lauten vom Rasenmäher bis zur Trillerpfeife des Fußballschiedsrichters.

Eine wichtige Eigenschaft des Starengesangs ist die Zweistimmigkeit. Ein Star trägt häufig *legato* Motive und Imitationen vor, während er wie mit einer Unterstimme *staccato* kurze, ratternde oder gurgelnde Elemente von sich gibt,

Abb. 113: Beo (*Gracula religiosa*)

sodass ohne optische Kontrolle Zweifel aufkommen können, ob nicht zwei Männchen singen (Glutz 13/III). Der Star kann also, wie auf dem Sonagramm zu erkennen ist (s. Abb. 111), mehrere Töne zur gleichen Zeit erzeugen. Dieses Phänomen, das wir auch bei Amsel, Fitis und Rotkehlpieper (*Anthus cervinus*) wahrnehmen können, hängt mit dem doppelten Atemstrom im Bereich der Syrinx zusammen (s. Kap. 11).

Ähnlich stimmbegabt wie der einheimische Star ist der Einfarbstar wie auch weitere verwandte Arten, zum Beispiel der asiatische Hirtenmaina (*Acridotheres tristis*) und der fast eichelhähergroße Beo (*Gracula religiosa*). Der schwarzglänzende Beo, mit seinen auffallenden gelben Fleischlappen am Hinterkopf, ist in Südostasien verbreitet. Er ist bei uns wegen seiner Nachahmungsfähigkeit berühmt und beliebt. Der Beo ahmt in Gefangenschaft Flötenstrophen ebenso exakt nach wie die menschliche Sprache. Schon als Kind und Jugendlicher habe ich in deutschen Zoologischen Gärten vor allem den Beo aufgesucht, um ihn zum Sprechen anzuregen. Neben dem Graupapagei gehört der Beo zu den am besten sprechenden Käfigvögeln.

Abb. 112: Hirtenmaina (*Acridotheres tristis*)

Abb. 114: Gimpelmännchen

2. Gimpel: Beim Gimpel oder Dompfaff ist das Gesangs- und Imitationstalent recht verborgen, denn das Männchen hält sich mit seinen musikalischen Qualitäten zurück. Sein Gesang, bestehend aus einem bescheidenen, leisen Trillern und Zirpen, ist im Frühjahr verhältnismäßig selten zu hören; dementsprechend ist der Gimpel kein territorialer Vogel. Am bekanntesten sind die etwas melancholisch klingenden Duettrufe von Männchen und Weibchen im Winterhalbjahr. Trotzdem ist der Gimpel ein begabter Stimmkünstler, gilt als besonders lernfähig, der als handaufgezogener Vogel sogar vollständige Volksliedweisen in schöner Klangreinheit nachzupfeifen vermag. Meist werden in der sensiblen Lernphase ein oder zwei Lieder gelernt, die «begabte Männchen bis zu ihrem Lebensende nach zwölf bis vierzehn Jahren vollständig und getrennt behalten können» (Glutz 14/II).

So wurden früher im Harz, in der Region des Vogelbergs oder in Thüringen gefangenen Gimpeln Volkslieder vorgesungen, die sie verhältnismäßig schnell lernten. Danach konnten sie als tüchtige Sänger verkauft werden: «Im Gebirge bezahlte man für einen wild gefangenen Gimpel ungefähr zehn Silbergroschen, höchstens einen halben Taler, in größeren Städten stellt sich der

Preis etwa um die Hälfte höher; abgerichtete Gimpel dagegen werden je nach der Güte ihres Vortrags und der Anzahl der Lieder, welche sie nachpfeifen, mit fünf bis zwanzig Talern bezahlt. Kein anderer unserer deutschen Vögel besitzt die Fähigkeit, ihm gelehrte Lieder in ähnlicher Reinheit nachzupfeifen, wie der Gimpel» (Brehm 1872).

Im 18. Jahrhundert erwachte großes Interesse am gemeinsamen Musizieren mit Vögeln. In Deutschland und England war das Halten von Vögeln in Käfigen ein nationales Hobby. Es wurden für die Vogelhalter kleine, hoch tönende Blockflöten von weniger als fünfzehn Zentimetern Länge, sogenannte Vogelflageoletts, entwickelt, damit sie ihren Vögeln ein schönes Repertoire an gefälligen Melodien beibringen konnten. Als Hilfsmittel diente eine damals berühmte Sammlung von Flötenmelodien, erschienen unter dem Titel *The Bird Fancyer's Delight* (dt. «Vogelliebhabers Freude»). Diese Weisen, erstmals 1717 von Richard Meares in London veröffentlicht, waren speziell dazu gedacht, Vögeln das Singen beizubringen: «Lektionen, die entsprechend dem Stimmumfang und der Begabung der einzelnen Vögel komponiert sind» (Rothenberg 2007).

Der Ornithologe Jürgen Nicolai berichtet von einem Gimpelmännchen, welches seit seiner Jugend einen Kanarienhahn gehört und nachgeahmt hat. Die Übereinstimmung sei so weit gegangen, dass nicht nur Tiefe und Klangfarbe der einzelnen Touren ununterscheidbar waren, sondern auch deren Länge und Aufeinanderfolge (Linsenmair 1968). Handaufgezogene Gimpel lernen übrigens Melodien nicht vom Tonband (s. Anm. S. 74). Jürgen Nicolai hat mehrere Jahrzehnte eingehend erforscht, wie Gimpel in Gefangenschaft ihre Gesänge lernen. Zu seinem Erstaunen stellte er fest, dass die Vögel offenbar ein angeborenes Gespür haben, wie eine Melodie gehen sollte und dass sie die Gesänge besser vortrugen als ihre menschlichen Lehrer (s. Kap. 7.5). Wenn der Lehrer nämlich ungleichmäßig pfiff, glich der Vogel diese Ungleichmäßigkeiten aus – ganz ähnlich, wie es auch von der Haubenlerche berichtet wurde. Unterbrach der Lehrer eine Melodie, so konnte der Vogel sie fehlerlos zu Ende singen. Und dies alles bei einem Vogel, der in der Natur kaum mehr als quietschende und kratzende Töne hervorbringt (Rothenberg 2007). Bereits 1969 hat Nicolai das akustische Gestaltwahrnehmen der Gimpel erkannt und damit grundlegend auf die Melodiewahrnehmung der Singvögel hingewiesen (s. Kap. 7.4).

3. Rabenvögel: Wenn uns die Rabenvögel auch nicht durch wohlklingende Gesänge erfreuen, so verfügen sie doch über ein beachtliches Stimmrepertoire. Viele Arten lassen laute Rufe oder auch ein raues Krächzen hören. Zu dem großen Lautinventar gehören aber auch melodische Rufe und ein subsongartiges Geplauder. Fast alle Rabenvögel sind hervorragende Nachahmer tierischer und menschlicher Laute (Glutz 13/III).[88] Ihr «außerordentliches Imitationsvermögen lässt sich wahrscheinlich dadurch erklären, dass auch bei sozial lebenden Vögeln mit der morphologischen Höherentwicklung die Tendenz herrschte, die Individuen durch nur ihnen eigene Verhaltenselemente kenntlich zu machen. Wenn auf der einen Seite (bei zahlreichen Singvögeln) die Lautäußerungen individualisiert werden, um auch bei großer Entfernung den Partner nicht *aus den Augen* zu verlieren, so hier, um ihn aus einer großen Schar gleich aus-

sehender Gestalten mühelos herausfinden zu können. Die Partner eines Paares können sich bei räumlicher Trennung zurückrufen (s. S. 75), indem einer den Gesang des anderen vorträgt» (Gwinner 1964). Das ist natürlich «nur möglich bei solchen Vogelarten, die des individuellen Lernens komplexer Lautäußerungen fähig sind» (Kneutgen 1969a).

Ein bemerkenswertes Verhalten, das ebenfalls den Aspekt der Individualisierung zeigt, ist von Amerikanerkrähen (*Corvus brachyrhynchos*) bekannt: In Gefangenschaft entwickeln Familien wie auch Kleingruppen von zwei bis vier Mitgliedern gruppeneigene Gesänge und Rufe durch gegenseitiges Imitieren; fügt man fremde Individuen hinzu, ändert sich der Gruppenruf, das heißt, ein neues Mitglied muss sich nicht dem Kontaktruf der neuen Gruppe anpassen, sondern alle Krähen *einigen* sich (mit dem *Zuwanderer*) auf einen neuen Ruf. Beherrschen des Gruppenrufs scheint wichtig für die Teilnahme an anderen sozialen Aktivitäten zu sein (Wickler 1986). Generell lässt sich auch sagen, dass Rabenvögel neben Papageien zu den intelligentesten Vögeln der Erde zählen.

Im Folgenden möchte ich auf die verschiedenen Laute einiger mitteleuropäischer Rabenvögel hinweisen, um zu zeigen, dass sich hinter dem üblicherweise wahrzunehmendem *Krächzen* doch eine erstaunliche Stimmbegabung verbirgt, die sich bei handaufgezogenen Individuen erheblich steigern kann:

a) Eichelhäher: Akustisch fällt dieser Vogel vor allem durch seinen lauten, rätschenden Warnruf auf. Neben leisen subsonghaften Strophen, die verschiedene Imitationen enthalten können, ist auch ein gedämpftes bauchrednerisches Schwätzen zu hören. Von einem Eichelhäher, der ungestört in einer *entspannten* Atmosphäre singt, ist eine Fülle verschiedenster Laute zu hören: plau-

---

88 Zu wahren Imitationskünstlern unter den Rabenvögeln gehören beispielsweise auch der nordamerikanische Blauhäher (*Cyanocitta cristata*), der Diademhäher (*Cyanocitta stelleri*), der Buschhäher (*Aphelocoma coerulescens)* wie auch der südamerikanische Kappenblaurabe (*Cyanocorax chrysops*).

dernde und girrende Varianten der eigenen Laute, Rätschen wie «djäk» oder «tschak», starartiges Schnalzen, klangschön «gjau» und «djau», dazwischen höhere «gägägä», ferner Zisch- und Kiesrollgeräusche, Schnabelknappen wie auch verschiedene murmelnde, quietschende und schimpfende Laute, darunter viele Imitationen nach Vorlagen aus der jeweiligen Umwelt. Zu den für die individuellen Repertoires kopierten Lautäußerungen gehören (manchmal perfekt gebrachte) Gesangselemente, Waldkauz- und Fischreiherrufe und mechanische Geräusche bis zum Lärm eines Rasenmähers. Die zwei oder mehr individuellen Imponierphrasen der Männchen können weitgehend aus derartigen Imitationen bestehen. Gelegentlich fordern Männchen auch Artgenossen durch Imitationen aus deren individuellem Lautinventar heraus, zum Beispiel ein frei lebendes Männchen einen Volierenvogel, der eine vom Pfleger erlernte Pfeifstrophe als Imponierphrase besaß (Glutz 13/III). Bei den *zeremoniellen* Frühjahrsversammlungen der Eichelhäher (Kipp 1978) lässt sich der Stimmenreichtum, aber auch das Imitationstalent dieser Vögel konzentriert wahrnehmen. Wie bei anderen Spöttern vollbringen vor allem Gefangenschaftsvögel besondere Imitationsleistungen, deren Spanne manchmal bis zum Pfeifen eines

Gassenjungen, zu Hundeknurren, Katzenmiauen, zum Knarren einer Eichentür, dem Schrillen einer Kreissäge und der Imitation der menschlichen Stimme reichen kann (Glutz 13/III).

b) Elster: Der teils melodische, individuell variierende Plaudergesang enthält nicht selten Lautäußerungen, die wie Imitationen klingen (zum Beispiel Star, Singdrossel oder Heuschreckenzirpen).

c) Saatkrähe: An schönen Herbst- und Wintertagen können einzelne Männchen stundenlang singen. Eventuell vorkommende Imitationsleistungen gehen im Potpourri des Saatkrähengesanges aber meistens unter (Glutz 13/III).

d) Kolkrabe: Der Versuch, das umfangreiche Lautrepertoire unseres größten Singvogels einigermaßen vollständig zu erfassen und zu klassifizieren, stößt auf Schwierigkeiten. Die meisten der fast hundert Rufe, mit denen sich die Vögel untereinander verständigen, sind zwar jeweils einer bestimmten Situation zuzuordnen, können aber auch in andere Funktionskreise eingeflochten werden. Brutpaare zeigen ein gemeinsames Rufrepertoire der beiden Partner, womit sie sich schon auf große Distanz erkennen und herbeirufen können. Durch zahlreiche Imitationen und starke individuelle Veränderlichkeit vieler Laute wird eine Klassifizierung zusätzlich erschwert. Gekäfigte fünfzigtägige Jungvögel bringen den Flugruf schon bei Flugübungen auf dem Horst. Fliegende Jungvögel können von Flugrufen zum Jugendgesang übergehen, der zahlreiche Imitationen enthalten kann, beispielsweise Krähenrufe, Auerhahn wie auch menschliche Laute, weshalb Jungraben früher oft ausgehorstet worden sind. Besonders Jungraben sind meist sehr ruffreudig und äußern fast alle Rufe im Jugendgesang oder bei unspezifischer Erregung. Funktionsloser Jugendgesang, bei dem neben einem auffälligen «grock, grock» eine große Vielfalt von Lautäußerungen unermüdlich wiederholt und variiert wird, gehört wie die Probier- und Experimentierspiele in den ersten beiden Lebensjahren zu den auffälligsten Verhaltensweisen junger Raben. Wie das Spielen wird auch der Jugendgesang der Kolkraben mit zunehmendem Alter seltener und verliert an Variabilität und Plastizität (Gwinner 1964, Glutz 13/III); im Umgang mit Menschen kann die Spielfreude allerdings noch bei älteren Individuen beobachtet werden (s. S. 87). Bei virtuos singenden Vogelarten, zum Beispiel Amsel, Spottdrossel und Schamadrossel, nimmt der spielerische Umgang mit den Tönen nicht mit zunehmenden Lebensalter ab, vielmehr steigt der Entwicklungsgrad der Gesänge, je älter der Vogel ist (s. S. 73).

Von Staren und Rabenvögeln wird mehrfach berichtet, dass sie Imitationen auch in einem thematischen Kontext einsetzen. So reagiert beispielsweise ein Eichelhäher nicht selten auf das stumme Drüberfliegen einer Krähe oder eines Reihers mit Krähen- oder Reiherrufen oder wechselt bei Angriffen auf einen Kauz zwischen Alarmgeschrei und Waldkauzruf wie «kjuwick». Auch durch den Anblick eines Habichts in Aufregung versetzte Eichelhäher können mit dessen typischen Lautäußerungen antworten. Der Unglückshäher reagiert in einer ähnlichen Situation ebenfalls mit einem lauten, glockenreinen «kjakja» (Glutz 13/III). Ein Star ahmte etwa das Pfeifen des Teekessels nach. Auch nachdem sich sein Betreuer einen neuen, nicht pfeifenden Kessel gekauft hatte, pfiff der Vogel nach wie vor jedes Mal, wenn der Kessel auf den Herd gestellt wurde (Rothenberg 2007). Verwandt mit diesem ungewöhnlichen Verhalten ist möglicherweise auch das Imitieren von Amselwarnrufen im erregten Kampfgesang der Mönchsgrasmücke (s. S. 23).

Eine Steigerung des Hervorbringens von Imitationen im entsprechenden Zusammenhang ist das situationsgebundene *Sprechen*, das vor allem von Papageien bekannt geworden ist, aber, wie oben angedeutet, auch von Staren berichtet wird. So schreibt der österreichische Ornithologe Otto Koehler, dass sein Graupapagei Jako unübertrefflich Pfeifmelodien, Textgesänge, Türenquietschen oder Menschenworte nachahmte. Während der Vogel vieles sinnlos nachahmte, habe er aber auch manches sogleich situationsgebunden erlernt, oder es sei mit der Zeit situationsabhängig geworden: «Mein Grauer sagte mit der Bassstimme seines früheren Besitzers *hallo!*, jedoch fast nur, wenn jemand den Telefonhörer abhob, und *Auf Wiedersehen!* nur, wenn jemand das Zimmer verließ. Viele Großpapageien sagen ihr *Guten Morgen* und *Guten Abend* nach der Tageszeit, merken sich Namen und äußern sie beim Anblick der betreffenden Person. Der Graupapagei (des Ornithologen) von Lucanus sagte wie sein Herr zum Wiedehopf *Höpfchen*. Der Wiedehopf starb. Als aber neun Jahre nach Höpfchens Tod ein neuer Wiedehopf in die Wohnung einzog, begrüßte ihn der Papagei beim ersten Anblick sofort mit dem Wort *Höpfchen*» (Grzimek VIII).

Zu den Partnerrufen der Kolkraben sei hier noch eine Steigerung angefügt: Der Ornithologe Eberhard Gwinner besaß einen männlichen Kolkraben, der wie ein Hund bellte, und ein

Das verborgene Gesangspotential von Star, Gimpel und Kolkrabe		
	Erscheinungsform der stimmlichen Fähigkeit bei wildlebenden Individuen	**Steigerung der stimmlichen Fähigkeit bei handaufgezogenen Individuen**
Star	verhältnismäßig leiser, schnalzender Gesang, reich an Imitationen	Imitation menschlicher Wörter und Sätze
Gimpel	Gesangsentfaltung stark zurückgehalten	Imitation vollständiger Volkslieder
Kolkrabe	Ausbildung eines großen Rufrepertoires	Imitation menschlicher Laute, teils im thematischen Kontext

Abb. 115: Vergleich des verborgenen Gesangs- und Imitationspotentials von Star, Gimpel und Kolkrabe

Kolkrabenweibchen, das dagegen wie ein Truthahn kollerte. Als das Männchen vorübergehend entflogen war, ahmte das Weibchen das für das Männchen typische Hundebellen nach, und als das Weibchen einmal ausquartiert wurde, begann das Männchen wie ein Truthahn zu kollern. In diesen besonderen Situationen verwendeten sie, nach Eibl-Eibesfeldt (1999), jeweils eine Imitation aus dem Repertoire des Partners als «gezielte Anrede», was auf eine fast semantische Fähigkeit hindeutet. Die beiden Kolkraben riefen einander gewissermaßen beim Namen (Grzimek VIII). Inzwischen konnte das noch konkreter bei anderen verpaarten Kolkraben (in Gefangenschaft) beobachtet werden: Bei kurzfristiger Abwesenheit eines Vogels ahmte jeweils der Partner den Namen des anderen exakt so nach, wie er ihn vom Pfleger immer wieder gehört hatte.

Die hier beschriebenen Singvogelarten, die, wie auch Papageien, ein ausgeprägtes Sozialverhalten entwickelt haben, besitzen keine besonders schönen Stimmen. Die stimmliche Begabung wildlebender Stare, Gimpel und Rabenvögel bleibt mehr oder weniger verborgen. Gegenüber den Lautäußerungen eines Kolkraben oder Gimpels empfinden wir die Strophen des Stars noch am ehesten als Gesang. Auch wenn seine Strophen wenig klangvoll sind, so sind sie doch recht komplex. Beim stimmfreudigen Kolkraben zeigen sich die Fähigkeiten in einer großen Fülle von konkreten Rufen. Star und Kolkrabe entfalten ihre reiche vokale Begabung vor allem im Umgang mit dem Menschen; beide Arten lernen schnell, menschliche Wörter und Sätze nachzuahmen und sie teilweise auch im thematischen Kontext einzusetzen. Und der Gimpel? Bei ihm sind die großen stimmlichen Fähigkeiten am stärksten verborgen. Befähigt ihn möglicherweise gerade seine gesangliche Genügsamkeit zu der Kunst, vollständige Lieder nachsingen zu können? So, wie in jeder der drei genannten Vogelgruppen die musikalische Begabung auf verschiedene Art *zurückgehalten* wird, können diese Tiere aber auch auf spezifische Weise über sich hinauswachsen.

9.3.6 Leierschwanz und Schamadrossel

*Der Leierschwanz –
ein außergewöhnliches Imitationstalent*

In den Regenwäldern Südost- beziehungsweise Ostaustraliens leben von der Gattung *Menura* zwei Arten. Es sind hühnergroße Sperlingsvögel, die sowohl durch ihre Federpracht als auch durch ihren Gesang auffallen. Der prachtvolle, beim Balzritual fantastisch ausgebreitete, kunstvolle Schwanz hat diesen Vögeln ihren Namen gegebenen. Beim größeren und häufiger vorkommenden Graurücken-Leierschwanz (*Menura novaehollandiae* bzw. *M. superba*) findet die Balz auf einem von der Vegetation gesäuberten Platz am Boden oder auf einem aus Erde zusammengescharrten Hügel statt. Das Männchen richtet seinen über 70 cm langen Schwanz pfauartig auf; die zwölf mittleren, zerschlissenen Schwanzfedern und besonders die beiden geschwungenen Außenfedern, die an eine alte griechische Lyra erinnern, kommen so schön zur Geltung (s. Abb. 118). Danach schlägt der Vogel

seinen Schwanz nach vorn über den Rücken, sodass die silbrige Unterseite nach oben weist und der ganze Vogel durch den Federschleier verdeckt ist. Die kräftigen, unterseits silberweißen Außenfedern weisen dann schwungvoll zur Seite und sind mit den halbmondförmigen goldbraunen Zeichnungen weithin sichtbar (s. Abb. 119). Das Männchen tanzt und springt dazu, schüttelt sich und mischt zwischen die schmetternden eigenen Strophen in höchster Vollendung Gesänge und Rufe fast aller Vögel seiner Nachbarschaft. Aber auch vielfältige Laute und Geräusche wie Gebell von Hunden, Miauen von Katzen, Kreischen von Sägen, Autohupen oder das Geräusch eines fliegenden Papageienschwarms werden täuschend nachgeahmt. Grenzt das Revier eines Männchens «an menschliche Siedlungen, lässt es auch typische Lautfolgen aus diesem Bereich in sein Lied einfließen. Es lässt zum Beispiel genaue Nachahmungen der Betriebsgeräusche von Punktschweißmaschinen, Alarmsirenen und Kamergetrieben hören» (Attenborough 1999), gleichzeitig aber auch das zarte Zwitschern von Nektarvögeln im

Abb. 116: Graurücken-
Leierschwanz *(Menura
novaehollandiae)*

feinsten Pianissimo. Die Nachahmung des Kookaburra («Lachender Hans») kann einerseits zum Wechselgesang mit diesem großen Eisvogel führen (s. S. 31), andererseits vollführen aber häufig mehrere Leierschwanzmännchen mit der Imitation des lauten Lachens untereinander eine Art Duettgesang. In Bezug auf das Imitationstalent scheint diese Vogelart keine Grenzen zu kennen, und selbstverständlich versteht er es wie die Haubenlerche, unklare Gesangsvorbilder in reine Tonfolgen zu verwandeln (s. S. 189 f.). Darüber hinaus hat der Leierschwanz eine unglaublich modulationsfähige Stimme, sodass viele Kenner den lang andauernden flötenden, harmonischen Gesang nicht nur zum schönsten Australiens zählen, sondern zum melodiösesten und kompliziertesten aller Vogelgesänge überhaupt.[89]

Andere Ornithologen schwärmen dagegen mehr von der verwandten kleineren Art: Der Braunrücken-Leierschwanz (Menura alberti) gehört mit «seinem unvergleichlichen Gesang zu den eindrucksvollsten Vögeln überhaupt. Als einer von wenigen vereint er eine prachtvolle Erscheinung mit einem imposanten und akkuraten Balzverhalten (s. Abb. 117). Abgesehen von seinem bukettartigen Schwanz ähnelt er einem kleinen braunen Fasan, der leise durch die Bergregenwälder Queenslands huscht, lautlos und

Abb. 117: Braunrücken-Leierschwanz (Menura alberti), Weibchen mit Küken

unauffällig, bis er gehört werden möchte – und das ist während der Brutzeit im (australischen) Winter jeden Tag. Dann vollführt er ein Ritual mit einer der präzisesten Choreographien in der gesamten Vogelwelt. Jeden Morgen kurz vor Sonnenaufgang kommt er von seinem Schlafast in den Bäumen herab und macht sich auf die Suche nach einem seiner ganz speziellen Balzplätze im Wald, von denen er fünf oder sechs in seinem Revier festgelegt hat. Anders als sein bekannterer Vetter, der Graurücken-Leierschwanz, der auf kahlen Erdhügeln von einem Meter Durchmesser balzt, die er in mehrwöchiger Arbeit selbst errichtet, findet der Braunrücken-Leierschwanz seine Bühne fertig vor. Perfekt ist für ihn ein Platz, an dem zahlreiche dicke Lianen bis zum Boden herabhängen und sich wieder zu den Bäumen aufschwingen. Dort beginnt er seine Show. Seine schimmernden leierförmigen Schwanzfedern schlägt er wie einen Schirm nach vorne über den Kopf, sodass sein Gesicht kaum zu sehen ist. Wie ein Matador, der sich hinter seinem Tuch verbirgt, beginnt er seinen Revierruf auszustoßen und seine Platzansprüche geltend zu machen: briip-bouua-ba-buu-pu-tii. Danach folgt eine Reihe fehlerloser Imitationen

89 Unter der Internet-Adresse http://video.google.com/ videoplay?docid = 3433507052114896375 kann ein dreieinhalb Minuten andauernder Videoclip des berühmten Tierfilmers David Attenborough angesehen werden. Wir können etwas vom Balzverhalten des Graurücken-Leierschwanz sehen, und es sind eine Reihe ungewöhnlicher Imitationen zu hören, beispielsweise auch der oben erwähnte Wechselgesang mit dem Lachenden Hans. Weiterhin ist unter www.youtube.com/watch?v = KOFy8QkNWWs eine 1,19-minütige Sequenz besonders zu empfehlen, in welcher der Leierschwanz unter anderem nicht nur einen singenden Waldarbeiter, ein Trompetensolo, sondern auch die Stimme des in der Nähe sitzenden Tierfilmers unmittelbar nachahmt.

vieler anderer Vögel aus seiner Umgebung – Seidenlaubenvögel, Pennantsittiche, Zitronenhonigfresser, Jägerlieste. Während manche Vögel das Singen innerhalb weniger Wochen lernen, braucht der Braunrücken-Leierschwanz mindestens sechs Jahre, bis er seinen Gesang richtig beherrscht.

Dreißig Jahre kann dieser Vogel alt werden. Alle Mitglieder einer Gruppe von dreißig oder vierzig Vögeln in einem Wald singen nach vielen Jahren der Übung mit Beginn der Geschlechtsreife letztendlich die gleiche Folge nachgeahmter Laute in etwa der gleichen Reihenfolge. Nachdem er seinen Gesang aus Imitationen mehrere Male wiederholt hat, beginnt er auf der Liane stehend eine Art wiegenden Tanz. Dadurch gerät diese so sehr ins Schaukeln, dass auch in die Bäume weit über und vor ihm Bewegung kommt; dabei lässt er einen ganz anderen, originellen Gesang mit präzisem Rhythmus ertönen, *gronk-gronk-gronk-brr-brr-brr-brr-brr*. Der ganze Wald erbebt von seinem Tanz. Sein Kopf ist dabei unsichtbar unter den Federn verborgen. Wenn er fertig ist, beginnt er sogleich von Neuem. Nach einigen Runden legt er dann eine Pause ein und scharrt mit seinen großen Krallen am Waldboden nach essbaren Wurzeln und Maden. Anschließend begibt er sich zur nächsten Plattform und beginnt die gesamte Vorführung wieder von vorne. Das Männchen singt, tanzt und vollführt seine Darbietung Tag für Tag, von morgens bis abends, den gesamten (australischen) Winter über. Im Sommer fallen seine prunkvoll wirbelnden Schwanzfedern aus» (Rothenberg 2007).

Der Braunrücken-Leierschwanz ist im Vergleich zum Graurücken-Leierschwanz eine stärker gefährdete Art und kommt nur noch in einem kleinen Gebiet Ostaustraliens vor. Für uns ist es nun nicht so wichtig, welche Art über die besseren musikalischen Fähigkeiten verfügt, denn beide Arten sind vorzügliche Sänger, ungewöhn-

liche Imitationskünstler, und sie können beide zwei Melodien gleichzeitig singen. Ferner wissen beide Arten ihre prachtvolle Federpracht mit entsprechender Darstellungspose in Szene zu setzen.

Aus Sicht der natürlichen Selektion «kann ein derart spektakulärer Gesang und Tanz nur eines bedeuten: Dieses Schauspiel wollen die weiblichen Leierschwänze sehen und hören. Die Präferenzen der Weibchen haben im Laufe der Generationen zum Überdauern von Aussehen, Gesängen und Verhaltensweisen geführt, die eigentlich übertrieben und extrem erscheinen. Warum braucht man einen so prachtvollen Tanz und einen so komplexen Gesang? Wegen des wählerischen Leierschwanzweibchens. Aber die Aussichten, dass die eindrucksvolle Show des

Abb. 118: Graurücken-Leierschwanz

Abb. 119: Graurücken-Leierschwanz

Leierschwanzes auch zum Fortpflanzungserfolg führt, sind recht gering. Leierschwänze legen nur alle zwei Jahre ein einziges Ei. Und weil es nicht so viele Weibchen gibt, entbrennt eine heftige Konkurrenz um ihre Aufmerksamkeit» (Rothenberg 2007). Treiben die Männchen diesen Aufwand nur, weil es den Weibchen gefällt? Oder weil sie es können? Und ist es wirklich vorteilhaft für die Erhaltung der Art, wenn die Männchen aufgrund ihres Prachtgefieders sich überhaupt nicht um die Brut kümmern?

Der Leierschwanz «führt uns Komplikationen des arttypischen Gesangs vor, die deutlich zeigen, dass nicht ein ökonomisches Prinzip am Werke ist, sondern dass Äußerungen der Innerlichkeit von einer ganz anderen, *unwirtschaftlichen* Wertigkeit vorliegen. Wir können das

Erstaunliche dieser akustischen Produktion nicht genug bedenken. Die Männchen hören sich, und es ist anzunehmen, dass Nachahmer von der Fertigkeit der Leierschwänze auch aufmerksame Hörer für Artgenossen seien. Brauchte es eines Beweises, so finden wir ihn in der Tatsache, dass zuweilen Duette vorkommen, aufeinander abgestimmtes Singen zweier Männchen, wobei sie sich etwa auch ergänzen und dann unisono singen. Auch beim Singen von Nachahmungen soll das Einstimmen eines zweiten Vogels vorkommen, wobei der eine Vogel pausierend auf den anderen horcht und dann mit in den Gesang einfällt» (Portmann 1953). Darüber hinaus kann der Leierschwanz als Solist auch zweistimmig singen.

Die Schamadrossel – ein Freund klassischer Musik

Die Schamadrossel (*Copsychus malabaricus*) ist innerhalb der Singvogelwelt eine sehr farbenprächtige Erscheinung (s. Abb. 121). Diese langschwänzigen Vögel leben in den dichten Wäldern Indiens, Südostasiens und Indonesiens. Schamadrosseln sind virtuose Ausdruckskünstler und gehören weltweit zu den großartigsten Sängern. Berühmt sind sie wegen ihres schönen, reich flötenden Gesanges und ihres außerordentlichen musikalischen Imitationstalents.[90] Es werden, ähnlich wie bei anderen herausragenden Nachahmungskünstlern, Gesänge von vielen im Umkreis lebenden Vogelarten imitiert. Männchen und Weibchen singen; sie rufen sich, wie Kolkraben, mit den Gesangsstrophen des Partners herbei. Als überragende Gesangskünstler sind Schamadrosseln ausgeprägt territoriale Vögel. Im entspannten Motivgesang erklingen vollendetere Gesänge als im erregten Kampfgesang. Wie auch bei anderen Singvogelarten kann sowohl der aggressiv gegen einen männlichen Artgenossen zielende Gesang als auch der sexuell erregte, an das Weibchen gerichtete Gesang gegenüber dem entspannten Singen eine disharmonische Veränderung erfahren. In einer Anleitung für fremdländische Stubenvögel ist beispielsweise zu lesen, dass der Vogel zur Balzzeit «durch allzu lautes Singen auf ihm bequem liegenden Strophen oft lästig werden kann, indem er eine Tour gleichsam einer schlecht singenden Zippdrossel (Singdrossel) bis zum Überdruss oft

hören lässt, sodass man annehmen möchte, die Schamadrossel sei monoton und könnte überhaupt weiter nichts, als stets dieselben Passagen vortragen» (Neunzig 1921).

In dem Maße aber, wie eine vollkommen ausgebildete Gesangsentfaltung einerseits einen Singvogel zum Solisten macht, kann andererseits die Zunahme an musikalischer Begabung dazu führen, dass sich auf hohem Verhaltensniveau *besänftigende* «musikalische Spielregeln» entwickeln. Ansätze davon sind – als Ausdruck gesteigerter Autonomie – bereits im entspannten Motivgesang, im entspannten und im angleichenden Wechselgesang zu erkennen. Dass die Schamadrossel eine Sonderstellung innerhalb der Singvögel einnimmt, lässt sich auch daran ermessen, dass sie Tonleitern und klassische Musik nachahmen kann.

Mit einer bereits sieben Jahre alten, ausnehmend lernbegabten männlichen Schamadrossel, die auch die Fähigkeit zu einer ganz ungewöhnlichen Rhythmusangleichung ihres Gesanges an vorgespielte Musik besaß, hat der Bioakustiker Erwin Tretzel Tonleiterstudien gemacht. Der Vogel lernte bald die vorgespielten zehnstufigen Tonleitern. Im Verlauf von sechs Jahren konnten 885 Tonleitern aufgenommen werden, die Mehrzahl von echter *Studioqualität*. Eine Frequenzanalyse von fast 10.000 Einzeltönen ergab, dass der Vogel nicht genau die vorgespielten Frequenzen sang, sondern offensichtlich bestrebt war, den vorgegebenen Tonraum gleichmäßig zu unterteilen. Er hat die Grenzfrequenzen etwas höher gelegt und die Tonleitern nach oben erweitert. Die Hauptcharakteristika des Vorspiels wurden also richtig erfasst, aber teilweise – gleichsam parodistisch – übertrieben. Bei Störungen von außen hat der Vogel Anfangs- und Schlussteil seines Tonleiter-*Satzes* nicht selten abgebrochen, eine begonnene Tonleiter aber wenigstens achttönig durchgesungen und sie als

---

90 Nahe verwandt mit der Schamadrossel ist die in Südostasien sehr verbreitete Dajaldrossel (*Copsychus saularis*). Ähnlich unserer Amsel war die Dajaldrossel früher ein Waldvogel, ist aber heute, z.B. in Indien, auch in Gärten und Kulturland anzutreffen, wo sie durch ihren schönen; flötenden Gesang auffällt; sie gehört wie die Schamadrossel zu den besten Sängern der Erde (s. Abb. 122).

Abb. 120: Schamadrossel (Männchen, Weibchen und flügger Jungvogel)

Einheit behandelt. Anfang und Ende der Tonleiter sang der Vogel leiser als den Mittelteil. Das Besondere an dieser Imitation ist aber nicht nur das schnelle Erlernen und die gute Wiedergabe der Tonleitern, sondern vor allem deren Umrahmung mit vorbereitenden und ausklingenden Lautgruppen, wodurch ein gefälliger musikalischer *Satz* entstand, der auf ein besonderes Formgefühl und kompositorische Fähigkeiten schließen lässt. Das musikalisch Wirkungsvolle sind die Kontraste: anfangs das drängend Vorwärts- und Hochstürmende, dann ein weich ausklingender Teil und die Gegenbewegungen im Tonhöhenverlauf mit der wirkungsvollen Umkehr im Mittelteil. Jeder, der geschult und gewohnt ist, Ton- und Formbeziehungen in Motiven und Satzteilen unserer Kunstmusik zu erkennen, kann diesen Tonleitersatz, dieses Arrangement nicht für eine beziehungslose Aneinanderreihung beliebiger Lautmuster halten. Man mag nun fragen, ob ein Vogel überhaupt in der Lage ist, sich die Anzahl der Töne und ihre Intervalle bei der Geschwindigkeit des Vorspiels zu merken. Das ist anzunehmen, da beispielsweise

ein Buchfink schon Strophen lernt, die in derselben Zeit viel mehr und viel kompliziertere Elemente enthalten. Zwei junge Schamas, denen die Tonleiter nicht vorgespielt wurde, haben diese vom älteren, begabten Vogel übernommen. Beide Jungvögel haben sie später noch um ungefähr eine Quinte transponiert, schneller vorgetragen und in verschiedener Weise variiert (Tretzel 1997).[91] Das schnelle Lernen einer Tonleiter, das Erfassen ihrer Motivgestalt, ihre Transposition und Variation lassen bei den untersuchten Schamadrosseln auf eine beachtliche Stufe von Musikalität schließen. Die herausragende musikalische Begabung zeigt sich auch darin, dass Tonleitern selbstständig erweitert werden können. Und natürlich versteht es die Schama, unsaubere Töne musikalisch *korrekt* wiederzugeben. Als beispielsweise eine Schamadrossel auf Borneo einen anderen Vogel, der unrein sang,

---

91 Im Gegensatz zu den Jungvögeln zahlreicher Singvogelarten, die die Gesänge ihrer männlichen Vorbilder fast unverändert übernehmen, verändern Schamadrosseln bereits als Jungvögel generell den erlernten Gesang und sind lebenslang außerordentlich flexibel.

nachahmte, korrigierte sie das Gesangsvorbild, sodass ihre Imitationen in reinen Intervallen erklangen (Rosslenbroich persönlich). Die Schamadrossel zeigt uns noch mehr als andere begabte Sänger, dass Singvögel einen *Sinn* für musikalische Gesetzmäßigkeiten haben und dass sie ihre Gesänge dementsprechend gestalten.

Anfügen möchte ich noch, dass sich Schamadrosseln außerordentlich rasch zum Singen und Imitieren verleiten lassen. Vogelgesang, die menschliche Stimme, Tierlaute, «jedes Geräusch, sei es Wagenrasseln oder das Überstreichen mit einer Bürste über ein Stück Papier regt die Schama sofort, leichter als jeden anderen Vogel, zum Singen an. Hat man sich ein schöne Strophe von ihr gut gemerkt und flötet dieselbe mit dem Munde nach, so kann man sicher sein, dieselbe von der Schama mit allem Schmelz der Stimme sofort zu hören zu bekommen. Diese leichte Erregbarkeit verbietet es daher von selbst, zwei oder mehrere Schamadrosseln in demselben Raume zu käfigen, will man den wirklichen Genuss von ihrem Gesange haben» (Neunzig 1921).

Erstaunliche Fähigkeiten zeigen uns Schamadrosseln auch beim sogenannten «Nahkampf». Als Wildvögel schmettern Schamadrosseln von besonders bevorzugten Singwarten ihre melodiösen und weittragenden Motive. Die Grenzen der Brutreviere werden wie bei vielen territorialen Vögeln akustisch festgelegt und heftig verteidigt.

Die Vögel beantworten in der Regel die Gesangsstrophen ihrer Nachbarn, indem «einer die Motive des anderen nachahmt und durch Vor- und Nachschläge bereichert. Sind die Vögel weit voneinander entfernt, dann enden diese Schimpfduelle meist, wenn einer der Rivalen nicht mehr antwortet. Häufig aber nähern sich die Gegner während des Singens der gemeinsamen Reviergrenze und gehen zum Kampfgesang über. – Kä-

fig- und Volierenvögel äußern ihn nur bei höchstens 25 cm Abstand. Der geringen Lautstärke wegen eignet sich dieser Gesang ohnehin nur für den Nahkampf. Wie beim Reviergesang ahmt auch hier einer den anderen unter Variationen nach. Der Kampfgesang dauert meist nicht länger als vier Minuten. Es bekämpfen sich nicht allein die Männchen, sondern auch die Weibchen … Die tätliche Auseinandersetzung beginnt erst viel später, wenn der Gegner sich beim Kampfgesang auf reine Nachahmung beschränkt und nicht, wie zwischen Schamas üblich, die Strophen des anderen verziert. Auf diese Weise dauert der Kampfgesang mindestens acht Minuten» (Kneutgen 1969b).

Es ist das große Verdienst des Ornithologen Johannes Kneutgen, Schamadrosseln über viele Jahre erforscht zu haben. Ihm verdanken wir wesentliche Einblicke in das ungewöhnliche Gesangsverhalten dieser Vögel. Zu hinterfragen sind allerdings Begriffe wie «Kampfgesang» und «Nahkampf», die hier noch in üblicher Weise benutzt werden und deshalb den außerordentlichen Entwicklungsschritt auf musikalischer Ebene nicht in gebührender Weise erhellen. Unter dem Aspekt des differenzierten Reviergesanges ist eine andere Interpretation möglich, wobei allerdings der Kausalzusammenhang von Ursache und Wirkung umzukehren wäre.

Schamas gehören, wie oben beschrieben, zu den gesangsbegabtesten Singvögeln der Erde, die sehr auf Distanz zu Artgenossen achten. Wenn diese Vögel sich nun – gegen die Regel – singend annähern, so muss das nicht unbedingt *Nahkampf* bedeuten. Warum sollte auch der Kampfgesang, der dem Erregungszustand der meisten begabten Singvögel entsprechend lauter und härter wird, nun plötzlich leise sein, zumal er dem eigentlichen entspannten Reviergesang in der Darstellungsweise sehr verwandt ist? Lassen wir die Frage noch offen. Es ist aber nun etwas völlig

anderes, ob ich sage: Der Nah-
kampfgesang ist leise, und deshalb sitzen sich dabei die Drosseln in geringer Entfernung gegenüber, oder ob ich die Ansicht
vertrete: Derart begabte und territoriale Vögel, die zusammen singen und ihr Gesangsrepertoire
erweitern wollen, singen leise,
weil sie ihren üblicherweise laut-
starken und kraftvollen Wechselgesang nicht auf kurze Distanz
ertragen würden. Hören wir, was
der Ornithologe in hingebungsvoller Beobachtung weiter beobachtet hat und welche konkreten
Hinweise er uns selbst gegen
sogenannte Kampfhandlungen
liefert:

Während die meisten Sing-
vogelarten im angleichenden
Wechselgesang ihre Gesangsstrophen in den Motiven, im
Rhythmus wie auch in der Tonhöhe einander annähern, wird
der Kontergesang bei der Scha-

Abb. 121: Schamadrossel *(Copsychus malabaricus)*

madrossel dagegen «immer komplizierter, weil
die Gegner andauernd versuchen, einander zu
übertreffen. Es scheint eine Anstandsregel beim
Kampfgesang zu sein, dass man erst antwortet,
wenn der Gegner seine Strophe zu Ende gesungen hat. Ich habe nie gehört, dass einer dem
anderen *ins Wort* fiel, es sei denn, der Gegner
machte in einer Strophe eine längere Pause.
Dann konnte es geschehen, dass der andere aus
Versehen zu früh einfiel, aber sofort verstumm-
te, wenn der Gegner weitersang. Ein derartiges
Versehen löste einige kräftige Schnabelhiebe
aus: dann ging der Kampfgesang weiter ... Im
Revier- und Kampfgesang überbieten sich die
Rivalen, indem sie einander nachahmen und

immer neue Varianten bringen. Dadurch werden Kämpfe häufig entschieden, ohne dass es
zum Beschädigungskampf kommt» (Kneutgen
1969b).

Eine Aussage lässt die Interpretation des
Kampfgesanges und damit auch des Nahkampfes
berechtigt erscheinen: Es ist von tätlichen Auseinandersetzungen und von kräftigen Schnabelhieben die Rede. Das klingt vordergründig nach
kämpferischem Verhalten. Aber wann erfolgen
diese tätlichen Auseinandersetzungen? Zwei
derartige Situationen werden beschrieben: Zum
einen, wenn sich der *Kampfgesang auf reine
Nachahmung beschränkte*, und zum anderen,
wenn ein Männchen dem anderen *ins Wort fiel*.

Klingt das nach Kampfgesang oder nach einem musikalischen Wettstreit, der offensichtlich nach anderen Regeln verläuft? Die Vögel zeigen uns jedenfalls im Vergleich zu echten Kampfhandlungen ein völlig anderes Verhalten. Vergegenwärtigen wir uns nochmals das Prozedere: Nach der Gesangsstrophe des ersten Männchens erfolgt deren Imitation durch das zweite Männchen, das eine Variation anfügt, danach wiederholt das erste Männchen die auf diese Weise erweiterte Strophe mit anschließender Zugabe einer eigenen Variation usw. Sobald sich nun ein Männchen auf reine Nachahmung beschränkt, erfolgt eine Attacke.

Das Männchen der Schamadrossel reagiert also nicht aggressiv, wenn ein Mitstreiter es im «Nahgesang» zu *übertreffen* versucht. Im Gegenteil, genau das wird erwartet. Vergisst aber ein Männchen nach dem Imitieren der fremden Strophe eine eigene Variation hinzuzufügen, hüpft das andere vor und hackt es einige Male. Das Erstaunliche ist nun, dass der so Attackierte nicht zum Gegenangriff übergeht, sondern die Schnabelhiebe mit seiner unterlassenen Gesangsvariation beantwortet! Das spricht meines Erachtens wenig für Kampfgesang. Ist es nicht vielmehr ein deutliches Auffordern, *musikalische Spielregeln* zu beachten? Ganz ähnliche Reaktionen beschreibt der Ornithologe beim Nahgesang der Schamadrossel, wenn ein Männchen dem anderen versehentlich *ins Wort fällt* und dafür kräftige Schnabelhiebe erhält, so hackt es nicht zurück, sondern verstummt und lässt das andere zu Ende singen!

Sind derartige musikalische Spielregeln nicht ein Ausdruck erweiterter Autonomie? Wenn es unter so außerordentlich gesangsbegabten, lernbegierigen und territorialen Meistersängern deshalb zu Schnabelhieben kommt, weil einer von ihnen die musikalischen Spielregeln nicht einhält, so scheint es sich doch mehr um ein spiele-

risches Gesangsduell auf hohem Niveau als um einen «Nahkampf» zu handeln. Darüber hinaus erhalten wir Hinweise darauf, wie sich die Vögel in ihrer Gesangsqualität und -vielfalt gegenseitig fördern und wie sich die musikalische Entwicklung auch hier (wie beim Klangrevier, s. Kap. 6) im Verhalten spiegelt.

Was spricht nun weiter für die von mir geäußerte Vermutung, dass es sich bei den Schamadrosseln nicht um leisen Kampfgesang handelt, sondern dass die Vögel so nahe zusammenkommen, um leise miteinander zu singen? Der musikalische Blick auf die verschiedenen Ebenen des Revier- und Wechselgesanges bestätigt das oben Gesagte: Der leise Nahgesang fließt nicht erregt durcheinander, wie wir es unmittelbar erleben können, wenn wir einheimischen Singvögeln lauschen, die (auf der unteren Ebene des Kontergesanges) gegeneinander singen. Der leise Gesang der Schamadrossel erklingt dagegen harmonisch, wenn auch vielleicht nicht gerade entspannt; er entspricht aber der oberen Ebene des Wechselgesanges, wenn zum Beispiel zwei Gesangsnachbarn beginnen, ihre Gesangsstrophen zunehmend einander anzugleichen. Der Angleichungsprozess bei den Schamas geschieht kraft ihrer außerordentlichen Nachahmungskunst sogar unmittelbar.

Das Singen in unmittelbarer Nähe ist ferner vergleichbar mit dem Verhalten der Sumpfrohrsänger, die während des Chorgesanges auch ganz nahe an ihren Reviergrenzen miteinander singen und ebenfalls als große Imitationstalente für kurze Zeit (atmosphärisch beeinflusst) auf ihre Territorialität *verzichten*.

Wie umfangreich und vielseitig muss das Gesangsrepertoire dieser Vögel sein, wenn sie die ständig durch neue Verzierungen gesteigerten Gesangsstrophen ihrer Gesangsnachbarn immer wieder zu übertreffen versuchen? Man muss das aber auch können. Viele musikalisch vortrefflich begabte Singvögel verfügen nur über jeweils eine der drei erforderlichen Gesangsleistungen, die wir bei der Schamadrossel zu Recht bewundern:

1. die Fähigkeit, komplexe Gesangsstrophen nachzuahmen
2. die Begabung, kontinuierlich neue Variationen zu *erfinden*[92]
3. die Meisterschaft der unmittelbaren Imitation eines Vorbildes ohne zeitlich messbaren Lernprozess.

Bei diesen Meistersängern sind die bis in Einzelheiten gehenden formalen Übereinstimmungen mit menschlicher Musik vergleichbar: Im Revier- und Nahgesang ahmen sich Schamadrosseln nicht nur unter Ausschmückung ihres Gesanges nach, sondern sie passen ihren Gesang auch der Klangfarbe, Lautstärke und dem Gesangstempo des fremden Gesanges an. In einer wohl einzigartigen Weise sind Schamadrosseln empfänglich für klassische Musik, insbesondere für Mozart. Hierzu der Bericht des schon erwähnten Ornithologen Johannes Kneutgen:

«So wie an Klangfarbe, Tempo und Dynamik passen Schamadrosseln ihren Gesang auch an Melodie und Rhythmus künstlicher akustischer Reize an. Auch andere Besitzer von Schamadrosseln bestätigen, dass ihre Vögel zu mozartscher Musik besonders ausgiebig singen. Mit mozartscher Musik konnte ich meine Vögel mitten in der Nacht zum Singen anregen, was mit anderer Musik nur ausnahmsweise gelang. – Die Gründe dafür sind unbekannt.

Um eine mögliche Anpassung zu untersuchen, wählte ich Mozarts Violinkonzert in A-Dur, KV 219. In diesem Konzert lässt sich der Melodiegang gut verfolgen. Um das Musikstück möglichst leise und den leisen Gesang der Schamadrossel möglichst laut auf Band zu bekommen, hängte ich über eine Sitzstange im Käfig in Kopfhöhe des Vogels einen Kopfhörer, aus dem die Musik ertönte. Als die Musik das erste Mal erklang, hüpfte der Vogel erregt hin und her und setzte sich schließlich zwischen die Schenkel des Kopfhörers, plusterte sich auf und sang mit. Dies wurde bei zwei Vögeln in dreißig Versuchen regelmäßig beobachtet.

Im Laufe der Versuche kam es zu einer immer besseren rhythmischen, dynamischen, klangfarblichen und melodischen Anpassung an die Musik: Gleich beim ersten Versuch passte sich der Gesang des Vogels dem musikalischen Rhythmus an. Dann folgten die Anpassungen an Dynamik und Klangfarbe. Laute Stellen wurden laut, leise Stellen leise, obertonreiche obertonreich mitgesungen. Während der ersten vier bis sechs Versuche sangen die Vögel nicht ununterbrochen mit, sondern machten häufig Pausen. Die Anpassung wurde von Versuch zu Versuch besser bis zum zehnten oder zwölften Mal. Im Laufe der Versuche passten die Vögel ihren Gesang ebenfalls immer besser an den melodischen Ablauf des Musikstücks an. Bei weiteren Versuchen kam es immer wieder vor, dass die Vögel Melodieteile ein bis zwei Takte früher sangen, ehe sie in der Musik erschienen. Kam die Stelle im Musikstück, so wurde sie nicht mitgesungen. Die Vögel saßen dann mit schräg gehaltenen Köpfen und lauschten. War die Stelle vorbei, sangen sie weiter» (Kneutgen 1969b).

Die Schamadrossel ist im gesamten Bereich der Vogelwelt eine ebenso ungewöhnliche wie

---

92 Besonders bei einem so virtuos singenden Vogel wie der Schamadrossel, sei nochmals auf die neueren Forschungsergebnisse im Bereich der Neurologie hingewiesen (s. S. 73 u. Kap. 7.4), dass die Neubildung von Nervenzellen im Vogelgehirn möglicherweise in unmittelbarem Zusammenhang damit steht, warum bei so virtuos singenden Arten wie der Amsel, der Spottdrossel, dem Leierschwanz und der Schamadrossel die Gesänge umso höher entwickelt sind, je älter die Sänger sind (Rothenberg 2007).

Abb. 122: Dajaldrossel *(Copsychus saularis)*

erstaunliche Entwicklung. Man kann nur staunen, zu welchen musikalischen Höhen sich ein Vogel aufzuschwingen vermag. Und es lässt sich erahnen, dass die Singvögel, besonders die Meistersänger, in einer anderen, uns normalerweise nur schwer zugänglichen Klangsphäre leben.

Vergleichende Betrachtung von Leierschwanz und Schamadrossel

Allgemein lässt sich sagen, dass die Stimme eines Vogels umso einfacher und unauffälliger ist, je aufwendiger sein Federkleid ist. Kein Vogel «scheint es nötig zu haben, in beides zugleich zu investieren. So pompös das Gefieder der Fasane und Paradiesvögel ist, so rau und einfach sind ihre Rufe. Eine Ausnahme von dieser Regel bildet der Graurücken-Leierschwanz aus Australien. Die Schwanzfedern des Männchens sind verlängerte, ätherische Gebilde – nur die beiden äußeren, schön leierförmig geschwungenen haben eine festere Fahne» (Attenborough 1999). Auf eine andere Regel haben

wir bereits aufmerksam gemacht (s. S. 88), dass Männchen mit extremem Prachtgefieder sich in der Regel wenig oder gar nicht an der Brutfürsorge beteiligen.[93] Das lässt sich auch beim Leierschwanz beobachten. Er vereinigt in sich sowohl Merkmale der Singvögel als auch der Hühnervögel. Deshalb wollen wir ihn mit der Schamadrossel vergleichen.

Zu der erstgenannten Regel sei aber noch angefügt, dass sie für Singvögel nicht so strenge Gültigkeit besitzt. Wohl ist auffällig, dass zahlreiche Singvogelarten mit komplexen Gesängen nicht zusätzlich auch noch Prachtgefieder ausgebildet haben, zum Beispiel Nachtigall, Baumpieper, Waldlaubsänger, Gartengrasmücke und Sumpfrohrsänger. Es gibt jedoch auch andere gute Sänger mit farbenprächtigem Gefieder wie Gartenrotschwanz, Pirol, Steinrötel, Blaumerle, aber auch Buchfink und Kohlmeise und besonders die Schamadrossel. Auch die buntesten Arten aus der Familie der amerikanischen Stärlinge, die Trupiale, sind zugleich auch die besten Sänger und Nestbauer (Austin 1963). Der allgemeine Ausgleich, dass eine expressive Entwicklung auf der einen Seite mit einem Mangel auf der anderen verbunden ist, scheint im Bereich des Musikalischen eine Veränderung zu erfahren. So gehören beispielsweise Spottdrossel und Sumpfrohrsänger zu den besten Sängern; beide Männchen füttern aber die Nestlinge! Bei prächtig gefärbten

93 Der expressive Trend der Selbstdarstellung zeigt sich besonders bei Hühnervögeln (Auerhuhn, Pfau und andere Fasane), aber auch bei Singvögeln, zum Beispiel den Paradiesvögeln; eine Sonderstellung nimmt der den Sperlingsvögeln nahestehende Leierschwanz ein. Selbstverständlich putzen sich diese Tiere nicht selbst so prächtig heraus und noch weniger werden sie wohl eine Ahnung davon haben, wohin eine so ausdrucksbetonte Entwicklung führt. Aber es lässt sich erkennen, dass eine Spezialisierung auf der einen Seite oft mit dem Verzicht auf der anderen zusammenhängt, dass sich dabei im evolutiven Wechselspiel sogar biologische Fähigkeiten verringern.

Singvögeln mögen gewisse Tendenzen, sich etwas vom Brutgeschäft zu distanzieren, wahrnehmbar sein, wie uns beispielsweise die Schamadrossel zeigt, die zwar das Revier verteidigt, den Jungen vorsingt, diese aber nicht so eifrig füttert, wie wir das von der Blaumeise kennen. Ebenso beteiligt sich das Männchen des Baltimoretrupials (*Icterus galbula*) wenig am Brutgeschäft. Die Gesangsentwicklung, auch in ihren außergewöhnlichen Steigerungen, scheint in der Regel nicht so stark auf Kosten eines schönen Gefieders voranzuschreiten, noch den völligen Rückzug von der Brutfürsorge zu bedeuten.

Wenn wir Leierschwanz und Schamadrossel miteinander vergleichen, so ist voranzustellen, dass beide Arten über eine außerordentliche Gesangsbegabung verfügen und dass sie exzellente Imitationskünstler sind. Sie sind gewissermaßen auf gleich hoher Gesangsebene, und doch zeigen uns die beiden Arten gravierende Unterschiede (s. Abb. 123). Das beginnt schon mit dem Stimmorgan, das beim Leierschwanz nicht so «hoch» entwickelt ist wie bei der Schama. Sperlingsvögel (*Passeres*) verfügen generell über drei Paar Singmuskeln, während die eigentlichen Singvögel (*Oscines*) vier bis neun Paare besitzen. Die größere Anzahl dieser komplizierten Muskeln zeichnet in der Regel die Syrinx der Singvögel als ein höher spezialisiertes Organ aus (s. Kap. 11). Der Leierschwanz kommt aber als sogenannter *Primärsingvogel* mit nur je drei Singmuskelpaaren aus. Das mahnt uns daran, Regeln weder zu eng noch zu einseitig anzuschauen, denn «das Instrument der Lauterzeugung ist eben nur ein Glied unter vielen, die am Vogelgesang, an der Stimmbegabung, mitwirken» (Portmann 1984).

Der Leierschwanz hat nicht nur einen prächtigen Fasanenschwanz, mit dem er sich in einer großartigen Gebärdensprache darstellt, sondern er verhält sich auch hühnerartig, sowohl bei der Nahrungssuche als auch bei der Balz. Das Weibchen brütet nur alle zwei Jahre, wobei jeweils nur ein Küken großgezogen wird. Brut und Brutfürsorge obliegen ausschließlich dem Weibchen und erstrecken sich über mehr als zehn Monate! Und es dauert mehrere Jahre, bis der Jungvogel selbst zur Brut schreitet. Die Fortpflanzungsrate ist also sehr niedrig. Aber die lange Jugendzeit, obwohl sie archaisch anmutet, scheint dem jungen Männchen die Möglichkeit zu geben, sein Imitationstalent voll zu entfalten. Der Umfang des Repertoires bleibt dann jedoch verhältnismäßig konstant. Bei der Schamadrossel ist der Brutverlauf singvogelgemäß sehr rasch; das Männchen beteiligt sich zeitweise auch an der Fütterung der Jungvögel. Wesentlicher Unterschied auf der Gesangsebene scheint mir zu sein, dass der junge Leierschwanz ohne Vater aufwächst; erwachsene Weibchen können zwar auch imitieren, rufen aber gedämpfter und seltener. Das junge Leierschwanzmännchen ist eine Art gesangliches *Naturtalent*, während die jungen Schamadrosseln Gelegenheit haben, Tag für Tag den meisterlichen Gesängen der männlichen Vorbilder zu lauschen. Schon nach wenigen Wochen ist Jugendgesang zu hören, der sich rasch zu volltönenden Strophen hinentwickelt. Das außerordentliche Lernpotential der Schamadrossel kündigt sich schon früh bei den jungen Männchen an, denn sie verändern bereits während der Jugendzeit fast sämtliche gelernte Strophen individuell ab, und sie sind auch als erwachsene Vögel lebenslang lernfähig.

Beide Arten sind außergewöhnliche Sänger. Beim Leierschwanzmännchen scheinen aber die Lebenskräfte in eine ausgeprägte, schöne Schwanzgestaltung zu fließen und in eine entsprechende Gebärdensprache in Form einer mehrmonatigen expressiven Balz; das unscheinbare Weibchen geht dagegen ganz in der Fürsorge für das Küken auf. Bei der Schamadrossel singen Männchen und Weibchen. Beide Geschlech-

Leierschwanz	Schamadrossel
Außerordentlich gesangsbegabt	Außerordentlich gesangsbegabt
Imitationskünstler	Imitationskünstler
Laute, melodische Stimme; nicht nur verschiedenste Gesänge, sondern auch fremde Tierlaute und technische Geräusche werden in absoluter Perfektion nachgeahmt. Nach etwa sechs Jahren ist das Stimmrepertoire ausgereift; danach dauerhaf fixierte Form des Gesanges.	Exzellenter und vielseitiger Sänger; lebenslang lern- und imitierfähig; Gesang dauerhaft flexibel; indirekte Imitation; bereits im Alter von vier bis fünf Wochen vollere Flötentöne. Jungvögel verändern fast alle gelernten Strophen; Repertoire wird lebenslang erweitert. Imitation von Tonleitern und klassischer Musik; Imitation ohne zeitlich messbaren Lernprozess
Syrinx mit drei Paar Singmuskeln	Syrinx mit acht Paar Singmuskeln
Lebensalter 25-30 Jahre	Lebensalter 12-15 Jahre
Primärsingvogel, Australien (alter Kontinent)	Gesteigerte Singvogelentwicklung
Fasanenartig	Drosselartig
Riese unter den Sperlingsvögeln	Amselgroß, langschwänzig
Männchen mit prachtvollem Fasanenschwanz (ca. 70 cm lang), Weibchen schlicht	Männchen und Weibchen farbenprächtig
Männchen mit sechs bis acht Jahren geschlechtsreif	Männchen im zweiten Lebensjahr geschlechtsreif
Eindrucksvolle Gebärdensprache in Form von auffälligem Balzritual; paradiesvogelartiges Sich-zur-Schau-Stellen	Geht ganz im Gesang auf
Männchen singt virtuos und viele Monate des Jahres; Männchen verteidigt über mehr als sechs Monate seine Balzplätze (einsame Lebensweise); Weibchen imitiert auch, singt aber gedämpfter und seltener	Männchen und Weibchen singen; Beschwichtigungsverhalten der Männchen durch musikalische Spielregeln
Männchen nur mit Balz beschäftigt; ansonsten total vom Brutgeschäft abgelöstes Verhalten	Männchen singt in Nestnähe; teilweise an der Brut beteiligt
Weibchen brütet (alle zwei Jahre); jeweils nur ein Ei	Weibchen brütet (jährlich); vier bis sechs Eier
Brutverlauf außergewöhnlich lange	Brutverlauf typisch singvogelartig kurz
Bebrütungszeit sechs bis sieben Wochen	Brutzeit zwölf bis dreizehn Tage
Weibchen füttert	Weibchen füttert
Nestlingsdauer sieben Wochen	Jungvögel verlassen nach zwei Wochen das Nest; werden dann auch vom Männchen gefüttert
Ausgedehnte Brutfürsorge; Jungvogel ist etwa acht bis neun Monate nach dem Flüggewerden noch vom Weibchen abhängig	Im Alter von drei bis vier Wochen flügge, dann bereits Jugendgesang; lebenslang lernfähig

Abb. 123: Vergleich der stimmlichen Fähigkeiten und des Verhaltens von Leierschwanz und Schamadrossel

ter haben ein farbenprächtiges Gefieder, aber kein paradiesvogelartiges Balzverhalten entwickelt. Das Männchen hält sich zwar auch etwas vom Brutgeschäft zurück, aber es ist dauerhaft anwesend. Sein Gesang umgibt die Nestlinge und die flüggen Jungvögel. Die physiologische Entwicklungszeit beim Leierschwanz ist sehr lang, bei der Schamadrossel kurz. Das Lernvermögen ist beim Leierschwanz nach einigen Jahren abgeschlossen, bei der Schama unbegrenzt.

Der Leierschwanz ist ein ungewöhnlicher Meister der Stimme und der Imitationskunst. Das scheint für alle Individuen dieser Art zu gelten. Aber Entwicklung und Verhalten lassen uns den Leierschwanz als einen sehr *urtümlichen* Singvogel erleben. Die Natur hat hier gewissermaßen erfolgreich die Gesangsentfaltung erprobt, dann aber in der eigentlichen Singvogelevolution wie neu ergriffen: hohe Gesangsentwicklung ohne extremes Sich-zur-Schau-Stellen, dazu stärkeres Einbinden der Männchen in die Brutfürsorge und vor allem in den Prozess des Gesangslernens. So zeigt uns der Leierschwanz möglicherweise den Beginn der Singvogelevolution; jedenfalls lässt er uns weit in das Evolutionsgeschehen zurückblicken.

Die Schamadrossel ist dagegen ein *progressiver* Singvogel, der alles bisher Bekannte überragt und uns gewissermaßen zeigt, wohin die Singvogelentwicklung gehen könnte. Allerdings sind bei derart hoch entwickelten Sängern die individuellen Begabungen unterschiedlich groß. So ist es beispielsweise in Deutschland kein Problem, männliche Schamadrosseln über Tierhandlungen oder von privater Seite käuflich zu erwerben. Aber einen echten *Meistersänger* zu finden ist nicht leicht.[94]

94 Nach der Fachliteratur zu urteilen, scheint die Haltung einer Schamadrossel nicht übermäßig schwierig zu sein; trotzdem wird dieser besondere Vogel nicht in allen europäischen Zoos gehalten und gezüchtet.

9.4 Fragen zur Entstehung und Bedeutung des Spottgesanges

Der Gesangsradius von Schamadrossel und Leierschwanz ist zugegebenermaßen außergewöhnlich. Superlativen im Naturgeschehen zeigen aber nicht nur die Höhe der Entwicklungsmöglichkeiten an, sondern der hohe musikalische Rang dieser Meistersänger wirft auch ein erhellendes Licht auf bescheidenere gesangliche Entwicklungsstufen anderer Singvögel. So lässt sich von der relativ hohen Entwicklungsstufe der Schamadrossel die Autonomiezunahme innerhalb der gesamten Singvogelevolution besser verstehen. Wir können so die unterschiedlich stark entwickelten musikalischen Fähigkeiten der einzelnen Singvogelarten in Bezug auf Gesangsentfaltung und Imitationsvermögen – im Sinne einer Steigerungsreihe – besser einordnen.

Die meisten Spottsänger verfügen über einen ausgezeichneten Sinn für Rhythmus und Form, für Motive und Tonhöhenverschiebungen. Sie zeigen uns auf bewundernswerte Weise, dass sie Gehörtes teilweise exakt wiedergeben können. Häufig zu hörende und schwer zu beantwortende Fragen sind: Warum imitieren Vögel artfremde Gesänge, Motive und Rufe oder sogar technisch erzeugte Geräusche? Was mag sie dazu motivieren? Woher kommt dieses Bedürfnis zur Nachahmung und Umformung?

Auf drei wesentliche Voraussetzungen für akustische Imitation vieler Singvögel wurde bereits hingewiesen. Zum einen ist es das ausgeprägte Neugier-, Spiel- und Lernverhalten im Bereich der Töne. Zum anderen ist es der Übergang von angeborenen Gesangsmustern zum Gesangslernen. Diesen wichtigen Entwicklungsschritt zu mehr Autonomie können wir uns folgendermaßen vorstellen: Ebenso wie sich die Organismen im Laufe der Evolution zunehmend von genetischen Vorgaben emanzipieren (Wieser 1998), erfolgt mit der stammesgeschichtlichen Höherentwicklung der Singvögel eine immer stärkere Auflösung der festgelegten Gesangsstrukturen durch erlernte Teile, bis hin zu jenen Vogelarten, die ihre Gesänge fast nur noch erlernen. Ähnlich dem Entwicklungsgang von Einzellern zu komplexen Organismen scheint auch eine Entwicklung von einfachen zu vielfältig strukturierten Gesängen stattgefunden zu haben. Und so, wie sich etwa die Säugetiere von angeborenen Verhaltensmustern emanzipieren und immer größere Flexibilität erwerben, lösen sich zahlreiche Singvogelarten mehr und mehr von einem angeborenen Stimminventar. Eine deutliche Autonomiezunahme zeigt sich in ihrer außerordentlichen Lern- und Imitationsfähigkeit auf musikalischer Ebene. Sobald aber (selbst einfache) Gesänge erworben werden müssen, ergeben sich Möglichkeiten für individuelle Variationen. Das ist von besonderer Bedeutung, weil sich so Gestaltungsfreiräume zu individuellem Gesangslernen und für Gesangsvielfalt eröffnen (s. Kap. 7.1; 9.4) und ein Prozess über das Artspezifische hinaus gefördert wird. Das Nachahmungslernen artspezifischer Gesänge (Tradition) erfährt in der Nachahmung artfremder Gesänge und Rufe (Fremdimitation) eine weitere Steigerung. Das Imitationstalent ist als eine höhere Stufe des spielerischen, freiheitlichen Umgangs der Singvögel mit der Stimme anzusehen. Welch ein Entwicklungsbogen vom Teichhuhn zum Haussperling und von diesem zur Schamadrossel!

Drittens ist das elementare Verhältnis der Singvögel zu ihrer klanglichen Umwelt zu nennen. Diese musikalisch begabten Wesen sind an allem interessiert, was sie in ihrer Umwelt hören. Vermutlich können sie sich darüber hinaus selbst motivieren. Der Bioakustiker G. Tembrock (1982) spricht sogar von Lernen durch Einsicht. Dieser

Definition zufolge wird das Ergebnis des eigenen Verhaltens in den Lernvorgang selbst mit eingeschlossen. Wenn wir an das Imitieren im thematischen Kontext denken, zum Beispiel von Star, Eichelhäher und Kolkrabe, an die akustische Gestaltwahrnehmung des Gimpels, an die Ordnungsprinzipien im Aufbau von Gesängen und Motiven bei Baumpieper, Gartengrasmücke, Haubenlerche, Amsel, Spottdrossel und anderen Sängern wie auch an die exakte Synchronizität zahlreicher tropischer Duettsänger, die in abgeschwächter Form auch für andere Singvogelarten gelten, so dürfen wir bei allen stimmbegabten Singvögeln sowohl einen ausgeprägten Sinn für akustische Phänomene voraussetzen als auch eine Art Einsichtlernen annehmen. Vielleicht ist auch die Ursache für den Vogelgesang wie für die Imitationsfähigkeit stärker im Seelenleben der Vögel selbst zu suchen.

Darwinistisch geprägte Naturwissenschaftler fragen aber in der Regel nach der Zweckmäßigkeit. Damit wird man denn auch konfrontiert, wenn man sich mit der besonderen Bedeutung des Nachahmens oder Spottens beschäftigt und entsprechend wissenschaftliche Literatur sichtet; im Vordergrund steht das Interesse, welchen Profit die Spottsänger von ihrer Imitationskunst wohl haben mögen. Einige Hypothesen gehen davon aus, dass die Ursache für das Nachahmen bei den Weibchen zu suchen sei: So wurde bei der amerikanischen Spottdrossel festgestellt, dass die Männchen mit dem umfangreichsten Repertoire sich am frühesten im Jahr verpaaren und die besten Reviere besetzen. Weibchen des Schilfrohrsängers etwa reagieren stärker auf formenreichen als auf ärmeren Gesang, und beim Kanarengirlitz reagieren die Weibchen auf ein umfangreiches Repertoire im Männchengesang, indem sie schneller ihre Nester bauen und mehr Eier legen (Bergmann 1987). Auch vom australischen Seidenlaubenvogel wird angenommen, dass die Männchen artfremde Stimmen nachahmen, um die Weibchen zu beeindrucken (Coleman 2007). Dazu ist zu sagen, dass umfangreiche und formenreiche Gesänge auch ohne Imitationen ihre Wirkung zeigen. Jedes Weibchen eines Zilpzalps oder Feldsperlings lässt sich von der schlichten Strophe des eigenen Männchens ebenso anregen, wenn es nur fleißig singt. Die obigen Interpretationen geben deshalb keine befriedigende Antwort auf die Frage nach der grundlegenden Bedeutung des Imitierens. Von der Spottdrossel wissen wir inzwischen, dass die Männchen mit den lautesten und umfangreichsten Gesängen nicht unbedingt erfolgreicher sind (s. Kap. 9.3.4).

Andere Ornithologen fragen sich, ob die Spottsänger etwas vortäuschen möchten. So weisen Ornithologen darauf hin, dass spottende Vogelarten mit fremden Einzelrufen, Gesängen und Intonationsformen den menschlichen Zuhörer komplett täuschen können; ob sie aber auch die Vorbildsarten selbst täuschen und welchen Vorteil das Spotten bringen mag, ist seiner Meinung nach umstritten (Wickler 1986). Nach Franz Huber (Max-Planck-Institut, Seewiesen) haben manche Männchen von Singvogelarten «die Fertigkeit entwickelt, die geringfügig verschiedenen Gesänge ihrer art- und populationsgleichen Reviernachbarn zu imitieren, womit sie einem Fremden fälschlich anzeigen, dass hier mehrere Reviere besetzt sind» (Huber 1991). Auch bei den wechselnden Strophenformen der Kohlmeise wird angenommen, der Vogel könne «möglicherweise auch anderen, nach einem Revier suchenden Männchen vortäuschen, das Gebiet sei bereits überfüllt» (Burton 1985). Der Wissenschaftsjournalist Herbert Cerutti lässt die Leser der Neuen Zürcher Zeitung sogar wissen, dass Singvögel wie Braunkehlchen oder Gelbspötter beim Spotten «gezielt das Lied eines konkurrierenden Artgenossen wiederholen oder ergän-

zen, um ihn akustisch zu nerven» (www.nzz.folio.ch/02/01).

Ob sich die Meister der Imitationskunst, die sich doch alle individuell an ihren Gesängen erkennen können, auf diese Weise in die Irre führen lassen? Ein Verhalten beziehungsweise eine bestimmte Erscheinung ist nicht damit erklärt, «wenn deren Selektionswert im Sozialleben einer Art nachgewiesen» (Portmann 1953) oder vermutet wird. Der Biologe Heinrich Frieling (1937) schrieb zu diesen sogenannten Täuschungsmanövern denn auch zu Recht, «dass ja auch der Ornithologe trotz des Spottens den Spötter erkennt, denn die Art, wie er spottet, ist auch Artkriterium»! Der Begriff spotten kommt tatsächlich daher, weil «man früher der kindlichen Ansicht war, dass ein solches Tier seine Lehrmeister zum Besten haben wolle» (Heinroth 1955). Derartige Interpretationen gehören aber im wissenschaftlichen Bereich der Vergangenheit an.

Erstaunlich ist die Tatsache, dass die imitierten Vogelarten so wenig Interesse an den Imitationen ihrer Nachbarn zeigen. Denn durch «ihre Nachahmungen greifen die Vögel in der Regel nicht in das Kommunikationssystem der nachgeahmten Arten ein, demonstrieren aber als Qualitätsmerkmal ihre eigene Lernkapazität» (Westheide & Rieger 2004) beziehungsweise ihre relativ autonome Stellung. Singvögel hören sehr wohl, wenn ihre Stimmen nachgeahmt werden, aber sie scheinen zu wissen, dass sie gerade nicht gemeint sind! Denn es ist ein bedeutsamer Unterschied, ob ein Spottsänger fremde Motive vielfältiger Herkunft in seinen Gesang einbaut oder ob ein Singvogelmännchen von seinem Reviernachbarn ein neues Motiv übernimmt, das unter Umständen zu einem Motiv der gesamten Population werden kann – oder ob zwei Reviernachbarn sich im angleichenden Wechselgesang gesanglich annähern. Für uns klingt das alles

Aspekte zur möglichen Entwicklung der Imitationsfähigkeit als einer autonomen Lernleistung

1. Singvögel verfügen anfangs über einfache, angeborene Gesangsstrukturen.
2. Singvögel reagieren auf Laute (z.B. Warnrufe) wie andere Tiere in ihrer Umwelt. Darüber hinaus aber, und hier unterscheiden sie sich grundlegend von anderen Tiergruppen, achten sie aufgrund ihrer musikalischen Empfänglichkeit auch auf den Klangcharakter der Laute.
3. Mit der Emanzipation von angeborenen Gesangsstrukturen entwickelt sich durch Nachahmung des arteigenen Gesangs zunehmend das Gesangslernen.
4. Durch individuelles Nachahmungslernen kommt es zu Variationen des arteigenen Gesanges.
5. Es entwickelt sich eine flexiblere Form des Nachahmungslernens, das ungleich begabte Individuen ermöglicht und herausfordert.
6. Zunehmend spielerischer Umgang mit der Stimme.
7. Dank ihrer musikalischen Anlage pflegen Singvögel mit ihren Artgenossen einen ausgeprägteren akustischen Austausch als die meisten Landwirbeltiere.
8. Die Neigung, aufgrund einer angeborenen Lerndisposition den arteigenen Gesang zu erlernen, steigert sich (durch das Bedürfnis akustisch miteinander zu kommunizieren) dahingehend, dass auch die individuellen Gesangsvariationen von Artgenossen nachgeahmt werden.
9. Die Gesangsstruktur innerhalb einer Art beginnt zunehmend individuell voneinander abzuweichen.
10. Die Unterschiede in den Gesängen werden zu individuellen Erkennungsmerkmalen, was sich später bei territorialen Arten als streitmildernd auswirkt.
11. Mit der Höherentwicklung der Gesangsfähigkeit geht die Gehörsentwicklung einher.
12. Infolge von Ausbreitungswanderungen wie auch durch unterschiedliche gesangliche Begabung entstehen Dialekte und neue Arten.
13. Einfache Strophen (anfangs wohl gesellig lebender Arten) entwickeln sich zu strukturierteren Gesängen.
14. Verschiedene Männchen einer Art singen auf unterschiedliche Weise und beschleunigen damit die Entwicklung komplexerer Strophen.
15. Mit zunehmender Entwicklung komplexer und klangvoller Gesänge werden (von den Gesangssolisten) klangliche Freiräume in Anspruch genommen; Entstehung von Klangrevieren.
16. Die Individuen beginnen im Wechselgesang verstärkt auf die Strophen ihrer Artgenossen zu achten.
17. Revierstreitigkeiten werden mehr und mehr auf musikalischer Ebene ausgetragen und *geschlichtet*.
18. Reviernachbarn singen nicht mehr nur gegeneinander, sondern zunehmend auch miteinander, wodurch Entspanntheit und Vertrautheit entstehen.

19. Über den erregten Kampfgesang hinaus entfaltet sich im entspannten Motivgesang zunehmend der große Reichtum kunstvoller Gesänge und Motive.

20. Die Fähigkeit, nicht nur arteigene Variationen, sondern auch der eigenen Stimme adäquate Fremdmotive nachzuahmen, nimmt zu, wodurch der Rahmen der angeborenen Lerndisposition überschritten wird.

21. Übernahme von Imitationen aus dem Repertoire des Vorbildes (indirekte Imitation).

22. Durch die Fähigkeit, fremde Stimmen nachzuahmen, entwickelt sich in der Singvogelwelt eine völlig neue Gesangsrichtung – die Fremdimitation.

23. Zahlreiche Singvögel nehmen mehr und mehr die harmonischen Beziehungen zwischen den einzelnen Tönen wahr (Intervalle).

24. Der Duettgesang verschiedener tropischer Singvogelarten wird von den Partnern mit zunehmender Präzision vorgetragen.

25. Im allgemeinen Gesangsvortrag und im Bereich der Imitation treten die individuellen Begabungen noch stärker in den Vordergrund.

26. Imitationen von vielfältigen Vogelgesängen und Rufen, aber noch im Stimmumfang des arteigenen Gesanges, einschließlich der Nachahmung auch technischer Geräusche.

27. Imitationen werden bei einigen Singvogelarten (Spötter) zum vorherrschenden Charakteristikum des Gesangsvortrags.

28. Die Imitationen werden zunehmend perfekter und nach *Ordnungsprinzipien* in den Gesang eingebaut.

29. Einige Singvögel (z.B. Haubenlerche, Amsel, Spott- und Schamadrossel) korrigieren *unreine* Motivvorbilder nach musikalischen Gesetzmäßigkeiten.

30. Das Imitationsrepertoire kann über den Frequenzbereich des arteigenen Gesanges hinaus erweitert werden.

31. Bei wenigen Singvogelarten bestehen die Gesänge aus einer solchen Fülle von Imitationen, dass arteigene Gesangsmuster kaum noch erkennbar sind.

32. Bei virtuos singenden Vogelarten (z.B. Amsel, Spott- und Schamadrossel) steigt der Entwicklungsgrad der Gesänge und Imitationen mit dem Lebensalter.

33. Kompositorische Veränderung der Fremdmotive und deren musikalisch-gesetzmäßige Einordnung in die Strophenstruktur.

34. Imitation der menschlichen Laute von Volksliedern und klassischer Musik.

35. Unmittelbar erfolgende Imitation ohne zeitlich messbaren Lernprozess, z.B. von Leierschwanz, Schamadrossel, Spottdrossel, Neuntöter und Weißscheitelrötel.

36. Imitationen, die im richtigen Kontext vorgetragen werden (s. Kap. 9.3.5).

Siehe auch die Aufstellung auf Seite 110 f.

sehr ähnlich, und es ist ja in jedem Falle auch Nachahmungslernen. Die Vögel scheinen aber sehr genau zu unterscheiden, worum es geht. Um die Bedeutung dieser Vorgänge besser verstehen zu können, ist es natürlich notwendig, dass wir sie selbst differenziert wahrnehmen lernen. Zweckmäßigkeitsdenken allein bringt uns bei der Frage nach der Imitationskunst nicht weiter und lässt uns das Besondere dieser einzigartigen Begabung nicht verstehen. Auch die Gesangsmimikry afrikanischer Witwenvögel, die als Brutparasiten bei Prachtfinken über das gesamte Stimmrepertoire ihrer Wirte verfügen, hat, wie wir gesehen haben, wenig mit einfachen Täuschungsmanövern zu tun.

Wenn wir Lernfähigkeit und Gesangsqualität innerhalb der Singvogelarten anhand der realisierten vielfältigen Gesangsstrukturen miteinander vergleichen, ferner das Imitationsvermögen differenzieren und nicht zuletzt bei dieser Tiergruppe einen musikalischen Sinn annehmen, zeichnet sich ein möglicher Entwicklungsprozess ab.

Aus dem bisher in diesem Buch Dargestellten ergibt sich, dass Singvögel entscheidende Entwicklungsschritte auch auf der musikalischen Ebene gemacht haben. Grundlegend sei daran erinnert, dass Säugetiere allgemein zwar über ein ausgeprägteres Lern- und Spielverhalten als Vögel verfügen, die Singvögel aber ihre gesteigerte Flexibilität vor allem im spielerischen Umgang mit den Tönen zeigen. Auch im allgemeinen Anpassungsprozess der Tiere an Umwelteinflüsse zeigen Singvögel, im Sinne einer «aktiven Adaptation», wiederum ihre autonome Entwicklung durch eine Qualitätsverschiebung auf musikalischer Ebene: Gemeint ist die einzigartige Fähigkeit der Singvögel, sich in ihre tönende Umwelt einzupassen und diese klanglich zu bereichern.

Im entspannten Wechselgesang übernehmen zum Beispiel Reviernachbarn nicht selten Motive voneinander oder nähern im angleichenden Wechselgesang ihre Gesangsstrophen teilweise bis zur völligen Übereinstimmung einander an. Eine derartige aktive musikalische Annäherung ist selbstverständlich nur möglich, wenn die Reviernachbarn in gesteigerter Weise aufeinander horchen und wenn sie fähig sind, Gehörtes wiederzugeben. Voraussetzung ist aber auch, dass die beiden Reviernachbarn *miteinander* singen wollen. Diese psychische Affinität zum Musikalischen scheint bei den Singvögeln wesentlich größer zu sein als bei anderen Tiergruppen. Dieser Gedanke liegt dem ganzen Buch zugrunde und ergibt sich aus den dargestellten Phänomenen. Vermutlich hängt auch die Entwicklung der Imitationsfähigkeit mit diesem Bedürfnis der Singvögel zusammen. Hinzu kommt beim Nachahmungstalent der spielerische Aspekt auf musikalischer Ebene.

Auf S. 232 f. wird der Versuch unternommen, verschiedene Schritte der Gesangsentwicklung oder des gesanglichen Fortschritts aufzuzeigen. Zu berücksichtigen ist dabei, dass manche Vorgänge möglicherweise auch gleichzeitig abliefen beziehungsweise räumlich und zeitlich unabhängig voneinander stattfanden oder sich gegenseitig bedingend entwickelten. Deshalb ist mit dieser Anordnung kein linearer Entwicklungsprozess gemeint; vielmehr sollen die unterschiedlichen Stufen der Autonomiezunahme verdeutlicht werden.

Das Gesangslernen der Singvögel stellt, wie die obige Anordnung aufzuzeigen versucht, einen großen Entwicklungsschritt dar. Eine Steigerung dieser Lernfähigkeit auf musikalischer Ebene ist die Imitationskunst, und hier zeigt sich besonders die unterschiedlich individuelle Begabung der Sänger.

Kommen wir zurück auf die Frage nach der Bedeutung des Imitationsgesanges. Ich hoffe, dass meine Leser keine perfekte Antwort von mir erwarten. Zweckmäßige Begründungen erweisen sich jedenfalls als hilflose Versuche. Anstatt eine Antwort in Form eines *Patentrezepts* zu liefern, möchte ich zwei weiteren Fragen nachgehen, um nochmals eine wesentliche Signatur der Evolution hervorzuheben und auch um die Imitationsfähigkeit der Singvögel in einem sinnvollen Licht sehen zu können.

1. Warum sind manche Innovationen in der Evolution nicht *billiger* zu haben?

Die Entwicklung der Endothermie gilt zu Recht als ein herausragender Evolutionsschritt. Bei den Vögeln werden beispielsweise die Eier mit der eigenen Körperwärme ausgebrütet, und die Brutfürsorge erfährt eine spürbare Steigerung durch Nestbau, Zusammenhalt der Paare, Schutz und Aufzucht der Jungen. Das selbstständige Wärmesystem der Vögel und der Säugetiere ist die Grundlage für ein gesteigertes Maß an Unabhängigkeit gegenüber der Umgebungstemperatur und erlaubt eine aktivere Lebensweise.

Ist diese Neuerung im Evolutionsgeschehen aber wirklich nur vorteilhaft und zweckmäßig? Da eine konstante Körperwärme abhängig von der Ernährung ist, müssen homöotherme (warmblütige) Tiere viel Zeit und Energie für die Beschaffung von Nahrung aufwenden, um den gesteigerten Energie- und Wärmehaushalt gegenüber wechselnden Außentemperaturen aufrechtzuerhalten. So kann beispielsweise eine Blaumeise nicht wie eine Zauneidechse auf Nahrungszufuhr verzichten und monatelang Winterschlaf halten. Höherentwicklung ist im Sinne von graduellen Unterschieden zu verstehen, dass sich die Organismen emanzipiert haben und sich somit eine autonomere Lebensstufe manifestieren konnte.

Dass die Strophen von Spottdrossel und Sumpfrohrsänger mit zu den komplexesten Gesängen im Vogelreich zählen, ist heute unbestritten. Für Musiker ist das meistens leichter nachzuvollziehen als für Biologen. Ich möchte deshalb einen amerikanischen Ornithologen, Philosophieprofessor und Musiker zu Wort kommen lassen: «Vielleicht ist Nachahmung der einfachste Weg zur Komplexität: Wenn ein längerer, aufwendigerer Gesang für die Weibchen attraktiver ist, dann gelangt man am schnellsten zu einem solchen Gesang, indem man Gehörtes nachahmt – das ist viel einfacher, als eigene Lieder zu erfinden! Wenn man jedoch nur die Gesänge der anderen nachsingt, wie kann sich dann die eigene Art davon abheben? Wie können die Zuhörer wissen, dass man ein Star ist, der einen Roten Kardinal imitiert, und nicht der Rote Kardinal selbst? Es muss an der *Art und Weise* liegen, wie die Imitationen miteinander kombiniert werden. Nachahmung ist niemals nur Plagiat; sie bedeutet vielmehr, alle gehörten Laute in sehr artspezifischer Weise zu verwenden» (Rothenberg 2007). Eine exakte Imitation, um etwa gegenüber einem Artgenossen ein Täuschungsmanöver auszuprobieren, wäre jedenfalls sehr viel *einfacher* zu haben.

Vergleicht man die verschiedenen Tiergruppen, dann erweisen sich zahlreiche als stark determiniert, während sich andere als äußerst lern- und entwicklungsfähig zeigen. Man kann zwar sagen (und es lässt sich auch in berühmten Lehrbüchern nachlesen), dass all jene Tiere, die weitgehend durch angeborene Fähigkeiten festgelegt sind und wenig lernen, «zweifellos den Vorteil haben, dass sie nicht erst durch risikobehaftetes, zeitraubendes Lernen die Angepasstheit erwerben müssen» (Eibl-Eibesfeldt 1999). Warum haben sich höhere Wirbeltiere wie Vögel und Säugetiere dann von angeborenen Verhaltensmustern durch Lernen emanzipiert, wenn es sich, wie die Natur zeigt, auch ohne große Lernprozesse überleben lässt? Damit kommen wir zur zweiten Frage, mit der wir uns zum Abschluss dieses Kapitels beschäftigen wollen:

2. Warum begnügen sich manche Vögel mit einfachen Gesängen, während andere von ihnen über hundert Strophen singen?

Grundsätzlich lässt sich zeigen, dass angeborene Verhaltensweisen einfacher zu realisieren sind als komplizierte Lernvorgänge; außerdem sind sie biologisch gesehen oft vorteilhafter und nach dem etablierten Sprachgebrauch der Kosten-Nutzen-Analytiker auch *preiswerter* zu haben. Das könnte man von den Tierstimmen ebenfalls sagen, denn den meisten Landwirbeltieren ist die Stimme angeboren. Bei einem sehr großen Teil der Vogelgruppe funktionieren Partnerkommunikation und Revierverteidigung mit einem angeborenen Stimminventar ohne Schwierigkeiten. Wozu der «umständliche» Prozess des Gesangslernens? Die Entwicklung wirkungsvoller Gesänge wäre sehr viel einfacher möglich; aber darum scheint es in der Singvogelevolution nicht gegangen zu sein.

Es ist nicht leicht, einen eindeutigen Grund dafür zu finden, «warum Haussperlinge mit einigen einfachen Zwitscher- und Piepstönen auskommen, während die amerikanische Rotrücken-Spottdrossel Tausende verschiedener Gesangsmotive benötigt» (Rothenberg 2007). Ebenso wenig lässt sich leicht erklären, warum die Nachtigall Tag und Nacht Hunderte von Variationen singt, wo doch ihre Verwandten kurze, einfache, wirksame Lieder von sich geben, oder warum man den Gesang einiger Vögel nur wenige Wochen hört, während andere über Monate unermüdlich singen. Ich möchte hier drei englischsprachige Bücher erwähnen, verfasst von

anerkannten Ornithologen und Bioakustikern, die sich seit Jahrzehnten speziell mit Vogelgesang befassen: Clive Catchpole und Peter Slater (1983) kommen zu dem Schluss, dass es vielleicht naiv sei, die Evolution der Diversität von Vogelgesängen generell und allgemeingültig erklären zu wollen. Auch die durch die Evolution entstandene Mannigfaltigkeit und Vielfalt sei noch ein Rätsel. Donald Kroodsma (2005) gesteht nach vierzig Jahren ernsthafter Forschung, immer noch sehr wenig darüber zu wissen, warum einige Vogelgesänge so rätselhaft komplex sind. Und wozu die Spottdrossel *spottet*, sei ebenfalls noch unbekannt. Auch das von Peter Marler, ehemals Student des schon fast legendären Bioakustikers W. H. Thorpe (s. Anm. S. 203) erinnert im besten Kompendium über Vogelgesangsforschung, *Nature's Music* (2004) ständig daran, wie wenig wir tatsächlich wissen (zitiert nach Rothenberg 2007).

Unter rein funktionellen Gesichtspunkten ist tatsächlich kaum zu verstehen, mit welchem stimmlichen und zeitlichen Aufwand die Singvögel ihre Lebens- und Klangräume verteidigen, während doch einfache, laute Gesangssignale (oder spezielle Warnrufe für Reviernachbarn) völlig ausreichten. Dieser Einsatz erscheint aber sinnvoll, wenn wir die Korrelation zwischen Gesangsbegabung und Territorialität in den Mittelpunkt stellen: Der ganze *Aufwand* der musikalischen Revierverteidigung dient der zunehmenden Entfaltung von Autonomie. Lebendiger Ausdruck dieser emanzipatorischen Freiheit ist das von den *Gesangssolisten* beanspruchte akustische Revier oder Klangrevier, das sich biologisch beschreiben und begründen lässt (s. Kap. 6.1).

Ich halte dafür, dass lernbegabte Singvögel auch aus einer bestimmten Gefühlslage heraus singen und dass sie in spielerischer Weise mit den Tönen umgehen. Ihre musikalische Begabung lässt sie (über die Lerndisposition hinaus) ihre Lieder anstimmen und weiterentwickeln. Selbstverständlich setzen sie ihre Stimme biologisch sinnvoll ein. Aber vergessen wir nicht: Selbst die wegen ihrer höheren Gesangsbegabung leicht erregbaren und territorial lebenden *Solisten* können als Reviernachbarn entspannt *miteinander* singen. Diese in der Evolution beispielhafte Methode hängt unmittelbar mit dem ausgeprägten Bedürfnis der Singvögel nach gesanglichem Austausch zusammen, das wir allen musikalisch begabten Wesen zubilligen sollten.

Als außergewöhnliche Steigerung des Gesangslernens ist die Imitationskunst anzusehen. Dieser erweiterte Freiraum des spielerischen Stimmgebrauchs ist gewissermaßen eine autonome Lernleistung der Singvögel. Der dargestellte Umfang der Imitationsfähigkeit erhält vor dem Hintergrund der Artschranke, dass sich also verschiedene Singvogelarten durch unterschiedlichen Gesang voneinander abgrenzen, noch eine andere Dimension: Die Sphäre eines (gesangsbegabten) Singvogels ist vermöge seiner musikalischen Aktivität deutlich in den Umkreis ausgeweitet, von dem er auch wesentliche Anregungen empfängt. Insofern aber ein Vogel artfremde Strophen oder Motive übernimmt, ist er nicht nur in intensivem Austausch mit dem Klangreichtum in seiner Umgebung, sondern überschreitet gewissermaßen die Grenze seiner Art! Und das ist außergewöhnlich in der tierischen Evolution.

Ich bewundere immer wieder die intuitive Kraft unserer großer Dichter, wie nahe sie oft der Wahrheit sind. Ist es nicht ein wunderbares Bild der Evolutionsidee, wenn Goethe schreibt, dass *alles Vollkommene in seiner Art über seine Art hinausgehen muss*? Diesen poetischen Entwicklungsgedanken, der unter dem Aspekt der Autonomiezunahme von aktueller Bedeutung ist, werden wir im Bereich des Menschlichen sicher ohne Zögern gelten lassen, etwa in dem Sinne, wie Goethe es in seinem elegischen Gedicht «Die Metamorphose der Pflanzen» (1799) fordert: *Bildsam ändre der Mensch selbst die bestimmte Gestalt!* Aber im Tierreich? Goethe, der auch ein hingebungsvoller Naturforscher war, nennt als Beispiel für den Gedanken des «Über-sich-Hinauswachsens» einen Singvogel. Also muss er es doch einem begnadeten Sänger zugetraut haben:

Alles Vollkommene in seiner Art
muss über seine Art hinausgehen,
es muss etwas anderes,
Unvergleichbares werden.
In manchen Tönen ist die Nachtigall
noch Vogel;
dann steigt sie über ihre Klasse hinüber
und scheint jedem Gefiederten
andeuten zu wollen, was eigentlich
singen heiße.

Das ist für mich die biologisch-musikalische Lebensrealität zahlreicher gesangsbegabter Singvögel, insbesondere der Imitationskünstler.

10. Das Wechselspiel zwischen Anpassung und Autonomie

10.1 Sind Mutation, Adaptation und Selektion die großen Akteure der Evolution?

Darwins Hauptwerk *On the Origin of Species* aus dem Jahre 1859 war das wirksamste Buch der Naturwissenschaft des 19. Jahrhunderts. Dieses vor 150 Jahren erschienene Werk beinhaltet wesentliche Impulse für die moderne Evolutionsbiologie. Höhere Tauglichkeit (Fitness) wird nach Darwin jenen Organismen zugeschrieben, die sich den Erfordernissen der Umweltbedingungen am besten angepasst haben. Die verbreitete Annahme jedoch, dass es zu einer immer besseren Anpassung an die Umwelt gekommen sei, überzeugt wenig, denn Einzeller und niedere Tiere, die früh in der Evolution entstanden sind, haben seitdem bestens überleben können und sind mindestens genauso gut an ihre Umwelt angepasst wie höhere Tiere (Rosslenbroich 2007). Adaptation an die Umwelt wird heute als die im Laufe der Evolution durch Selektion zustande gekommene Zweckmäßigkeit von Bau und Funktion der Lebewesen und ihrer Organe betrachtet. Mit zunehmender Komplexität und Flexibilität wird der Organismus jedoch auch gegenüber der Umwelt autonomer. Dieser Themenbereich der Emanzipation des Genotyps vom Phänotyp wird heute unter den Begriffen der *genotypischen Variabilität* und *phänotypischen Plastizität* diskutiert (Wieser 1994). Danach ist der Organismus weder nur das Produkt seiner Gene noch das passive Ergebnis von Umweltfaktoren.

Auf der einen Seite erweiterte inzwischen die Entdeckung von Entwicklungsgenen (z. B. Hox-Gene), die während der Embryonalphase bei ganz unterschiedlichen Organismen ähnliche Gestaltbildungen hervorrufen, das Bild der Evolution. Dennoch sollte die Erbsubstanz (DNA) nicht als die alles beherrschende Instanz angesehen werden. Sie ist stets auf den lebendigen Organismus angewiesen. Es ist geradezu ein kooperierendes Zusammenwirken der DNA mit den plastischen Proteinmolekülen (Eiweißen), der Zelle, den Organen, dem ganzen Organismus notwendig. Die DNA *macht* nicht alles. Der Organismus kann nicht durch sie allein berechnet werden; er hat gewissermaßen ein *Mitspracherecht*.

Auf der anderen Seite vernachlässigt der Begriff der Umweltanpassung nach McNamara (1990) die inneren Kompetenzen des Organismus. Die amerikanische Biologin L. Margulis (1990) schlägt eine neue Betrachtungsweise der Organismus/Umwelt-Interaktion vor (zitiert nach Rosslenbroich 2007), denn die Lebewesen «mögen auf viel aktivere Weise als bisher angenommen den Vorgang der Selektion beeinflussen, indem sie die für den jeweiligen Phänotypus günstigste Umwelt auswählen» (Wieser 1994).

Ein ebenso überbetonter Aspekt wie die Selektion ist die Mutation. Die große Frage ist aber, ob Mutation und Selektion, um mit Konrad Lorenz zu sprechen, wirklich die beiden *großen Konstrukteure des Artenwandels* sind. Nach Arnold (1989) sind Mutation und Selektion lediglich eine Facette des ganzen Evolutionsgeschehens. Der Münchener Biologe Josef H. Reichholf (1992) weist darauf hin, dass überzeugende Belege dafür fehlen, dass Mutation und Selektion die epochemachenden Architekten des Evolutionsprozesses gewesen sind, weil sie nur den Weg der kleinen Schritte zeigten; möglicherweise seien Mutation und Selektion nicht mehr als die Handlanger, vielleicht nur die kleinen Baumeister der Evolution. Jedenfalls besteht seitens der Biologie keine Veranlassung mehr, sich mit eingleisigen Lehrsätzen zu begnügen. Das heißt: Von der sich heute abzeichnenden neuesten Evolutionsbiologie her braucht es keine eingeschränkten Denkmuster mehr zu geben (Schad 2008).

Es spricht vieles dafür, dass das Spektrum der evolutiven Möglichkeiten gegenüber den Manifestationen um ein Vielfaches größer ist. In der Welt der Organismen scheint viel in verschiedenste Richtungen *ausprobiert* zu werden; Goethe spricht davon, dass die Natur ein langes *Präludium* aufführt, und Haeckel betitelte eines seiner Bücher: Die *Natur als Künstlerin*. Die Frage nach dem Sinn beziehungsweise Zweck von Gestaltbildungen lässt sich rückblickend meistens überzeugend beantworten. Dass Organe in Form und Farbe (z.B. Schnabel, Füße, Flügel, Prachtgefieder) und besonders auch die Stimme der Singvögel so sinnvoll wie möglich von den Individuen der jeweiligen Arten eingesetzt werden, liegt auf der Hand, erklärt aber nicht den eigentlichen Entstehungsprozess.

10.2 Zufall, Ordnung und Höherentwicklung

Es herrscht bei den meisten Evolutionsbiologen die Ansicht, dass die Evolution nicht einer bestimmten Richtung folgt, sondern ungerichtet verläuft, weil auch alle Mutationen zufällig

seien. Der Zufall, *nichts als der Zufall*, ist nach Monod (1971) *die einzig vorstellbare Hypothese* für die Grundlage der Evolution (zitiert nach Wieser 2007). Und insofern nach verbreiteter Lehrmeinung Selektion fortgesetzt zu besserer Angepasstheit der Individuen einer Population führt, wird lediglich von einem durch Selektion gerichteten Vorgang (Kull 2007) gesprochen.

Die Frage, wie zufällige Mutationen eine *gerichtete* Evolutionslinie ergeben könnten, erscheint folglich als abwegig. Aber der evolutionäre Trend zur Individualisierung der Organismen und die offensichtliche *natürliche Ordnung* sind damit nicht erklärt. Nach dem Wiener Evolutionsbiologen Wolfgang Wieser (1998) lässt es sich nicht leugnen, dass in dem großen Zeitraum der Tierevolution nicht nur *Mannigfaltigkeiten*, sondern auch *Richtungen* produziert wurden. Die Frage nach der Gerichtetheit evolutionärer Prozesse ist eng verwoben mit dem Thema der Höherentwicklung und wird heute wieder ernsthaft von namhaften Wissenschaftlern aufgeworfen. So mahnt der australische Paläontologe McNamara (1990), dass sich die Evolutionsforschung seit den 1970er Jahren hauptsächlich mit der Untersuchung von Evolutionsraten und Aussterbevorgängen beschäftigt habe, während ein anderer fundamentaler Aspekt der Geschichte des Lebens, die Gerichtetheit der Evolution, relativ wenig beachtet wurde; diese Frage sehe er als einen der wichtigsten Aspekte der Evolution überhaupt an (Rosslenbroich 2006a).

Evolution unterliegt weder einer Zufälligkeit noch einer Determiniertheit. Evolution zeigt aber, wenn wir vergangenen Spuren nachgehen, durchaus eine Richtung. Daraus lässt sich jedoch kein gerichteter Verlauf für die Zukunft ableiten. Im Lebensprozess, also im gegenwärtigen Geschehen, kommt dem Zufall eine wesentliche Bedeutung zu. Der Zufall bestimmt allerdings nicht die weitere Entwicklung eines Organismus, sondern er liefert vielmehr das *Material*, auf das der Organismus, je nach Entwicklung, unterschiedlich flexibel einwirkt. Hier setzt die oben beschriebene Kompetenz der Organismen ein. Der weitere Verlauf ist nun nicht mehr zufällig, sondern zukunftsoffen.

Zufall, aber eben nicht blinder, sinnloser Zufall, kann geradezu als der Wegbereiter für das Wirken des Lebendigen im Physischen gesehen werden (Suchantke 2008). So eröffnen sich evolutive Freiräume der Organismen. Nach Rudolf Steiner (1915) schließt der Freiheitsbegriff den Zufallsbegriff sogar notwendigerweise mit ein. Ohne die Herrschaft des Selektionsgedankens würde «Zufall» zum Synonym für Zukunftsoffenheit der Organismen, und «Anpassung» könnte als Harmoniebedürfnis des Organismus mit der Umwelt verstanden werden. Allerdings muss das gegenwärtige Drama der Existenz, der große Lebensbogen zwischen Anpassung und Emanzipation, von jedem einzelnen Organismus gemeistert werden. Deshalb ist Autonomiezunahme, also die Reduzierung von Umwelteinflüssen, selbstverständlich nicht linear zu denken. Bei einem erweiterten Organismusverständnis, in dem der Organismus Teil eines überindividuellen Systems ist, müsste die «hierarchische Organisation des Lebenden» (Wuketits 1988) wieder diskussionsfähiger sein, was auch für Begriffe wie *Höherentwicklung* und *Gerichtetheit der Evolution* gilt.

Im Naturgeschehen scheint eine Neigung zu Mannigfaltigkeit und (besonders in den Tropen) zu luxurierenden Bildungen wie auch ein gewisser Hang zum Überdimensionalen (s. S. 206) vorhanden zu sein. Diese Tendenz zu unerschöpflichem Reichtum an Formen und Farben treibt primär als Qualität des Lebens die Evolution voran; sekundär setzen dann die vielfältigen Adaptationen an. So gesehen wären Anpassung wie auch Mutation und Selektion zwar wesentliche, aber nicht vorherrschende Größen. Oder wir gehen dazu über, den meistens sehr eng verstandenen Anpassungsbegriff dahingehend zu erweitern, dass wir dem Organismus zwischen Genom und Umwelt, wie oben angedeutet (s. S. 238), eine gewisse Eigentätigkeit zubilligen. Jede der vielfältigen Anpassungsformen sollte jeweils als *eine von* mehreren Möglichkeiten angesehen werden, die unter dem Mitsprachevermögen des Organismus zustande gekommen ist. Sobald wir den Fokus nicht einseitig auf die Anpassungsmerkmale richten, sondern uns den Blick für das Ganze erhalten, existiert der *völlig angepasste* Organismus als passives Ergebnis der Evolution nicht. Anpassen oder *Einpassen* könnte dann im Sinne einer emanzipatorischen Entwicklung auch Autonomiezunahme bedeuten, die den Organismen zunehmend ein Eingreifen in die Umwelt bis hin zu aktiver Umgestaltung ermöglicht.

10.3 Der Balanceakt der Organismen und das Streben nach Gleichgewicht

Zum Schluss möchte ich noch auf das Gleichgewicht in der Natur zu sprechen kommen. Die Organismen haben eine Balance zwischen Innen- und Außenwelt zu verwirklichen, das heißt ein inneres Milieu gegenüber einer völlig anders gearteten Umwelt aufrechtzuerhalten (Homöostase). Der Organismus hält auch in seiner einfachsten Form, verbunden mit der Bildung einer Grenze, seine Lebensfunktionen, und damit seine Unterschiedlichkeit gegenüber der Umwelt, aufrecht. Dies erfolgt vermittels der Anpassung an die Bedingungen seiner Umwelt (Rosslenbroich 2007) beziehungsweise im Kräftespiel von Autonomiestreben und Anpassung. Erinnern wir uns an die anfangs erwähnte grundlegende Einheit aller Lebewesen, die Zelle: Wesentliche Funktionen der Zellmembran sind Abgrenzung der Zelle nach außen *und* Stoffaustausch mit der Umwelt.

In der Fähigkeit aber, ein Inneres gegen ein Äußeres abgrenzen zu können, liegt das Motiv der Freiheit. Die Zunahme an Komplexität und an Bewegungskapazität mit der damit verbundenen erweiterten Verhaltensflexibilität der Organismen sind bedeutende Entwicklungsschritte, welche für die Balance zwischen der Anpassung *an die* Umwelt und dem Unabhängigkeitsstreben *von* der Umwelt wie auch für das Gleichgewicht zwischen äußeren und inneren (extrinsischen und intrinsischen) Faktoren von entscheidender Bedeutung sind. Denn je komplexer, differenzierter und flexibler ein Organismus ist, umso anspruchsvoller wird der Balanceakt; entsprechend wachsen aber auch die ausgleichenden Kräfte. Das heißt, die Organismen sind sowohl herausgefordert, einen immer komplizierteren Balanceakt zu realisieren, als auch befähigt, dieses sensible Gleichgewicht – nicht zuletzt durch den Balanceakt selbst – auf einer zunehmend höheren Ebene zu verwirklichen. Dieses aktive Wechselspiel, in dem der autonome Individualisierungsprozess voranschreitet und mit hohem energetischem Einsatz aufrechterhalten wird, offenbart, wie nahe im Naturgeschehen Notwendigkeit und Freiheit sind und dass der dauerhaft zu leistende Balanceakt ein weisheitsvoller Kunstgriff des Lebens ist, die Evolution voranzutreiben.

So gesehen kann einerseits der Begriff der Höherentwicklung sinnvoll und unmissverständlich benutzt werden, und andererseits

kann der Balanceakt des Lebens als ein sinnenfälliges Bild für Autonomiezunahme angesehen werden. Es mag eingewendet werden, dass ein solches Bild der Evolution nicht präzise genug sei. Wir wissen zwar, dass Homöostase, Stoffwechsel, Energieumsatz wie auch Rhythmus und das Streben nach Gleichgewicht zu den wesentlichen Aspekten des Lebens gehören, Leben selbst lässt sich jedoch schwer analysieren und exakt definieren. Das ist möglicherweise der Grund dafür, dass paradoxerweise das Leben selbst nicht Gegenstand der biologischen Wissenschaft ist. Ganz sicher ist aber Leben mehr als Überleben! Die Unschärfe, die hier vorliegen mag, hängt unmittelbar mit dem Lebendigen selbst zusammen und scheint dem Leben adäquat zu sein. Das gilt in ähnlicher Weise auch für die Balance des Lebens zwischen inneren und äußeren Kräften, zwischen gleichermaßen offenen und geschlossenen biologischen Systemen. Diese Balance entspricht als andauernder, dynamischer Prozess ganz der inneren Organisation des Tieres und ist meines Erachtens eine der wesentlichen impulsierenden Kräfte der Evolution. Wir können sie auch als Prinzip der Autonomie bezeichnen, denn der Gewinn ist eine autonomere Lebensstufe. In vielfältigen Phänomenen zeigt uns die Natur die zahlreichen Schritte zunehmender Autonomie; dieser Entwicklungsmodus der Autonomiezunahme zieht sich nach Rosslenbroich (2007) durch die gesamte Makroevolution.

Hinweisen möchte ich noch auf ein wesentliches Konfliktpotential zwischen der von Charles Darwin definierten *sexuellen Selektion* und der *natürlichen Selektion*, die er der ersteren gegenüberstellte. So kann beispielsweise der Wettkampf um den Titel des stärksten oder schönsten Männchens durchaus in Widerspruch geraten zum erklärten Ziel der natürlichen Selektion, unter den jeweils herrschenden Bedingungen die größtmögliche Anzahl überlebensfähiger Nachkommen zu erzeugen.[95] Die evolutionäre Besonderheit der Beziehung zwischen Geschlechtspartnern erklärt sich daraus, dass Männchen und Weibchen einerseits als Mitglieder derselben Population miteinander konkurrieren, andererseits aber auch als Partner zu kooperieren haben (Wieser 1998). Diesen Balanceakt finden wir ebenfalls bei territorialen Singvögeln, ganz besonders dann, wenn auch die Weibchen singen und eigene Reviere verteidigen. Das Außergewöhnliche bei territorialen Singvögeln ist nun, dass auch benachbarte männliche Artgenossen, sogenannte Rivalen, Wege zur Kooperation gefunden haben: Die sensible Balance zwischen Abgrenzung und Annäherung findet allerdings auf musikalischer Ebene statt, zum Beispiel im entspannten Motivgesang. Hier ist es die Balance zwischen Distanz und Nähe, denn begabte singende Männchen haben sowohl ein starkes Bedürfnis, benachbarte singende männliche Artgenossen auf Distanz zu halten als auch mit ihnen zu kommunizieren. Deshalb werden männliche Artgenossen nicht völlig vertrieben, sondern nur so weit, dass die aufregende Wirkung des Kontrahenten wieder zu einer anregenden werden kann.

---

95 Dazu gehört auch, dass zahlreiche Vogelmännchen zwar mit der Entwicklung eines Prachtgefieders, z.B. bei Paradiesvogel, Kampfläufer oder Pfau, möglicherweise den Vorrang im Erwerb eines Weibchens haben, andererseits sich aber durch ihre auffällige Erscheinung doppelt gefährden (Streffer 2005): Sie ziehen nämlich leicht Räuber an und können diesen aufgrund verringerter Flugfähigkeit (durch teils extreme Federformen) schlechter entfliehen. Prachtgefieder können also durchaus nachteilig sein. Und dass Schönheit und brillantes Aussehen sich nicht immer auszahlen, sondern dass *verhaltene Schönheit* oft vorteilhafter ist, konnte beim Girlitz nachgewiesen werden (Figuerola & Senar 2007).

Bei ausgeprägter Spezialisierung kann sich die erwähnte Balance verschieben und zu verringerter Flexibilität und Anpassungsfähigkeit führen. Bereits 1795 hatte sich Johann Wolfgang von Goethe mit dem Ausgleich im Naturgeschehen in Form der *Idee eines haushälterischen Gebens und Nehmens* beschäftigt und den Gedanken sein Leben lang weiterverfolgt. Dieses Kompensationsprinzip in der Natur (Kipp 1942) wird von der heutigen Verhaltensbiologie in einem gewissen Sinne anerkannt, wonach jede Spezialisierung in irgendeinem anderen Bereich Verzicht bedeutet (Eibl-Eibesfeldt 1999). Goethe hat diese Gedanken später in seiner *Metamorphose der Tiere* (1820) künstlerisch ausgestaltet. In diesem unvollendeten (?) Gedicht geht Goethe – Jahrzehnte vor Darwins Entwicklungstheorie – auf drei zentrale Kräfte des Evolutionsgeschehens ein, die hier als Auszug zitiert werden:

1. Also bestimmt die Gestalt die Lebensweise des Tieres, und die Weise, zu leben, sie wirkt auf alle Gestalten mächtig zurück …

2. Doch im Innern scheint ein Geist gewaltig zu ringen, wie er durchbräche den Kreis, Willkür zu schaffen den Formen wie dem Wollen …

3. Siehst du also dem einen Geschöpf besonderen Vorzug irgend gegönnt, so frage nur gleich: wo leidet es etwa Mangel anderswo? und suche mit forschendem Geiste; finden wirst du sogleich zu aller Bildung den Schlüssel.

Goethe umschreibt erstens den Anpassungsprozess in der Tierwelt und zweitens das, was wir als Autonomiestreben charakterisiert haben. Und drittens weist er uns auf den zentralen Gedanken der Balance hin. Wir werden hier mit Goethes Entdeckung des Kompensationsprinzips konfrontiert, dass nämlich mit jedem großen Entwicklungsschritt, der mit dem Freierwerden von biologischen Notwendigkeiten und Zwängen zusammenhängt, auch biologische Qualitäten eingebüßt werden. Nicht nur an der Entwicklung von Geweihen und Hörnern im Zusammenhang mit der Gebissbildung, die Goethe exemplarisch anführt, sondern auch an anderen Beispielen, wie der Prachtgefiederentfaltung zahlreicher Vögel (Suchantke 1964) oder dem Flugverhalten der Greifvögel (Streffer 2005), kann sowohl die *spezialisierte Form* als auch der *harmonische Ausgleich* beobachtet und studiert werden. Während sich in der natürlichen Evolution einseitige Entwicklungen in Form, Farbe und Verhaltensweisen manifestieren, hat der Mensch durch die Evolution des Bewusstseins die Möglichkeit, jene Einseitigkeiten, die sich bei ihm als Schwächen offenbaren, aktiv auszugleichen, zum Beispiel in dem Bemühen, das innere Gleichgewicht zu finden und zu halten.

10.4 Autonomie und kooperative Entwicklungen im Gesangsverhalten der Singvögel

Im Vorangehenden habe ich versucht, Motive der Autonomie im Vogelgesang darzustellen, die sich unter anderem auch darin zeigen, dass neben dem Kämpferischen in ausgeprägter Weise auch das Kooperative zu beobachten ist. Das hängt meines Erachtens nicht zuletzt damit zusammen, dass Singvögel die Ebene der physischen Auseinandersetzung zum großen Teil in den Bereich des gesanglichen Wettstreits verlegt haben. So singen Singvögel nicht nur gegeneinander, sondern auch miteinander. Letzteres finden wir nicht nur auf der Ebene des entspannten Singens, sondern auch im angleichenden Wechselgesang, wenn etwa Gesangsnachbarn sich in ihren Liedern aktiv musikalisch annähern. Ferner zeigt der Chorgesang territorialer Singvogelmännchen, zum Beispiel beim Sumpfrohrsänger, autonome wie kooperative Züge (s. Kap. 9.3.4). Selbstverständlich handelt es sich zum einen stets nur um eine relative Autonomie, die im Laufe der Evolution verwirklicht wird, und zum anderen tragen die hier dargestellten kooperativen Phänomene in einem erweiterten Sinne symbiotischen Charakter.

Bei territorialen Singvogelmännchen ist es die im vorigen Kapitel beschriebene Balance von Distanz und Nähe, um die auf musikalischer Ebene gerungen wird und die in den Übergängen von entspanntem zu erregtem Gesang und umgekehrt zu erleben ist. Diese feine Balance steht im engen Zusammenhang mit kooperativem Verhalten und dem Bestreben nach Autonomie. Aggressivität wird vermindert und Auseinandersetzung zum großen Teil gänzlich vermieden beziehungsweise als musikalischer Wettstreit ausgetragen.

Auch wurde darauf hingewiesen, dass Singvögel mit komplexen Gesängen nicht so sehr Nahrungsreviere als vielmehr Klangräume verteidigen. Die Entwicklung des Klangreviers ist ein großer Schritt in Richtung Autonomie. Nach allem, was wir heute wissen, können wir davon ausgehen, dass bei derart musikalischen Wesen, welche die Revierabgrenzung zum großen Teil auf musikalischer Ebene regeln, das Bedürfnis nach Akzeptanz des eigenen wie die Respektierung des fremden Klangraums, sich gegenseitig bedingend entwickelt hat. Zu beobachten ist jedenfalls, dass Singvögel den weitaus größten Teil ihrer Revierstreitigkeiten per Gesang schlichten. Dies kann als ein bedeutsames Zeichen für Kooperation *und* Autonomie gewertet werden und dafür, wie aus Rivalen Gesangsnachbarn werden.[96] In Nord- und Mitteleuropa haben wir in jedem Frühjahr reichlich Gelegenheit, die Phänomene dieser sensiblen Balance wahrzunehmen, die auf besonders anmutige Weise im Vogelgesang realisiert wird.

Kooperatives Verhalten spiegelt sich auch darin, dass gesangsbegabte, also meistens territoriale Singvögel primär im hörbaren Bereich der Artgenossen brüten wollen und sich erst sekundär um die besten Reviere streiten. Kampf findet vielfältig im Naturgeschehen statt; er ist aber nicht die eigentliche Triebkraft der belebten Natur. Das Zusammenleben der Organismen scheint in weit größerem Ausmaß von Kooperation und Symbiose beeinflusst zu sein.

Auch das angeführte Beispiel der Revierverschiebung weist kooperative Züge auf. Wenn etwa zu Beginn der Brutzeit noch einige männliche Nachzügler in schon besetzte Reviere einfallen, so ist wahrzunehmen, dass meistens innerhalb weniger Tage die bereits besetzten Territorien zugunsten der Neuankömmlinge kleiner geworden sind. Dieser Prozess vollzieht sich nicht generell nach dem Prinzip des Entweder-Oder. Die Kontrahenten streiten sich weder so extrem (nach Darwin), dass einer der beiden weichen muss, noch ist zu beobachten, dass die alten Revierinhaber den neu Zugeflogenen freundlich (im Sinne von Kropotkin)

Platz machen.[97] Man streitet sich, aber man rauft sich zusammen; die alten Reviere schrumpfen in der Regel, sodass eine Neuverteilung der Reviere möglich wird.

Ein Blick in die Singvogelwelt vermittelt jedem unbefangenen Beobachter, dass der spielerische Charakter des Singens kein *Mechanismus* ist und dass Singvogelgesang nicht vornehmlich Auseinandersetzung bedeutet. Durch Hervorhebung des kämpferischen und zweckmäßigen Prinzips wie auch mangels klarer Differenzierung des Reviergesanges gerät die Darstellung der Singvogelnatur leicht in eine Schieflage, die sich beispielsweise darin ausdrückt, dass Singvogelmännchen vor allem als *Rivalen* und weniger als Gesangs- oder Reviernachbarn betrachtet werden oder dass energetische Untersuchungen des Singens angestellt werden, um den möglichen Nutzen des Gesanges im Verhältnis zum Aufwand zu berechnen (s. Kap. 8.5). Auch fällt auf, dass zweckmäßige Interpretationen des Vogelgesanges umso merkwürdiger klingen, je kom-

---

96 Kooperation und Altruismus, also gegenseitige Hilfe, sind vielfältig im Naturgeschehen wahrzunehmen, etwa bei Organismen, die in echter Symbiose leben, oder bei gesellig (sozial) lebenden Organismen. Dazu gehören aber auch zahlreiche Vogelarten (einschließlich territorialer Singvogelarten), bei denen *kooperative Brutpflege* (s. S. 180) nachgewiesen werden konnte. Bei diesen sogenannten Helferarten beteiligen sich nichtbrütende Individuen an der Brutpflege ihrer Artgenossen (Streffer 2003).

97 Etwa zwölf Jahre nach seinem revolutionären Werk über die *Entstehung der Arten* kommt Charles Darwin in seinem Buch über *Die Abstammung des Menschen* (1871) darauf zu sprechen, dass in der Natur neben dem Kampf ums Dasein auch noch andere Kräfte am Werk seien, z.B. Kooperation und Zusammenwirken, geht aber nicht weiter darauf ein. Diese Einseitigkeit Darwins veranlasste Pjotr Kropotkin (1842–1921), russischer Großfürst und Anarchist zugleich, ein Buch über *Gegenseitige Hilfe in der Tier- und Menschenwelt* (1902) zu veröffentlichen. Wer hat nun recht, Darwin oder Kropotkin? Ist der Kampf ums Dasein oder, wie Kropotkin meint, die gegenseitige Hilfe ein *Naturgesetz und Hauptfaktor der Entwicklung*? Offenbar sind beide Auffassungen, durch ihre extreme Einseitigkeit, falsch. Beide sind auf ihre Weise ebenfalls *reduktionistisch*, da sie die Vielfalt der Erscheinungen auf jeweils *ein* Prinzip einschränken wollen. Beider Vorgehen ist überdies anthropomorph, beide projizieren Erscheinungen und Eigenheiten des menschlichen Soziallebens in die Natur hinein, was Darwin ja selber ganz unbefangen zugibt (Suchantke 1975).

plexer der Gesang und je höher die musikalische Stufe einer Singvogelart ist.

Die Höherentwicklung des Gesanges ist ebenso von zunehmenden Freiheitsgraden durchzogen wie die gesamte Evolution. Die Organismen wurden im Laufe der Entwicklungsgeschichte nicht nur komplexer, sondern auch flexibler. Sie haben sich in unterschiedlicher Weise sowohl *an* die Umwelt angepasst als sich auch *von* der Umwelt emanzipiert. Flexibilität ist nach Rosslenbroich (2007) ein aufschlussreicheres Kriterium für die Emanzipation der Organismen als Komplexität, denn je flexibler die Wechselwirkungen mit der Umwelt möglich sind, umso autonomer können die Organismen agieren. Diese Ergebnisse wie auch die Forschungen zur phänotypischen Plastizität könnten auf akustischer Ebene die Grundlage dafür bilden, Vogelgesang nicht mehr auf Funktionen im Dienste der Fortpflanzung zu reduzieren, sondern die gesamten gesanglichen Leistungen der Singvögel wissenschaftlich unter musikalischen Gesichtspunkten zu untersuchen. Der entspannte Motivgesang, der *sphärische* Gesang, der angleichende Wechselgesang sowie die Gesangsformen des vielfältigen spielerischen Stimmgebrauchs könnten so in umfassender Weise als Zeugnis für Autonomiezunahme verstanden werden.

Das gilt im Besonderen für die Fähigkeit der Melodiewahrnehmung und die *Begabung*, Motive und Gesänge nach musikalischen Gesetzmäßigkeiten zu gestalten. Am Beispiel des Duettgesanges (s. Kap. 7.5.3) wurde gezeigt, dass die exakte Synchronizität im Gesang von Männchen und Weibchen sowohl eine autonome Entwicklung markiert[98] als auch ein Indiz für die enge Bindung der Geschlechter ist. Die Fähigkeit zahlreicher Singvögel, ihre Gesänge nach Ordnungsprinzipien zu strukturieren, ist Ausdruck musikalischer Begabung – bis hin zu den musikalischen *Spielregeln* der Schamadrosseln.

In hohem Maße ist selbstverständlich auch das reiche akustische Imitationsvermögen zu nennen, also die Entwicklung vom Nachahmungslernen innerhalb der eigenen Art bis hin zur Fremdimitation (Spottgesang) und zu fast unbegrenzter Imitationsfähigkeit, einschließlich der Steigerung durch kompositorische Variabilität der Motive. Mit diesem musikalischen Überschreiten der Artgrenze entfaltet sich in der Singvogelevolution eine virtuose Gesangsrichtung, die völlig neue Freiheitsgrade eröffnet und die sich als autonome Leistung im Verhalten der Singvögel widerspiegelt. In Ansätzen kann durchaus von einer musikalischen Kultur gesprochen werden.

---

98 Es sei nochmals daran erinnert, dass es sich stets nur um eine relative Autonomie handeln kann, die im Laufe der Evolution verwirklicht wird.

11. Anhang:
Das Atmungs- und Stimmorgan der Singvögel

Die Luft ist das Medium, durch das sich die Gesänge in den Umkreis ausweiten. Das Atmungssystem und die damit zusammenhängenden Organe sind Zentrum des Vogellebens. Von der Lunge schieben sich, als Ausstülpungen, mehrere große Luftsäcke in den Vogelkörper, sodass die Organe luftkissenartig eingehüllt sind. Die Luftsäcke, die über dünne Kanäle mit der Lunge verbunden sind, dienen nicht nur der Verminderung des spezifischen Gewichtes, sondern sie sind Teil des Atmungsorgans, das völlig anders gestaltet ist als bei Säugetieren und Menschen. Die Vogellunge ist wenig elastisch und verändert, im Gegensatz zu den Luftsäcken, beim Ein- und Ausatmen kaum ihr Volumen.

Beim Einatmen gelangt die Luft zunächst in die relativ kleine Lunge. Von dort strömt sie mithilfe der flexiblen Luftsäcke, in denen selbst kein Gasaustausch stattfindet, durch ein kompliziertes System von dickwandigen Röhren (Bronchen) und parallel verlaufenden Lungenpfeifen (Parabronchen), bis sie nach mehreren Atembewegungen wieder durch die Nasenlöcher entweicht. Die eingeatmete Luft wird also nicht gleich wieder ausgeatmet, sondern der Luftstrom verläuft durch alle Bereiche des Atmungssystems – zum größten Teil in einer Richtung, und zwar so, dass sich die Luft während des Atmens nicht miteinander vermischt. Das bedeutet, dass der in der Atemluft enthaltene Sauerstoff fast vollständig genutzt werden kann.

Vögel atmen sehr schnell. Im Ruhezustand macht zum Beispiel eine Taube 29 Atemzüge je Minute, ein Kolibri schon etwa 250. Bei starker Aktivität steigt die Zahl der Atemzüge bei der Taube auf 450. Wenn aber ein Kolibri je Sekunde

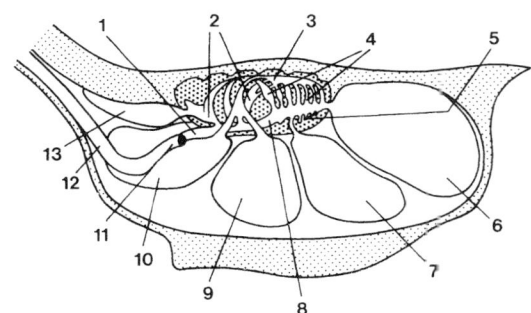

1 = Primärbronchen; 2, 4, 5 = Sekundärbronchen; 3 = Parabronchen (Lungenpfeifen); 6 = Bauchluftsäcke (paarig); 7, 9 = Brustluftsäcke (paarig); 8 = Primärbronchus; 10 = Schlüsselbeinluftsack (führt mit Ausbuchtungen in die Oberarmknochen); 11 = Syrinx (am Übergang der Luftröhre in die beiden Hauptbronchen); 12 = Luftröhre; 13 = Halsluftsack

Abb. 124: Vogellunge mit den zahlreichen Luftsäcken

fünfzig Flügelschläge macht, atmet er über zweitausendmal in der Minute (Grzimek VII). Es ist also von großer Bedeutung, dass die Lunge der Vögel, im Unterschied zur Säugetierlunge, ganz durchströmt wird; der Atmungsprozess der Vögel erweist sich so als wesentlich effizienter. Insofern nun Fliegen pro Zeiteinheit die energetisch aufwendigste Fortbewegungsweise der Wirbeltiere ist, bildet das hochwirksame Atmungssystem der Vögel im Einklang mit einem außerordentlich leistungsfähigen Herzen die Grundlage für eine vorzügliche Sauerstoffversorgung.

Aber nicht nur das Atmungsorgan der Vögel ist sehr ungewöhnlich, sondern auch das stimmerzeugende Organ. Während bei den meisten Wirbeltieren die Laute im Kehlkopf entstehen, liegt das spezielle Stimmorgan der Vögel, die Syrinx, am unteren Ende der Luftröhre: An der Stelle, «wo sich die beiden von den Lungenflügeln kommenden Bronchien zur Luftröhre vereinigen, sind zwischen den Knorpelringen zwei membranartige Häutchen aufgespannt, die durch den vorbeistreichenden Strom der Atemluft in Schwingung versetzt werden. Bei den einzelnen Vogelgruppen ist die Ausprägung dieser schwingenden Häutchen (äußere und innere Paukenhaut oder Tympanalmembran) verschieden. Die Syrinxmuskulatur, die an den Membranen ansetzt, ist ebenfalls bei den einzelnen Vogelgruppen in unterschiedlicher Art und Weise ausgebildet» (Limbrunner & Bezzel 2001).

Die echten Singvögel «sind dadurch charakterisiert, dass sie vier bis neun Paare dieser Syrinxmuskeln besitzen, während die übrigen Sperlingsvögel deren nur drei Paar haben. Diese Muskulatur ist neben anderen Einflüssen für die große Variationsfähigkeit der Singvogelstimmen und damit für deren außergewöhnliche Gesangsleistungen verantwortlich» (Limbrunner & Bezzel 2001). Das Entscheidende in der Evolution der Singvogelgruppe ist also in der Höherentwicklung des Stimmorgans und der Stimme zu sehen.

Vogelgesang entsteht vor allem durch die Luftströme in der Syrinx. Von besonderer Bedeutung für den Gesang sind die Paukenhäute. Diese elastisch schwingenden Syrinxmembranen sind die wichtigsten schwingenden Elemente der Lauterzeugung; sie werden durch die komplizierte Syrinxmuskulatur variiert. Die Atemluft versetzt die empfindlichen Häutchen in Vibration, wobei die äußeren Paukenhäute zur oft schnellen Änderung der Tonhöhe (Frequenz-

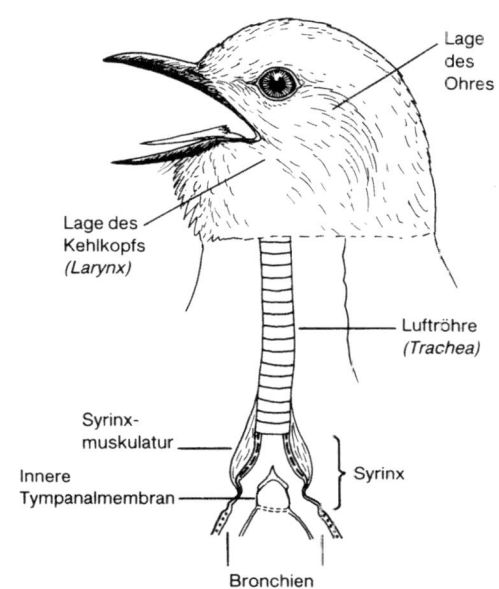

Abb. 125: Stimmorgan der Singvögel. Die Syrinx ist im Längsschnitt dargestellt, etwa um 90° gedreht.

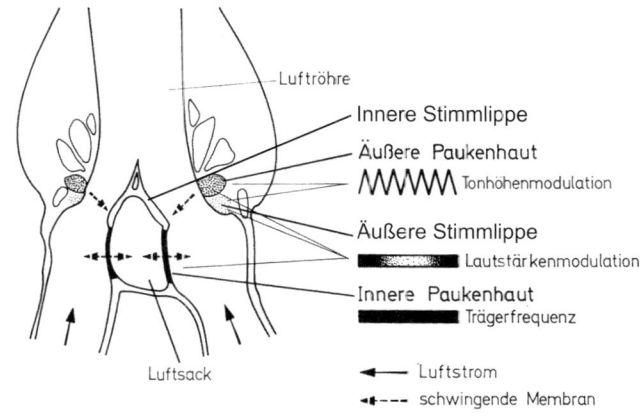

Abb. 126: Längsschnitt durch die Syrinx eines Singvogels

modulation) beitragen. Eine Verkürzung der Luftröhre lässt die Tonhöhe ansteigen, während die Lautstärke vom Druck des Luftstromes abhängt. Den Luftstrom selbst scheinen Singvögel vor allem mit den jeweils den Paukenhäuten gegenüber auf der Innenwand der Bronchen sitzenden Stimmlippen exakt kontrollieren zu können (Bezzel & Prinzinger 1990; zum Frequenzspektrum der Singvögel s. Kap. 7.5.1).

Die nicht miteinander verbundenen inneren Paukenhäute sind die Grundlage für ein Phänomen, das sicher jeder von uns schon wahrgenommen hat: Beim Gesang der Amsel beispielsweise hört es sich manchmal so an, als würde sie mehrere Töne zur gleichen Zeit erzeugen. Das hängt mit dem doppelten Atemstrom im Bereich der Syrinx zusammen. Die beiden symmetrischen Hälften der Syrinx schwingen voneinander unabhängig, sodass zahlreiche Singvögel in der Tat verschiedene, sich überlappende Töne gleichzeitig hervorbringen können. Buchfinken sind eingehend untersucht worden; sie sind in der Lage, mit jeder Seite der Syrinx alle Modulationen, die im Artgesang auftreten, zu erzeugen; es werden aber beide Seiten benötigt, um zwei unabhängige modulierte Laute gleichzeitig zu erzeugen (Bezzel & Prinzinger 1990). «Der Vogel kann also zweistimmig singen oder rufen! Meist verteilt er die Lautäußerung zu ungleichen Teilen auf die beiden Hälften. Die linke Hälfte der Syrinx dominiert dabei ebenso wie die entsprechenden Regionen im Gehirn. Auch bei der menschlichen Sprache dominiert die linke Hirnhälfte» (Bergmann 1987).

Vom australischen Leierschwanz ist bekannt, dass er zwei Melodien gleichzeitig singen kann (Rothenberg 20007). Singende Kanarienvögel produzieren ihre Triller zum größten Teil mit dem Luftstrom der linken Bronchie, während sie die rechte zum Atmen benutzen. Verschiedene Singvögel, zum Beispiel Star, Amsel und Fitis, erzeugen gleichzeitig mit der einen Syrinxhälfte hohe und mit der anderen tiefe Töne. Wenn ein Rotkardinal ein Glissando pfeift, werden die tieferen Töne vom Luftstrom einer der Bronchien erzeugt; dann erfolgt zu den höheren Tönen hin ein fließender, nicht wahrnehmbarer Wechsel zur anderen Bronchie. Die beiden separat erzeugten Laute können auch – mit überraschenden Ergebnissen – vermischt werden. Mit dieser Technik können manche Papageien, Beos und Mainas menschliche Stimmen sehr genau imitieren. Alles in allem kommt keine Stimmäußerung eines anderen Tieres an Dauer, Vielfalt oder Komplexität dem Vogelgesang gleich (Attenborough 1999).

Der Aufbau der Syrinx stimmt bei den verschiedenen Spezies ziemlich überein. Unterschiede ergeben sich, wie wir gesehen haben, hinsichtlich des Entwicklungsgrades und der Anzahl der Syringalmuskeln: Die meisten Hühnervögel besitzen nur eines dieser Muskelpaare, während bei Lerchen fünf Muskelpaare und bei Amseln sieben festgestellt wurden. Nach Einhard Bezzel (1977) scheint die hochdifferenzierte Doppelstruktur der Syrinx das Erlernen und Einüben von Gesängen notwendig zu machen, um das komplizierte Spiel der Syrinxmuskulatur zu beherrschen. Die größere Anzahl dieser komplizierten Muskeln zeichnet in der Regel die Syrinx der Singvögel als ein hochspezialisiertes Organ aus. Es gibt aber auch Singvögel, wie etwa den Graurücken-Leierschwanz oder den Waldschnäppertyrann, die beide nur je drei Singmuskelpaare besitzen und dennoch begabte und vorzügliche Sänger sind, das heißt, dass die Zunahme der Singmuskeln zwar einen bedeutenden Entwicklungsschritt darstellt, nicht aber automatisch mit der Zunahme von differenzierten Gesängen einhergeht.

Die Dauer des Gesangs hängt in der Regel

davon ab, «wie rasch sich der Luftvorrat dabei verbraucht. Manche Vögel können lange Zeit kontinuierlich singen, der Feldschwirl zum Beispiel, offenbar ohne zu atmen, bis zu 95 Sekunden» (Bezzel & Prinzinger 1990). Das sind etwa fünfzig Doppellaute pro Sekunde. Manche Vogelarten, vor allem Singvögel, erzeugen innerhalb kürzester Zeit so viele Töne, dass das menschliche Ohr sie nicht vollständig aufnehmen kann; der Goldzeisig (Carduelis tristis) kann pro Sekunde fünfzehn bis siebzehn unterschiedliche Laute hervorbringen, die Walddrossel (Catharus mustelina) wechselt pro Sekunde bis zu zweihundertmal die Frequenz (Perrin 2002). Das Produzieren der Laute sowohl beim Ein- als auch beim Ausatmen ist bei der Schamadrossel wahrscheinlich; Ziegenmelker können auf diese Weise bis zu acht Minuten ohne Unterbrechung singen (Bezzel & Prinzinger 1990). Generell gilt aber, dass die Lautäußerungen der Singvögel mit der ausströmenden Atemluft erzeugt werden.

Zur Stimmorganisation der Vögel gehören gewissermaßen aber auch die oben erwähnten Luftsäcke, die mehr als ein Viertel des Körpervolumens ausmachen. Und so, wie viele Kleinvögel vermöge dieses gewaltigen Luftreservoirs und äußerst wirksamen Atmungssystems bis zu zwanzig Atemzüge in der Sekunde ausführen, können sie auch mittels getrennter Atemströme im Bereich der Syrinx mehrere Töne gleichzeitig erzeugen. Mit «sehr kurzen, flachen Atemstößen, die zeitlich genau auf die Lautfolge seines Gesangs abgestimmt sind, kann ein Vogel ohne wahrnehmbare Unterbrechung minutenlang singen, viel länger als selbst der besttrainierte menschliche Sänger» (Attenborough 1999). Auf diese Weise sind längere zusammenhängende Gesänge (z.B. von Zaunkönig und Gartengrasmücke) wie auch der lang andauernde Singflug einer Feldlerche möglich. Nach jedem Laut wird durch eine kurze Inspiration, *minibreath* genannt, diejenige Luftmenge ergänzt, die für den soeben gesungenen Laut benötigt worden ist (Calder 1970). Über die im Nachhirn beschriebenen Atemzentren (Wild 1997) wird für das Singen einer gelernten Melodie genau ein Pulsmuster erzeugt, das exakt mit der unterschiedlichen Dauer der Einzellaute übereinstimmt (Suthers 1997); so dauert zum Beispiel beim Gimpel ein Atempuls für eine Viertelnote doppelt so lang wie für ein Achtel.

Bei den Untersuchungen zur Melodiewahrnehmung des Gimpels zeigte sich, dass der Gimpel die Lautdauer wesentlich genauer kopiert, als unser Ohr die Dauer überhaupt wahrnehmen kann.[99] Der Gimpel kann die Lautdynamik im Bereich von zehn Millisekunden nicht nur wahrnehmen, sondern anschließend über die erlernte Kontrolle die Amplitude des Pulsmusters der Luftzufuhr selbst wiedergeben. Die erstaunliche Koordination von Tonhöhe, Tondauer und Lautdynamik bedeutet, dass das Gehirn der Singvögel wenigstens andeutungsweise entsprechende Leistungen vollbringt, wie sie für die höheren Gehirnzentren (Cortex) des Menschen typisch sind (s. Kap. 7.4), obwohl entsprechende anatomische Strukturen fehlen (Güttinger & Nicolai 2002).

Die Beschreibung des Baues und die Erläuterung der Funktion der Syrinx konnte bisher nicht befriedigend gelingen, weil eine direkte Beobachtung der Syrinx in natürlicher Lage nicht möglich war, denn die Syrinx ist vom Schlüsselbeinluftsack eingehüllt, und eine Verletzung dieses empfindlichen Gebildes würde ihre Arbeitsweise und Leistung verändern (Bezzel & Prinzinger 1990). In jüngster Zeit

---

99 Zur großen Wahrnehmungsgenauigkeit der Singvögel, zur musikalischen Gesetzmäßigkeit in der Gesangsstruktur wie auch zur sonagraphischen Darstellung siehe Kapitel 7.5.1.

gelang es jedoch einem deutsch-amerikanischen Forscherteam unter der Leitung des Biologen Tobias Riede von der Berliner Humboldt-Universität, Röntgenbildaufnahmen von singenden Rotkardinälen zu machen. Zu sehen ist, dass die Vögel ihre *Stimmlippen* beim Singen zyklisch dehnen. Diese Bewegung pflanzt sich in den Rachen fort, drückt ihn leicht zusammen und schafft dabei freien Raum, der die tieferen Töne entstehen lässt (Riede 2006). Gegenüber früheren Vorstellungen hat sich auch gezeigt, dass die Syrinx durch ihre Funktionsstruktur der schwingenden Systeme bestimmte Eigenschaften der Lautäußerungen selbst zu bestimmen scheint (Westheide 2004). Wichtig ist in unserem Zusammenhang, dass die Syrinx mit ihrer differenzierten Doppelstruktur ein außerordentlich kompliziertes und hoch entwickeltes Stimmorgan ist, welches sich, entsprechend der Höherentwicklung musikalischer Fähigkeiten, immer feiner ausbildete. Und die Vervollkommnung dieses Singmuskelorgans lässt sich schrittweise durch die ganze Klasse der Vögel verfolgen.

12. Literaturverzeichnis

Adret-Hausberger, A., Güttinger, H. R. & Merkel, F. W. (1989): Individualgeschichte und Gesangsprägung beim Star (*Sturnus vulgaris*) in einer Kolonie. Journal für Ornithologie. Bd. 130, Heft 2

Altum, B. (1898): Der Vogel und sein Leben. 6. Aufl. Schöningh, Münster/Westf. 11. bearb. Aufl. 1937

Arnold, W. H. (1989): Adaptation und Emanzipation. Eine Betrachtung der Evolution am Beispiel der Entwicklung der Sprachorgane. In: Arnold, W. H. (Hrsg.): Entwicklung. Interdisziplinäre Aspekte zur Evolutionsfrage. Verlag Urachhaus, Stuttgart

Aronov, D. et al. (2008): A Specialized Forbrain Circuit for Vocal Babbling in the Juvenile Subsong. Science 320: 630–635

Attenborough, D. (1999): Das geheime Leben der Vögel. Scherz, München

Austin, O. L. (1963): Die Vögel der Welt. Hrsg. v. H. S. Zim. Knaur, München

Bally, G. (1945): Vom Ursprung und von den Grenzen der Freiheit. Eine Deutung des Spiels bei Tier und Mensch. Schwabe, Basel

Bauer, J. (2002): Das Gedächtnis des Körpers. Wie Beziehungen und Lebensstile unsere Gene steuern. 8. erweiterte Auflage 2006. Piper, München

– (2005): Warum ich fühle, was du fühlst. Intuitive Kommunikation und das Geheimnis der Spiegelneurone. Hoffmann und Campe, Hamburg

– (2006): Prinzip Menschlichkeit. Warum wir von Natur aus kooperieren. Hoffmann und Campe, Hamburg

Bauer, H. G. & Berthold, P. (1997): Die Brutvögel Mitteleuropas. Bestand und Gefährdung. 2. Aufl., Wiesbaden

Becker, P. H. (1977a): Geographische Variation des Gesanges von Winter- und Sommergoldhähnchen (*Regulus regulus, R. ignicapillus*). Die Vogelwarte. Bd. 29, Heft 1

– (1977b): Verhalten auf Lautäußerungen der Zwillingsart, interspezifische Territorialität und Habitatansprüche von Winter- und Sommergoldhähnchen. Journal für Ornithologie. Bd. 118, H. 3

– (1978): Der Einfluss des Lernens auf einfache und komplexe Gesangsstrophen der Sumpfmeise (*Parus palustris*). Journal für Ornithologie. Bd. 119, Heft 4

– (1990): Der Gesang des Feldschwirls (*Locustella naevia*) bei Lernentzug. Die Vogelwarte. Bd. 35, H. 4

Becker, P. H. & Thielke, G. (1980): Der Tonhöhenverlauf ist entscheidend für das Gesangserkennen beim mitteleuropäischen Zilpzalp (*Phylloscopus collybita*). Journal für Ornithologie. Bd. 121, Heft 3

Behavioral Neurobiology of Birdsong (2004). Ed. by H. P. Zeigler & Marler, P. Annals of the New York Academy of Sciences. Vol. 1016

Beier, J. (1981): Untersuchungen an Drossel- und Teichrohrsänger (*Acrocephalus arundinaceus, A. scirpaceus*): Bestandsentwicklung, Brutbiologie, Ökologie. Journal für Ornithologie. Bd. 122, Heft 3

Benedikter, R. (2005): Der Mensch als Automat des Kosmos? Das Rätsel der Spiegelneuronen. Die Drei. Jg. 75, Heft 12

Berger, M. & Hart, J. S. (1968): Ein Beitrag zum Zusammenhang zwischen Stimme und Atmung bei Vögeln. Journal für Ornithologie. Bd. 109, Heft 4

Bergmann, H. H. (1973): Imitationsleistung einer Mischsänger-Dorngrasmücke (*Sylvia communis*). Journal für Ornithologie. Bd. 114, Heft 3

– (1976): Inseldialekte in den Alarmrufen von Weißbart- und Samtkopfgrasmücke (*Sylvia cantillans* u. *S. melanocephala*). Die Vogelwarte. Bd. 28, H. 4

- (1977): Mönchsgrasmücke (*Sylvia atricapilla*) lernt Leiergesang. Journal für Ornithologie. Bd. 118, H. 3
- (1987): Die Biologie des Vogels. Aula, Wiesbaden
- (2004): Die Samtkopfgrasmücke. Der Falke. Jg. 51, Heft 4

Bergmann, H. H. & Düttmann, H. (1985): Gesangsverhalten an der Reviergrenze beim Buchfinken (*Fringilla coelebs*). Journal für Ornithologie. Bd. 126, Heft 3

Bergmann, H. H., Helb, H. W. & Baumann, S. (2008): Die Stimmen der Vögel Europas. 474 Vogelporträts mit 914 Rufen und Gesängen auf 2200 Sonagrammen. Aula, Wiebelsheim

Berndt, R. & Meise, W. (1959–1966): Naturgeschichte der Vögel. 3 Bände. Franckh/Kosmos, Stuttgart

Berthold, P. Querner, U. & Schlenker, R. (1990): Die Mönchsgrasmücke. Neue-Brehm-Bücherei. Wittenberg

Bezzel, E. (1977): Ornithologie. Ulmer, Stuttgart
- (1988) Die Gesangszeiten des Buchfinken (*Fringilla coelebs*): Eine Regionalstudie. Journal für Ornithologie. Bd. 129, Heft 1
- (1989): Der Pirol – das besondere Vogelporträt. Blüchel & Philler, München
- (1993): Kompendium der Vögel Mitteleuropas. Bd. 2: Passeres, Singvögel. Aula, Wiesbaden

Bezzel, E. & Prinzinger, R. (1990): Ornithologie. 2. bearb. u. erweit. Aufl. Ulmer, Stuttgart

Bischof, N. (1985): Das Rätsel Ödipus. Die biologischen Wurzeln des Urkonfliktes von Intimität und Autonomie. Piper, München

Bonner, J. T. (1983): Kultur-Evolution bei Tieren. Parey, Berlin und Hamburg

Bornemisza, C. (1999): Musik der Vögel. Braumüller, Wien

Braus, D. F. (2004): Ein Blick ins Gehirn. Bildgebung in der modernen Psychiatrie. Thieme, Stuttgart

Brehm, A. E. (1872): Gefangene Vögel. Bd. I. Winter, Heidelberg

Calder, W. A. (1970): Respiration during song in the Canary (*Serinus canaria*). Comp. Biochem. Physiol. 32: 251–258

Carroll, S. B. (2008): EVO DEVO. Das neue Bild der Evolution. Berlin University Press, Berlin

Catchpole, C. & Slater, P. (1983): Bird Song. Biological Themes and Variations. Cambridge University Press, Cambridge

Clement, P. & Hathway, R. (2000): Trushes. Christopher Helm Publ., London

Coates, B. & Bishop, K. D. (1997): Birds of Wallacea. Sulawesi, Moluccas ... Dove Publications, Queensland

Coats, B. J. (1985–1990): The Birds of Papua New Guinea. 2 vols. Dove Publications, Alderley

Coleman, S. et al. (2007): Seidenlaubenvogel: Fremdsprachenerkenntnisse bevorzugt. Der Falke. Jg. 54, Heft 10 – Originalbeitrag in: Biology Letters 2007. Online-Version DOI: 1098/rsbl.2007.0254

Conrads, K. (1976): Studien an Fremddialekt-Sängern und Dialekt-Mischsängern des Ortolans (*Emberiza hortulana*). Journal für Ornithologie. Bd. 117, H. 4
- (1984): Gesangsdialekte der Goldammer (*Emberiza citrinella*) auf Bornholm. Journal für Ornithologie. Bd. 125. Heft 2

Craig, W. (1918): Appetits and Aversions as Constituents of Instincts. Biological Bulletin, No. 34: 91–107
- (1943): The Song of the Wood Pewee. N.Y. State. Mus. Bull. No. 334

Cramp, S., Simmons, K. E. L. & Perrins, C. M. (1977–1994): Birds of Europe, the Middle-East and North-Africa. The Birds of the Western Palaearctic. 9 vols. Oxford University Press, Oxford

Creutz, G. (1955): Der Trauerschnäpper. Eine Populationsstudie. Journal für Ornithologie. Bd. 96, Heft 3

Csicsáky, M. (1978): Über den Gesang der Feldlerche (*Alauda arvensis*) und seine Beziehung zur Atmung. Journal für Ornithologie. Bd. 119, Heft 3

Dale, S. & Manceau, N. (2003): Habitat selection of two locally sympatric species of *Emberiza* buntings (*E. citrinella* and *E. hortulana*). Journal für Ornithologie. Bd. 144, Heft 1

Darwin, C. (1845): Reise eines Naturforschers um die

Welt. Übersetzt von J. Victor Carus. Schweizerbarth, Stuttgart 1875

– (1859): Die Entstehung der Arten durch natürliche Zuchtwahl oder die Erhaltung der begünstigten Rassen im Kampfe ums Dasein. 8. Aufl. Schweizerbarth, Stuttgart 1899

– (1871): Die Abstammung des Menschen und die geschlechtliche Zuchtwahl. Schweizerbarth, Stuttgart

– (1874): Der Ausdruck der Gemüthsbewegungen bei dem Menschen den Thieren. Übers. v. J. V. Carus. 2. Auflage. Schweizerbart, Stuttgart

Delin, H. & Svensson, L. (2004): Der große Kosmos-Naturführer Vögel. 3. Aufl. Franckh/Kosmos, Stuttgart

Derégnaucourt, S. (2005): Gesangslernen: Zwei vor, eins zurück. Der Falke. Jg. 52, Heft 5 – Originalbeitrag in: Nature 433, No. 7027: 710-716

Derryberry, E. P. (2007): Dachsammern: Gesangsmoden. Der Falke. Jg. 54, Heft 9 – Originalbeitrag in: Evolution. Online-Version: DOI: 10.1111/j.1558-5646. 2007.00154.x

Diehl, P. (1992): Radiotelemetrische Untersuchungen der Herzfrequenz singender Amseln (*Turdus merula*). Journal für Ornithologie. Bd. 133, Heft 2

Diehl, P. & Helb, H. W. (1985): Vogelgesang und Herzfrequenz – radiotelemetrische Messungen beim Subsong bei der Amsel. Journal für Ornithologie. Bd. 126, Heft 3

Diesselhorst, G. & Fechter, H. (1970): Lexikon der Tiere. 2 Bände. Fischer, Frankfurt

Dorst, J. (1972): Das Leben der Vögel. 2 Bände. Editions Renconctre, Lausanne

Dowsett-Lemaire, F. (1979): The imitative range of the song of the marsh warbler (*Acrocephalus palustris*), with special reference to imitation of African birds. Ibis. Vol. 121.

Eckermann, J. P. (1848): Gespräche mit Goethe in den letzten Jahren seines Lebens. Bd. 3 (26. Sept. u. 8. Okt. 1827). Heinrichshofen'sche Buchhandlung, Magdeburg

Eckert, R. (2002): Tierphysiologie. 4. Aufl. Thieme, Stuttgart

Eibl-Eibesfeldt, I. (1999): Grundriss der vergleichenden Verhaltensforschung. Ethologie. 8. bearb. Aufl. Piper, München

Epple, W. (1997): Rabenvögel. Göttervögel, Galgenvögel. Ein Plädoyer im ‹Rabenvogelstreit›. Braun, Karlsruhe

Etchécopar, R. D. & Hüe, F. (1967): The Birds of North Africa. Oliver & Boyd, Edinburgh

Farrier, M. A. (2004): The Avian Song System in Comparative Perspective. In: Behavioral Neurobiology of Birdsong. Ed. H. P. Zeigler & Marler, F. Annals of the New York Academy of Sciences. Vol. 1016

Ferguson, J. W. H., van Zyl, A. & Delport, K. (2002): Vocal mimicry in African *Cossypha* robin chats. Journal für Ornithologie. Bd. 143, Heft 3

Figuerola, J. & Senar, J. C. (2007): Girlitz: Verhaltene Schönheit oft vorteilhafter. Der Falke Jg. 54, Heft 9 – Originalbeitrag in: Oikos. Vol. 116, Heft 4: 636–641

Fisher, J. & Hinde, R. A. (1949): The opening of milk-bottles by birds. British Birds. Vol. 42

Fleuster, W. (1973): Versuche zur Reaktion freilebender Vögel auf Klangattrappen verschiedener Buchfinkenalarme. Journal für Ornithologie. Bd. 114, H. 4

Flitner, A. (1972): Spielen – Lernen. Praxis und Deutung des Kinderspiels. Erweiterte Neuauflage 2002. Beltz, Weinheim

Franck, D. (1997): Verhaltensbiologie. 3. bearb. Auflage. Thieme, Stuttgart

Frieling, H. (1937): Stimme der Landschaft. Begreifen und Erleben der Tierstimme vom biologischen Standpunkt. Oldenbourg, München

Fuchs, Th. (2000): Leib, Raum, Person. Entwurf einer phänomenologischen Anthropologie. Klett-Cotta, Stuttgart

Gahr, M. (2009): Waldweber: Effizienteres Weibchen-Hirn. Der Falke. Jg. 56, Heft 1 – Originalbeitrag in: PLoS One, 27.08.2008

Gallese, V. (2005): Embodied simulation: From neurons to phenomenal experience. Phenomenology and the Cognitive Sciences 4: 23–48

Gallese, V. & Rizzolatti, G. (2004): A unifying view of the basis of social cognition. TRENDS in Cognitive Sciences. Vol. 8, No. 9: 396–403

Gattiker, E. u. L. (1989): Die Vögel im Volksglauben. Aula, Wiesbaden

Gentner, T. et al. (2006): Star: Grammatik kein Problem. Der Falke. Jg. 53, Heft 8 – Originalbeitrag in: Nature 440, No. 7088: 1204-1207

Gerhart, J. & Kirschner, M. (1997): Cells, Embryos and Evolution. Blackwell, Malden

Glaubrecht, M. (1989): Geographische Variabilität des Gesangs der Goldammer (*Emberiza citrinella*) im norddeutschen Dialekt-Grenzgebiet. Journal für Ornithologie. Vol. 130, H. 3

– (2002): Die ganze Welt ist eine Insel. Beobachtungen eines Evolutionsbiologen. Hirzel, Stuttgart

Glutz von Blotzheim, U. (1966–1998): Handbuch der Vögel Mitteleuropas. 14 Bände in 23 Teilen. Akademische Verlagsgesellschaft, Frankfurt/Aula, Wiesbaden

Goethe, J. W. v. (1795): Erster Entwurf einer allgemeinen Einleitung in die vergleichende Anatomie, ausgehend von der Osteologie. In: Goethes Naturwissenschaftliche Schriften. Bd. 33. Hrsg. von Rudolf Steiner. (Kürschners Deutsche National-Litteratur). Spemann, Berlin und Stuttgart 1884

– (1820): Metamorphose der Tiere. (Zur Morphologie, Tl. I,2). Gesamtausgabe, Bd. 18. Cotta, Stuttgart 1959

– (1982): Werke. Hrsg. v. E. Trunz. 12 Bde. Beck, München

Goller, F. (1987): Der Gesang der Tannenmeise: Beschreibung und kommunikative Funktion. Journal für Ornithologie. Bd. 128, Heft 3

Grafe, U. & J. Bitz (2005): Flötenwürger: Triumph im Duett. Der Falke. Jg. 52, Heft 1 – Originalbeitrag in: BioMedCentral Ecology. Vol. 4 (2004)

Grimes, L. G. (1976): The duets of *Laniarius atroflavus*, *Cisticola discolor* and *Bradypterus baratti*. Bulletin of the British Ornithologists' Club. Vol. 96: 113–120

Groos, K. (1907): Die Spiele der Tiere. 2. bearb. Aufl. G. Fischer, Jena

Grüll, A.(1981): Untersuchungen über das Revier der Nachtigall (*Luscinia megarhynchos*). Journal für Ornithologie. Bd. 122, Heft 3

Grzimeks Tierleben (1980). Enzyklopädie des Tierreichs. Bd. 7–9 (Vögel). DTV, München

Güntürkin, O. (2008): Wann ist ein Gehirn intelligent? Spektrum der Wissenschaft. Nr. 8: 128–132

Güttinger, H. R. (1974): Gesang des Grünlings (*Chloris chloris*). Journal für Ornithologie. Bd. 115, Heft 3

– (1977): Variable and constant structures in greenfinch songs (*Chloris chloris*) in different locations. Behaviour. Vol. 60

– (1978): Verwandtschaftsbeziehungen und Gesangsaufbau bei Stieglitz (*Carduelis carduelis*) und Grünlingsverwandten (*Chloris spec.*). Journal für Ornithologie. Bd. 119, Heft 2

– (1990): Das Gesangslernen und seine Beziehung zur Gehirnentwicklung beim Kanarienvogel (*Serinus canaria*). Die Vogelwarte. Bd. 35, Heft 4

Güttinger, H. R., Fuchs, H. & Schwager, G. (1990): Das Gesangslernen und seine Beziehung zur Gehirnentwicklung beim Kanarienvogel (*Serinus canaria*). Die Vogelwarte. Bd. 35, Heft 4

Güttinger, H. R., Turner, T., Dobmeyer, S. & Nicolai, J. (2002): Melodiewahrnehmung und Wiedergabe: Untersuchungen an liederpfeifenden und Kanariengesang imitierenden Gimpeln (*Pyrrhula pyrrhula*). Journal für Ornithologie. Bd. 143, Heft 3

Gwinner, E. (1964): Untersuchungen über das Ausdrucks- und Sozialverhalten des Kolkraben (*Corvus corax*). Zeitschrift für Tierpsychologie. Jg. 21, 657–748

– (1965): Über den Einfluss des Hungers und anderer Faktoren auf die Versteck-Aktivität des Kolkraben. Die Vogelwarte. Bd. 23, Heft 1

– (1966): Über einige Bewegungsspiele des Kolkraben. Zeitschrift für Tierpsychologie. Jg. 23

– (1968): Circannuale Periodik als Grundlage des jahreszeitlichen Funktionswandels bei Zugvögeln. Journal für Ornithologie. Bd. 109, Heft 1

– (1969): Untersuchungen zur Jahresperiodik von Laubsängern. Journal für Ornithologie. Bd. 110, H. 1

Gwinner, E. & Kneutgen, J. (1962): Über die biologische Bedeutung der «zweckdienlichen» Anwendung erlernter Laute bei Vögeln. Zeitschrift für Tierpsychologie. Jg. 19

Haarhaus, D. (1973): Die Zeteraktivität der Amsel (*Turdus merula*). Journal für Ornithologie. Bd. 114, H. 1

Haas, V. (1980): Ethologische und ökologische Untersuchungen an süddeutschen Wacholderdrosseln unter besonderer Berücksichtigung des Koloniebrütens. Dissertation. Universität Tübingen

Häcker, V. (1900): Der Gesang der Vögel, seine anatomischen und biologischen Grundlagen. Fischer, Jena

Hanski, I. K. (1993): Territorial behaviour and breeding strategies in the Chaffinch (*Fringilla coelebs*). Dissertation, Helsinki

Hanski, I. K. & Haila, Y. (1988): Singing territories and home ranges of breeding Chaffinches: Visual observation vs. radio-tracking. Orn. fennis. Vol. 65: 97–103

Harris, T. & Franklin, K. (2000): Shrikes & Bush-Shrikes. Helm, London

Hartert, E. (1910–38): Die Vögel der paläarktischen Fauna. 4 Bände. Friedländer & Sohn, Berlin

Hartshorne, C. (1956): The monotony treshold in singingbirds. Auk. Vol. 73:176–191

– (1958): The Relation of Bird Song to Music. Ibis. Vol. 100

Hass, H. (1968): Wir Menschen. Molden, Wien

Hassenstein, B. (1969): Aspekte der «Freiheit» im Verhalten der Tiere. Universitas. Jg. 24, Heft 12

– (1972): Bedingungen für Lernprozesse – teleonomisch gesehen. Nova Acta Leopoldina, Halle

Hegelbach, J. & Spaar, R. (2000): Saisonaler Verlauf der Gesangsaktivität der Singdrossel (*Turdus philomelos*), mit Anmerkungen zum nachbrutzeitlichen Gesangsschub. Journal für Ornithologie. Bd. 141, Heft 4

Heinroth, O. (1924): Lautäußerungen der Vögel. Journal für Ornithologie. Bd. 72

– (1955): Aus dem Leben der Vögel. 2. verb. Aufl. Springer, Berlin

Heinroth, O. & Heinroth, M. (1926–1931): Die Vögel Mitteleuropas. 4 Bände. Nachdruck 1966–1968. Deutsch, Frankfurt

Heinzel, H., Fitter, R. & Parslow, J. (1996): Pareys Vogelbuch. 7. Auflage. Parey/Blackwell, Berlin

Helb, H. W. (1973): Analyse der artisolierenden Parameter im Gesang des Fitis (*Phylloscopus trochilus*) mit Untersuchungen zur Objektivierung der analytischen Methode. Journal für Ornithologie. Bd. 114, H. 2

Heldmaier, G. & Neuweiler, G. (2003): Vergleichende Tierphysiologie. Bd. I: Neuro- und Sinnesphysiologie. Springer, Berlin

Hesler, N. et al. (2008): Ist die Gesangskomplexität der Amsel in einem intrasexuellen Kontext von Bedeutung? Die Vogelwarte. Bd. 46, Heft 4

Hettlage, R. (1989): Evolutionstheorien in der Soziologie zwischen Moderne und Postmoderne. In: Arnold, W. H. (Hrsg.): Entwicklung. Interdisziplinäre Aspekte zur Evolutionsfrage. Verlag Urachhaus, Stuttgart

Heusser, P. (2000): Goethes Beitrag zu einer Erneuerung der Naturwissenschaft. Peter Lang AG, Bern

Hölzinger, J. (1997–1999): Die Vögel Baden-Württembergs. Bd. 3.1 u. 3.2 (Singvögel). Ulmer, Stuttgart

Hoffmann, B. (1908): Kunst und Vogelgesang in ihren wechselseitigen Beziehungen vom naturwissenschaftlich-musikalischen Standpunkte beleuchtet. Quelle & Meyer, Leipzig

Hoyo, J. del (2002–2008): Handbook of the Birds of the World. Vol. 7–13. Lynx Edicions, Barcelona

Huber, F. (1991): Akustische Verständigung im Tierreich. Bayerische Akademie der Wissenschaften. München

Hudde, H. (1988): Vier adulte Blaumeisen (*Parus caeruleus*) an einem Nest. Die Vogelwarte. Bd. 34, Heft 3

Hultsch, H. (1980): Beziehungen zwischen Struktur, zeitlicher Variabilität und sozialem Einsatz des Gesanges der Nachtigall. Dissertation. Universität Berlin

Hultsch, H. & Todt, (1981): Repertoire sharing and songpost distance in Nightingales. Behav. Ecol. Sociobiol. Vol. 8: 183–188

– (1982): Temporal performance roles during interactions in Nightingales. Behav. Ecol. Sociobiol. Vol. 11: 253–260

– (1989): Memorization and reproduction of songs in nightingales. Journal of Comparative Physiology. A, No.165

Hunter, M. L. & Krebs, J. R. (1979): Geographical variation in the song of the great tit (*Parus major*) in the relation to ecological factors. Journ. Anim. Ecol. 48

Husemann, A. (2003): Der musikalische Bau des Menschen. 4. bearb. Aufl. Freies Geistesleben, Stuttgart

Huxley, J. (1948): Evolution, the Modern Synthesis. 3. ed. London 1974

Immelmann, K. (1960): Im unbekannten Australien, dem Lande der Papageien und Prachtfinken. Verlag G. Helène, Pfungstadt

– (1961): Beiträge zur Biologie und Ethologie australischer Honigfresser (*Meliphagidae*). Journal für Ornithologie. Bd. 102, Heft 2

– (1979): Einführung in die Verhaltensforschung. 3. Aufl. Parey, Berlin

Jarvis, E. D. (2004): Learned Birdsong and the Neurobiology of Human Language. In: Behavioral Neurobiology of Birdsong. Ed. H. P. Zeigler & Marler, P. Annals of the New York Academy of Sciences. Vol. 1016

Jenny, M. (1990): Territorialität und Brutbiologie der Feldlerche (*Alauda arvensis*) in einer intensiv genutzten Agrarlandschaft. Journal für Ornithologie. Bd. 131, Heft 3

Jilka, A. & Leisler, B. (1974): Die Einpassung dreier Rohrsängerarten (*Acrocephalus schoenobaenus, A. scirpaceus, A. arundinaceus*) in ihre Lebensräume in Bezug auf das Frequenzspektrum ihrer Reviergesänge. Journal für Ornithologie. Bd. 115, Heft 2

Jonsson, L. (1999): Die Vögel Europas und des Mittelmeerraumes. 2. Aufl. Franckh/Kosmos, Stuttgart

Kamper, D. (1976): Spiel als Metapher des Lebens. In: Der Mensch und das Spiel in der verplanten Welt. Hrsg. von der Bayerischen Akademie der Schönen Künste. DTV, München

Kandel, E. R. (2006): Psychiatrie, Psychoanalyse und die neue Biologie des Geistes. Suhrkamp, Frankfurt

Keller, G. B. & Hahnloser, R. H. R. (2009): Zebrafink: Schlüsselneuronen für Gesang. Der Falke. Jg. 56, Heft 1 – Originalbeitrag in: Nature 2008, DOI:10.10. 1038/nature07467

Keysers, C. et al. (2003): Audiovisual mirror neurons and action recognition. Exp. Brain Res. Vol. 153: 628–36

Kipp, F. A.(1942): Das Kompensationsprinzip in der Brutbiologie der Vögel. Beiträge zur Fortpflanzungsbiologie der Vögel. Jg. 18, Heft 2

– (1948): Höherentwicklung und Menschwerdung. Hippokrates, Stuttgart

– (1949): Arterhaltung und Individualisierung in der Tierreihe. Verhandlungen der Deutschen Zoologen in Mainz, S. 23–27. In: Schad, W. (Hrsg.): Goetheanistische Naturwissenschaft. Bd. 3: Zoologie. Verlag Freies Geistesleben, Stuttgart

– (1978): Zeremonielle Frühlingsversammlungen bei Eichelhäher, Elster, Tannenhäher und Rabenkrähe. Die Vogelwelt. Jg. 99, H. 5

– (1983): Eine Gliederung der Vogelwelt nach den vier Elementen. Die Drei. Jg. 53, Heft 7/8

– (1991): Die Evolution des Menschen im Hinblick auf seine lange Jugendzeit. 2. Aufl. Verlag Freies Geistesleben, Stuttgart

Kirschner, M. W. & J. C. Gerhart (2005): The Plausibility of Life. Resolving Darwin's Dilemma. Yale University Press, New Haven CT. Deutsche Übersetzung: Die Lösung von Darwins Dilemma. Wie die Evolution komplexes Leben schafft. Rowohlt, Reinbek 2007

Kleinschmidt, O. (1931): Die Singvögel der Heimat. 6. Aufl. Quelle & Meyer, Leipzig

– (1949): Die Kolibris. Neue Brehm-Bücherei. Ziemsen-Verlag, Wittenberg/Lutherstadt

Klump, G. (2008): Das Gehör der Vögel und die Ökologie der Kommunikation. Die Vogelwarte. Bd. 46, Heft 4

Knapp, A. (1989): Leben ist mehr als überleben. Von den Grenzen des Versuchs, alle Phänomene des Lebendigen als «Anpassungen» zu erklären. In: Arnold, W. H. (Hrsg.): Entwicklung. Interdisziplinäre Aspekte zur Evolutionsfrage. Verlag Urachhaus, Stuttgart

Kneutgen, J. (1969a): Zwei Vögel verschiedener Arten verständigen sich in einer «Fremdsprache». Beobachtungen zur interspezifischen Kommunikation. Journal für Ornithologie. Bd. 110, Heft 2

– (1969b): «Musikalische» Formen im Gesang der Schamadrossel und ihre Funktionen. Journal für Ornithologie. Bd. 110, Heft 3

Kolb, H. (1996): Fortpflanzungsbiologie der Kohlmeise (*Parus major*) auf kleinen Flächen: Vergleich zwischen einheimischen und exotischen Baumbeständen. Journal für Ornithologie. Bd. 137, Heft 2

Kranich, E.-M. (2004): Wesensbilder der Tiere. Einführung in die goetheanistische Zoologie. 2. erweit. Aufl. Verlag Freies Geistesleben, Stuttgart

Kroodsma, D. (2005): The Singing Life of Birds. The Art and Science of Listening to Birdsong. Houghton Mifflin Company, New York

Kropotkin, P. (1910): Gegenseitige Hilfe in der Tier- und Menschenwelt. Übers. v. G. Landauer. Verlag Thomas, Leipzig

Kümmell, S. (2008): Zeitmuster in der Evolution der Säugetiere und ihrer Vorläufer. Morphodynamik der dreigliedrigen Organisation. Die Drei. Jg. 78, Heft 7

Kugler, H. (1970): Blütenökologie. 2. neu bearbeitete und erweiterte Auflage. Fischer, Stuttgart 1970

Kull, U. (2007): Evolution in Stichworten. Borntraeger, Berlin/Stuttgart

Lachner, R. (1969): Paradies der wilden Vögel – Ostafrika. Südwest-Verlag, München

– (1985): Vogelvolk am Fenster. Landbuch-Verlag, Hannover

Lack, D. (1943): The Life of the Robin. Witherby, London

Leisler, B. (1975): Die Bedeutung der Fußmorphologie für die ökologische Sonderung mitteleuropäischer Rohrsänger (*Acrocephalus*) und Schwirle (*Locustella*). Journal für Ornithologie. Bd. 116, Heft 2

Levinton, J. (1988): Genetics, paleontology and macroevolution. Cambridge University Press, Cambridge

Lewontin, R, (2002): Die Dreifachhelix. Gen, Organismus und Umwelt. Springer, Berlin

Ligon, J. D. (1988): Rotschnabel-Baumhopfe: Familiensinn als Überlebensstrategie. In: Biologie des Sozialverhaltens. Spektrum der Wissenschaft. Heidelberg

– (1999): The Evolution of Avian Breeding Systems. Oxford University Press, Oxford

Lille, R. (1988): Art- und Mischgesang von Nachtigall und Sprosser. Journal für Ornithologie. Bd. 129, Heft 2

Limbrunner, A. & Bezzel, E. (2001) Enzyklopädie der Brutvögel Europas. 2 Bände. Kosmos, Stuttgart

Linder, H. (2005): Biologie. 22. bearb. Auflage herausgegeben von H. Bayrhuber und U. Kull. Schroedel, Braunschweig

Lingenhöhl, D. (2008): Vom Kriege. Vögel bekämpfen sich mit Schall und pflegen Verbündete. Spektrum der Wissenschaft. Heft 10

Linsenmair, K. E. (1968). Wie die Alten sungen … Warum singen Vögel? Franckh/Kosmos, Stuttgart

Löhrl, H. (1958): Das Verhalten des Kleibers. Zeitschrift für Tierpsychologie. Jg. 15: 191–252

– (1983): Zur Feindabwehr der Wacholderdrossel (*Turdus pilaris*). Journal für Ornithologie. Bd. 124, Heft 3

Löhrl, H. & Thielcke, G. (1973): Alarmlaute europäischer und nordafrikanischer Tannenmeisen (*Parus ater*) und der Schwarzschopfmeise (*Parus melanolophus*). Journal für Ornithologie. Bd. 114, Heft 2

Lorenz, K. (1935): Der Kumpan in der Umwelt des

Vogels. Journal für Ornithologie. Jg. 83: 137–213, 289–413

Maciejok, J., Saur, B. & Bergmann, H. H. (1995): Was tun Buchfinken (*Fringilla coelebs*) zur Brutzeit außerhalb ihrer Reviere? Journal für Ornithologie. Bd. 136. Heft 1

Mann, N. et al. (2006): Zaunkönige: Gesangskünstler in Südamerika. Der Falke. Jg. 53, Heft 1 – Originalbeitrag in: Proc. Royal Soc. Biol. Letters. Online-Version DOI: 10-1098/rsbl.2005.0373

Margulis, L. (1990): Kingdom Animalia: The Zoological Malaise from a Microbial Perspektive. American Zoologist. Vol. 30: 861–875

Marler, P. & Slabbekoorn, H. (2004): Nature's Music. The Science of Birdsong. Elsezier, London

Marler, P. & Zeigler, H. P. (2004): Behavioral Neurobiology of Birdsong. Annals of the New York Academy of Sciences. Vol. 1016

Matile, P. (1973): Die heutige entscheidende Phase in der biologischen Forschung. Universitas. Jg. 28, Nr. 5. In: Arnold, W. H. (Hrsg.): Entwicklung. Interdisziplinäre Aspekte zur Evolutionsfrage. Verlag Urachhaus, Stuttgart

McNamara, K. J. (1990): Evolutionary Trends. Belhaven Press, London

Merritt, P. (1985): Song Function and the Evolution of Song Repertoires in the Northern Mockingbirds. Zitiert nach Rothenberg 2007

Messmer, E. & Messmer, I. (1956): Die Entwicklung der Lautäußerungen und einiger Verhaltensweisen der Amsel. Zeitschrift für Tierpsychologie. Jg. 13

Meyer-Abich, A. (1942): Beiträge zur Theorie der Evolution der Organismen. Das typologische Grundgesetz und seine Folgerungen für Phylogenie und Entwicklungsphysiologie. In: Acta Biotheoretica 7: 1–80

Mörike, K. D. (1953): Der Leier-Überschlag der Mönchsgrasmücke. Ornithologische Mitteilungen. Jg. 5

Moritz, K. P. (1791): Götterlehre oder mythologische Dichtungen der Alten. Unger, Berlin. 10. Auflage. Herbig, Berlin 1861

Müller-Jung, J. (2008): Evolution aus der Vogelperspektive. Die weise Taube. FAZ 13.12.2008

Naguib, M. & Mundry, R. (2002): Responses to playback of whistle songs and normal songs in male nightingales. Behavioral Ecology and Sociobiology. Vol. 52

Naumann, J. F. (1897–1905): Naturgeschichte der Vögel Mitteleuropas. 2. Aufl. Hrsg. v. C. R. Hennicke. 12 Bände. Köhler, Gera

Neunzig, K. (1921): Die fremdländischen Stubenvögel (5. Aufl. von Russ, K.: Handbuch für Vogelliebhaber, Bd. I). Creutz'sche Verlagsbuchhandlung, Magdeburg

Nicolai, J. (1959): Familientradition in der Gesangsentwicklung des Gimpels (*Pyrrhula pyrrhula*). Journal für Ornithologie. Bd. 100, Heft 1

– (1964): Der Brutparasitismus der *Viduinae* als ethologisches Problem. Prägungsphänomene als Faktoren der Rassen- und Artbildung. Zeitschrift für Tierpsychologie. Jg. 21: 129–204

– Der Brutparasitismus der Witwenvögel Naturwissenschaft und Medizin. Vol. 2: 3–15

– (1969a): Beobachtungen an Paradieswitwen (*Steganura paradisaea, Steganura obtusa*) und der Strohwitwe (*Tetraenura fischeri*) in Ostafrika. Journal für Ornithologie. Bd. 110, Heft 4

– (1969b): Akustische Gestaltwahrnehmung, Fehlerkorrektur und Wechselsingen beim Gimpel (*Pyrrhula pyrrhula*). Journal für Ornithologie. Bd. 100, Heft 4

– (1973): Vogelleben. Einführung von Konrad Lorenz. Belser, Stuttgart

– (1976): Vogelhaltung – Vogelpflege. 5. Aufl. Franckh/Kosmos, Stuttgart

Niethammer, G. (1937–1942): Handbuch der deutschen Vogelkunde. 3 Bände. Akademische Verlagsgesellschaft, Leipzig

Nordeen, K. W. & Nordeen, E. J. (1988) Projection neurons within a vocal motor pathway are born during song learning in Zebra Finches. Nature. Vol. 334: 149–151

Päckert, M., Martens, J. & Hofmeister, T. (2003): Evolution von Inseldialekten: Die Wintergoldhähnchen (*R. regulus*) der Azoren. Vortrag auf der 135. Jahresversammlung der Deutschen Ornithologen-Gesellschaft in Münster/W. vom 25. bis 29. Sept. 2002. Journal für Ornithologie. Bd. 144, Heft 2

Pätzold, R. (1983): Die Feldlerche. 3. Aufl. Neue Brehm-Bücherei. Ziemsen, Wittenberg

Paulsen, K. (1967): Das Prinzip der Stimmbildung in der Wirbeltierreihe und beim Menschen. Akademische Verlagsgesellschaft, Frankfurt

Patel, A. D. (2009): Wie aus Tönen Sprache wird. Spektrum der Wissenschaft. Nr. 2: 62–64 – Originalbeitrag in: Nature. Bd. 453: 726–727 (2008)

Payne, R. B. (1971): Duetting and chorus singing in African birds. Ostrich. Sup. 9: 125–146

– (1990): Song mimicry by the village indigobird (*Vidua chalybeata*) of the red-billed firefinch (*Lagonosticta senegala*). Die Vogelwarte. Bd. 35, Heft 4

Pernau, F. A. v. (1786): Gründliche Anweisung alle Arten von Vögel zu fangen, einzustellen, abzurichten, zahm zu machen, ihre Eigenschaften zu erkennen, Pastarden zu ziehen, ihnen fremde Gesänge zu lernen, und sie zum aus- und einfliegen zu gewöhnen. Nürnberg

Perrins, C. (1987): Vögel. Biologie, Bestimmen, Ökologie. Parey, Hamburg

– (2004): Die BLV Enzyklopädie Vögel der Welt. BLV, München

Peterson, R. et al. (2002): Die Vögel Europas. 15. neu bearb. Aufl. Parey/Blackwell, Berlin

Podos, J. & Marler, P. (1992): The organization of song repertoires in song sparrows. Ethology. Vol. 90: 89–106

Portmann, A. (1953): Das Tier als soziales Wesen. Rhein-Verlag, Zürich

– (1957): Von Vögeln und Insekten. Reinhardt, Basel

– (1960): Die Tiergestalt. 2. Aufl. Reinhardt, Basel

– (1970): Entlässt die Natur den Menschen? Gesammelte Aufsätze zur Biologie und Anthropologie. Piper, München

– (1976): Das Spiel als gestaltete Zeit. In: Der Mensch und das Spiel in der verplanten Welt. Hrsg. von der Bayerischen Akademie der Schönen Künste. DTV, München

– (1984): Vom Wunder des Vogellebens. Piper, München

Post, L. van der (1962): Das Herz des kleinen Jägers. Übers. v. L. Gescher. Henssel, Berlin

Prather, J. F. (2008): Sumpfammern: Gleiche Neuronen für Hören und Singen. Der Falke. Jg. 55, Heft 5 – Originalbeitrag in: Nature. Vol. 451: 305–310. Online-Version DOI:10.1038/nature06492

Prinzinger, R. (1982): Gesangsduett beim Rotrückenmausvogel (*Colius castanotus*). Journal für Ornithologie. Bd. 123, Heft 3

Reichholf, J. H. (1992): Der schöpferische Impuls. Eine neue Sicht der Evolution. Deutsche Verlags-Anstalt, Stuttgart

Riebel, K. & Slater, P. (1998): Male chaffinches (*Fringilla coelebs*) can copy calls from a tape tutor. Journal für Ornithologie. Bd. 139, Heft 3

Riede, T. et al. (2006): Songbirds tune their vocal tract to the fundamental frequency of their song. Proceedings of the National Academy of Sciences. Vol. 103, No. 14

Rilke, R. M. (1930): Briefe aus den Jahren 1902 bis 1906. Insel, Frankfurt. (Brief an Clara Rilke vom 3. Mai 1906)

Rose, S. (2000): Darwins gefährliche Erben. Beck, München

Rosslenbroich, B. (2002): Geschichte und Problem des Höherentwicklungsbegriffs. In: Tycho de Brahe-Jahrbuch für Goetheanismus 2002. Niefern-Öschelbronn

– (2006a): The notion of progress in evolutionary biology – the unresolved problem and an empirical suggestion. Biology and Philosophy. Vol. 21: 41–70

– (2006b): Zur Autonomie-Entstehung in der Evolution – eine Übersicht. In: Tycho de Brahe-Jahrbuch für Goetheanismus 2006. Niefern-Öschelbronn

– (2007): Autonomiezunahme als Modus der Makroevolution. Habilitationsschrift Universität Witten/Herdecke. Galunder-Verlag, Nümbrecht

– (2008): Gibt es eine Höherentwicklung? Aufgaben einer goetheanistischen Evolutionsbiologie. Die Drei. Jg. 78, No. 3: 39–58

Rost, R. (1987): Entstehung und Fortbestand und funktionelle Bedeutung von Gesangsdialekten bei der Sumpfmeise – ein Test von Modellen. Dissertation. Hartung-Gorre-Verlag, Konstanz

Rothenberg, D. (2007): Warum Vögel singen. Eine musikalische Spurensuche. Spektrum Akademischer Verlag / Springer-Verlag Berlin/Heidelberg

Sauer, F. (1954): Die Entwicklungen der Lautäußerungen vom Ei ab schalldicht gehaltener Dorngrasmücken im Vergleich mit später isolierten und wildlebenden Artgenossen. Zeitschrift für Tierpsychologie. Jg. 10

– (1955): Über Variationen der Artgesänge bei Grasmücken. Ein Beitrag zur Frage des «Leierns» der Mönchsgrasmücke (*Sylvia atricapilla*). Journal für Ornithologie. Bd. 96, Heft 2

Schad, W. (1971): Säugetiere und Mensch. Zur Gestaltbiologie vom Gesichtspunkt der Dreigliederung. Verlag Freies Geistesleben, Stuttgart

– (1980): Vom Naturlaut zum Sprachlaut. Erziehungskunst. Jg. 44, Heft 4

– (1997): Die Zeitintegration als Evolutionsmodus. Habilitationsschrift, Universität Witten/Herdecke

– (1998a): Zeitgestalten der Natur. Goethe und die Evolutionsbiologie. In: Matussek, P. (Hrsg.): Goethe und die Verzeitlichung der Natur. Beck, München

– (1998b): Die Zeitintegration als Entwicklungsmodus in der Makroevolution. In: «Zum Erstaunen bin ich da». Verlag am Goetheanum, Dornach

– (2007): Goethes Welterbe. Gesammelte Schriften, Bd. 1. Verlag Freies Geistesleben Stuttgart

– (2008): Evolutionsbiologie heute – Zum Darwinjahr 2009: 150 Jahre seit «On the Origin of Species». In: Jahrbuch für Goetheanismus 2008/2009. Tycho Brahe-Verlag, Niefern-Öschelbronn

Schäfer, G. E. (1989): Spielfantasie und Spielumwelt.

Spielen, Bilden und Gestalten als Prozess zwischen Innen und Außen. Juventa, Weinheim

– (2005): Bildungsprozesse im Kindesalter. Selbstbildung, Erfahrung und Lernen in der frühen Kindheit. 3. Auflage. Juventa, Weinheim

Schild, D. (1986): Syringeale Kippschwingungen und Klangerzeugung beim Feldschwirl (*Locustella naevia*). Journal für Ornithologie. Bd. 127, Heft 3

Schmidt-Koenig, K. (1956): Über Rückkehr, Revierbesetzung und Durchzug des Weißsternigen Blaukehlchens (*Luscinia svecica cyanecula*) im Frühjahr. Die Vogelwarte. Bd. 18, Heft 4

Schubert, M. (1967): Probleme der Motivwahl und der Gesangsaktivität bei *Phylloscopus trochilus*. Journal für Ornithologie. Bd. 108, Heft 3

Schulze, W. (1999): Musik in der Natur. In: Bornemisza, C. (1999): Musik der Vögel. Braumüller, Wien

Schulze-Hagen, K. & Sennert, G. (1990): Teich- und Sumpfrohrsänger (*Acrocephalus scirpaceus, A. palustris*) in gemeinsamem Habitat: Zeitliche und räumliche Trennung. Die Vogelwarte. Bd. 35, Heft 3

Schwager, G. & Güttinger, H. R. (1984): Der Gesangsaufbau von Braunkehlchen (*Saxicola rubetra*) und Schwarzkehlchen (*S. torquata*) im Vergleich. Journal für Ornithologie. Bd. 125, Heft 3

Seibt, U. (1975): Instrumentaldialekte der Klapperlerche (*Mirafra ruffocinnamea*). Journal für Ornithologie. Bd. 116, Heft 1

Seibt, U. & Wickler, W. (1977): Duettieren als Revieranzeige bei Vögeln. Zeitschrift für Tierpsychologie. Bd. 43, Heft 2: 180–187

Sick, H. (1959): Die Balz der Schmuckvögel. Journal für Ornithologie. Bd. 100, Heft 3

– (1980): Familie Schnurrvögel. Grzimeks Tierleben. Bd. 9

Singer, D. (1979): Organisationsprinzipien und Gedächtnisleistung im Gesang der Heidelerche. Diplomarbeit. Universität München

Singer, D. & Nicolai, J. (1990): Organisationsprinzipien im Gesang der Heidelerche (*Lullula arborea*). Journal für Ornithologie. Bd. 131, Heft 3

Singer, K. (1927): Die Heilwirkung der Musik. Beitrag zur musikalischen Empfindungslehre. Püttmann, Stuttgart

Sitasuwan, N. & Thaler, E. (1985): Lautinventar und Verständigung bei Alpenkrähe (*Pyrrhocorax pyrrhocorax*), Alpendohle (*Pyrrhocorax graculous*) und deren Hybriden. Journal für Ornithologie. Bd. 126, Heft 2

Skiba, R. (2000): Mögliche Dialektselektion des Regenrufes beim Buchfink (*Fringilla coelebs*) durch Lärmbelastung – Prüfung einer Hypothese. Journal für Ornithologie. Bd. 141, Heft 2

Slabbekoorn, H. & den Boer-Visser, A. (2007): Kohlmeise: Stadtvögel singen höher. Der Falke. Jg. 54, Heft 2 – Originalbeitrag in: Current Biology. Vol. 16: 2326 (2006)

Slater, P. (1971): Australian Birds. 2 Bände. Oliver & Boyd, Edinburgh

Smith, L. H. (1988): The life of the Lyrebird. W. Heinemann, Richmond/Victoria

Snell, B. (1952): Der Aufbau der Sprache. Claassen, Hamburg

Spitzer, M. (2002): Lernen. Gehirnforschung und die Schule des Lebens. Spektrum, Heidelberg

– (2003): Nervensachen. Geschichten vom Gehirn. Schattauer, Stuttgart

– (2006): Musik im Kopf. Hören, Musizieren, Verstehen und Erleben im neuronalen Netzwerk. 6. Aufl. Schattauer, Stuttgart

Steiner, Rudolf (1915): Zufall, Notwendigkeit und Vorsehung. GA 163 (Vortrag vom 30. August 1915). Rudolf Steiner Verlag, Dornach

Stelte, W. & Sossinka, R. (1996): Zur Bedeutung der Singwarten bei der Habitatwahl des Sumpfrohrsängers (*Acrocephalus palustris*) im Brutgebiet. Die Vogelwarte. Bd. 38, Heft 3

Stockmar, S. (1998): Über die Zusammenordnung der Weltenzweiheit in der Physis. Zum Erkenntnisanliegen von Friedrich A. Kipp, 17. März 1908 – 30. Juni 1997. Elemente der Naturwissenschaft 68: 31–53

Streffer, W. (2003): Magie der Vogelstimmen. Die Sprache der Natur verstehen lernen. 2. verb. Aufl. Verlag Freies Geistesleben, Stuttgart 2005

– (2005): Wunder des Vogelzuges. Die großen Wanderungen der Zugvögel und das Geheimnis ihrer Orientierung. Verlag Freies Geistesleben, Stuttgart

– (2007): Entwurf einer Biologie der Freiheit am Beispiel der Singvögel – Zur Differenzierung des Reviergesanges. In: Jahrbuch für Goetheanismus. Tycho Brahe-Verlag, Niefern-Öschelbronn

– (2009a): Das akustische Spielverhalten der Singvögel – ein wenig beachtetes Freiheitsmotiv in der Evolution. Die Drei. Jg. 78, Heft 3

– (2009b) Melodie-Wahrnehmung. Ein Beitrag zur Qualität des Musikalischen in der Singvogelwelt und zu den lange unterschätzten Fähigkeiten des Vogelgehirns. Die Drei. Jg. 78, Heft 10 (in Vorb.)

Sturdy, C. (2005): Singvögel erkennen Tonhöhen besser als Menschen. Der Falke. Jg. 52, Heft 1 – Originalbeitrag in: Behavioural Processes. Vol. 66: 289 (2004)

Suchantke, A. (1964): Was spricht sich in den Prachtkleidern aus? In: Schad, W. (Hrsg.): Goetheanistische Naturwissenschaft. Bd. 3: Zoologie. Verlag Freies Geistesleben 1983

– (1972): Sonnensavannen und Nebelwälder. Pflanzen, Tiere und Menschen in Ostafrika. 2. bearb. Aufl. Verlag Freies Geistesleben, Stuttgart 1992

– (1975): Skizzen zu einer ökologischen Ethik. In: Schad, W. (Hrsg.): Goetheanistische Naturwissenschaft. Bd. 1: Allgemeine Biologie. Verlag Freies Geistesleben 1982

– (1982): Der Kontinent der Kolibris. Landschaften und Lebensformen in den Tropen Südamerikas. Verlag Freies Geistesleben, Stuttgart

– (1983): Der Vogel und sein Evolutionsmotiv. Die Drei. Jg. 53, Heft 7/8

– (1985): Der Beitrag der Verhaltensforschung zum Selbstverständnis des Menschen. In: Schad, W. (Hrsg.): Goetheanistische Naturwissenschaft. Bd. 4: Anthropologie. Verlag Freies Geistesleben, Stuttgart

- (1989): Die Mutations- und Selektionstheorie in der Konfrontation mit der Wirklichkeit. In: Arnold, W. H. (Hrsg.): Entwicklung. Interdisziplinäre Aspekte zur Evolutionsfrage. Verlag Urachhaus, Stuttgart

- (1996): Natur in Israel und Palästina – Brennpunkt und Synthese weltweiter Einflüsse. In: Suchantke, A. (Hrsg.): Mitte der Erde. Israel und Palästina im Brennpunkt natur- und kulturgeschichtlicher Entwicklungen. 2. bearb. Aufl. Verlag Freies Geistesleben, Stuttgart

- (2002): Metamorphose. Kunstgriff der Evolution. Verlag Freies Geistesleben, Stuttgart

- (2003): Tiere – Brüder und Weggenossen des Menschen. Wie eine geistig erweiterte Naturwissenschaft und Ethik zusammenfinden. Info 3. Heft 3

- (2008): Zum Sehen geboren. Wege zu einem vertieften Natur- und Kulturverständnis. Verlag Freies Geistesleben, Stuttgart

Suthers, R. A. (1997): Periphal control and lateralization of birdsong. Journ. Neurobiol. 33: 632–652

Svensson, L. et al. (1999): Der neue Kosmos-Vogelführer. Franckh/Kosmos, Stuttgart

Teichmann, F. (2003): Der Mensch und sein Tempel. Ägypten. 3. neu bearb. Aufl. Urachhaus, Stuttgart

Tembrock, G. (1982): Tierstimmenforschung. Eine Einführung in die Bioakustik. 3. Aufl. Neue Brehm-Bücherei. Ziemsen, Wittenberg

Templeton, C. & Greene, E. (2007): Kanadakleiber – *Fremdsprachen* werden entschlüsselt. Der Falke. Jg. 54, Heft 7 – Originalbeitrag in: PNAS. Vol. 104: 5479 (2007)

Thaler, E. (1990): Die Goldhähnchen. Neue Brehm-Bücherei. Ziemsen, Wittenberg

Thielcke, G. (1960): Akustisches Lernen verschiedener Arten … Zeitschrift für Tierpsychologie. Bd. 17

- (1961): Ergebnisse der Vogelstimmen-Analyse. Journal für Ornithologie. Bd. 102, Heft 3

- (1964): Lautäußerungen der Vögel in ihrer Bedeutung für die Taxonomie. Journal für Ornithologie. Bd. 105, Heft 1

- (1969): Die Reaktion von Tannen- und Kohlmeise (*Parus ater, P. major*) auf den Gesang nahverwandter Formen. Journal für Ornithologie. Bd. 110, H. 2

- (1970a): Die sozialen Funktionen der Vogelstimmen. Die Vogelwarte. Bd. 25, Heft 3

- (1970b): Vogelstimmen. Verständliche Wissenschaft. Springer, Berlin

- (1972): Waldbaumläufer (*Certhia familiaris*) ahmen artfremdes Signal nach und reagieren darauf. Journal für Ornithologie. Bd. 113, Heft 3

- (1973): Uniformierung des Gesangs der Tannenmeise (*Parus ater*) durch Lernen. Journal für Ornithologie. Bd. 114, Heft 4

- (1974): Stabilität erlernter Singvogel-Gesänge trotz vollständiger geografischer Isolation. Die Vogelwarte. Bd. 27, Heft 3

- (1984): Gesangslernen beim Gartenbaumläufer (*Certhia brachydactyla*). Die Vogelwarte. Bd. 32, Heft 4

- (1988): Neue Befunde bestätigen Baron Pernaus (1660-1731) Angaben über Lautäußerungen des Buchfinken (*Fringilla coelebs*). Journal für Ornithologie. Bd. 129, Heft 1

- (1992): Stabilität und Änderungen von Dialekten und Dialektgrenzen beim Gartenbaumläufer. Journal für Ornithologie. Bd. 133, Heft 1

Thielcke, G. & Krome, M. (1989): Experimente über sensible Phasen und Gesangsvariabilität beim Buchfinken (*Fringilla coelebs*). Journal für Ornithologie. Bd. 130, Heft 4

Thomas, C. (1976): Wirken und Heilen durch Musik. In: Der Mensch und das Spiel in der verplanten Welt. Hrsg. von der Bayerischen Akademie der Schönen Künste. DTV, München

Thorpe, W. H. (1961): Bird-Song. Cambridge

- (1972): Duetting and Antiphonal Song in Birds. Its extent and significance. Behaviour. Suppl. XVIII. Brill, Leiden

Thorpe, W. H. & Hall-Craggs, J. (1976): Sound Production and Perception in Birds as related to the General Principles of Pattern Perception. In: Growing

Points in Ethology. ed. by G. Bateson & R. Hinde. Cambridge University Press, Cambridge

Tiessen, H. (1953): Musik der Natur. Über den Gesang der Amsel und anderer Singvögel. 2. A. Atlantis, Zürich 1989

Tietze, D. T., Päckert, M. & Martens, J. (2008): Die Tannenmeise *Parus ater* – ein Lied geht um die (halbe) Welt. Die Vogelwarte. Bd. 46, Heft 4

Todt, D. (1970): Die antiphonen Paargesänge des ostafrikanischen Grassängers *Cisticola hunteri prinioides*. Journal für Ornithologie. Bd. 111, Heft 3/4

Todt, D. & Hultsch, H. (1986): Zum Einfluss des vokalen Lernens auf die Ausbildung gesanglicher Repertoires bei Drosselvögeln. Wiss. Bericht. Humboldt-Univ. Berlin.

Tretzel, E. (1965): Imitation und Variation von Schäferpfiffen durch Haubenlerchen. Ein Beispiel für spezielle Spottmotiv-Prädisposition. Zeitschrift für Tierpsychologie. Jg. 22

– (1965): Artkennzeichnende und reaktionsauslösende Komponenten im Gesang der Heidelerche (*Lullula arborea*). Zoologischer Anzeiger. 29, Suppl.: 367–380

– (1997): Lernen artfremder Laute und «Musikalität» von Vögeln: Imitation und Variation einer Tonleiter durch Schamadrosseln. Journal für Ornithologie. Bd. 138, Heft 4

Urban, E. K., Keith, S. & C. H. Fry (1992–2004): The Birds of Africa. Vol. 4 - 7. Academic Press, San Diego / Helm, London

Voigt, A. (1913): Exkursionsbuch zum Studium der Vogelstimmen. Leipzig

Walcott, C., Mager, J. N. & Piper, W. (2006): Eistaucher: Neuer Gesang im neuen Revier. Der Falke. Jg. 53. Heft 8 – Originalbeitrag in: Animal Behaviour 71: 673–683

Warren, P. S. et al. (2006): Vogelgesang: Anpassung an Lärm in Städten. Der Falke. Jg. 53, Heft 8 – Originalbeitrag in: Animal Behaviour 71: 491–502

Wassmann, R. (1999): Ornithologisches Taschenlexikon. Aula, Wiesbaden

Westheide, W. & Rieger, R. (2004): Spezielle Zoologie. Teil II: Wirbel- oder Schädeltiere. Spektrum Akademischer Verlag, Heidelberg

Wickler, W. (1973): Artunterschiede im Duettgesang zwischen *Trachyphonus d'arnaudii usambiro* und den anderen Unterarten von *T. d'arnaudii*. Journal für Ornithologie. Bd. 114, Heft 1

– (1986): Dialekte im Tierreich. Aschendorff, Münster

Wickler, W. & Seibt, U. (1980): Einflüsse auf Paarpartner und Rivalen in «Duett-Kämpfen» revierverteidigender Vögel. Journal für Ornithologie. Jg. 121, Heft 2

Wieser, W. (1994): Gentheorien und Systemtheorien: Wege und Wandlungen der Evolutionstheorie im 20. Jahrhundert. In Wieser: Die Evolution der Evolutionstheorie. Von Darwin zur DNA. Spektrum Akad. Verlag, Heidelberg

– (1998): Die Erfindung der Individualität oder Die zwei Gesichter der Evolution. Spektrum Akademischer Verlag, Heidelberg

– (2007): Gehirn und Genom. Ein neues Drehbuch der Evolution. Beck, München

Wild, J. M. (1997): Neural pathways for the control of birdsong production. Journ. Neurobiol. 33: 653-670e

Wilhelm, K. (2005): Tierisch gefühlvoll. Gehirn und Geist. Nr. 3. Verlag Spektrum der Wissenschaft

Williams, H. (2004): Birdsong and Singing Behavior. In: Behavioral Neurobiology of Birdsong. Ed. H.P. Zeigler & Marler, P. Annals of the New York Academy of Sciecnes. Vol. 1016

Williams, J. G. (1969): Die Vögel Ost- und Zentralafrikas. 4. Aufl. Parey, Hamburg

Wimmer, W. & Poethke, D. (1996): Blaumeise hilft beim Füttern nestjunger Mehlschwalben. Die Vogelwarte. Bd. 38, Heft 4

Woese, C. R. (2004): A new biology for a new century. Microbiol. Mol. Biol. Rev. 68: 173-186

Wonke, G. & Wallschläger, D. (2009): Song dialects in the yellowhammer *Emberiza citrinella* bioacustic variation between and within dialects. Journal of Ornithology. Vol. 150, No. 1: 117–126

Woog, F. (2008): Spiegelneurone und Vogelgesang. Naturwissenschaftliche Rundschau. Jg. 61, Heft 8

Wolters, H.E. (1982): Die Vogelarten der Erde. Parey, Hamburg

Woolley, S. M. N. (2004): Auditory Experience and Adult Song Plasticity. In: Behavioral Neurobiology of Birdsong. Ed. H. P. Zeigler & Marler, P. Annals of the New York Academy of Sciences. Vol. 1016

Wuketits, F. M. (1988): Evolutionstheorien. Historische Voraussetzungen, Positionen, Kritik. Wissenschaftliche Buchgesellschaft, Darmstadt

– (2007): Der freie Wille – Die Evolution einer Illusion. Hirzel, Stuttgart

Wüst, W. (1970): Die Brutvögel Mitteleuropas. Bayerischer Schulbuchverlag, München

Wulffen, B. v. (2001): Von Nachtigallen und Grasmücken. Über das irdische Vergnügen an Vogelkunde und Biologie. Fischer, Frankfurt

Zeigler, H. P. & Marler, P. (2004): Behavioral Neurobiology of Birdsong. Annals of the New York Academy of Sciences. Vol. 1016

13. Nachweis der Abbildungen und Sonagramme

Fotos:
Abb. Nr. 10, 12, 61, 80, 99 stammen von Wolf-Dieter Peest; Nr. 27, 79, 94 von Robert Kreinz; Nr. 28, 51, 96 von Jan Wegener; Nr. 102, 112, 122 von Christoph Keller; Nr. 11, 18 von F. Hecker; Nr. 53, 90 von Ray Wilson; Nr. 60, 88 von Jim Scarff; Abb. Nr. 7 stammt von Siegmar Tylla; Nr. 14: Jean-Guy; Nr. 20: Thorsten Stegemann; Nr. 21: Tomás Martins; Nr. 23: H. Schmidbauer; Nr. 29: Stefan Johannson; Nr. 43: J. F. Broekhuis; Nr. 46: Andreas Schäfferling; Nr. 47: Kristian Svensson; Nr. 48: Makgobokgobo; Nr. 54: Hans Willewaert; Nr. 55: Jerry Friedman; Nr. 62: M. W. Lockwood; Nr. 63: Michael Drummond; Nr. 65: Dario Sanches; Nr. 66: S. Weber; Nr. 67: McPhoto; Nr. 70: Stefan Hage; Nr. 71: Alfred Trunk; Nr. 77: Dani Studler; Nr. 78: Christoph Bossaller; Nr. 89: Michael Joost; Nr. 91: Christopher Lohse; Nr. 95: Heinz Scho; Nr. 98: Werner Oppermann, von dem auch das Umschlagfoto stammt; Nr. 104: Thomas Kirchen; Nr. 105: Adolf Rosenstingl; Nr. 106: Achim Stemmer; Nr. 108: Jan Ševčík; Nr. 110: M. Delpho; Nr. 113: Thorsten Voigt; Nr. 114: Ralph Trautwein; Nr. 117: Glen Threlfo; Nr. 121: Raul Puentespina.

Zeichnungen:
Abb. Nr. 1 und die kleinen Textillustrationen auf S. 27, 41, 65, 80, 111, 170, 214 stammen von F. Weick, die Abb. auf S. 108 und 213 von W. D. Daunicht; alle Illustrationen sind aus Glutz von Blotzheim, Handbuch der Vögel Mitteleuropas. Aula, Wiesbaden; Abb. 39 ist von Andreas Suchantke aus Sonnensavannen und Nebelwälder. Freies Geistesleben, Stuttgart; Abb. 49, 67a stammen aus Thorpe, Duetting and Antiphonal Song in Birds. Behaviour. Suppl. XVIII. Brill, Leiden; Abb. Nr. 84 stammt aus Nikolai, Der Brutparasitismus der Witwenvögel. Naturwissenschaft und Medizin 1965/2. Abb. 85 stammt aus Nikolai, Der Brutparasitismus der *Viduinae* als ethologisches Problem. Zeitschrift für Tierpsychologie. Jg. 21; Abb. 120 stammt aus Neunzig, Die fremdländischen Stubenvögel. Creutz, Magdeburg; Abb. 124 ist entnommen aus Bezzel & Prinzinger, Ornithologie. Ulmer, Stuttgart; Abb. 125 stammt aus Bergmann & Helb, Die Stimmen der Vögel Europas. Aula, Wiesbaden; Abb. 126 stammt aus Thielcke, Vogelstimmen. Springer, Berlin; die Textillustr. auf S. 107 stammt aus Kroodsma, The Singing Life of Birds. Houghton Mifflin Company, New York.

Sonagramme / Notationen:
Die Aufnahmen und Sonagramme Abb. 2, 3, **4**, 6, 8, 9, 15, 16, 22, 24, 25, 26, 31, 34, 35, 36, 37, 42, 69, 72, 73, 74, 75, 76, 81, 82, 92, 93, 97, 100, 101, 103, 107, 111 stammen von E. Tretzel, Abb. 5 von S. Palmér, Abb. 68 a von G. Thielcke, Abb. 68 b von H. G. Bauer; alle Sonagramme sind aus Glutz von Blotzheim, Handbuch der Vögel Mitteleuropas. Aula, Wiesbaden; Abb. 86, 87 stammen aus Nikolai, Der Brutparasitismus der *Viduinae* als ethologisches Problem. Zeitschrift für Tierpsychologie. Jg. 21; Abb. 32 a, 52, 64 stammen aus Kroodsma, The Singing Life of Birds. Houghton Mifflin Company, New York; Abb. 32 b, 33, 109 stammen aus Rothenberg, Warum Vögel singen. Spektrum/Springer, Berlin/Heidelberg; Abb. 38, 44, 45, 50, 56, 57, 58, 59 stammen aus Thorpe, Duetting and Antiphonal Song in Birds. Behaviour. Suppl. XVIII. Brill, Leiden; Abb. 40, 41 stammen aus Wickler, Artunterschiede im Duettgesang von *Thrachyphonus d'arnaudii*. Journal für Ornithologie, Bd. 114/1.

Leider konnten bei Drucklegung des Buches noch nicht alle Rechte der Inhaber ermittelt werden; sollten sich in Einzelfällen noch Honoraransprüche ergeben, sind wir selbstverständlich bereit, sie mit den üblichen Sätzen zu berücksichtigen.

14. Sachregister

15. Lateinisch-englisch-deutsche Vogelnamen

Lateinische Vogelnamen	Englische Vogelnamen	Deutsche Vogelnamen
Acridotheres tristis	Common Myna	Hirtenmaina
Acrocephalus agricola	Paddyfield Warbler	Feldrohrsänger
Acrocephalus arundinaceus	Great Reed-Warbler	Drosselrohrsänger
Acrocephalus dumetorum	Blyth's Reed-Warbler	Buschrohrsänger
Acrocephalus paludicola	Aquatic Warbler	Seggenrohrsänger
Acrocephalus palustris	Marsh Warbler	Sumpfrohrsänger
Acrocephalus schoenobaenus	Sedge Warbler	Schilfrohrsänger
Acrocephalus scirpaceus	Reed Warbler	Teichrohrsänger
Aegithalos caudatus	Long-tailed Tit	Schwanzmeise
Agelaioides badius	Bay-winged Cowbird	Braunkuhstärling
Agelaioides bolivianus	Bolivian Blackbird	Andenstärling
Alaemon alaudipes	Greater Hoopoe-Lark	Wüstenläuferlerche
Alauda arvensis	Sky Lark	Feldlerche
Amandava subflava	Zebra Waxbill (Goldbreast)	Goldbrüstchen
Anomalospiza imberbis	Parasitic Weaver	Kuckucksweber
Anthus campestris	Tawny Pipit	Brachpieper
Anthus pratensis	Meadow Pipit	Wiesenpieper
Anthus trivialis	Tree Pipit	Baumpieper
Apalis binotata	Masked Apalis	Maskenfeinsänger
Apalis melanocephala	Black-headed Apalis	Schwarzkopf-Feinsänger
Aphelocoma coerulescens	Scrub Jay	Buschhäher
Bombycilla garrulus	Bohemian Waxwing	Seidenschwanz
Calandrella brachydactyla	Greater Short-toed Lark	Kurzzehenlerche
Calandrella rufescens	Lesser Short-toed Lark	Stummellerche
Campylorhynchus fasciatus	Fasciated Wren	Bindenzaunkönig
Campylorhynchus chiapensis	Giant Wren	Riesenzaunkönig
Campylorhynchus nuchalis	Stripe-backed Wren	Pantherzaunkönig
Campylorhynchus rufinucha	Rufous-naped Wren	Rotnacken-Zaunkönig
Caprimulgus europaeus	Eurasian Nigthjar	Ziegenmelker
Cardinalis cardinalis	Northern Cardinal	Rotkardinal
Carduelis cannabina	Eurasian Linnet	Bluthänfling
Carduelis carduelis	European Goldfinch	Stieglitz
Carduelis chloris	European Greenfinch	Grünling (Grünfink)
Carduelis flammea	Common Redpoll	Birkenzeisig

Carduelis flavirostris	Twite	Berghänfling
Carduelis spinus	Eurasian Siskin	Erlenzeisig
Carduelis tristis	American Goldfinch	Goldzeisig
Carpodacus erythrinus	Common Rosefinch	Karmingimpel
Catharus guttatus	Hermit Trush	Einsiedlerdrossel
Catherpes mexicanus	Canyon Wren	Schluchtenzaunkönig
Cercotrichas hartlaubi	Brown-backed Scrub-Robin	Hartlaub-Heckensänger
Certhia brachydactyla	Short-toed Tree-Creeper	Gartenbaumläufer
Certhia familiaris	Brown Creeper	Waldbaumläufer
Cinclus cinclus	White-throated Dipper	Wasseramsel
Chloropsis spec.	Leafbirds	Blattvögel
Chrysococcyx lucidus	Shining Bronze-Cuckoo	Bronzekuckuck
Ciconia ciconia	White Stork	Weißstorch
Cisticola chubbi	Chubb's Cisticola	Farncistensänger
Cisticola hunteri	Hunter's Cisticola	Gebirgscistensänger
Cisticola natalensis	Croaking Cisticola	Strichelcistensänger
Cistothorus palustris	Mars Wren	Sumpfzaunkönig
Clamator glandarius	Great Spotted Cuckoo	Häherkuckuck
Coccothraustes coccothraustes	Hawfinch	Kernbeißer
Coccyzus americanus	Yellow-billed Cuckoo	Gelbschnabelkuckuck
Coccyzus erythrophthalmus	Black-billed Cuckoo	Schwarzschnabelkuckuck
Columba palumbus	Common Wood-Pigeon	Ringeltaube
Contopus virens	Eastern Wood-Pewee	Östlicher Waldschnäppertyrann
Copsychus albospecularis	Madagaskar Magpie-Robin	Malegassendajal
Copsychus malabaricus	White-rumped Shama	Schamadrossel
Copsychus saularis	Oriental Magpie-Robin	Dajaldrossel
Copsychus sechellarum	Seychellendajal	Seychellendajal
Corvus brachyrhynchos	Crow	Amerikanerkrähe
Corvus c. corone	Carrion Crow	Rabenkrähe
Corvus corax	Common Raven	Kolkrabe
Corvus frugilegus	Rook	Saatkrähe
Corvus monedula	Eurasian Jackdaw	Dohle
Corvus moneduloides	New Caledonian Crow	Neukaledonische Krähe
Cossypha cyanocampter	Blue-shouldered Robin-Chat	Blauschulterrötel
Cossypha dichroa	Chorister Robin-Chat	Spottrötel
Cossypha heuglini	White-browed Robin-Chat	Weißbrauenrötel
Cossypha humeralis	White-throated Robin-Chat	Weißkehlrötel
Cossypha natalensis	Red-capped Robin-Chat	Natalrötel
Cossypha niveicapilla	Snowy-crowned Robin-Chat	Weißscheitelrötel
Cossypha semirufa	Rueppell's Robin-Chat	Braunrückenrötel
Crotophaga ani	Smooth-billed Ani	Glattschnabelani

Crotophaga major	Greater Ani	Riesenani
Cuculus canorus	Common Cuckoo	Kuckuck
Cyanocitta cristata	Blue Jay	Blauhäher
Cyanocitta stelleri	Steller's Jay	Diademhäher
Cyanocorax chrysops	Plush-crested Jay	Kappenblaurabe
Dacelo novaeguineae	Laughing Kookaburra	Jägerliest (Lachender Hans)
Delichon urbica	House Martin	Mehlschwalbe
Dicrurus adsimilis	Fork-tailed Drongo	Trauerdrongo
Dumetella carolinensis	Grey Catbird	Katzendrossel
Emberiza aureola	Yellow-breasted Bunting	Weidenammer
Emberiza calandra	Corn Bunting	Grauammer
Emberiza cia	Rock Bunting	Zippammer
Emberiza cirlus	Cirl Bunting	Zaunammer
Emberiza citrinella	Yellow Bunting	Goldammer
Emberiza hortulana	Ortolan Bunting	Ortolan
Emberiza rustica	Rustic Bunting	Waldammer
Emberiza schoeniclus	Reed Bunting	Rohrammer
Eminia lepida	Grey-capped Warbler	Eminie
Erithacus rubecula	European Robin	Rotkehlchen
Estrilda astrild	Common Waxbill	Wellenastrild
Estrilda caerulescens	Lavender Waxbill	Schönbürzel
Eudynamys scolopacea	Common Koel	Indischer Koel
Euplectes jacksoni	Jackson's Widowbird	Leierschwanzwida
Ferminia cerverai	Zapata Wren	Kubazaunkönig
Ficedula albicollis	Collared Flycatcher	Halsbandschnäpper
Ficedula hypoleuca	European Pied Flycatcher	Trauerschnäpper
Ficedula parva	Red-breasted Flycatcher	Zwergschnäpper
Fringilla coelebs	Chaffinch	Buchfink
Fringilla montifringilla	Brambling	Bergfink
Furnarius rufus	Rufous Hornero	Rosttöpfer
Galerida cristata	Crested Lark	Haubenlerche
Galerida deva	Tawny Lark	Devalerche
Galerida theklae	Thekla Lark	Theklalerche
Garrulus glandarius	Eurasian Jay	Eichelhäher
Gavia immer	Common Loon	Eistaucher
Gracula religiosa	Hill Myna	Beo
Grallina cyanoleuca	Magpie-Lark	Drosselstelze
Grus grus	Common Crane	Kranich
Gubernetes yetapa	Streamer-tailed Tyrant	Kehlband-Schleppentyrann
Guira guira	Guira Cuckoo	Guirakuckuck
Gymnorhina tibicen	Australian Magpie	Schwarzrücken-Flötenvogel

Hippolais icterina	Icterine Warbler	Gelbspötter
Hippolais polyglotta	Melodious Warbler	Orpheusspötter
Hirundo rustica	Barn Swallow	Rauchschwalbe
Hylocichla mustelina	Wood Trush	Walddrossel
Icterus galbula	Northern Oriole	Baltimoretrupial
Indicator spec.	Honeyguide	Honiganzeiger
Irania gutturalis	White-throated Robin	Weißkehlsänger
Lagonosticta rhodopareia	Jameson's Firefinch	Rosenamarant
Lagonosticta senegala	Red-billed Firefinch	Senegalamarant
Laniarius aethiopicus	Tropical Boubou	Boubouwürger
Laniarius barbarus	Common Gonolek	Goldscheitelwürger
Laniarius erythrogaster	Black-headed Gonolek	Scharlachwürger
Laniarius ferrugineus	Southern Boubou	Flötenwürger
Laniarius funebris	Slate-colored Boubou	Trauerwürger
Laniarius leucorhynchus	Sooty Boubou	Schwarzwürger
Laniarius mufumbiri	Papyrus Gonolek	Papyruswürger
Lanius collurio	Red-backed Shrika	Neuntöter
Lanius excubitor	Northern Shrike	Raubwürger
Lanius excubitoroides	Grey-backed Fiscal	Graumantelwürger
Lanius minor	Lesser Grey Shrike	Schwarzstirnwürger
Lanius schach	Long-tailed Shrike	Schachwürger
Lanius senator	Woodchat Shrike	Rotkopfwürger
Locustella fluviatilis	Eurasian River Warbler	Schlagschwirl
Locustella luscinoides	Savi's Warbler	Rohrschwirl
Locustella naevia	Common Grasshopper-Warbler	Feldschwirl
Lonchura striata	White-rumped Munia	Spitzschwanz-Bronzemännchen (Stammform des «Japanischen Mövchens»)
Loxia curvirostra	Red Crossbill	Fichtenkreuzschnabel
Lullula arborea	Wood Lark	Heidelerche
Luscinia calliope	Siberian Rubythroat	Rubinkehlchen
Luscinia luscinia	Trush Nightingale	Sprosser
Luscinia megarhynchos	Common Nightingale	Nachtigall
Luscinia svecica	Bluethroat	Blaukehlchen
Malaconotus blanchoti	Grey-headed Bushshrike	Graukopfwürger
Melanocorypha calandra	Calandra Lark	Kalanderlerche
Melanocorypha leucoptera	White-winged Lark	Weißflügellerche
Melanocorypha maxima	Tibetan Lark	Sumpflerche
Melanotis caerulescens	Blue Mockingbird	Blauspottdrossel
Melopsittacus undulatus	Budgerigar	Wellensittich
Melospiza georgiana	Swamp Sparrow	Sumpfammer

Melospiza melodia	Song Sparrow	Singammer
Menura alberti	Albert's Lyrebird	Braunrücken-Leierschwanz
Menura novaehollandiae	Superb-Lyrebird	Graurücken-Leierschwanz
Merops apiaster	European Bee-eater	Bienenfresser
Mimus gilvus	Tropical Mockingbird	Tropenspottdrossel
Mimus polyglottos	Northern Mockingbird	Spottdrossel
Mimus triurus	White-banded Mockingbird	Weißbinden-Spottdrossel
Mirafra cheniana	Latakoo Lark	Spottlerche
Mirafra sabota	Sabota Lark	Sabotalerche
Molothrus ater	Brown-headed Cowbird	Braunkopf-Kuhstärling
Molothrus bonariensis	Shiny Cowbird	Seidenkuhstärling
Molothrus oryzivorus	Giant Cowbird	Riesenkuhstärling
Molothrus rufoaxillaris	Screaming Cowbird	Rotachsel-Kuhstärling
Monticola saxatilis	Rufous-tailed Rock-Trush	Steinrötel
Monticola solitarius	Blue Rock-Trush	Blaumerle
Motacilla alba	White Wagtail	Bachstelze
Motacilla cinerea	Grey Wagtail	Gebirgsstelze
Motacilla flava	Yellow Wagtail	Schafstelze
Muscicapa striata	Spotted Flycatcher	Grauschnäpper
Nestor notabilis	Kea	Kea
Nucifraga caryocatactes	Spotted Nutcracker	Tannenhäher
Nucifraga columbiana	Clark's Nutcracker	Kiefernhäher
Oenanthe hispanica	Black-eared Wheatear	Mittelmeersteinschmätzer
Oenanthe isabellina	Isabelline Wheatear	Isabellsteinschmätzer
Oenanthe leucopyga	White-tailed Wheatear	Saharasteinschmätzer
Oenanthe leucura	Black Wheatear	Trauersteinschmätzer
Oenanthe moesta	Red-rumped Wheatear	Fahlbürzel-Steinschmätzer
Oenanthe oenanthe	Northern Wheatear	Steinschmätzer
Oenanthe pleschanka	Pied Wheatear	Nonnensteinschmätzer
Oriolus chlorocepalus	Green-headed Oriole	Grünkopfpirol
Oriolus oriolus	Eurasian Golden-Oriole	Pirol
Panurus biarmicus	Bearded Parrotbill	Bartmeise
Paradisaeidae	Birds of Paradise	Paradiesvögel
Parus ater	Coal Tit	Tannenmeise
Parus atricapillus	Black-capped Chickadee	Schwarzkopfmeise
Parus caeruleus	Blue Tit	Blaumeise
Parus cristatus	Crested Tit	Haubenmeise
Parus major	Great Tit	Kohlmeise
Parus melanolophus	Black-crested Tit	Schwarzschopfmeise
Parus palustris	Marsh Tit	Sumpfmeise
Passer domesticus	House Sparrow	Haussperling

Passer montanus	Eurasian Tree Sparrow	Feldsperling
Pavo cristatus	Indian Peafowl	Pfau
Perisoreus infaustus	Siberian Jay	Unglückshäher
Phelpsia inornata	White-bearded Flycatcher	Schwarzscheitel-Maskentyrann
Philomachus pugnax	Ruff	Kampfläufer
Phoeniculus purpureus	Green Woddhoopoe	Baumhopf (Rotschnabel-Baumhopf)
Phoenicurus ochruros	Black Redstart	Hausrotschwanz
Phoenicurus phoenicurus	Common Redstart	Gartenrotschwanz
Phylloscopus collybita	Common Chiffchaff	Zilpzalp
Phylloscopus sibilatrix	Wood Warbler	Waldlaubsänger
Phylloscopus trochiloides	Greenish Warbler	Grünlaubsänger
Phylloscopus trochilus	Willow Warbler	Fitis
Pica pica	Common Magpie	Elster
Pinicola eneculator	Pine Grosbeak	Hakengimpel
Ploceus bicolor	Forest Weaver	Waldweber
Prunella collaris	Alpine Accentor	Alpenbraunelle
Prunella modularis	Hedge Accentor	Heckenbraunelle
Psittacus erithacus	Grey Parrot	Graupapagei
Ptilonorhynchos violaceus	Satin Bowerbird	Seidenlaubenvogel
Pyrenestes ostrinus	Black-bellied Seedcracker	Purpurastrild
Pyrrhocorax graculus	Yellow-billed Chough	Alpendohle
Pyrrhula pyrrhula	Eurasian Bullfinch	Gimpel (Dompfaff)
Pytilia afra	Orange-winged Pytilia	Wienerastrild
Pytilia hypogrammica	Red-faced Pytilia	Rotmaskenastrild
Pytilia melba	Green-winged Pytilia	Buntastrild
Pytilia phoenicoptera	Red-winged Pytilia	Aurora-Astrild
Regulus ignicapillus	Firecrest	Sommergoldhähnchen
Regulus regulus	Goldcrest	Wintergoldhähnchen
Rhodophoneus cruentus	Rosy-patched Bushshrike	Rosenwürger
Riparia riparia	Sand Martin	Uferschwalbe
Salpinctes obsoletus	Rock Wren	Felsenzaunkönig
Saxicola rubetra	Whinchat	Braunkehlchen
Saxicola torquata	Common Stonechat	Schwarzkehlchen
Serinus canaria	Island Canary	Kanarengirlitz / Kanarienvogel
Serinus serinus	European Serin	Girlitz
Sitta canadensis	Red-breasted Nuthatch	Kanadakleiber
Sitta europaea	Wood Nuthatch	Kleiber
Sphenoeacus afer	Cape Grass-Warbler	Kapgrassänger
Spiloptila clamans	Cricket Longtail	Schuppenkopfprinie
Sturnus unicolor	Spotless Starling	Einfarbstar
Sturnus vulgaris	Common Starling	Star

Sylvia atricapilla	Blackcap	Mönchsgrasmücke
Sylvia borin	Garden Warbler	Gartengrasmücke
Sylvia communis	Common Whitethroat	Dorngrasmücke
Sylvia curruca	Lesser Whitethroat	Klappergrasmücke
Sylvia hortensis	Orphean Warbler	Orpheusgrasmücke
Sylvia melanocephala	Sardinian Warbler	Samtkopfgrasmücke
Sylvia nisoria	Barred Warbler	Sperbergrasmücke
Tachybaptus ruficollis	Little Grebe	Zwergtaucher
Taeniopygia guttata	Zebra Finch	Zebrafink
Tchagra senegala	Black-crowned Tchagra	Senegaltschagra
Thamnolaea cinnamomeiventris	Mocking Cliff-Chat	Rotbauchschmätzer
Thryothorus euophrys	Plain-tailed Wren	Fraser-Zaunkönig
Thryothorus leucotis	Buff-breasted Wren	Weißohr-Zaunkönig
Thryothorus ludovicianus	Carolina Wren	Carolina-Zaunkönig
Thryothorus nigricapillus	Bay Wren	Kastanienzaunkönig
Thryothorus rufalbus	Rufous-and-white Wren	Rotrücken-Zaunkönig
Thryothorus zeledoni	Canebrake Wren	Zeledonzaunkönig
Tichodroma muraria	Wallcreeper	Mauerläufer
Toxostoma rufum	Brown Thrasher	Rotrücken-Spottdrossel
Trachyphonus usambiro	Usambiro Barbet	Usambiro Bartvogel
Trachyphonus darnaudii	D'Arnaud's Barbet	Ohrfleck-Bartvogel
Troglodytes troglodytes	Winter Wren	Zaunkönig
Turdus iliacus	Redwing	Rotdrossel
Turdus lawrencii	Lawrence's Trush	Lawrencedrossel
Turdus merula	Eurasian Blackbird	Amsel
Turdus philomelos	Song Trush	Singdrossel
Turdus pilaris	Fieldfare	Wacholderdrossel
Turdus torquatus	Ring Ouzel	Ringdrossel
Turdus viscivorus	Mistle Trush	Misteldrossel
Uraeginthus cyanocephalus	Blue-capped Cordonbleu	Blaukopfastrild
Uraeginthus angolensis	Blue-breastred Cordonbleu	Blauastrild
Uraeginthus bengalus	Red-cheeked Cordonbleu	Schmetterlingsastrild
Uraeginthus granatinus	Common Grenadier	Granatastrild
Uraeginthus ianthinogaster	Purple Grenadier	Veilchenastrild
Urolestes melanoleucus	Magpie Shrike	Elsterwürger
Vidua paradisaea	Eastern Paradise-Whydah	Schmalschwanz-Paradeswitwe
Vidua chalybeata	Village Indigobird	Rotfuß-Atlaswitwe
Vidua fischeri	Straw-tailed Whydah	Strohwitwe
Vidua interjecta	Long-tailed-Paradise-Whydah	Langschwanz-Paradieswitwe
Vidua macroura	Pin-tailed Whydah	Dominikanerwitwe
Vidua obtusa	Broad-tailed Paradise-Whydah	Breitschwanz-Paradieswitwe

Vidua purpurascens	Dusky Indigobird	Weißfuß-Atlaswitwe
Vidua regia	Queen Whydah	Königswitwe
Vidua togoensis	Togo Paradise-Whydah	Togo-Paradieswitwe
Zonotrichia albicollis	White-throated Sparrow	Weißkehlammer
Zonotrichia leucophrys	White-crowned Sparrow	Dachsammer

16. Verzeichnis der Vogelarten

Halbfett gedruckte Ziffern verweisen auf die Abbildungen, *kursive* auf die Sonagramme.

Walther Streffer

Magie der Vogelstimmen

Die Sprache der Natur
verstehen lernen

242 Seiten, mit 90 farbigen und schwarz-weißen Abbildungen sowie einer CD
mit 89 Stimmbeispielen einheimischer Vögel, gebunden

Walther Streffer führt den Leser durch die faszinierende Gesangswelt unserer einheimischen Singvogelarten. Das Anliegen dieses Buches ist es, den Leser schrittweise mit den heimischen Singvögeln und ihren Gesängen vertraut zu machen. Ferner zeigt es, welche musikalischen Qualitäten unsere Singvögel ausgebildet haben, wie sie diese einsetzen und welchen sozialen Funktionen die Vogelstimmen dienen. Der Verfasser hat die Vogelgesänge seit über vierzig Jahren in verschiedenen Ländern der Erde studiert.

«Streffers Buch ist sowohl geeignet, Laien jene spezielleren Kenntnisse zu vermitteln, die den Genuss am Vogelgesang erheblich zu steigern vermögen, als auch Experten zu weiteren Nachforschungen anzuregen.»
Dr. Reinhard Lassek, Spektrum der Wissenschaft

Verlag Freies Geistesleben

Walther Streffer

Wunder des Vogelzuges

Die großen Wanderungen der Zugvögel und das Geheimnis ihrer Orientierung

271 Seiten, mit 110 farbigen und schwarz-weißen Abbildungen, gebunden

Walther Streffer, der mit seinem ersten Vogelbuch über die «Magie der Vogelstimmen» ein großes Echo bis in Fachkreise hinein gefunden hat, führt uns mit seinem neuen Buch nun in die Geheimnisse des Vogelzuges ein: Wann ziehen welche Arten und wann kehren sie wieder? Wo liegen ihre Ruheziele, welche Zugrouten nehmen sie und welche Flugleistungen vollbringen sie dabei? Wie orientieren sich Zugvögel auf ihrer Reise und wie finden sie in ihre Heimat zurück? Welche Gefahren warten unterwegs auf sie und wie beeinträchtigt menschliche Natur- und Umweltzerstörung das Zugverhalten?

Wer «Magie der Vogelstimmen» gelesen hat, der wird auch Walther Streffers zweites Vogelbuch mit großem Gewinn in die Hand nehmen und es so schnell nicht wieder fortlegen, denn der Autor führt den Leser anhand zahlreicher selbst beobachteter Fakten, Fotos, Karten und Grafiken tief hinein in die faszinierende und immer noch rätselhafte Welt der Zugvögel.

Walther Streffer

Wunder
des Vogelzuges

Die großen Wanderungen der Zugvögel
und das Geheimnis ihrer Orientierung

Verlag Freies Geistesleben

Verlag Freies Geistesleben

Andreas Suchantke

Metamorphose

Kunstgriff der Evolution

332 Seiten, gebunden, mit zahlreichen
farbigen und schwarzweißen Abbildungen

Die Idee der Metamorphose – des Gestaltwandels
einzelner Organismen wie ganzer Entwicklungslinien – ist seit den bedeutsamen Ansätzen
Goethes von der Forschung kaum aufgegriffen
worden. Die Lebenswissenschaften haben sich
in eine andere Richtung entwickelt, sie haben
gewachsene Strukturen analytisch zergliedert
und ihre ganze Aufmerksamkeit dabei auf die
Teile und die einzelnen Bauelemente des Organismus gerichtet. Die übergeordnete, die Teile
aufeinander abstimmende Einheit geriet aus
dem Blick.

In seiner ausführlichen, einfühlsamen Studie
versucht Andreas Suchantke, diese Einseitigkeit
durch eine «dynamische Morphologie» zu ergänzen, das heißt durch die Darstellung der über-
greifenden Zeitgestalten, die die unendlich vielen diskreten Teile und Prozesse bedingen und
synchronisieren. Dabei behandelt er viele pflanz-
liche Bildungen im Blatt- und im Blütenbereich
sowie Entwicklungsabläufe im Tierreich, vor
allem bei Insekten, Vögeln und Säugetieren.

Verlag Freies Geistesleben

Andreas Suchantke

Zum Sehen geboren

Wege zu einem vertieften Natur- und Kulturverständnis

320 Seiten, gebunden, mit zahlreichen
farbigen und schwarzweißen Abbildungen

Die Betrachtungen Andreas Suchantkes wollen
dem Leser beispielhaft Wege eröffnen, die Welt
in ihrem Reichtum und ihrer Schönheit auf natur-
wie kulturgeschichtlicher Ebene mit offenen
Sinnen wahrzunehmen. Dabei soll es nicht bei
einem bloß oberflächlich ästhetisierenden Betrachten bleiben, sondern zu einem vertieften
Verständnis der Zusammenhänge führen. Geht
man so vor, dann erfährt man, dass einem die
Welt in dem Maße entgegenkommt und ihr Wesen enthüllt, wie man sich ihr hingebungsvoll
und ohne Vorurteile zuwendet.

Dies wird anhand unterschiedlicher Begegnungen
vorgestellt – etwa wie die Natur Sri Lankas auf
die buddhistische Kultur seiner Bewohner antwortet oder die afrikanische Savanne die Ge-
burtslandschaft des Menschen darstellt, die er im
Laufe seiner Kulturentwicklung überallhin mit-
nimmt, um nur zwei Beispiele aus der Vielfalt des
Dargestellten zu nennen. Zahlreiche Farbfotos
und Zeichnungen des Verfassers bereichern die
Kapitel.

Verlag Freies Geistesleben